基础化学实验

阎 松 马宏飞 陈 微 王 莹 编

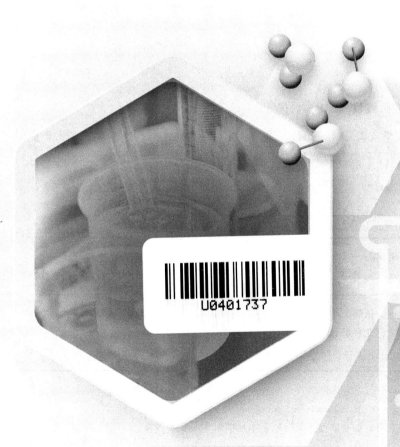

化学工业出版社

·北京·

本书共分五个部分。第一部分介绍了基础化学实验的基本要求和基本实验操作常识,第二至第五部分涵盖了无机化学、分析化学、有机化学和物理化学这四大化学的上百个基础实验项目。减少以往同类教材所编撰的验证性实验,增加综合性和设计性实验,特别是增加一些具有石油、石化特色的学科交叉实验和一些目前科研领域比较前沿的实验项目,是本书最大的特色。

本书为高等学校化工类专业的基础实验教学教材,也可作为相关专业实验教学的选修教材,对化学化工领域的科学研究也具有一定的理论指导作用。

图书在版编目（CIP）数据

基础化学实验/阎松等编. —北京：化学工业出版社，2016.5（2023.9 重印）
ISBN 978-7-122-26987-4

Ⅰ. ①基⋯ Ⅱ. ①阎⋯ Ⅲ. ①化学实验 Ⅳ. ①O6-3

中国版本图书馆 CIP 数据核字（2016）第 100700 号

责任编辑：闫　敏　石　磊　　　　　　文字编辑：徐一丹
责任校对：王素芹　　　　　　　　　　　装帧设计：张　辉

出版发行：化学工业出版社（北京市东城区青年湖南街 13 号　邮政编码 100011）
印　　装：北京虎彩文化传播有限公司
787mm×1092mm　1/16　印张 19½　字数 483 千字　2023 年 9 月北京第 1 版第 6 次印刷

购书咨询：010-64518888　　　　　　　　售后服务：010-64518899
网　　址：http://www.cip.com.cn
凡购买本书，如有缺损质量问题，本社销售中心负责调换。

定　价：49.80 元　　　　　　　　　　　　　　　　　　　版权所有　违者必究

前　言

近年来,教学研究和教学改革日益受到重视,特别是实践教学环节,而且更加注重培养和提高学生的实践动手能力和创新能力。基础化学实验的基本操作方法和基本操作技能是一项基本功,能很好地培养学生观察现象、分析问题、解决问题的能力,使学生加深对课堂理论的理解,提高学生的实验技能。具有启发性的、探究性的实验项目可以培养学生科学的思维方法、创新的科研能力和意识。为了满足世界范围内化学化工快速发展的需要,满足相关专业学科建设、发展的需求,编写一本适应课程发展趋势,多方面发掘学生的综合能力,蕴含科学指导性和启发性的化学实验教材已成为当务之急。

本书根据基础化学实验课程的基本要求,在总结了多年四大基础化学实验(无机化学实验、分析化学实验、有机化学实验、物理化学实验)教学实践和改革的基础上,借鉴了其它院校化学实验改革的经验,结合作者所在院校石油化工实验教学中心教研成果编写而成。本书对基础化学教学内容进行系统整合,减少验证性实验,增加综合性和设计性实验,并设置一些具有一定专业特色和针对性的学科交叉实验,提高学生综合运用知识的能力,为应用型本科人才和创新人才的培养打下扎实的化学实验基础。

全书共五部分,第一部分为化学实验基础知识及基本操作,介绍了基础化学实验基本要求和基本实验操作常识;第二部分为无机化学实验,选编了32个实验,主要培养学生的基本操作技能,实验内容涉及基础操作练习、无机化合物的制备与提纯、基本常数测定、元素性质认知实验、综合性及设计性实验内容。第三部分为分析化学实验,选编了26个实验,其中包含分析化学实验基础知识、分析化学验证及综合实验、分析化学设计实验,该部分涵盖了酸碱滴定、配位滴定、氧化还原滴定、重量分析、沉淀滴定、吸光光度法等知识重点,加强了学生实验操作能力的训练,培养学生分析问题和解决问题的能力。第四部分为有机化学实验,选编了涵盖基础的验证性实验和较复杂的综合性实验共27个实验项目,包含了有机化学实验中常用的技术和方法,以及综合运用。第五部分为物理化学实验,按照验证性、综合性共选编22个实验项目,有助于学生初步了解物理化学的实验研究思路,掌握物理化学的基本实验技术和技能,掌握常用仪器的使用;学会一些重要物理化学性能的测定方法;

增强应用物理化学实验技能解决实际问题的能力。

本书由辽宁石油化工大学石油化工实验教学中心多年从事相关实验教学的阎松、马宏飞、陈微、王莹四位老师共同编写，其中阎松编写了第五部分，马宏飞编写了第一、第四部分，陈微编写了第二部分，王莹编写了第三部分。全书由阎松统稿。

本书在编写过程中得到了张连红、蒋林时、马骏、韩春玉、赖君玲、刘道胜等相关学科老师的大力支持，在此表示感谢。

由于水平有限，编写较为匆忙，书中内容难免有疏漏，恳请读者提出宝贵意见。

编者

目 录

第一部分 化学实验基础知识及基本操作

第一节 基础化学实验课程的要求 …………………………………………………… 1
第二节 数据处理及误差分析 ………………………………………………………… 2
第三节 基础化学实验室注意事项及安全知识 ……………………………………… 4
第四节 常用玻璃仪器及试剂 ………………………………………………………… 5
第五节 基本操作 ……………………………………………………………………… 7

第二部分 无机化学实验

实验一 仪器的洗涤 …………………………………………………………………… 14
实验二 溶液的配制 …………………………………………………………………… 16
实验三 摩尔气体常数的测定 ………………………………………………………… 18
实验四 醋酸解离常数的测定 ………………………………………………………… 20
实验五 银氨配离子配位数的测定 …………………………………………………… 22
实验六 二氧化碳相对分子质量的测定 ……………………………………………… 24
实验七 $I_3^- \rightleftharpoons I^- + I_2$ 平衡常数的测定 …………………………………………… 27
实验八 卤素 …………………………………………………………………………… 30
实验九 硫及其化合物 ………………………………………………………………… 34
实验十 氮和磷 ………………………………………………………………………… 37
实验十一 铜、银、锌、镉、汞 ……………………………………………………… 41
实验十二 铬、锰、铁、钴、镍 ……………………………………………………… 44
实验十三 配合物与沉淀-溶解平衡 …………………………………………………… 48
实验十四 化学反应速度、反应级数和活化能的测定 ……………………………… 51
实验十五 碘酸铜溶度积的测定 ……………………………………………………… 54
实验十六 分光光度法测定 $Ti(H_2O)_6^{2+}$、$Cr(H_2O)_6^{3+}$ 和 $(Cr\text{-}EDTA)^-$ 的分裂能 …… 56
实验十七 磺基水杨酸合铜配离子的组成及稳定常数的测定 ……………………… 58
实验十八 含铬废液的处理及 Cr^{6+} 的测定 …………………………………………… 61

实验十九　氧化还原反应及电化学 …… 63
实验二十　由胆矾精制五水硫酸铜 …… 66
实验二十一　氯化钠的提纯 …… 68
实验二十二　四水甲酸铜的制备 …… 70
实验二十三　硫酸亚铁铵的制备及组成分析 …… 72
实验二十四　转化法制备硝酸钾 …… 74
实验二十五　三草酸合铁（Ⅲ）酸钾的合成和结构测定 …… 76
实验二十六　电导率法测定硫酸钡的溶度积常数 …… 78
实验二十七　一种钴（Ⅲ）配合物的制备 …… 80
实验二十八　纳米氧化锌的制备与表征分析 …… 82
实验二十九　由废铁屑制备三氯化铁试剂——设计实验 …… 84
实验三十　离子鉴定和未知物的鉴定——设计实验 …… 85
实验三十一　碱式碳酸铜的制备——设计实验 …… 87
实验三十二　从印刷电路烂板液中制备硫酸铜 …… 88

第三部分　分析化学实验

实验一　电子分析天平称量操作练习 …… 89
实验二　容量仪器的校准 …… 92
实验三　酸碱溶液的配制及滴定操作练习 …… 95
实验四　盐酸标准溶液的配制与标定及混合碱的测定 …… 98
实验五　氢氧化钠标准溶液的配制与标定及铵盐中氮含量的测定 …… 102
实验六　EDTA标准溶液的配制与标定及水硬度的测定 …… 105
实验七　铅、铋混合液中Pb^{2+}、Bi^{3+}的连续测定 …… 108
实验八　邻二氮菲分光光度法测定铁 …… 110
实验九　有机酸摩尔质量的测定 …… 112
实验十　高锰酸钾标准溶液的配制和标定及过氧化氢含量的测定 …… 114
实验十一　铝合金中铝含量的测定 …… 117
实验十二　铁矿石中铁含量的测定 …… 119
实验十三　氯化钡中钡含量的测定 …… 122
实验十四　食醋总酸度的测定 …… 124
实验十五　氯化物中氯含量的测定（莫尔法） …… 126
实验十六　银盐中银含量的测定（佛尔哈德法） …… 129
实验十七　石灰石中钙含量的测定 …… 131
实验十八　碘量法测定葡萄糖 …… 134
实验十九　白酒中甲醛含量的测定 …… 138
实验二十　离子交换法分离Co^{2+}和Ni^{2+}并用滴定法测其含量 …… 140
实验二十一　硅酸盐水泥中Fe、Al、Ca、Mg、Si的测定 …… 143
实验二十二　混合酸含量的测定 …… 148
实验二十三　去离子水的制备及水质检验 …… 149
实验二十四　蛋壳中Ca、Mg含量的测定——配位滴定法测定蛋壳中Ca、Mg总量 …… 150

| 实验二十五 | 饮用水中氟含量的测定 | 151 |
| 实验二十六 | 维生素 B_{12} 注射液的定性鉴别与定量分析 | 152 |

第四部分 有机化学实验

实验一	常用仪器介绍、重结晶	153
实验二	蒸馏操作、水蒸气蒸馏介绍	157
实验三	氨基酸的纸色谱	160
实验四	卤代烃的性质	162
实验五	醇和酚的性质	164
实验六	醛和酮的性质	166
实验七	折射率的测定	169
实验八	从茶叶中萃取咖啡因-萃取操作	171
实验九	黄连中黄连素的提取及紫外光谱分析	174
实验十	从茶叶中萃取咖啡因-升华收集及热分析	177
实验十一	乙酸正丁酯的制备及纯度检测	180
实验十二	乙酰苯胺的制备	183
实验十三	1-溴丁烷的制备及产品分析	185
实验十四	环己烯的制备及产品分析	188
实验十五	熔点的测定及乙酰苯胺纯度的检测	190
实验十六	3-丁酮酸乙酯的制备	192
实验十七	甲基橙的制备	194
实验十八	有机化合物的分离与提纯	196
实验十九	正丁醚的制备	199
实验二十	苯甲酸的制备	201
实验二十一	阿司匹林的制备	203
实验二十二	环己酮的制备	205
实验二十三	季铵盐的制备及其反应	207
实验二十四	苯乙酮的制备	209
实验二十五	苯甲醇的制备	211
实验二十六	硝基苯的制备	213
实验二十七	重氮盐的制备及其反应	215

第五部分 物理化学实验

实验一	液体黏度和密度的测定	217
实验二	燃烧热的测定	220
实验三	液体饱和蒸气压测定	223
实验四	双液系的平衡相图	225
实验五	苯-乙醇-水三元相图	228
实验六	氨基甲酸铵分解平衡常数的测定	231
实验七	原电池电动势的测定	234

实验八　溶胶的制备及电泳 ………………………………………………………………… 237
实验九　化学振荡反应 ……………………………………………………………………… 242
实验十　二组分合金相图 …………………………………………………………………… 246
实验十一　差热分析 ………………………………………………………………………… 250
实验十二　凝固点降低法测定摩尔质量 …………………………………………………… 254
实验十三　蔗糖水解反应速度常数的测定 ………………………………………………… 257
实验十四　乙酸乙酯皂化反应速度常数的测定 …………………………………………… 262
实验十五　最大气泡法测定溶液的表面张力 ……………………………………………… 264
实验十六　溶液偏摩尔体积的测定 ………………………………………………………… 266
实验十七　极化曲线的测定 ………………………………………………………………… 268
实验十八　电导率法测定醋酸电离常数 …………………………………………………… 272
实验十九　固液吸附法测定比表面 ………………………………………………………… 274
实验二十　溶解热的测定 …………………………………………………………………… 276
实验二十一　黏度法测定水溶性高聚物相对分子质量 …………………………………… 279
实验二十二　电导法测定水溶性表面活性剂的临界胶束浓度 …………………………… 282

附录

附录一　元素相对原子质量表 ……………………………………………………………… 285
附录二　水在不同温度下的饱和蒸气压 …………………………………………………… 286
附录三　弱电解质的解离常数 ……………………………………………………………… 287
附录四　难溶化合物的溶度积常数（18～25℃） ………………………………………… 288
附录五　标准电极电势（298K） …………………………………………………………… 289
附表六　一些配离子的标准稳定常数（298.15K） ………………………………………… 291
附录七　常用缓冲溶液的配制方法 ………………………………………………………… 292
附录八　常用酸碱溶液的配制 ……………………………………………………………… 295
附录九　常用指示剂 ………………………………………………………………………… 296
附录十　常用缓冲溶液 ……………………………………………………………………… 297
附录十一　常用基准物及干燥条件 ………………………………………………………… 298
附录十二　常用有机溶剂的沸点、相对密度表 …………………………………………… 298
附录十三　常见的二元共沸物的组成 ……………………………………………………… 298
附录十四　常见的三元共沸物组成表 ……………………………………………………… 299
附录十五　常见有机物的物理常数 ………………………………………………………… 299
附录十六　常见有机化合物的毒性 ………………………………………………………… 301

参考文献

第一部分 化学实验基础知识及基本操作

第一节 基础化学实验课程的要求

基础化学实验是化学及相关专业必修的基础课程。本书由传统的无机化学实验、分析化学实验、有机化学实验和物理化学实验整合、优化而成，着重于实验基础理论的学习和基本的实验操作的训练，并增加了一定比例的设计和综合实验，目的是培养学生的观察能力、实验操作能力、数据处理能力和仪器设备应用能力。

通过基础化学实验课程的学习，力争使学生做到：

（1）正确地掌握化学实验的基础理论、基本操作与基本技能。

（2）具备细致观察进而分析判断实验现象的能力，能够正确记录实验现象，正确处理实验数据得出正确结论；能正确地运用化学语言进行科学表达并规范撰写实验报告。

（3）具备实事求是的科学态度和认真细致的工作作风，具有解决实际化学问题的实验思维能力和动手能力以及一定的创新能力。

学生在学习基础化学实验课程的时候要注意以下几个方面。

1. 实验前的预习

弄清实验目的和原理，所涉及的仪器的结构、使用方法和注意事项，药品或试剂的等级、物化性质（熔点、沸点、折射率、密度、毒性与安全等数据）等。对实验装置、实验步骤要做到心中有数，避免边做边翻书的"照方抓药"式实验。实验前认真地写出预习报告。预习报告应简明扼要，符合预习报告规定的格式。实验过程或步骤也可以用框图或箭头等符号表示。

2. 学习方法

本书中的很多实验是在教学过程中经多年使用较为成熟的，因而容易做出结果。但不要认为生产或科研中的实际问题都可以如此顺利地解决，应当自己多问几个为什么。对于性质和表征实验，要搞清楚化合物的性质和相关的表征手段，这些手段基于什么理论和原理，以及表征方法的使用条件和局限性。对于综合、设计和研究性实验，重在培养创新和开拓意识，以及综合应用化学理论和实践知识的能力，对这部分实验，首先要明确需要解决的问题；然后根据所学的知识（必要时应当查阅文献资料）和实验室能提供的条件选定实验方法，并深入研究这些方法的原理、仪器、实验条件和影响因素，以此作为设计方案的依据；

最后写成预习报告并和指导教师讨论、修改、定稿后即可实施。

3. 实验过程与记录

为培养学生严谨的科学研究的精神，在需要等待的时间内不能做其它事情，要养成专心致志地观察实验现象的良好习惯。善于观察、勤于思考、正确地判断是能力的体现。实验过程中要准确记录并妥善保存原始数据，不能随意记在纸片上，更不能涂改。对可疑数据，如确知原因，可用铅笔轻轻圈去，否则宜用统计学方法判断取舍，必要时应补做实验核实，这是科学精神与态度的具体体现。实验结束后，请指导教师签字，留作撰写实验报告的依据。

4. 实验报告

实验报告不仅是概括与总结实验过程的文献性质资料，而且是学生以实验为工具，获取化学知识实际过程的模拟，因而同样是实验课程的基本训练内容，实验报告从一定角度反映了一个学生的学习态度、实际水平与能力。实验报告的格式与要求，在不同的学习阶段略有不同，但基本应包括：实验目的、实验简明原理、实验仪器（厂家、型号、测量精度）、药品（纯度等级）、实验装置（画图表示）、原始数据记录表（附在报告后）、实验现象与观测数据。实验结果（包括数据处理）用列表或作图形式表达并讨论。

处理较多、较复杂实验数据时，宜用列表法、作图法，具有普遍意义的图形还可以回归成经验公式，得出的结果应尽可能地与文献数据进行比较。通过这种形式培养学生科学的思维模式，提高学生的文献查阅能力和文字表达能力。

对实验结果进行讨论是实验报告的重要组成部分，往往也是最精彩的部分。包括实验者的心得体会（是指经提炼后学术性的体会，并非感性的表达），做好实验的关键所在，实验结果的可靠程度与合理性评价，实验现象的分析和解释等，提出实验的改进意见，或提出另一种比实验更好的路线等。注重培养学生思考和分析问题的习惯，尤其是培养发散性思维和收敛思维模式，为具有真正的创新性思维打下基础。

第二节　数据处理及误差分析

1. 有效数字

（1）有效数字位数的确定　在测量和数学运算中，确定该用几位数字是很重要的。初学者往往认为在一个数值中小数点后面位数越多，这个数值就越准确；或在计算结果中保留的位数越多，准确度就越高。这两种认识都是错误的。正确的表示法是：记录和计算测量结果都应与测量的误差相适应，不应超过测量的精确程度。即测量和计算所表示的数字位数，除末位数字为可疑值外，其余各位数字都应是准确可靠的。实验中从仪器上直接能测得的数字（包括最后一位可疑数字），叫做有效数字。实验数据的有效数字与测量的精度有关。

（2）有效数字的运算规则　几个数据相加或相减时，它们的和或差只能保留一位不确定数字，即有效数字的保留应以小数点后位数最少的数据来定小数点后的位数，即取决于绝对误差最大的那个数。在乘除法中，有效数字的位数取决于相对误差最大的那个数，即有效数字位数最少的那个数，以它为标准确定最后结果的有效数字的位数。

修约有效数字时注意：用电子计算器做运算时，可以不必对每一步的计算结果进行位数确定，但最后计算结果应保留正确的有效数字位数。对最后结果多余数字取舍原则是"四舍六入五留双"。

2. 实验数据的采集与处理

(1) **数据的采集**　数据的采集主要有两种方式，一是人工采集通过计量或测定，记录相应的实验数据；另一种是自动采集，一般用于计算机与相应的分析仪器联机上，根据程序设计进行实时采集。人工采集应注意养成记录所有原始数据及计量、测定有关条件的良好习惯。

对有些实验，还应记录温度、大气压力、湿度、天气、仪器及其校正情况和所用试剂等，在数据采集过程中，不要使用铅笔和橡皮擦或涂改液。万一看错刻度或记错读数，允许改正数据，但不能涂改数据。

(2) **实验数据处理的基本步骤与基本方法**　实验所得到的数据往往较多，在这些数据中有些是能用的，有些是不能用的，有些则是可疑的。首先要将实验数据进行分析整理，将有明显过失理由的测定值舍去不用。对于可疑的数据（即其中一个测定值与其它测定值相差较大，又没有明显的过失理由），就应采取可疑数据的取舍方法决定能否舍去。其次，再根据计量或测定的目的要求进行数据处理，最后报告结果或对测定结果进行分析、评价。

对数据处理有不同的要求。一般物质组成的测定，只需求出测定数据的集中趋势（即平均值），以及测定数据的分散程度（即精密度）；而要求较高的测定，还应求出平均值的可靠性范围等。

实验数据处理有不同的方法，一般有列表法、作图法以及方程式法。通常配合使用列表法与作图法，有时三种方法配合应用。一般情况下，表格法总是以清晰明了见长，可以一眼看出实验测量了哪些量，结果如何。而图形法则更加形象直观，可以很容易找出数据的变化规律，并能利用图形确定各函数的中间值、最大值与最小值或转折点，可以求得斜率、截距、切线，还可以根据图形特点，找到变量间的函数关系，求得拟合方程的待定系数。另外，根据多次测量数据所得到的图像一般具有"平均"的意义，从而可以发现和消除一些随机误差。因此，在基础学习阶段，应学会用列表法与作图法来处理实验数据。

3. 准确度和精密度

(1) **准确度**　准确度表示在一定条件下多次测量结果的平均值与真实值接近的程度。准确度的好坏可以用误差表示。分析结果与真实值之间的差别叫误差。误差可用绝对误差和相对误差两种方式表示。绝对误差表示测定值与真实值之差，相对误差是指绝对误差在真实结果中所占的百分率。

(2) **精密度**　精密度是指对同一个样品在同样条件下重复测量所得的结果之间的相互接近程度。精密度高有时又称为再现性好。精密度的好坏可以用平均偏差和标准偏差来衡量。

用标准偏差表示精密度比用平均偏差好，因为将单次测量的偏差平方之后，较大的偏差更显著地反映出来了，这样能更好地说明数据的分散程度。

精密度好不能保证准确性好。例如，当分析中存在系统误差时，虽不影响精密度，但影响准确性。另一方面，测量的精密度可能不太好，但结果的准确性也许是好的（或多或少带有偶然性），但是可以肯定的是精密度越高，测得真实值的机会就越高，为了保证得到高度准确的结果，必须保证结果具有很好的再现性。

(3) **误差分析**　测定误差大致可以分为系统误差、偶然误差和过失误差。

系统误差是某种固定原因所造成的，使测定结果系统偏高或偏低。它的特点是具有单向性和重复性。系统误差的大小、正负可以测定，所以又称为确定误差。产生系统误差的原因有：①方法本身缺陷所导致的方法误差；②仪器不准或试剂不纯导致的误差。

偶然误差是由一些难以控制的偶然原因造成的，它的大小、正负是变化的，具有不确定性。无限多次测定，其结果的分布符合正态分布曲线。

过失误差（在实验中不允许发生这类误差）是由于分析人员主观上责任心不强、粗心大意或违反操作规程等原因造成的。如在分析样品含量时，称量或转移过程中有损失或玷污、读数记录或计算错误等。这类误差得到的数据不应该作为结果分析的依据，要重新补做数据。分析人员只要有严谨的科学作风、细致的工作态度和强烈的责任感，这类误差是可以避免的。

第三节 基础化学实验室注意事项及安全知识

一、基础化学实验室的注意事项

① 进入实验室不得穿拖鞋、短裤等裸露皮肤的服装。不得将食物、饮品带入实验室。

② 进入实验室应了解实验室的环境，如防火工具、安全喷淋水头、煤气阀、电气开关的位置等。一般情况一个实验室至少有两个人同时做实验。

③ 必须遵守实验室的各项制度，听从教师和实验室工作人员的指导。按实验课要求做好实验前的准备工作。

④ 应保持实验室的整洁。在整个实验过程中，应保持桌面和仪器的整洁，应使水槽保持干净。废纸和废屑应投入废纸箱内。废酸和废碱液应小心地倒入废液缸内。废弃化学品应倒入指定的回收瓶中。

⑤ 对公用仪器和工具要加以爱护，应在指定地点使用并保持整洁。对公用药品不能任意挪动。要保持药品架的整洁。实验时，应爱护仪器和节约药品。

⑥ 对测试仪器、仪表等要先阅读说明书，了解其原理及操作方法后再操作。

⑦ 实验过程中，不得擅自离开实验。

二、基础化学实验室事故的预防与急救常识

1. 事故的预防

在基础化学实验中，常使用苯、酒精、汽油、乙醚和丙酮等易挥发、易燃烧的溶剂，操作不慎，易引起着火事故。为了防止事故的发生，必须随时注意以下几点：

① 操作和处理易挥发、易燃烧的溶剂时，应远离火源。

② 实验前应仔细检查仪器。要求操作正确、严格。

③ 实验室里不许贮放大量易燃物。

④ 一旦发生着火事故，应首先关闭煤气和电，然后迅速把周围易燃物移开。向火源撒沙子或用石棉布覆盖火源。有机溶剂燃烧时，正确使用灭火器，在大多数情况下，严禁用水灭火。

⑤ 衣服着火时，决不要奔跑，应立刻用石棉布覆盖着火处或赶紧把衣服脱下；若火势较大，应一面呼救，同时立刻卧地打滚，或到安全喷淋头下喷淋灭火。

在基础化学实验中，发生爆炸事故的原因大致如下。

① 某些化合物容易爆炸。例如，有机过氧化物、芳香族多硝基化合物和硝酸酯等，受热或敲击，均会爆炸。蒸馏含过氧化物的乙醚时，有爆炸的危险，事先必须除去过氧化物。芳香族多硝基化合物不宜在烘箱内干燥。乙醇和浓硝酸混合在一起，会引起极强烈的爆炸。

② 仪器装置不正确或操作错误，有时会引起爆炸。若在常压下进行蒸馏或加热回流，仪器装置必须与大气相通。

使用或反应过程中产生氯、溴、氧化氮、卤化氢等有毒气体或液体的实验，都应该在通

风橱内进行，用气体吸收装置吸收产生的有毒气体。

剧毒化学试剂在取用时绝对不允许直接与手接触，应戴防护目镜和橡皮手套，并注意不让剧毒物质掉在桌面上（最好在大的搪瓷盘中操作）。仪器用完后，立即洗净。

当发现实验室煤气泄漏时，应立即关闭煤气开关，打开窗户，并通知实验室工作人员进行检查和修理。

2. 急救常识

① 玻璃割伤：如果为一般轻伤，应及时挤出污血，用消毒过的镊子取出玻璃碎片，用蒸馏水洗净伤口，涂上碘酒或红汞水，再用绷带包扎或贴上创可贴；如果为大伤口，应立即用绷带扎紧伤口上部，使伤口停止出血，急送医疗所。

② 火伤：如为轻伤，在伤处涂以苦味酸溶液、玉树油、蓝油烃或硼酸油膏；如为重伤，立即送医疗所。

③ 酸液或碱液溅入眼中：立即先用大量水冲洗；若为酸液，再用1%碳酸氢钠溶液冲洗；若为碱液，则再用1%硼酸溶液冲洗；最后用水洗。重伤者经初步处理后，急送医疗所。

④ 溴液溅入眼中：按酸液溅入眼中事故作急救处理后，立即送医疗所。

⑤ 皮肤被酸、碱或溴液灼伤：被酸或碱液灼伤时，伤处首先用大量水冲洗；若为酸液灼伤，再用饱和碳酸氢钠溶液洗；若为碱液灼伤，则用1%醋酸洗；最后都用水洗，再涂上药用凡士林；被溴液灼伤时，伤处立即用石油醚冲洗，再用2%硫代硫酸钠溶液洗，然后用蘸有甘油的棉花擦，再敷以油膏。

第四节 常用玻璃仪器及试剂

一、常用玻璃仪器及使用注意事项

基础化学实验中会用到各种各样的玻璃仪器，这些玻璃仪器的功能、使用方法和使用中的注意事项往往不尽相同。

表1-1中对常用的玻璃仪器的用途及注意事项进行了简单的总结。

表1-1 常用玻璃仪器及使用注意事项

名　　称	主要用途	使用注意事项
烧杯	配制溶液、溶解样品等	加热时应置于石棉网上，使其受热均匀，一般不可烧干
锥形瓶	加热处理试样和容量分析滴定	除有与上相同的要求外，磨口锥形瓶加热时要打开塞，非标准磨口要保持原配塞
碘量瓶	碘量法或其它生成挥发性物质的定量分析	同上
圆(平)底烧瓶	加热及蒸馏液体	一般避免直火加热，隔石棉网或各种加热浴加热
圆底蒸馏烧瓶	蒸馏；也可作少量气体发生反应器	同上
凯氏烧瓶	消解有机物质	置石棉网上加热，瓶口方向勿对向自己及他人
洗瓶	装纯化水洗涤仪器或装洗涤液洗涤沉淀	
量筒、量杯	粗略地量取一定体积的液体用	不能加热，不能在其中配制溶液，不能在烘箱中烘烤，操作时要沿壁加入或倒出溶液
容量瓶	配制准确体积的标准溶液或被测溶液	非标准的磨口塞要保持原配；漏水的不能用；不能在烘箱内烘烤，不能直火加热，可水浴加热

续表

名称	主要用途	使用注意事项
滴定管（25mL、50mL、100mL）	容量分析滴定操作；分酸式、碱式	活塞要原配；漏水的不能使用；不能加热；不能长期存放碱液；碱式管不能放与橡皮作用的滴定液
微量滴定管(1mL、2mL、3mL、4mL、5mL、10mL)	微量或半微量分析滴定操作	只有活塞式；其余注意事项同上
自动滴定管	自动滴定；可用于滴定液需隔绝空气的操作	除有与一般的滴定管相同的要求外，注意成套保管，另外，要配打气用双连球
移液管	准确地移取一定量的液体	不能加热；上端和尖端不可磕破
刻度吸管	准确地移取各种不同量的液体	同上
称量瓶	矮形用作测定干燥失重或在烘箱中烘干基准物；高形用于称量基准物、样品	不可盖紧磨口塞烘烤，磨口塞要原配
试剂瓶：细口瓶、广口瓶、下口瓶	细口瓶用于存放液体试剂；广口瓶用于装固体试剂；棕色瓶用于存放见光易分解的试剂	不能加热；不能在瓶内配制在操作过程放出大量热量的溶液；磨口塞要保持原配；放碱液的瓶子应使用橡皮塞，以免日久打不开
滴瓶	装需滴加的试剂	同上
漏斗	长颈漏斗用于定量分析，过滤沉淀；短颈漏斗用作一般过滤	
分液漏斗：滴液、球形、梨形、筒形	分开两种互不相溶的液体；用于萃取分离和富集(多用梨形)；制备反应中加液体(多用球形及滴液漏斗)	磨口旋塞必须原配，漏水的漏斗不能使用。
试管：普通试管、离心试管	定性分析检验离子；离心试管可在离心机中借离心作用分离溶液和沉淀	硬质玻璃制的试管可直接在火焰上加热，但不能聚冷；离心管只能水浴加热
(纳氏)比色管	比色、比浊分析	不可直火加热；非标准磨口塞必须原配；注意保持管壁透明，不可用去污粉刷洗
冷凝管：直形、球形、蛇形、空气冷凝管	用于冷却蒸馏出的液体，蛇形管适用于冷凝低沸点液体蒸气，空气冷凝管用于冷凝沸点150℃以上的液体蒸气	不可骤冷骤热；注意从下口进冷却水，上口出水
抽滤瓶	抽滤时接收滤液	属于厚壁容器，能耐负压；不可加热
表面皿	盖烧杯及漏斗等	不可直火加热，直径要略大于所盖容器
研钵	研磨固体试剂及试样等用；不能研磨与玻璃作用的物质	不能撞击；不能烘烤
干燥器	保持烘干或灼烧过的物质的干燥；也可干燥少量制备的产品	底部放变色硅胶或其它干燥剂，盖磨口处涂适量凡士林；不可将红热的物体放入，放入热的物体后要时时开盖以免盖子跳起或冷却后打不开盖子
垂熔玻璃漏斗	过滤	必须抽滤；不能骤冷骤热；不能过滤氢氟酸、碱等；用毕立即洗净
垂熔玻璃坩埚	重量分析中烘干需称量的沉淀	同上
标准磨口组合仪器	有机化学及有机半微量分析中制备及分离	磨口处无须涂润滑剂；安装时不可受歪斜压力；要按所需装置配齐购置

二、试剂规格与存放

在化学实验中不可避免要使用各种试剂，各种化学试剂一般都具备各自不同的物理性质、化学性质。此外，在试剂的纯度级别选取、安全运输存储等方面也要多加注意。

1. 化学试剂的规格

根据国家标准及部颁标准，化学试剂按其纯度和杂质含量的高低分为四个等级。

优级纯（一级）试剂，又称保证试剂，杂质含量最低，纯度最高，适用于精密的分析及研究工作。

分析纯（二级）及化学纯（三级）试剂，适用于一般的分析研究及教学实验工作。

实验试剂（四级），只能用于一般性的化学实验及教学工作。

除上述四种级别的试剂外，还有适合某一方面需要的特殊规格试剂，如"基准试剂"、"色谱试剂"、"生化试剂"等，另外还有"高纯试剂"，它又细分为高纯、超纯、光谱纯试剂等。

此外，还有工业生产中大量使用的化学工业品（也分为一级品、二级品）以及可供食用的食品级产品等。

基准试剂是容量分析中用于标定标准溶液的基准物质；光谱纯试剂为光谱分析中的标准物质；色谱纯试剂是用作色谱分析的标准物质；生化试剂则是用于各种生物化学实验。

各种级别的试剂及工业品因纯度不同价格相差很大。工业品和保证试剂之间的价格可相差数十倍。所以使用时，在满足实验要求的前提下，应考虑节约的原则，选用适当规格的试剂。

2. 化学试剂的存放

固体试剂一般存放在易于取用的广口瓶内，液体试剂则存放在细口的试剂瓶中。一些用量小而使用频繁的试剂，如指示剂、定性分析试剂等可盛装在滴瓶中。见光易分解的试剂应装在棕色瓶中。对于易燃、易爆、强腐蚀性、强氧化剂及剧毒品的存放应特别加以注意，一般需要分类单独存放，如强氧化剂要与易燃、可燃物分开隔离存放。低沸点的易燃液体要求在阴凉通风的地方存放，并与其它可燃物和易产生火花的器物隔离放置，更要远离明火。盛装试剂的试剂瓶都应贴上标签，并写明试剂的名称、纯度、浓度和配制日期，标签外面可涂蜡或用透明胶带等保护。

第五节 基本操作

一、玻璃仪器的洗涤和干燥

1. 玻璃仪器的洗涤

在实验前后，都必须将所用玻璃仪器洗干净。因为用不干净的仪器进行实验时，仪器上的杂质和污物将会对实验产生影响，使实验得不到正确的结果，严重时可导致实验失败。实验后要及时清洗仪器，不清洁的仪器长期放置后，会使以后的洗涤工作更加困难。

玻璃仪器清洗干净的标准是用水冲洗后，仪器内壁能均匀地被水润湿而不黏附水珠。如果仍有水珠黏附内壁，说明仪器还未洗净，需要进一步进行清洗。

洗涤仪器的方法很多，一般应根据实验的要求、污物的性质和沾污的程度，以及仪器的类型和形状来选择合适的洗涤方法。

一般说来，污物主要有灰尘、可溶性物质和不溶性物质、有机物及油污等。洗涤方法可分为以下几种。

（1）一般洗涤　如烧杯、试管、量筒、漏斗等仪器，一般先用自来水洗刷仪器上的灰尘和易溶物，再选用粗细、大小、长短等不同型号的毛刷，蘸取洗衣粉或各种合成洗涤剂，转动毛刷刷洗仪器的内壁。洗涤试管时要注意避免试管刷底部的铁丝将试管捅破。用清洁剂洗后再用自来水冲洗。洗涤仪器时应该一个一个地洗，不要同时抓多个仪器一起洗，这样很容易将仪器碰坏或摔坏。

(2) 铬酸洗液洗涤　对一些形状特殊的容积精确的容量仪器，如滴定管、移液管、容量瓶等，不宜用毛刷蘸洗涤剂洗，常用洗液洗涤。

用洗液洗涤仪器的一般步骤如下：仪器先用水洗并尽量把仪器中的残留水倒净，避免浪费和稀释洗液。向仪器中加入少许洗液，倾斜仪器并使其慢慢转动，使仪器的内壁全部被洗液润湿，重复2~3次即可。如果能用洗液将仪器浸泡一段时间，或者用热的洗液洗，则洗涤效果更佳。用完的洗液应倒回洗液瓶。仪器用洗液洗过后再用自来水冲洗，最后用蒸馏水淋洗几次。使用洗液时应注意安全，不要溅在皮肤、衣物上。

(3) 特殊污垢的洗涤　一些仪器上常常有不溶于水的污垢，尤其是原来未清洗而长期放置后的仪器。这时就需要视污垢的性质选用合适的试剂，使其经化学作用而除去。

除了上述清洗方法外，现在还有先进的超声波清洗器。只要把用过的仪器，放在配有合适洗涤剂的溶液中，接通电源，利用声波的能量和振动，就可将仪器清洗干净，既省时又方便。

2. 仪器的干燥

有些仪器洗涤干净后就可用来做实验，但有些化学实验，特别是需要在无水条件下进行的有机化学实验所用的玻璃仪器，常常需要干燥后才能使用。常用的干燥方法如下：

(1) 晾干　将洗净的仪器倒立放置在适当的仪器架上，让其在空气中自然干燥，倒置可以防止灰尘落入，但要注意放稳仪器。

(2) 烘干　将洗净的仪器放入电热恒温干燥箱内加热烘干。恒温干燥箱（简称烘箱）是实验室常用的仪器，常用来干燥玻璃仪器或烘干无腐蚀性、热稳定性比较好的药品，但挥发性易燃品或刚用酒精、丙酮淋洗过的仪器切勿放入烘箱内，以免发生爆炸。

玻璃仪器干燥时，应先洗净并将水尽量倒干，放置时应注意平放或使仪器口朝上，带塞的瓶子应打开瓶塞，如果能将仪器放在托盘里则更好。一般在105℃加热一刻钟左右即可干燥。最好让烘箱降至常温后再取出仪器。如果热时就要取出仪器，应注意用干布垫手，防止烫伤。热玻璃仪器不能碰水，以防炸裂。热仪器自然冷却时，器壁上常会凝上水珠，这可以用吹风机吹冷风助冷而避免。烘干的药品一般取出后应放在干燥器里保存，以免在空气中又吸收水分。

(3) 吹干　用热或冷的空气流将玻璃仪器吹干，所用仪器是电吹风机或玻璃仪器气流干燥器。用吹风机吹干时，一般先用热风吹玻璃仪器的内壁，待干后再吹冷风使其冷却。如果先用易挥发的溶剂如乙醇、乙醚、丙酮等淋洗一下仪器，将淋洗液倒净，然后用吹风机用冷风、热风、冷风的顺序吹，则会干得更快。另一种方法是将洗净的仪器直接放在气流烘干器里进行干燥。

(4) 烤干　用煤气灯小心烤干。一些常用的烧杯、蒸发皿等可置于石棉网上用小火烤干，烤干前应先擦干仪器外壁的水珠。烤干时应使试管口向下倾斜，以免水珠倒流炸裂试管。应先从试管底部开始，慢慢移向管口，不见水珠后再将管口朝上，把水汽赶尽。

还应注意的是，一般带有刻度的计量仪器，如移液管、容量瓶、滴定管等不能用加热的方法干燥，以免热胀冷缩影响这些仪器的精密度。玻璃磨口仪器和带有活塞的仪器洗净后放置时，应该在磨口处和活塞处（如酸式滴定管、分液漏斗等）垫上小纸片，以防止长期放置后粘上不易打开。

3. 干燥器的使用

有些易吸水潮解的固体或灼烧后的坩埚等应放在干燥器内，防止吸收空气中的水分。干燥器是一种有磨口盖子的厚质玻璃器皿，磨口上涂有一层薄薄的凡士林，防止水汽进入，并能很好地密合。干燥器的底部装有干燥剂（变色硅胶、无水氯化钙等），中间放置一块干净的带孔瓷板，用来盛放被干燥物品。打开干燥器时，应左手按住干燥器，右手按住盖的圆顶，向左前方（或向右）推开盖子。温度很高的物体（如灼烧过恒重的坩埚等）放入干燥器时，不能将盖子完全盖严，应该留一条很小的缝隙，待冷后再盖严，否则易被内部热空气冲开盖子打碎，或者由于冷却后的负压使盖子难以打开。搬动干燥器时，应用两手的拇指同时按住盖子，以防盖子因滑落而打碎。

二、加热与冷却

有些化学反应特别是一些有机化学反应，往往需要在较高温度下才能进行；许多化学实验的基本操作，如溶解、蒸发、灼烧、蒸馏、回流等过程也都需要加热。相反，一些放热反应，如果不及时除去反应所放出的热，就会使反应难以控制；有些反应的中间体在室温下不稳定，反应必须在低温下才能进行；此外，结晶等操作也需要降低温度以减少物质的溶解度，这些过程都需要冷却。所以，加热和冷却是化学实验中经常遇到的。

1. 加热装置

常使用酒精灯、酒精喷灯或电加热器等。

（1）酒精灯　先检查灯芯是否需要修整（灯芯不齐或烧焦时）或更换（灯芯太短时），再看看灯壶是否需要添加酒精（加入的酒精量是灯壶容积的 1/2~2/3，不可多加。注意，酒精灯燃着时不能添加酒精）。点燃酒精灯需用火柴，切勿用已点燃的酒精灯直接去点燃别的酒精灯。熄灭灯焰时，切勿用口去吹，可将灯罩盖上，火焰即灭；对于玻璃做的灯罩，还应再提起灯罩，待灯口稍冷，再盖上灯罩，这样可以防止灯口破裂。长时间加热时，最好预先用湿布将灯身包裹，以免灯内酒精受热大量挥发而发生危险。不用时，必须将灯罩盖好，以免酒精挥发。

（2）酒精喷灯　常用的酒精喷灯有挂式及座式两种。挂式喷灯的酒精贮存于悬挂于高处的贮罐内，而座式喷灯的酒精则贮存在灯座内。

使用前，先在预热盆中注入酒精，然后点燃盆中的酒精以加热铜质灯管。待盆中酒精将近燃完，灯管温度足够高时，开启开关（逆时针转），这时由于酒精在灯管内汽化，并与来自气孔的空气混合，如果用火点燃管口气体，即可形成高温的火焰。调节开关阀门可以控制火焰的大小。用毕后，旋紧开关，即可使灯焰熄灭。

应当指出：在开启开关，点燃管口气体以前，必须充分灼热灯管，否则酒精不能全部汽化，而会有液态酒精由管口喷出，可能形成"火雨"（尤其是挂式喷灯），甚至引起火灾。

挂式喷灯使用前应先开启酒精贮罐开关，不使用时，必须将贮罐的开关关好，以免酒精漏失，甚至发生事故。

（3）电加热器　根据需要实验室还常用电炉、电加热套和马弗炉等多种电器进行加热。管式炉和马弗炉一般都可以加热到 1000℃ 以上，并且适宜于某一温度下长时间恒温。

2. 加热操作

常用的受热容器有烧杯、烧瓶、锥形瓶、蒸发皿、坩埚、试管等。这些仪器一般不能骤热，受热后也不能立即与潮湿的或过冷的物体接触，以免容器由于骤热骤冷而破裂。加热液体时，液体体积一般不应超过容器容积的一半。在加热前必须将容器外壁擦干。

烧杯、烧瓶和锥形瓶等容积较大的仪器加热时，必须放在石棉铁丝网（或铁丝网）上，否则容易因受热不匀而破裂。蒸发皿、坩埚灼热时，应放在泥三角上。若需移动则必须用坩埚钳夹取。在火焰上加热试管时，应使用试管夹夹住试管的中上部，试管与桌面成 60°的倾斜，管口不能对着有人的地方。如果加热液体，应先加热液体的中上部，慢慢移动试管，热及下部，然后不时上下移动或摇荡试管，务必使各部分液体受热均匀，以免管内液体因受热不匀而骤然溅出。

如果加热潮湿的或加热后有水产生的固体时，应将试管口稍微向下倾斜，使管口略低于底部，以免在试管口冷凝的水流向灼热的管底而使试管破裂。

如果要在一定范围的温度下进行较长时间的加热，则可使用水浴、蒸气浴或砂浴等。水浴或蒸气浴是具有可彼此分离的同心圆环盖的铜制水锅（也可用烧杯代替）。砂浴是盛有细砂的铁盘。应当指出：若离心试管的管底玻璃较薄，则不宜直接加热，而应在热水浴中加热。

3. 冷却方法

某些化学反应需要在低温条件下进行，另外一些反应需要传递出产生的热量；有的制备操作像结晶、液态物质的凝固等也需要低温冷却。我们可根据所要求的温度条件选择不同的冷却剂（制冷剂）。

用水冷却是一种最简便的方法。水冷却可使被制冷物的温度降到接近室温。可将被冷却物浸在冷水或在流动的冷水中冷却（如回流冷凝器）。

冰或冰水冷却，可得到 0℃的温度。

冰-无机盐冷却剂，可达到的温度为 0～−40℃，制作冰盐冷却剂时，要把盐研细后再与粉碎的冰混合，这样制冷的效果好。冰与盐按不同的比例混合，能得到不同的制冷温度。

干冰-有机溶剂冷却剂，可获得−70℃以下的低温。干冰与冰一样，不能与被制冷容器的器壁有效接触，所以常与凝固点低的有机溶剂（作为热的传导体）一起使用，如丙酮、乙醇、正丁烷、异戊烷等。

利用低沸点的液态气体，可获得更低的温度。如液态氮（一般放在铜质、不锈钢或铝合金的杜瓦瓶中）可达到−195.8℃，而液态氦可达到−268.9℃的低温。使用液态氧、氢时应特别注意安全操作。液氧不要与有机物接触，防止燃烧事故发生；液态氢汽化放出的氢气必须谨慎地燃烧掉或排放到高空，避免爆炸事故；液态氨有强烈的刺激作用，应在通风柜中使用。

使用液态气体时，为了防止低温冻伤事故发生，必须戴皮（或棉）手套和防护眼镜。一般低温冷浴也不要用手直接触摸制冷剂（可戴橡皮手套）。

三、仪器的连接、装配和拆卸

1. 仪器的连接

基础化学实验中所用玻璃仪器间的连接一般采用两种形式，一种是靠塞子连接，一种是靠仪器本身上的磨口连接。

（1）塞子连接　连接两件玻璃仪器的塞子有软木塞和橡皮塞两种。塞子应与仪器接口尺寸相匹配，一般以塞子的 1/3～2/3 插入仪器接口内为宜。塞子的材质的选择取决于被处理物的性质（如腐蚀性、溶解性等）和仪器的应用范围（如在低温还是高温，在常压下还是减压下操作）。塞子选定后，用适宜孔径的钻孔器钻孔，再将玻璃管等插入塞子孔中，即可把仪器等连接起来。由于塞子钻孔费时间，塞子连接处易漏，通道细窄流体阻力大，塞子易被腐蚀、往往污染被处理物等缺点，在大多数场合中塞子连接已被磨口连接所取代。

(2) 标准磨口连接　除了少数玻璃仪器（如分液漏斗的旋塞和磨塞，其磨口部位是非标准磨口）外，绝大多数仪器上的磨口是标准磨口。我国标准磨口是采用国际通用技术标准，常用的是圆台形标准磨口。

2. 仪器的装配

在基础化学实验室内，学生使用同一标号的标准磨口仪器，组装起来非常方便，每件仪器的利用率高，互换性强，用较少的仪器即可组装成多种多样的实验装置。

一套磨口连接的实验装置，尤其像装有机械搅拌这样动态操作的实验装置，每件仪器都要用夹子固定在同一个铁架台上，以防止各件仪器振动频率不协调而破损仪器。现以滴加蒸出反应装置为例说明仪器装配过程及注意事项。首先选定三口烧瓶的位置，它的高度由热源（如煤气灯或电炉）的高度决定。然后以三口烧瓶的位置为基准，依次装配分馏柱、蒸馏头、直形冷凝管、接引管和接收瓶。调整两支温度计在螺口接头中位置并固定好。将螺口接头装配到相应磨口上。再装上恒压滴液漏斗。除像接引管这种小件仪器外，其它仪器每装配好一件都要求用铁夹固定到铁架台上，然后再装另一件。在用铁夹子固定仪器时，既要保证磨口连接处严密不漏，又不要使上件仪器的重力全都压在下件仪器上，即顺其自然将每件仪器固定好，尽量做到各处不产生应力。夹子的双钳必须有软垫（软木片、石棉绳、布条、橡皮等），决不能让金属与玻璃直接接触。冷凝管与接引管、接引管与接收瓶间的连接最好用磨口接头连接专用的弹簧夹固定。微型仪器较小，应该使用三指夹子才能夹紧。接收瓶底用升降台垫牢。一台滴加蒸出反应装置组装得正确应该是，从正面看，分馏柱和桌面垂直，其它仪器顺其自然；从侧面看，所有仪器处在同一个平面上。在常压下进行操作的仪器装置必须有一处与大气相通。

3. 仪器装置的拆卸

仪器装置操作后要及时拆卸。拆卸时，按装配相反的顺序逐个拆除，后装配上的仪器先拆卸下来。在松开一个铁夹子时，必须用手托住所夹的仪器，特别是像恒压滴液漏斗等倾斜安装的仪器，决不能让仪器对磨口施加侧向压力，否则仪器就要损坏。拆卸下来的仪器连接磨口涂有密封油脂时，要用石油醚棉花球擦洗干净。用过的仪器及时洗刷干净，干燥后放置。

四、玻璃量器及其使用

实验室中常用的玻璃量器（简称量器）有滴定管、移液管、容量瓶、量筒和量杯、微量进样器等。

1. 滴定管

滴定管是滴定时用来准确测量流出的操作溶液体积的量器（量出式仪器）。常量分析最常用的是容积为 50mL 的滴定管，其最小刻度是 0.1mL，因此读数可以估计到小数点后第二位。另外，还有容积为 10mL、5mL、2mL 的微量滴定管。最小刻度分别是 ±0.05mL 和 ±0.02mL，特别适用于电位滴定。

滴定管一般分为两种：一种是具塞酸式滴定管；另一种是无塞碱式滴定管。碱式滴定管的一端连接乳胶管，管内装有玻璃珠，以控制溶液的流出，橡皮管或乳胶管下面接一尖嘴玻璃管。酸式滴定管用来装酸性及氧化性溶液，但不适于装碱性溶液。碱式滴定管用来装碱性及无氧化性溶液，凡是能与乳胶管起反应的溶液，如高锰酸钾、碘和硝酸银等溶液，都不能装入碱式滴定管。

进行滴定时，应将滴定管垂直地夹在滴定管架上。使用酸管时，左手无名指和小指向手心弯曲，轻轻地贴着出口管，用其余三指控制旋塞的转动。但应注意不要向外拉旋塞，也不要使手心顶着旋塞末端而向前推动旋塞，以免使旋塞移位而造成漏水，一旦发生这种情况，应重新涂油。使用碱管时，左手无名指及小指夹住出口管，拇指与食指在玻璃球所在部位往一旁（左右均可）捏乳胶管，使溶液从玻璃球旁空隙处流出。注意：不要用力捏玻璃球，也不能使玻璃球上下移动；不要捏到玻璃球下部的乳胶管，以免在管口处带入空气。无论使用哪种滴定管，都不要用右手操作，右手用来摇动锥形瓶。每位学生都必须熟练掌握下面三种加液方法：逐滴连续滴加；只加一滴；加半滴、甚至1/4滴（使其液滴悬在滴定管尖而未落，靠在锥形瓶壁，再用洗瓶吹入锥形瓶的溶液中）。

2. 移液管和吸量管

移液管和吸量管也是用来准确量取一定体积液体的仪器，其中吸量管是带有分刻度的玻璃管，用以吸取不同体积的液体。用移液管或吸量管吸取溶液之前，首先应该用洗液洗净内壁，经自来水冲洗和蒸馏水荡洗3次后，还必须用少量待吸的溶液荡洗内壁3次，以保证溶液吸取后的浓度不变。用移液管吸取溶液时，一般应先将待吸溶液转移到已用该溶液荡洗过的烧杯中，然后再行吸取。吸取时，左手拿洗耳球，右手拇指及中指拿住管颈标线以上的地方，管尖插入液面以下，防止吸空。当溶液上升到标线以上时，迅速用右手食指紧按管口，将管取出液面。左手改拿盛溶液的烧杯，使烧杯倾斜约45°，右手垂直地拿住移液管使管尖紧靠液面以上的烧杯壁，微微松开食指，直到液面缓缓下降到与标线相切时，再次按紧管口，使液体不再流出。把移液管慢慢地垂直移入准备接收溶液的容器内壁上方，倾斜容器使它的内壁与移液管的尖端相接触，松开食指让溶液自由流下。待溶液流尽后，再停15s，取出移液管。不要把残留在管尖的液体吹出，因为在校准移液管体积时，没有把这部分液体算在内（如管上注有"快吹"字样的移液管，则要将管尖的液体吹出）。吸量管使用方法同移液管，但移取溶液时，应尽量避免使用尖端处的刻度。

3. 容量瓶

容量瓶主要用来配制标准溶液或稀释溶液到一定的浓度。容量瓶使用前，必须检查是否漏水。检漏时，在瓶中加水至标线附近盖好瓶塞，用一手食指按住瓶塞，将瓶倒立，转动瓶塞观察瓶塞周围是否渗水，然后将瓶直立2min，观察瓶塞周围是否渗水，然后将瓶直立，把瓶塞转动180°后再盖紧，再倒立，若不渗水，即可使用。

欲将固体物质准确配成一定体积的溶液时，需先把准确称量固体物质置于一小烧杯中溶解，然后定量转移到预先洗净的容量瓶中。转移时一手拿着玻璃棒，一手拿着烧杯，慢慢将玻璃棒从烧杯中取出，并将它插入容量瓶瓶口内（但不要与瓶口接触），再让烧杯嘴贴紧玻璃棒，慢慢倾斜烧杯，使溶液沿着玻璃棒流下。当溶液流完后，在烧杯仍靠着玻璃棒的情况下慢慢地将烧杯直立，使烧杯和玻璃棒之间附着的液滴流回烧杯中，再将玻璃棒末端残留的液滴靠入瓶口内壁。在瓶口上方将玻璃棒放回烧杯内，但不得将玻璃棒靠在烧杯嘴一边。用少量蒸馏水冲洗烧杯3~4次，洗出液按上法全部转移到容量瓶中，然后用蒸馏水稀释，稀释至容量瓶容积的2/3时，直立旋摇容量瓶，使溶液初步混合（此时切勿加塞倒立容量瓶），最后继续稀释至接近标线时，改用滴管逐渐加水至弯月面恰好与标线相切（热溶液应冷至室温后，才能稀释至标线）。盖上瓶塞，将瓶倒立，待气泡上升到顶部后，再倒转过来，如此反复多次，使溶液充分混匀。按照同样的操作，可将一定浓度的溶液准确稀释到一定的体积。

4. 量筒和量杯

量筒和量杯的精度低于上述几种量器，在实验室中常用来量取精度要求不高的溶液和蒸馏水。

五、称量仪器及其使用

化学实验室中最常用的称量仪器是天平。天平的种类很多，根据天平的平衡原理，可分为杠杆式天平和电磁力式天平等；根据天平的使用目的，可分为分析天平和其它专用天平；根据天平的分度值大小，分析天平又可分为常量、半微量、微量等。通常应根据测试精度的要求和实验室的条件来合理地选用天平。

1. 托盘天平

托盘天平用于粗略的称量，能准确至 0.1g。托盘天平的横梁架在托盘天平座上，横梁左右有两个盘子。在横梁中部的上面有指针，根据指针在刻度盘摆动的情况，可以看出托盘天平的平衡状态。使用托盘天平称量时，可按下列步骤进行：

（1）零点调整 使用托盘天平前，需把游码放在刻度尺的零点。托盘中未放物体时，如指针不在刻度零点，可用零点调节螺丝调节。

（2）称量 称量物不能直接放在天平盘上称量（避免天平盘受腐蚀），应放在已知质量的纸或表面皿上，而潮湿的或具腐蚀性的药品则应放在玻璃容器内。托盘天平不能称热的物质。

称量时，称量物放在左盘，砝码放在右盘。添加砝码时从大到小。在添加刻度标尺以内的质量时可移动标尺上的游码，直至指针指示的位置与零点相符，记下砝码质量，此即称量物的质量。

（3）复原 称量完毕应把砝码放回盒内，把游标尺的游码移到刻度"0"处，将托盘天平及台面清理干净。

2. 电子天平

① 检查天平：称量前要检查是否处于正常状态，如天平是否水平，天平盘上是否有异物，箱内是否清洁等。

② 调水平：调整地脚螺栓，使水平仪内空气泡位于圆环中央。

③ 开机：先接通电源，按下 [ON/OFF] 键，直至全屏自检。

④ 预热：至少预热 30min（参考仪器说明书）。否则天平不能达到所需的工作温度。

⑤ 校正：首次使用天平必须进行校正，按校正键 [CAL]，天平将显示所需校正砝码质量，放上砝码直至出现 g，校正结束。

⑥ 称量：天平不载重时的平衡点为零点，观察液晶屏上的读数是否为 0.0mg，如不是，即按下除皮键 [TAR]，除皮清零。打开天平侧门，把试样放在盘中央，关闭天平侧门即可读数。

⑦ 关机：按下键，断开电源。若天平在短期内还要使用，应将开关键关至待机状态，使天平保持保温状态，可延长天平使用寿命。

本部分概括介绍了基础化学实验中所应了解的一些知识，在后面几部分实验中涉及到时，会根据需要进行更具体的介绍。

第二部分　无机化学实验

实验一　仪器的洗涤

【实验目的】

(1) 掌握无机化学实验室常用仪器名称、用途、注意事项。

(2) 掌握并练习常用玻璃仪器的洗涤和干燥方法。

【实验原理】

1. 玻璃仪器的洗涤

为了得到准确的实验现象和结果，无机化学实验中要求使用洁净的玻璃仪器。因此，在使用前必须将仪器充分洗净，常用的洗涤方法有：刷洗、洗涤剂洗、铬酸洗液洗、盐酸-乙醇洗液等。不论用上述哪种方法洗涤器皿，最后都必须用自来水冲洗，再用蒸馏水或去离子水淋洗三次。洗净的器皿，需要倒置。如器壁有不透明处或附着水珠或有油斑，则未洗净应予重洗，直到器壁透明，不挂水珠，则说明已洗净。

常规的尘土可直接用自来水冲洗，多次震荡后倒出；对油污或一些有机污物等，可用洗涤剂或去污粉来刷洗；对更难洗去的污物或仪器口径较小、管细长等形状特殊的器皿，如吸管、容量瓶等，可用铬酸洗液或王水洗涤，也可针对污物的化学性质选用其它适当的药剂洗涤。铬酸洗液具有强酸性、强氧化性，对皮肤、衣服、台面、橡胶等有腐蚀作用，使用时要特别小心，先往玻璃仪器内注入少量洗液，倾斜仪器并慢慢转动，让玻璃仪器内壁全部被洗液湿润。再循环往复使洗液在内壁多次流动，最后把洗液倒回原瓶。另外六价铬对人体、环境危害很大，应尽量少用，已还原成绿色的铬酸洗液，可加入固体高锰酸钾使其再生，这样，实际消耗的是高锰酸钾，可减少铬对环境的污染。

2. 玻璃仪器的干燥

① 将洗净的玻璃仪器倒置于干净的实验柜或容器架上自然晾干。

② 用吹风机将玻璃仪器吹干。

③ 在玻璃仪器内加入少量酒精，再将其倾斜转动，壁上的水即与酒精混合，然后倾出酒精和水，留在玻璃仪器内的酒精快速挥发，而使玻璃仪器干燥。

④ 洗净的玻璃仪器可以放入恒温箱内烘干，应平放或玻璃仪器口向下放。

⑤ 烧杯或蒸发皿可在石棉网上用火烤干。

【实验步骤】

(1) 对照实验室玻璃仪器清单认领仪器，清点装置。

(2) 分类洗涤各种仪器。

【思考题】

(1) 还原变绿的铬酸洗液怎样进行重复利用？

(2) 什么样的仪器不能用加热的方法进行干燥，为什么？

(3) 画出离心试管、试剂瓶、烧杯、量筒、容量瓶的简图，讨论其规格、主要用途和注意事项。

【注意事项】

(1) 用洗液清洗玻璃仪器后要将清洗的废液回收，不能随意倒入水槽中。

(2) 有刻度的量器不能用加热的方法干燥，加热会影响这些容器的精密度，还可能造成破裂。

实验二　溶液的配制

【实验目的】

(1) 学习移液管、容量瓶、量筒的使用方法。
(2) 掌握溶液的配制方法和基本操作。
(3) 熟悉有关溶液的计算。

【实验原理】

在化学实验中经常使用不同浓度和不同要求的溶液，这就要求我们必须掌握溶液配制的基本操作和基本方法。

1. 配制溶液按实验要求分类

① 一般溶液的配制。其特点是：准确度不高，用于定性实验。
② 准确溶液的配制。其特点是：准确度高，用于定量实验。

2. 配制溶液的操作方法

(1) 粗略配制

① 计算药品（液体、固体）用量。
② 称量。用台秤（固体）或量筒（液体）称量药品，并将药品放入烧杯中。
③ 取溶剂。用量筒量取所需体积的溶剂。
④ 溶解或稀释。

　　a. 固体药品：将量筒中的少量溶剂（部分），倒入盛有固体溶质的烧杯中，将其溶解。在溶解时，要不断用玻璃棒搅拌，如有需要可以加热加速溶解。将量筒中剩余的溶剂全部倒入烧杯中，搅拌均匀。

　　b. 液体药品：按照用量，用量筒量取溶剂，进行稀释，用玻璃棒搅拌均匀。

⑤ 转移到指定容器中。

(2) 精确配制

① 计算药品用量。注意有效数字的保留。一般保留到小数点后四位。
② 称量。

　　a. 固体药品　用电子天平称量，精确度为 0.0001g，将溶质放入洁净干燥的烧杯中。

　　b. 液体药品：用适当体积的移液管移取液体，转移到容量瓶中。按移液管要求进行操作。

③ 溶解或稀释。

　　a. 固体药品：用量筒盛取适量溶剂，倒入盛有固体溶质的烧杯中，将其溶解。在溶解时，要不断用玻璃棒搅拌，如有需要可以加热加速溶解。

　　b. 液体药品：按照容量瓶的操作要求进行操作。

④ 转移、洗涤及定容。

　　a. 固体药品：将小烧杯和玻璃棒用溶剂洗涤 2~3 次，并将洗涤液转移至容量瓶中。

　　b. 液体药品：按照容量瓶的操作要求进行操作。

⑤ 摇匀。按照容量瓶的操作要求进行操作。
⑥ 回收。把配制好的溶液转移入指定容器中。

3. 溶液浓度的计算方法

溶液的浓度是指一定量的溶液或溶剂中所含溶质的量。常用的浓度表示方法如下。

物质的量浓度：$c_B = n_B/V$ （单位：$mol \cdot L^{-1}$）

质量浓度：$\rho_B = m_B/V$ （单位：$g \cdot L^{-1}$）

质量分数：$\omega_B = m_B/m$

体积分数：$\varphi_B = V_B/V$

【实验仪器与试剂】

仪器：烧杯、移液管、容量瓶、量筒、称量瓶、分析天平、电子天平。

试剂：NaOH、草酸、盐酸、醋酸（$2.0000 mol \cdot L^{-1}$）。

【实验步骤】

(1) 用 $6 mol \cdot L^{-1}$ HCl 溶液配制 100mL $0.1 mol \cdot L^{-1}$ HCl 溶液。

(2) 用固体 NaOH 粗略配制 100mL $0.1 mol \cdot L^{-1}$ NaOH 溶液。

(3) 用固体草酸精确配制 100mL $0.0500 mol \cdot L^{-1}$ 草酸溶液（草酸分子量为 126）。

(4) 用 $2.0000 mol \cdot L^{-1}$ 的 HAc 溶液精确配制 $0.2000 mol \cdot L^{-1}$ 的 HAc 溶液。

【思考题】

(1) 用容量瓶配制溶液时，是否需要先润洗？

(2) 使用移液管时应注意些什么？

【注意事项】

(1) 使用容量瓶配制溶液时，要先进行试漏。

(2) 配制溶液时，固体药品必须充分溶解后才可转移到容量瓶中。如不易溶解的药品可在烧杯中加热溶解，切不可用容量瓶加热。

实验三 摩尔气体常数的测定

【实验目的】

(1) 掌握一种测定摩尔气体常数的方法。
(2) 熟悉分压定律与理想气体状态方程的应用。
(3) 练习分析天平的使用与测量气体体积的操作。

【实验原理】

通过测量锌片与过量的稀盐酸反应生成氢气的体积可以计算出气体常数 R 的数值。反应方程式为：

$$Zn(s) + 2HCl(aq) =\!=\!= ZnCl_2(aq) + H_2(g)$$

在一定的温度和压力下，测出放出气体的体积（V）。

由于收集中的 H_2 中含有水蒸气，则需查此实验温度下水的饱和蒸气压 p_{H_2O}。根据分压定律 $p = p_{H_2} + p_{H_2O}$，则 $p_{H_2} = p - p_{H_2O}$

$$R = \frac{(p - p_{H_2O})V_{H_2}}{nT} \tag{2-1}$$

式中 p——气体的压力或分压，Pa；
p_{H_2O}——水的饱和蒸气压，Pa；
n——气体的物质的量，mol；
T——气体的温度，K；
R——摩尔气体常数，$J \cdot mol^{-1} \cdot K^{-1}$。

【实验仪器与试剂】

仪器：电子天平，气压计，测定气体常数装置。
试剂：HCl（$6 mol \cdot L^{-1}$）。
其它：砂纸，纯锌片。

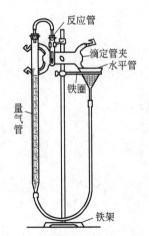

图 2-1 摩尔气体常数测定装置

【实验步骤】

① 准确称取 0.07~0.09g 范围内的锌片，称量前应用砂纸擦去锌片表面氧化膜。

② 按图 2-1 装置图连接好反应装置，先不连接反应管活塞，向水平管中加水，使水的体积在总体积的 1/3~2/3 范围内，使量气管、胶管充满水，量气管水位略低于"0"刻度，然后把水平管固定。

③ 通过长颈滴管向反应管中注入 3mL $6 mol \cdot L^{-1}$ 的 HCl 溶液（将滴管移出反应管时，不能让酸液沾在试管壁上），将锌片挂在塑料钩上（不和 HCl 反应），将反应管固定，塞紧橡皮塞。

④ 检查反应装置是否漏气：将水平管上下移动，观察其内的水面变化。若开始时水平管水面有变化而后保持不变，说明系统不漏气。如果水平管内的水面一直在变化，说明与外界相通，系

统漏气，应检查接口是否严密，特别要检查反应管与量气管之间的橡胶管是否老化，直至不漏气为止。

⑤ 调整水平管的液面和量气管液面在同一水平面位置，然后准确读出量气管内水的弯月面最低点的读数 V_1，要求读准至 ±0.01mL。松开铁夹，使锌片落入酸中。为了不使量气管内因气压增大而引起漏气，在液面下降的同时应慢慢向下移动水平管，保持量气管中水面与反应管中水面一同下降，量气管受的压力和外界大气压相同。

反应结束后，仍保持水平管液面和量气管液面处在同一水平面上。待反应管冷却至室温（约需 10 多分钟），记下反应后量气管内水面的精确读数 V_2。平行测定 3 次。

⑥ 记下室温和大气压数据，并在附录二中查出室温时水的饱和蒸气压 p_{H_2O}。

【数据记录与处理】

数据记录于表 2-1。

表 2-1 实验数据记录

项 目	实验编号		
	1	2	3
锌片的质量 m/g			
反应前量气管中水面读数 V_1/mL			
反应后量气管中水面读数 V_2/mL			
室温/℃			
大气压/kPa			
室温时水的饱和蒸气压/Pa			
R			
平均值			

注：量气管读数精确至 0.01mL；计算 R 值并作误差分析与讨论。

【思考题】

(1) 分析可造成实验误差大的影响因素，其中最重要的是什么？

(2) 读取液面位置时，为何要使量筒和漏斗中的水面保持同一水平面？

(3) 反应完毕，未等试管冷却到室温即进行体积读数，会有什么影响？

【注意事项】

(1) 实验前检查装置的气密性。

(2) 实验完成后要等气体冷却到室温后再读数。

实验四　醋酸解离常数的测定

【实验目的】

(1) 了解弱酸解离常数的测定方法。
(2) 学习移液管、容量瓶的使用方法，并练习配制溶液。
(3) 了解 pH 计的使用方法。

【实验原理】

醋酸（HAc）是一元弱酸，在溶液中存在如下解离平衡：

$$HAc \rightleftharpoons H^+ + Ac^-$$

其解离常数表达式为：$K_a^\theta = \dfrac{[H^+][Ac^-]}{[HAc]}$

在 HAc 和 NaAc 组成的缓冲溶液中，由于同离子效应，当达到解离平衡时，$c(HAc) \approx c_0(HAc)$，$c(Ac^-) \approx c_0(NaAc)$。从而解离常数的计算公式可表示为：

$$\lg K_{HAc}^\theta = \lg[H^+] + \lg\dfrac{[Ac^-]}{[HAc]}$$

$$pK_{HAc}^\theta = pH - \lg\dfrac{[Ac^-]}{[HAc]}$$

对于由相同浓度 HAc 和 NaAc 组成的缓冲溶液，则有：

$$pH = pK_a^\theta(HAc) \tag{2-2}$$

因此配制 $[HAc] = [Ac^-]$ 的 HAc-NaAc 缓冲溶液，测其 pH 值，就可计算出醋酸的 $pK_a^\theta(HAc)$ 及 $K_a^\theta(HAc)$。

【实验仪器与试剂】

仪器：pH 计，容量瓶（50mL）3 个，烧杯（50mL）5 个，移液管（25mL）1 支，吸量管（10mL）1 支，洗耳球 1 个，玻璃棒，滴管。

试剂：HAc（$0.10\;mol \cdot L^{-1}$），NaOH（$0.10\;mol \cdot L^{-1}$），酚酞。

【实验步骤】

用 pH 计测定等浓度的 HAc 和 NaAc 混合溶液的 pH 值。

(1) 配制不同浓度的 HAc 溶液　将实验室准备的 4 个小烧杯从 1～4 编号，容量瓶从 1～3 编号。用 4 号烧杯盛已知浓度的 HAc 溶液。然后用 10mL 吸量管从 4 号烧杯中吸取 5.00mL、10.00mL $0.10\;mol \cdot L^{-1}$ HAc 溶液分别放入 1 号、2 号容量瓶中，用 25mL 移液管从 4 号烧杯中吸取 25.00mL $0.10\;mol \cdot L^{-1}$ HAc 溶液放入 3 号容量瓶中，3 个容量瓶分别加入去离子水至刻度，摇匀。并计算以上三种 HAc 溶液的准确浓度。

(2) 制备等浓度的 HAc 和 NaAc 混合溶液　从 1 号容量瓶中取出 10mL（10mL 吸量管）已知浓度的 HAc 溶液于 1 号烧杯中，加 1～2 滴酚酞，用滴管逐滴加入 $0.10\;mol \cdot L^{-1}$ NaOH 溶液，边滴边振荡，至酚酞变色且 30s 内不褪色为止。再从 1 号容量瓶中取出 10mL HAc 溶液加入到 1 号烧杯中，混合均匀，测定混合溶液的 pH 值。

用 2 号、3 号容量瓶中已知浓度的 HAc 溶液和实验室中准备的 $0.10\;mol \cdot L^{-1}$ HAc 溶液（作为 4 号溶液），重复上述实验，分别测定它们的 pH 值。

【数据记录与处理】

数据记录于表 2-2 中。

表 2-2　实验数据记录

项目	1	2	3	4
[HAc]				
pH				
pK_a^θ(HAc)				

根据以上实验所得的 4 个 pK_a^θ(HAc) 值，由于实验误差可能不完全相同，可用下列方法处理，求 p$\overline{K}_a^\theta$(HAc) 和标准偏差 s：

$$p\overline{K}_a^\theta(\text{HAc}) = \frac{\sum_{i=1}^{n} pK_{ai}^\theta(\text{HAc})}{n}$$

误差 Δ_i：$\Delta_i = p\overline{K}_a^\theta(\text{HAc}) - pK_{ai}^\theta(\text{HAc})$

$$标准偏差\ s：s = \sqrt{\frac{\sum_{i=1}^{n} \Delta_i^2}{n-1}}$$

【思考题】

(1) 由测定等浓度的 HAc 和 NaAc 混合溶液的 pH 值，来确定 HAc 的 pK_a^θ 的基本原理是什么？

(2) 实验过程中所用的烧杯、移液管、容量瓶，哪些需要润洗，哪些不用润洗？

(3) 使用 pH 计测溶液 pH 值时是否需要振荡溶液，为什么？

【注意事项】

(1) 移液管和容量瓶的规范操作。

(2) 正确使用 pH 计，测定溶液前后要冲洗并擦干玻璃电极。

实验五 银氨配离子配位数的测定

【实验目的】

(1) 应用配位平衡和沉淀平衡等原理测定银氨配离子 $[Ag(NH_3)_n]^+$ 的配位数 n。

(2) 练习滴定操作。

【实验原理】

在硝酸银水溶液中加入过量的氨水，即生成稳定的银氨配离子 $[Ag(NH_3)_n]^+$。再往溶液中加入溴化钾溶液，直到刚出现溴化银沉淀且不消失为止，这时混合溶液中同时存在着如下配位平衡和沉淀平衡：

$$Ag^+ + nNH_3 \rightleftharpoons [Ag(NH_3)_n]^+ \tag{1}$$

$$\frac{[Ag(NH_3)_n^+]}{[Ag^+][NH_3]^n} = K_f$$

$$Ag^+ + Br^- \rightleftharpoons AgBr \tag{2}$$

$$[Ag^+][Br^-] = K_{sp}$$

沉淀平衡与配位平衡相加，可得：

$$\frac{[Ag(NH_3)_n^+][Br^-]}{[NH_3]^n} = K_{sp}K_f$$

$$K = K_{sp}K_f$$

从而可得：

$$[Br^-] = \frac{K \times [NH_3]^n}{[Ag(NH_3)_n^+]}$$

$[Br^-]$、$[NH_3]$ 和 $[Ag(NH_3)_n]^+$ 皆是平衡时的浓度（$mol \cdot L^{-1}$），它们可以如下方法近似地计算。

设最初取用的 $AgNO_3$ 溶液的体积为 V_{Ag^+}，浓度为 $[Ag^+]_0$，加入的氨水（过量）和滴定时所需溴化钾溶液的体积分别为 V_{NH_3} 和 V_{Br^-}，其浓度分别为 $[NH_3]_0$ 和 $[Br^-]_0$，混合溶液的总体积为 V_t，则平衡时体系各组分的浓度近似为：

$$[Br^-] = \frac{[Br^-]_0 \times V_{Br^-}}{V_t}$$

$$[Ag(NH_3)_n]^+ = \frac{[Ag^+]_0 \times V_{Ag^+}}{V_t}$$

$$[NH_3] = \frac{[NH_3]_0 \times V_{NH_3}}{V_t}$$

本实验是采用改变氨水的体积，在各组分起始浓度 V_t 和 V_{Ag^+} 在实验过程均保持不变的情况下进行的。所以 V 可表示为：

$$V_{Br^-} = \frac{K \times V_{NH_3}^n \times \left(\frac{[NH_3]_0}{V_t}\right)^n}{\frac{[Ag^+]_0 \times V_{Ag^+}}{V_t} \times \frac{[Br^-]_0}{V_t}}$$

$$V_{Br^-} = V_{NH_3}^n K'$$

将上式两边取对数得方程式：

$$\lg V_{Br^-} = n\lg V_{NH_3} + \lg K' \qquad (2\text{-}3)$$

以 $\lg V_{Br^-}$ 为纵坐标，$\lg V_{NH_3}$ 为横坐标作图，直线的斜率便是 $[Ag(NH_3)_n]^+$ 的配位数 n。

【实验仪器与试剂】

仪器：锥形瓶（250mL），移液管，铁架台，酸式滴定管（50mL）。

试剂：$AgNO_3$（0.010 mol·L^{-1}），KBr（0.010 mol·L^{-1}），$NH_3·H_2O$（2.0 mol·L^{-1}），蒸馏水。

【实验步骤】

用移液管移取 20.00mL 0.010 mol·L^{-1} $AgNO_3$ 溶液到 250mL 锥形瓶中，再分别加入 40mL 2.00 mol·L^{-1} 氨水和 40mL 蒸馏水，混合均匀。

在不断振荡下，从酸式滴定管中逐滴加入 0.010 mol·L^{-1} KBr 溶液，直到刚产生 AgBr 浑浊且不再消失为止，即为终点。

记下所用的 KBr 溶液的体积 V_{Br^-}，并计算出溶液的体积 V_t。

再用 35.00mL、30.00mL、25.00mL、20.00mL、15.00mL 和 10.00mL 2.00 mol·L^{-1} 氨水溶液重复上述操作，其中 $V_{NH_3} + V_{H_2O}$ 为 80mL。

在进行重复操作中，当接近终点时应补加适量蒸馏水，继续滴定至终点，使总体积与第一次实验溶液总体积基本相同，记下滴定终点时所用去的 KBr 溶液的体积 V_{Br^-}。

【数据记录与处理】

数据记录于表 2-3 中。

表 2-3 实验数据记录

编号	V_{Ag^+}/mL	V_{NH_3}/mL	V_{H_2O}/mL	V_{Br^-}/mL	V'_{H_2O}/mL	V_t/mL	$\lg V_{NH_3}$	$\lg V_{Br^-}$
1	20.0	40.0	40.0					
2	20.0	35.0	45.0					
3	20.0	30.0	50.0					
4	20.0	25.0	55.0					
5	20.0	20.0	60.0					
6	20.0	15.0	65.0					
7	20.0	10.0	70.0					

（1）根据有关数据作图，求出 $[Ag(NH_3)_n]^+$ 配离子的配位数 n。

（2）据图查出 $\lg K'$，从而求出 K_f 值。

【思考题】

在计算平衡浓度 $[Br^-]$、$[Ag(NH_3)_n]^+$ 和 $[NH_3]$ 时，为什么可以忽略生成 AgBr 沉淀时所消耗的 Br^- 离子和 Ag^+ 离子的浓度，同时也可以忽略 $[Ag(NH_3)_n]^+$ 电离出来的 Ag^+ 离子浓度以及生成 $[Ag(NH_3)_n]^+$ 时所消耗的 NH_3 的浓度？

【注意事项】

准确判定 KBr 溶液滴定 $AgNO_3$ 的终点。

实验六　二氧化碳相对分子质量的测定

【实验目的】
(1) 了解气体密度法测定气体相对分子质量的原理的方法。
(2) 掌握二氧化碳分子量的测定和计算方法。
(3) 熟练掌握启普发生器的使用。

【实验原理】
阿佛伽德罗定律：同温、同压、同体积的气体含有相同的分子数，即摩尔数相同。根据阿佛伽德罗定律，只要在同温、同压下，比较同体积的两种气体（设其中之一的分子量为已知）的质量，即可测定气态物质的分子量。

再根据理想气体状态方程式

气体 A：
$$pV = \frac{m_A}{M_A}RT$$

气体 B：
$$pV = \frac{m_B}{M_B}RT$$

由上述两式，整理可得：
$$\frac{m_A}{m_B} = \frac{M_A}{M_B}$$

本实验中 A 为空气，B 为 CO_2。
生成二氧化碳的方程式为：
$$CaCO_3 + 2HCl = CaCl_2 + CO_2 + H_2O$$

从而得到：
$$M_{CO_2} = \frac{m_{CO_2}}{m_{空气}} \times 29.0 \tag{2-4}$$

式中　29.0——空气的平均相对分子质量；
　　　m_{CO_2}——体积为 V 的二氧化碳质量；
　　　$m_{空气}$——同体积 V 空气的质量。

体积为 V 的二氧化碳质量 m_{CO_2} 可直接从电子天平上称出，同体积空气的质量 $m_{空气}$ 可由实测的大气压（p）和温度（T），利用理想气体状态方程式求得。

【实验仪器与试剂】
仪器：启普发生器，洗气瓶（2 只），250mL 锥形瓶，台秤，天平，温度计，气压计，橡皮管，橡皮塞等。
试剂：HCl（工业用，$6mol \cdot L^{-1}$），H_2SO_4（工业用），饱和 $NaHCO_3$ 溶液，无水 $CaCl_2$，大理石等。

【实验步骤】
(1) 按图 2-2 连接好二氧化碳气体的发生和净化装置。

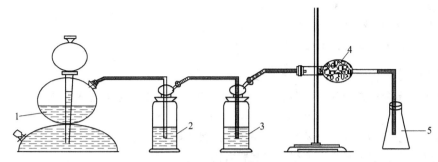

图 2-2　二氧化碳的发生和净化装置

1—大理石＋稀盐酸；2—饱和 $NaHCO_3$；3—浓 H_2SO_4；4—无水 $CaCl_2$；5—收集器

（2）称量充满空气的容器的质量。

① 用一个合适的胶塞塞住干燥的锥形瓶瓶口。

② 胶塞上做一记号。

③ 称得质量 G_1（准至 0.001g）

$$G_1 = m_{容器} + m_{空气} + m_{塞子}$$

（3）称量充满 CO_2 的容器的质量（前后两次的质量差 1~2mg）。

① 启普发生器出来的 CO_2，通过饱和 $NaHCO_3$ 溶液、浓硫酸、无水氯化钙，经过净化和干燥后，导入锥形瓶内。

② 通入 CO_2 2~3min 后，用燃着的火柴在瓶口检查 CO_2 是否已充满，如充满，缓慢取出导气管，用塞子塞住瓶口。

③ 用胶塞塞入瓶口至原记号位置，进行称量。

④ 重复通入二氧化碳气体和称量的操作，直到前后两次（二氧化碳气体＋瓶＋塞子）的质量相符为止（两次质量相差不超过 1~2mg）。这样做是为了保证瓶内的空气已完全被排出并充满了二氧化碳气体。

$$G_2 = m_{容器} + m_{CO_2} + m_{塞子}$$

（4）测定瓶容积（即 V_{CO_2}），用天平称量。

① 往锥形瓶内加满水。

② 塞好塞子（注意位置。）称得质量 G_3。

③ 记下实验时的温度 T（K）和大气压力 p（kPa）。

$$G_3 = m_{容器} + m_{水} + m_{塞子}$$

【数据记录与处理】

室温 t _____ ℃＝_____ K；气压 p _____ Pa。

$G_1 = m_{容器} + m_{空气} + m_{塞子} =$ _____ g；$G_2 = m_{容器} + m_{CO_2} + m_{塞子} =$ _____ g。

$G_3 = m_{容器} + m_{水} + m_{塞子} =$ _____ g；$m_{CO_2} = (G_2 - G_1) + m_{空气} =$ _____ g。

$V_{容器} = (G_3 - G_1)/1.00$ _____ g＝_____ mL；$M_{CO_2} =$ _____ g/mol。

【思考题】

（1）用启普发生器制取 CO_2 时，为什么产生的气体要通过 $NaHCO_3$ 溶液和浓 H_2SO_4，顺序能否颠倒？

（2）判断下列因素对实验结果有何影响。

① 锥形瓶中空气未完全被 CO_2 赶尽。
② 盛 CO_2 的锥形瓶的塞子位置不固定。
③ 启普发生器制备出的 CO_2 净化不彻底。

【注意事项】

(1) 大理石要敲碎成小块以能够装入启普发生器；石子要用水或很稀的盐酸洗涤，除去表面粉末。

(2) 实验后要将锥形瓶充分洗净，倒置于气流烘干器上，烘干后下组用。

(3) 废酸液倒入废液桶中，石子倒入塑料盒内。

实验七 $I_3^- \rightleftharpoons I^- + I_2$ 平衡常数的测定

【实验目的】

(1) 测定 $I_3^- \rightleftharpoons I^- + I_2$ 平衡常数。
(2) 了解化学平衡和平衡移动原理。
(3) 练习滴定操作。

【实验原理】

碘与 KI 溶液混合后会形成 I_3^- 离子，同时建立如下平衡

$$I_3^- \rightleftharpoons I^- + I_2 \tag{1}$$

$$K = \frac{a_{I^-} \times a_{I_2}}{a_{I_3^-}} = \frac{\gamma_{I^-} \times \gamma_{I_2}}{\gamma_{I_3^-}} \times \frac{[I^-][I_2]}{[I_3^-]}$$

式中，α 为活度；γ 为活度系数；$[I^-]$、$[I_2]$、$[I_3^-]$ 为平衡浓度。

由于溶液中离子强度不大则：

$$\frac{\gamma_{I^-} \times \gamma_{I_2}}{\gamma_{I_3^-}} \approx 1$$

所以

$$K \approx \frac{[I^-][I_2]}{[I_3^-]}$$

测定 $[I^-]$、$[I_2]$、$[I_3^-]$ 平衡浓度时，可将过量的碘固体加入到已知浓度的碘化钾溶液中摇荡，反应达平衡后，取上清液，用标准硫代硫酸钠溶液进行滴定，滴定反应如下：

$$2Na_2S_2O_3 + I_2 \rightleftharpoons 2NaI + Na_2S_4O_6 \tag{2}$$

$$2S_2O_3^{2-} + I_3^- \rightleftharpoons S_4O_6^{2-} + 3I^- \tag{3}$$

用硫代硫酸钠溶液滴定，测定到的是平衡时 I_2 和 I_3^- 的总浓度：

$$c = [I_2] + [I_3^-] = \frac{1}{2}[S_2O_3^{2-}]$$

$[I_2]$ 的平衡浓度测定可通过在相同温度下，过量固体碘与水处于平衡时，溶液中碘的浓度来代替。

$$[I_2] = c'$$

则

$$[I_3^-] = c - [I_2] = c - c'$$

若 KI 溶液中 I^- 的起始浓度为 c_0，每一个 I^- 与 I_2 可以生成一个 I_3^-，所以平衡时

$$[I^-] = c_0 - [I_3^-]$$

所以

$$K = \frac{\{cc_0 - [I_3^-]\}c'}{c - c'} = \frac{\{c_0 - c + c'\}c'}{c - c'} \tag{2-5}$$

【实验仪器与试剂】

仪器：天平，碱式滴定管 (50mL)，烘干的碘量瓶 (100mL，250mL)，锥形瓶 (250mL)，移液管，量筒 (100mL)，振荡器，吸量管 (10mL)，洗耳球。

试剂：碘，$Na_2S_2O_3$ 标准溶液 (0.0050mol·L^{-1})，KI (0.0100、0.0200mol·L^{-1})，

淀粉溶液（0.2%），蒸馏水。

【实验步骤】

① 取 2 个干燥的 100mL 碘量瓶和 1 个干燥的 250mL 碘量瓶，分别编号为 1、2、3 号。用量筒分别量取 80mL 0.0100mol·L^{-1}KI 溶液注入 1 号瓶，80mL 0.0200mol·L^{-1}KI 溶液注入 2 号瓶，200mL 蒸馏水注入 3 号瓶，然后在每个瓶中分别加入 0.5g 研细的碘，盖好瓶塞。

② 将 3 个碘量瓶在室温下振荡 30min，静止 10min 后，取上层清液进行滴定。

③ 用 10mL 吸量管取 1 号瓶上层清液两份，分别注入 2 个 250mL 锥形瓶内，再各加入 40mL 蒸馏水，用 0.0050mol·L^{-1} Na$_2$S$_2$O$_3$ 标准溶液滴定其中一份至呈淡黄色时（注意不能滴过量）注入 4mL 0.2%淀粉溶液，此时溶液应呈蓝色，继续滴定至蓝色刚好消失，记下所消耗的 Na$_2$S$_2$O$_3$ 溶液的体积，平行做第二份清液。

用上述方法滴定 2 号瓶上层清液。

④ 用 50mL 移液管取 3 号瓶上层清液两份，用 0.0050mol·L^{-1} 的 Na$_2$S$_2$O$_3$ 标准溶液滴定，方法同上。记录滴定终点所消耗 Na$_2$S$_2$O$_3$ 溶液体积。

【数据记录与处理】

用 Na$_2$S$_2$O$_3$ 标准溶液滴定碘时，相应的碘浓度计算方法如下。

1、2 号瓶碘浓度的计算方法

$$c = \frac{c_{\text{Na}_2\text{S}_2\text{O}_3} V_{\text{Na}_2\text{S}_2\text{O}_3}}{2V_{\text{KI}-\text{I}_2}} \tag{2-6}$$

3 号瓶碘浓度的计算方法

$$c'' = \frac{c_{\text{Na}_2\text{S}_2\text{O}_3} V_{\text{Na}_2\text{S}_2\text{O}_3}}{2V_{\text{H}_2\text{O}-\text{I}_2}} \tag{2-7}$$

本实验测定的 K 值在 $1.0 \times 10^{-3} \sim 2.0 \times 10^{-3}$ 范围内合格（文献值 $K = 1.5 \times 10^{-3}$），数据记录于表 2-4 中。

表 2-4 实验数据记录

项目	1	2	3
硫代硫酸钠标准溶液用量/mL			
碘的总浓度 $X_总$/mol·L^{-1}			
溶液中碘的浓度[I$_2$]/mol·L^{-1}			
[I$_3^-$]/mol·L^{-1}			
[I$^-$]/mol·L^{-1}			
平衡常数 K_a(25℃)			
K_a(平均值)			

【思考题】

(1) 在固体碘和碘化钾溶液反应时，如果碘的量不够，将有何影响？碘的用量是否一定要准确称量。

(2) 在实验过程中，如果有以下情况，对实验结果将会产生什么影响？

① 吸取清液进行滴定时不小心吸进一些碘微粒；

② 饱和碘水放置很久后才滴定；
③ 振荡时间不够。

【注意事项】

(1) 碘易升华、挥发，有毒性和腐蚀性，要小心使用。

(2) 本实验玻璃仪器要洁净干燥，移液要准确，尤其 CCl_4 溶液较重，更要严格掌握，以免影响结果。

(3) 摇动锥形瓶加速平衡时，勿将溶液荡出瓶外，摇后可开塞放气，再盖严。

(4) 实验结束后，碘应回收，其它废液倒入碱性废液桶内。

实验八 卤 素

【实验目的】
(1) 掌握卤素的氧化性和卤素离子的还原性。
(2) 掌握卤素含氧酸盐的氧化性。
(3) 了解卤素的歧化反应。
(4) 学会分离 Cl^-、Br^-、I^- 离子的方法。

【实验原理】
卤素系ⅦA族元素，包括氟、氯、溴、碘、砹，其价电子构型 ns^2np^5。卤素的化学性质都很相似，它们的最外电子层上都有7个电子，有取得一个电子形成稳定的八隅体结构的卤离子的倾向，因此元素的氧化数通常是 -1，但在一定条件下，也可以形成氧化数为 $+1$、$+3$、$+5$、$+7$ 的化合物。卤素都有氧化性，原子半径越小，氧化性越强，因此氟是单质中氧化性最强者。卤素与氢结合成卤化氢，溶于水生成氢卤酸。

$$X_2 + H_2O \Longrightarrow HX + HXO$$

卤素之间形成的化合物称为互卤化物，如 ClF_3（三氟化氯）、ICl（氯碘化合物）。卤素还能形成多种价态的含氧酸，如 $HClO$、$HClO_2$、$HClO_3$、$HClO_4$。卤素单质都很稳定，除了 I_2 以外，卤素分子在高温时都很难分解。

单质的物理递变性：从 F_2 到 I_2，颜色由浅变深；状态由气态、液态到固态；熔沸点逐渐升高；密度逐渐增大；溶解性逐渐减小。

单质氧化性：$F_2 > Cl_2 > Br_2 > I_2$。

阴离子还原性：$F^- < Cl^- < Br^- < I^-$。卤素单质的毒性，从 F 开始依次降低。另外，卤素的化学性质都较活泼，因此卤素只以化合态存在于自然界中。HCl 的还原性较弱，制备 Cl_2，必须使用氧化性强的 $KMnO_4$、MnO_2 来氧化 Cl^-。若使用 MnO_2，则需要加热才能使反应进行，且可控制反应的速度。

【实验仪器与试剂】
仪器：玻璃片，分液漏斗，铅皿，电子分析天平，吸量管带支管的大试管。氯气发生器装置（公用）。

试剂：氯水，溴水，碘水，H_2S（饱和水溶液），四氯化碳，品红溶液，淀粉溶液，氨水（浓，$2mol \cdot L^{-1}$），红磷，I_2（即固体，下同 s），$KCl(s)$，$KBr(s)$，$KI(s)$，$CaF_2(s)$，$NaCl(s)$，石蜡，H_3PO_4（浓），H_2SO_4（浓，$3mol \cdot L^{-1}$、$6mol \cdot L^{-1}$），$KBrO_3$（饱和），$KClO_3$（饱和），KIO_3（$0.1mol \cdot L^{-1}$），KBr（$0.1mol \cdot L^{-1}$），NaF（$0.1mol \cdot L^{-1}$），$Na_2S_2O_3$（$0.5mol \cdot L^{-1}$、$0.1mol \cdot L^{-1}$），KI（$0.1mol \cdot L^{-1}$），KOH（$6mol \cdot L^{-1}$、$2mol \cdot L^{-1}$），水，$Ca(NO_3)_2$（$0.1mol \cdot L^{-1}$），HCl（$2mol \cdot L^{-1}$），$MnSO_4$（$0.1mol \cdot L^{-1}$），HCl（浓，$2mol \cdot L^{-1}$），Na_2SO_3（$0.1mol \cdot L^{-1}$），$FeCl_3$（$0.1mol \cdot L^{-1}$），$AgNO_3$（$0.1mol \cdot L^{-1}$）。

材料：碘化钾-淀粉试纸，pH 试纸，醋酸铅试纸。

其它：含 Cl^-、Br^-、I^- 离子混合液，失落标签的 $KClO$，$KClO_3$，$KClO_4$ 试剂。

【实验步骤】

1. 卤素单质在不同溶剂中的溶解性

分别试验并观察少量的氯、溴、碘在水、四氯化碳、碘化钾水溶液中的溶解情况,将实验现象及结果分析列于表 2-5。

表 2-5 实验现象记录

实验内容	实验现象	实验内容	实验现象	实验内容	实验现象
Cl_2+水		Cl_2+CCl_4		Cl_2+KI	
Br_2+水		Br_2+CCl_4		Br_2+KI	
I_2+水		I_2+CCl_4		I_2+KI	
结论:					

2. 卤素的氧化性

(1) 分别以 $0.1mol \cdot L^{-1}$ KBr,$0.1mol \cdot L^{-1}$ KI,CCl_4,氯水,溴水等试剂,设计一系列试管实验,证明氯、溴、碘的氧化性强弱次序。将设计实验内容、现象和方程式记录于表 2-6。

表 2-6 实验现象及反应方程式

实验内容	实验现象	反应方程式
结论:		

注:以下实验内容参考表 2-6,自行设计表格,书写反应方程式和实验现象。

(2) 氯水、溴水、碘水氧化性差异的比较。

分别向氯水、溴水、碘水溶液中滴加 $0.1mol \cdot L^{-1} Na_2S_2O_3$ 溶液及饱和 H_2S 水溶液,观察现象,写出实验现象和反应方程式。

(3) 氯水对溴、碘离子混合溶液的氧化顺序。

在试管内加 0.5mL(约 10 滴)$0.1mol \cdot L^{-1}$ KBr 溶液及 2 滴 $0.01mol \cdot L^{-1}$ KI 溶液,然后再加入 0.5mL 四氯化碳,逐滴加入氯水,仔细观察四氯化碳液层颜色的变化,写出实验现象和反应方程式。

(4) 请利用卤素置换次序的不同制作"保密信"一封。

3. 卤素离子还原性(通风橱内进行)

(1) 分别向三支盛有少量(绿豆大小)KCl、KBr、KI 固体的试管中加入 0.5mL 浓硫酸。观察现象并选用合适的试纸或试剂检验各试管中逸出的气体产物。提供选择的试纸或试剂分别有醋酸铅试纸、碘化钾-淀粉试纸、pH 试纸、浓氨水。该实验说明了卤素离子的什么性质?写出实验现象和反应方程式。

(2) Br^-,I^- 还原性的比较。分别利用 KBr、KI、$FeCl_3$ 溶液之间的反应,说明 Br^-,I^- 还原性的差异,写出实验现象和反应方程式,通过以上实验比较卤素离子还原性的相对强弱。

4. 氯的歧化反应（在通风橱内进行）

取氯水 10mL 逐滴加入 2mol·L^{-1}KOH 至溶液呈弱碱性（用 pH 试纸检验）。将溶液分成四份，第一份溶液与 2mol·L^{-1}HCl 反应，选择合适的试纸检验气体产物，写出有关反应式；另外三份留作次氯酸钾氧化性实验用。

另取 5mL 6mol·L^{-1}KOH 溶液，水浴加热溶液至近沸时通入氯气。析出晶体后，用冰水冷却试管，滤去溶液，观察晶体色态。晶体留作次氯酸钾氧化性实验用。写出氯气在热碱溶液中歧化的反应式。写出实验现象和反应方程式。

5. 卤酸盐及卤酸盐的氧化性

(1) 次氯酸钾的氧化性。由实验 4 制得的三份次氯酸钾溶液分别与 0.1mol·L^{-1}MnSO$_4$ 溶液、品红溶液及用 3mol·L^{-1}H$_2$SO$_4$ 酸化了的碘化钾-淀粉试纸反应，写出实验现象及反应方程式。

(2) 氯酸钾的氧化性。

① 取少量由实验 4 制得的 KClO$_3$ 晶体置于试管中，加入少许浓盐酸，注意逸出气体的气味，检验气体产物，写出反应方程式，并作出解释。

② 分别试验由实验室配制的饱和 KClO$_3$ 溶液与 0.1mol·L^{-1}Na$_2$SO$_3$ 溶液在中性及酸性条件下（用什么酸酸化？）的反应，用 AgNO$_3$ 验证反应产物，该实验如何说明了 KClO$_3$ 的氧化性与介质酸碱性的关系？

③ 取少量 KClO$_3$ 晶体，用 1~2mL 水溶解后，加入少量四氯化碳及 0.1mol·L^{-1}KI 溶液数滴，摇动试管，观察试管内水相及有机相有什么变化？再加入 6mol·L^{-1}H$_2$SO$_4$ 酸化溶液又有什么变化？写出反应式。能否用 HNO$_3$ 或盐酸来酸化溶液？为什么？

(3) 溴酸钾的氧化性。

①（在通风橱内进行）饱和溴酸钾溶液经 H$_2$SO$_4$ 酸化后分别与 0.5mol·L^{-1}KBr 溶液及 0.5mol·L^{-1}KI 溶液反应，观察现象并检验反应产物，写出反应式。

② 试验饱和 KBrO$_3$ 溶液与 Na$_2$SO$_3$ 溶液在中性及酸性条件下反应，记录现象，写出反应式。

(4) 碘酸钾的氧化性。0.1mol·L^{-1}KIO$_3$ 溶液经 3mol·L^{-1}H$_2$SO$_4$ 酸化后加入少许淀粉溶液，再滴加 0.1mol·L^{-1}Na$_2$SO$_3$ 溶液，观察现象，写出反应式。若体系不酸化，会有什么现象？如将 Na$_2$SO$_3$ 和 KIO$_3$ 的加入顺序对换，又会观察到什么现象？

(5) 溴酸盐与碘酸盐的氧化性比较。向少量饱和 KBrO$_3$ 溶液中加入少量浓 H$_2$SO$_4$ 酸化后再加入少量碘片，振荡试管，将实验现象和反应方程式记录于表格中。

通过以上实验总结氯酸盐、碘酸盐、溴酸盐的氧化性。

6. 卤化氢的制备与性质（通风橱内进行）

(1) 氟化氢的制备与性质。在一块涂有石蜡的玻璃片上，用小刀刻下字迹。在塑料瓶盖上放入约 1g 固体 CaF$_2$，加入几滴水调成糊状后，滴入 1~2mL 浓 H$_2$SO$_4$，立即用刻有字迹的玻璃片覆盖。1~2h 后，用水冲洗玻璃片并刮去玻璃片上的石蜡后可清晰地看到玻璃片上的字迹。写出实验现象和反应方程式。

(2) 分别试验少量固体 NaCl，KBr，KI 与浓 H$_3$PO$_4$ 的反应，适当微热，观察现象并与 (3-1) 实验比较，写出反应式。

(3) 碘化氢的制备与性质（通风橱内进行）。在干燥的大试管内装有粉状的碘及在干燥器干燥过的红磷（$I_2:P\approx1:6$），稍微加热试管，从分液漏斗中滴加少量水，反应生成的气体由导气管导入一支干燥的小试管中。将烧红了的玻璃棒插入收集碘化氢的试管中，观察现象，写出反应式。

7. 金属卤化物的性质

（1）卤化物的溶解度比较。

① 分别向盛有 $0.1\mathrm{mol\cdot L^{-1}}$ NaF、NaCl、KBr、KI 溶液的试管中滴加 $0.1\mathrm{mol\cdot L^{-1}}$ $Ca(NO_3)_2$ 溶液，观察现象，写出反应式。

② 分别向盛有 $0.1\mathrm{mol\cdot L^{-1}}$ NaF、NaCl、KBr、KI 溶液的试管中滴加 $0.1\mathrm{mol\cdot L^{-1}}$ $AgNO_3$ 溶液，制得的卤化银沉淀经离心分离后分别与 $2\mathrm{mol\cdot L^{-1}}$ HNO_3，$2\mathrm{mol\cdot L^{-1}}$ $NH_3\cdot H_2O$ 及 $0.5\mathrm{mol\cdot L^{-1}}$ $Na_2S_2O_3$ 溶液反应，观察沉淀是否溶解。写出反应式。解释氟化物与其它卤化物溶解度的差异及变化规律。

（2）卤化银的感光性。将制得的 AgCl 沉淀均匀地涂在滤纸上，滤纸上放上一把钥匙，光照约十来分钟后取出钥匙，可清楚地看到钥匙的轮廓。卤化银见光分解以氯化银较快，碘化银最慢。

8. 小设计

（1）混合液中含 Cl^-，Br^-，I^- 离子，试设计分离检出方案。

（2）有三瓶无色液体试剂失去了标签，它们分别是 $KClO$，$KClO_3$，$KClO_4$ 请设计实验方法加以鉴别。

【思考题】

（1）进行卤素离子还原性实验时应注意哪些安全问题？

（2）用实验事实说明卤素氧化性和卤素离子还原性的强弱。

（3）为什么用 $AgNO_3$ 检出卤素离子时，要先用 HNO_3 酸化溶液，再用 $AgNO_3$ 检出？向一未知溶液中加入 $AgNO_3$ 时如果不产生沉淀，能否认为溶液中不存在卤素离子？

【注意事项】

(1) 关于卤化物与酸反应的实验要在通风橱中进行。

(2) 使用浓酸时注意安全，按照浓酸使用规则正确操作。

实验九　硫及其化合物

【实验目的】

(1) 了解单质硫的化学性质。

(2) 掌握硫的氧化物、过硫酸盐的性质。

(3) 掌握硫化氢、硫代硫酸盐的性质。

(4) 学会分离鉴定 S^{2-}，SO_3^{2-}，$S_2O_3^{2-}$ 的方法。

【实验原理】

硫（Sulfur）是一种非金属化学元素，属周期系ⅥA族，在元素周期表中位于第三周期。

硫在自然界中的常见化合价有 -2、$+2$、0、$+4$、$+6$ 价。-2 价的有 H_2S、Na_2S 以及其它硫化物，0 价的硫是硫单质，$+4$ 价的 SO_2、H_2SO_3、亚硫酸盐（Na_2SO_3 等），$+6$ 价的有 SO_3、H_2SO_4、硫酸盐（Na_2SO_4 等）。

H_2S 是有毒气体，能溶于水，其水溶液呈弱酸性。H_2S 是强还原剂。S^{2-} 可与金属离子生成金属硫化物沉淀，如 PbS（黑色）。同时，金属硫化物无论易溶还是微溶，均能发生水解。

二氧化硫（SO_2）是一种常见的酸性氧化物，也是造成硫酸性酸雨的"罪魁祸首"。凡涉及硫化氢参与的反应都应在通风橱内进行。二氧化硫能与一些有机色素结合生成无色的化合物，因为这些无色化合物容易分解，因此，漂白有暂时性。二氧化硫有还原性，可被大部分氧化剂（包括氧气）氧化：

$$2KMnO_4 + 5SO_2 + 2H_2O \rightleftharpoons 2H_2SO_4 + K_2SO_4 + 2MnSO_4 \tag{1}$$

$$SO_2 + H_2O + O_2 \rightleftharpoons H_2SO_4 \tag{2}$$

【实验仪器与试剂】

仪器：蒸馏烧瓶，分液漏斗，蒸发皿，坩埚，电子分析天平，试管，烧杯，吸量管。

试剂：硫黄粉，锌粉，汞，活性炭，品红溶液，H_2S（饱和水溶液），氯水，碘水。Na_2SO_3(s)，$K_2S_2O_8$(s)，$K_2S_2O_3$，$CdCO_3$(s)，$MnSO_4$（$0.002\,mol \cdot L^{-1}$），$KMnO_4$（$0.01\,mol \cdot L^{-1}$），H_2SO_4（浓，$1\,mol \cdot L^{-1}$），SO_2，浓硝酸，HCl（$2\,mol \cdot L^{-1}$），$AgNO_3$（$0.1\,mol \cdot L^{-1}$），KI（$0.1\,mol \cdot L^{-1}$），$Na_2S_2O_3$ 溶液，$K_2Cr_2O_7$（$0.1\,mol \cdot L^{-1}$）。

待鉴别溶液：Na_2S、Na_2SO_3、Na_2SO_4、$Na_2S_2O_3$、$K_2S_2O_3$（均为 $0.1\,mol \cdot L^{-1}$）。

【实验步骤】

1. 单质硫的性质

(1) 硫的熔化和弹性硫的生成　约 3g 硫粉加入试管中缓慢加热，观察硫黄色态的变化。待硫粉熔化至沸后迅速倾入一盛有冷水的烧杯中，观察色态变化并试验其弹性。弹性硫放置一段时间后又有什么变化？试给予解释。

(2) 硫的化学性质。

① 硫与汞的反应：在一瓷坩埚中加入一小滴汞，然后加入少量硫粉，用玻璃棒搅动使之混合。观察现象，产物最后集中回收。

② 硫与浓硝酸的反应（在通风橱内进行）：少量硫粉在试管内与浓硝酸加热反应数分钟，观察现象。自行设计方案验证反应产物。

③ 硫的氧化性质：在蒸发皿内混合好约 1g 锌粉及 2g 硫粉，用烧红了的玻璃棒接触混合物，观察现象，设计方案验证反应产物，写出反应方程式列于表 2-7。

表 2-7 实验现象及翻译方程式

实验内容	实验现象	反应方程式

结论：

注：以下实验内容参考表 2-7，自行设计表格，书写反应方程式和实验现象。

2. 硫的氧化物——二氧化硫

（1）二氧化硫的制备（在通风橱内进行）　蒸馏瓶内放入 5g Na_2SO_3 固体，分液漏斗内装浓硫酸。缓慢向蒸馏瓶滴加浓 H_2SO_4，观察现象，写出反应式。

（2）二氧化硫的性质。

① 还原性：取 1mL 0.01mol·L^{-1} $KMnO_4$ 溶液，用 1mol·L^{-1} H_2SO_4 酸化后通入 SO_2 气体。观察现象，写出反应式。

② 氧化性：向饱和硫化氢水溶液中通入 SO_2 气体，观察现象，写出反应式。

③ 漂白作用：品红溶液中通入 SO_2 气体，观察现象。

（3）SO_3^{2-} 的检出　由于含 SO_3^{2-} 的溶液中往往还含有少量 SO_4^{2-}，会干扰 SO_3^{2-} 的检出，因此需将 SO_4^{2-} 预先除去。请自行设计分离步骤并验证某试样中含有 SO_3^{2-}，写出分离过程示意图及有关反应方程式。

3. 硫代硫酸盐的制备与性质

（1）制备　烧杯中加入约 8g Na_2SO_3(s)，3g 已研细了的硫黄粉及 50mL 水。在不断搅拌下煮沸 5min。待反应完毕后加入少量活性炭粉作脱色剂。过滤并弃去残渣，滤液转移至蒸发皿中水浴加热浓缩至液体表面出现结晶为止。自然冷却，晶体析出后抽滤。写出反应式。产物留作下面实验用。

（2）性质　取少量自制的 $Na_2S_2O_3·5H_2O$ 晶体溶于约 5mL 水中，进行以下实验。

① 向溶液中滴加 2mol·L^{-1} HCl 溶液，观察现象，写出反应式。该现象说明 $Na_2S_2O_3$ 什么性质？

② 溶液中滴加碘水，观察现象，写出反应式。该实验说明 $Na_2S_2O_3$ 什么性质？

③ 溶液中滴加氯水，设法证实反应后溶液中有 SO_4^{2-} 存在。写出反应式。

④ 向溶液中加 4 滴 0.1mol·L^{-1} $AgNO_3$ 溶液，再向溶液中滴加 $Na_2S_2O_3$ 溶液，仔细观察反应现象，写出反应式。该实验说明 $Na_2S_2O_3$ 什么性质？

4. 过二硫酸钾的氧化性

① 往有 2 滴 0.002mol·L^{-1} $MnSO_4$ 溶液的试管中加入约 5mL 1mol·L^{-1} H_2SO_4，加入 2 滴 $AgNO_3$ 溶液，再加入少量 $K_2S_2O_3$ 固体，水浴加热，溶液的颜色有什么变化？

另取一支试管，不加入 $AgNO_3$ 溶液，进行同样实验。

比较上述两个实验的现象有什么不同，为什么？写出反应式。

② 取少量 0.1mol·L^{-1}KI 溶液用硫酸酸化后再加入少量 $K_2S_2O_3$ 固体。观察现象，写出反应式。

5. 硫化氢的还原性

① 取几滴 0.01mol·L^{-1}KMnO$_4$ 溶液用硫酸酸化后通入硫化氢气体，观察现象，写出反应式。

② 取几滴 0.1mol·L^{-1}K$_2$Cr$_2$O$_7$ 溶液用硫酸酸化后通入硫化氢气体，观察现象，写出反应式。

6. 小设计

（1）含 S^{2-}，SO_3^{2-}，$S_2O_3^{2-}$ 混合液的分离检出。

要求：

① 自行配制含 S^{2-}，SO_3^{2-}，$S_2O_3^{2-}$ 的混合溶液。

② 从本书附录中查出以下数据，自行设计分离步骤，分别检出 S^{2-}，SO_3^{2-}，$S_2O_3^{2-}$。

K_{sp}：CdS，CaCO$_3$，SrCO$_3$，SrSO$_4$，BaSO$_4$，BaS$_2$O$_3$，SrSO$_3$，BaSO$_3$。

φ_A^θ：H$_2$SO$_4$/H$_2$SO$_3$，H$_2$SO$_3$/S，S/H$_2$S，H$_2$O$_2$/H$_2$O，Br$_2$/Br$^-$。

φ_B^θ：SO$_4^{2-}$/SO$_3^{2-}$，SO$_3^{2-}$/S，S/S^{2-}。

提示：

① 由于 S^{2-} 干扰检出，因此可用 CdCO$_3$ 首先把它从溶液中分离出去。

② 由于在含 SO_3^{2-} 的溶液中往往含有 SO_4^{2-}，故 SO_3^{2-} 的检出必须考虑分离除去 SO_4^{2-} 的干扰。

③ SrS$_2$O$_3$ 可溶于水。

（2）现有五种已失落标签的试剂，分别是 Na$_2$S，Na$_2$SO$_3$，Na$_2$S$_2$O$_3$，Na$_2$SO$_4$，K$_2$S$_2$O$_3$，试设法用实验方法加以鉴别。

【思考题】

（1）长期放置的 H$_2$S、Na$_2$S 和 Na$_2$SO$_3$ 溶液会发生什么变化，为什么？

（2）如何鉴别盐酸、二氧化硫和硫化氢三种气体？

（3）如何证实亚硫酸盐中存在 SO_4^{2-}？为什么亚硫酸盐中常常有硫酸盐，而硫酸盐中却很少有亚硫酸盐？怎样检验 SO_4^{2-} 盐中的 SO_3^{2-}？

（4）比较 $S_2O_8^{2-}$ 与 MnO_4^- 的氧化性的强弱，$S_2O_3^-$ 与 I$^-$ 还原性的强弱。为什么 K$_2$S$_2$O$_3$ 与 Mn^{2+} 的反应要在酸性介质中进行？Na$_2$S$_2$O$_3$ 与 I$_2$ 的反应能否在酸性介质中进行？为什么？

【注意事项】

二氧化硫、硫化氢是有毒气体，对人体及环境带来毒害与污染。凡涉及二氧化硫及硫化氢参与的反应都应在通风橱内进行。

实验十 氮 和 磷

【实验目的】

(1) 掌握硝酸、亚硝酸及其盐的性质。
(2) 了解氨和铵盐的主要性质。
(3) 了解磷酸盐的主要性质。

【实验原理】

硝酸是强酸，又是强氧化剂。硝酸与非金属反应时，常还原为 NO；与金属反应时，还原产物主要取决于硝酸的浓度和金属的活动性。浓硝酸通常被还原为 NO_2，稀硝酸通常被还原为 NO。当活泼金属如 Fe、Zn、Mg 与稀的硝酸反应时，主要还原产物为 NO，与很稀的硝酸作用时产物为 N_2O 甚至为 NH_3。

硝酸盐在常温下较稳定，受热时稳定性较差，容易分解，一般放出氧气，所以他们都是强氧化剂。

亚硝酸很不稳定，仅存于冷的稀溶液中。其溶液浓缩或加热时按下式分解：

$$NaNO_2 + H_2SO_4 \Longrightarrow 2HNO_2 + Na_2SO_4 \qquad (1)$$

$$2HNO_2 \Longrightarrow N_2O_3(蓝色) + H_2O \qquad (2)$$

$$N_2O_3 \Longrightarrow NO + NO_2(棕色) \qquad (3)$$

亚硝酸盐遇酸生成不稳定的 HNO_2，HNO_2 即分解为 N_2O_3，使水溶液呈浅蓝色，N_2O_3 又分解为 NO_2 和 NO，使气相出现 NO_2 的红棕色。

亚硝酸中氮的氧化值为 +3，故其既有氧化性，又有还原性，溶液的酸碱性影响氮的氧化还原能力。

氨能与各种酸发生反应生成铵盐。铵盐遇碱有氨气放出，可用于鉴定 NH_4^+ 的存在，鉴别方法有两种：

① 用 NaOH 溶液与 NH_4^+ 反应，在加热的情况下放出氨气，使湿润的红色石蕊试纸变蓝。

② 用奈斯勒试剂（$K_2[HgI_4]$）的碱性溶液和 NH_4^+ 反应，可以生成红棕色沉淀。

磷酸是中强三元酸，可以生成三种类型的盐，分别为正盐（含 PO_4^{3-}）、酸式盐磷酸一氢盐（含 HPO_4^{2-}）和磷酸二氢盐（含 $H_2PO_4^-$）。

【实验仪器和试剂】

仪器：温度计，试管，蒸发皿，烧杯，酒精灯，坩埚，烧杯。

试剂：$NH_4NO_3(s)$，$NH_4Cl(s)$，$Ca(OH)_2(s)$，$KNO_3(s)$，$Cu(NO_3)_2(s)$，$AgNO_3$，$FeSO_4 \cdot 7H_2O(s)$，$Na_2HPO_4(s)$，$(NH_4)_2SO_4(s)$，$PCl_5(s)$，$NaNO_2$（饱和、$0.01 mol \cdot L^{-1}$、$0.5 mol \cdot L^{-1}$），$Na_4P_2O_7$（$0.1 mol \cdot L^{-1}$），$NaPO_3$（$0.1 mol \cdot L^{-1}$），Na_2HPO_4（$0.1 mol \cdot L^{-1}$），NaH_2PO_4（$0.1 mol \cdot L^{-1}$），$NaNO_3$（$0.5 mol \cdot L^{-1}$），$NH_3 \cdot H_2O$（浓、$2 mol \cdot L^{-1}$），H_2S（饱和水溶液），奈斯勒试剂（$K_2[HgI_4]$＋KOH），对氨基苯磺酸，α-萘胺，四氯化碳，蛋白溶液，硫黄粉，铜片，锌片，铝屑，石蕊试纸，pH 试纸，$AgNO_3$（$0.1 mol \cdot L^{-1}$），$CaCl_2$（$0.1 mol \cdot L^{-1}$），KI（$0.1 mol \cdot L^{-1}$），$KMnO_4$（$0.1 mol \cdot L^{-1}$），

Na_3PO_4（0.1mol·L^{-1}），NH_4NO_3（0.1mol·L^{-1}），HCl（浓、2mol·L^{-1}），NaOH（40%、2mol·L^{-1}、6mol·L^{-1}），H_2SO_4（浓、1mol·L^{-1}、3mol·L^{-1}），HAc（2mol·L^{-1}、6mol·L^{-1}），HNO_3（浓、稀、2mol·L^{-1}）。

【实验步骤】

一、氨和铵盐的性质

1. 氨的实验室制备及其性质

（1）制备　称取 3g NH_4Cl(s) 及 3g $Ca(OH)_2$(s) 混合均匀后装入一支干燥的大试管中，制备和收集氨气（制备过程应注意什么问题？）。用塞子塞紧氨气收集管管口，留作下列实验使用。

（2）性质

① 在水中的溶解　把盛有氨气的试管倒置在盛有水的大烧杯或水槽中，在水下打开塞子，轻轻摇动试管，观察有何现象发生？当水柱停止上升后，用手指堵住管口并将试管自水中取出。

② 氨水的酸碱性　试验上述试管内溶液的酸碱性。

③ 氨的加合作用　在一小坩埚内滴入几滴浓氨水，再把一个内壁用浓盐酸湿润过的烧杯罩在坩埚上，观察现象，写出反应式列于表 2-8。

表 2-8　实验现象及反应方程式

实验内容	实验现象	反应方程式
$NH_4Cl+Ca(OH)_2$		
氨气＋水		
氨水＋pH 试纸		
浓氨水＋浓盐酸		

结论：

注：以下实验内容参考表 2-8，自行设计表格，书写反应方程式和实验现象。

2. 铵盐的性质及检出

（1）铵盐在水中溶解的热效应　试管中加入 2mL 水，测量水温后再加入 2g NH_4NO_3(s)，用小玻璃棒轻轻搅动溶液，再次测量溶液温度，记录温度变化，并作理论解释。$(NH_4)_2SO_4$(s)、NH_4Cl(s) 等铵盐溶于水时将是吸热还是放热？为什么？

（2）铵盐的热分解　分别在三支干燥的小试管中加入约 0.5g NH_4Cl(s)、NH_4NO_3(s)、$(NH_4)_2SO_4$(s)；用试管夹夹好，管口贴上一条已湿润的石蕊试纸，均匀加热试管底部。观察这三种铵盐的热分解的异同，分别写出反应式。在 NH_4Cl 试管中较冷的试管壁上附着的白色霜状物质是什么？如何证实？

（3）铵盐的检出反应

① 气室法检出　取几滴硝酸铵溶液 0.1mol·L^{-1} 置于一表面皿中心，另一表面皿中心贴附有一小条湿润的 pH 试纸，然后在硝酸铵溶液中滴加 6mol·L^{-1} NaOH 溶液至呈碱性，将贴有 pH 试纸的表面皿盖在硝酸铵溶液的表面皿上形成"气室"，将气室置于水浴上微热，观察 pH 试纸颜色的变化。

② 取几滴硝酸铵溶液，加入 2 滴 2mol·L^{-1} NaOH 溶液，然后再加入 2 滴奈斯勒试剂（K$_2$[HgI$_4$]+KOH），观察红棕色沉淀的生成。

二、亚硝酸及其盐的性质

1. 亚硝酸的生成与分解

把已用冰水冷冻过的约 1mL 饱和 NaNO$_2$ 溶液与约 1mL 3mol·L^{-1} H$_2$SO$_4$ 混合均匀。观察现象，溶液放置一段时间后又有什么变化？为什么？写出反应式。

2. 亚硝酸的氧化性

取少量 0.1mol·L^{-1} KI 溶液用 1mol·L^{-1} 的 H$_2$SO$_4$ 酸化，再加入几滴 NaNO$_2$ 溶液，观察反应及产物的色态，微热试管，又有什么变化？写出反应式。

3. 亚硝酸的还原性

几滴 0.1mol·L^{-1} 的 KMnO$_4$ 溶液用 1mol·L^{-1} 的硫酸酸化后滴加 0.5mol·L^{-1} NaNO$_2$ 溶液，观察现象，写出反应式。

4. 亚硝酸根的检出

① 取 1~2 滴 0.01mol·L^{-1} NaNO$_2$ 溶液，加入几滴 6mol·L^{-1} HAc 酸化后再加入一滴对氨基苯磺酸和一滴萘胺溶液，溶液应显红色，表明溶液中含有 NO$_2^-$。（注：NO$_2^-$ 的浓度不宜太大，否则红紫色将很快褪去，生成褐色沉淀与黄色溶液。）

② 在少量 NaNO$_2$ 溶液中加 0.1mol·L^{-1} KI 溶液 1~2 滴，用 H$_2$SO$_4$ 酸化后加入几滴四氯化碳，振荡试管，观察现象。四氯化碳层显紫色，表明 NO$_2^-$ 的存在。写出有关反应方程式。

三、硝酸及其盐的性质

1. 硝酸的氧化性

分别试验浓硝酸与硫［见硫族实验 1.（2）②］、浓硝酸与硫化氢、浓硝酸与金属铜、稀硝酸与金属铜、稀硝酸与活泼金属（锌）的反应，产物各是什么？写出它们的反应式。总结稀硝酸与浓硝酸被还原的规律，并验证稀硝酸与 Zn 反应产物中 NH$_3$ 或 NH$_4^+$ 的存在。

2. 硝酸盐的热分解

分别试验 KNO$_3$(s)，Cu(NO$_3$)$_2$(s)，AgNO$_3$(s) 的热分解，用火柴余烬检验反应生成的气体，说明它们热分解反应的异同。写出反应式并作理论解释。

3. 硝酸盐的检验

① 氨水试液加入 40%（质量分数）NaOH 溶液至呈强碱性，再加入少量铝屑，用 pH 试纸检验反应产生的气体，证实 NO$_3^-$ 的存在。写出反应式。

② 少量固体 FeSO$_4$·7H$_2$O 于试管中，滴加一滴 0.5mol·L^{-1} NaNO$_3$ 溶液及一滴浓硫酸。观察现象。反应式为：

$$3Fe^{2+} + NO_3^- + 4H^+ = 3Fe^{3+} + NO + H_2O \tag{4}$$

$$Fe^{2+} + NO + SO_4^{2-} = Fe(NO)SO_4（棕色） \tag{5}$$

四、磷酸盐的性质

1. 磷酸盐的酸碱性

① 分别检验正磷酸盐、焦磷酸盐、偏磷酸盐水溶液的 pH 值。

② 分别检验 Na_3PO_4、Na_2HPO_4、NaH_2PO_4 水溶液的 pH 值。

以等量的 $AgNO_3$ 溶液分别加入到这些溶液中产生沉淀后溶液的 pH 值又有什么变化？请解释原因。

2. 磷酸钙盐的生成与性质

分别向 $0.1mol \cdot L^{-1} Na_3PO_4$、$0.1mol \cdot L^{-1} Na_2HPO_4$ 和 $0.1mol \cdot L^{-1} NaH_2PO_4$ 溶液中加 $0.1mol \cdot L^{-1}$ 的 $CaCl_2$ 溶液，观察有无沉淀生成？再加入 $2mol \cdot L^{-1} NH_3 \cdot H_2O$ 后又有何变化？继续加入 $2mol \cdot L^{-1} HCl$ 后又有什么变化？试给予解释并写出反应式。

3. 磷酸根、焦磷酸根、偏磷酸根的鉴别

① 分别向 $0.1mol \cdot L^{-1} Na_2HPO_4$、$0.1mol \cdot L^{-1} Na_4P_2O_7$、$0.1mol \cdot L^{-1} NaPO_3$ 水溶液中滴加 $0.1mol \cdot L^{-1} AgNO_3$ 溶液，各有什么现象发生？生成的沉淀溶于 $2mol \cdot L^{-1}$ HNO_3 吗？

② 以 $2mol \cdot L^{-1} HAc$ 溶液酸化磷酸盐溶液、焦磷酸盐溶液后分别加入蛋白溶液，各有什么现象发生？

把以上实验结果填在表 2-9 中，并说明磷酸根、焦磷酸根、偏磷酸根的鉴定方法。

表 2-9　磷的含氧酸盐的性质

实验内容	PO_4^{3-}	$P_2O_7^{4-}$	PO_3^-
滴加 $0.1mol \cdot L^{-1} AgNO_3$ 溶液			
沉淀在 $2mol \cdot L^- HNO_3$ 中			
HAc 酸化后加入蛋白溶液			

4. 磷酸盐的转化

在坩埚中放入少许研细了的 Na_2HPO_4 粉末，小火加热，待水分完全逃逸后大火灼烧 15min，冷却、检验产物中磷酸根的存在形式，写出反应式。（注：用 $AgNO_3$ 鉴定产物时，加 HAc 溶液可以消除少量 PO_4^{3-} 对其它离子的干扰。）

五、小设计

取少量 $PCl_5(s)$ 溶于水中，令其水解彻底。请自行设计方案检验 PCl_5 的水解产物。

【思考题】

(1) 用奈斯勒试剂鉴定 NH_4^+ 时，为何要加入氢氧化钠使 NH_3 逸出，可否将奈斯勒试剂直接加入含 NH_4^+ 的溶液中？

(2) 浓硝酸和稀硝酸与金属、非金属及一些还原性化合物反应时，还原产物主要有什么？

(3) HNO_3 一般情况下不作为酸性反应介质的原因。

【注意事项】

亚硝酸及其盐有毒，切勿入口！

实验十一 铜、银、锌、镉、汞

【实验目的】

(1) 掌握铜、银、锌、镉、汞的氧化物或氢氧化物的酸碱性。

(2) 掌握铜、银、锌、镉、汞形成配合物的性质。

(3) 了解 Cu(Ⅱ) 与 Cu(Ⅰ)，Hg(Ⅱ) 与 Hg(Ⅰ) 的相互转化条件。

【实验原理】

ds 区元素是指元素周期表中的ⅠB、ⅡB 两族元素，包括 IB 族：铜（Cu）、银（Ag）、金（Au）；ⅡB 族：锌（Zn）、镉（Cd）、汞（Hg）元素。本实验研究铜、银、锌、镉、汞的化合物性质。铜、银在化合物中的氧化值有 +3、+2、+1 价，其中铜的 +2 价化合物最为稳定，+3 价铜的化合物氧化性强，稳定性差。+1 价铜在溶液中不稳定。银的 +1 价化合物最为稳定，化合物种类也最多。而 +2、+3 价化合物氧化性强，稳定性差。锌、镉通常为 +2 价化合物，汞 +2 价、+1 价。

这些元素的化合物多数较难溶于水，对热稳定性较差，易形成配位化合物，化合物常显不同的颜色。比如，ds 区元素的氢氧化物均较难溶于水，且易脱水变成氧化物。银和汞的氢氧化物极不稳定。常温下即失水变成 Ag_2O（棕黑色）和 HgO（黄色）。黄色 HgO 加热则生成橘红色 HgO 变体。

$Zn(OH)_2$ 呈典型的两性氢氧化物，$Cu(OH)_2$ 呈较弱的两性（偏碱），$Cd(OH)_2$ 和 $Hg(OH)_2$、(HgO) 呈碱性，而 AgOH 为强碱性。Cu^{2+}、Ag^+、Zn^{2+}、Cd^{2+}、Hg^{2+} 与 Na_2S 溶液反应都生成难溶的硫化物。其中 HgS 可溶于过量的 Na_2S，与 S^{2-} 生成无色的 HgS_2^{2-} 配离子。若在此溶液中加入盐酸又生成黑色 HgS 沉淀。此反应可作为分离 HgS 的方法。

ds 区元素阳离子都有较强的接受配体的能力，易与 H_2O、NH_3、X^-、CN^-、SCN^- 和 en 等形成配离子。例如 $Cu(en)_2^{2+}$、$Ag(SCN)_2^-$、$Zn(H_2O)_4^{2+}$、$Cd(NH_3)_4^{2+}$ 和 $HgCl_4^{2-}$ 等。Hg^{2+} 与 I^- 反应先生成橘红色 HgI_2 沉淀，加入过量的 I^- 则生成无色的 HgI_4^{2-} 配离子，它和 KOH 的混合溶液称为奈斯勒试剂，该试剂能有效地检验铵盐的存在。Cu^{2+}、Ag^+、Zn^{2+}、Cd^{2+} 与氨水反应生成 $Cu(NH_3)_4^{2+}$（深蓝）、$Ag(NH_3)_2^+$（无色）、$Zn(NH_3)_4^{2+}$（无色）、$Cd(NH_3)_4^{2+}$（无色）等配离子。Hg^{2+} 只有在过量的铵盐存在下才与 NH_3 生成配离子。当铵盐不存在时，则生成氨基化合物沉淀。

【实验仪器与试剂】

仪器：离心机，酒精灯，试管。

试剂：汞，$CuCl_2(s)$，KBr(s)，盐酸（浓），H_2SO_4（1mol·L^{-1}），NaOH（2mol·L^{-1}、6mol·L^{-1}），$NH_3·H_2O$（2mol·L^{-1}、浓），葡萄糖 10%（质量分数），KSCN 25%（质量分数），Na_2SO_3（2mol·L^{-1}），KI（2mol·L^{-1}），$CuSO_4$（0.1mol/L），$AgNO_3$（0.1mol/L），$ZnSO_4$（0.1mol/L），$CdSO_4$（0.1mol/L），$Hg(NO_3)_2$（0.1mol/L），$HgCl_2$（0.1mol/L），NaCl（0.1mol/L），$Na_2S_2O_3$（0.1mol/L），NH_4Cl（0.1mol/L），硫粉，锌盐，钴盐。

【实验步骤】

一、氢氧化物的生成与性质

分别向 $CuSO_4$、$AgNO_3$、$ZnSO_4$、$CdSO_4$、$Hg(NO_3)_2$ 溶液中滴加 $2mol·L^{-1}$ NaOH，观察产生沉淀的颜色形态。并试验其酸碱性和对热稳定性，实验结果列于表 2-10。

表 2-10 实验现象及反应方程式

实验内容	实验现象	反应方程式

结论：

注：以下实验内容参考表 2-10，自行设计表格，书写反应方程式和实验现象。

二、配合物

1. 氨合物

分别向 $CuSO_4$、$AgNO_3$、$ZnSO_4$、$CdSO_4$、$HgCl_2$ 溶液中滴加 $2mol·L^{-1}NH_3·H_2O$，观察沉淀的生成与溶解。再试验沉淀溶解后的溶液对酸、碱和热的稳定性。写出有关的反应式。

2. 其它配体的配合物

（1）银的配合物。

① 银的配合物与卤化银间的配合与沉淀平衡 利用 $AgNO_3$、NaCl、KBr、KI、$Na_2S_2O_3$、$2mol·L^{-1}NH_3·H_2O$ 等试剂设计系列试管实验，比较 AgCl、AgBr 和 AgI 溶解度的大小以及 Ag^+ 与 $NH_3·H_2O$、$Na_2S_2O_3$ 生成的配合物稳定性的大小。记录有关现象，写出反应式。

② 银镜的制作 在试管中加入少量 $AgNO_3$ 溶液，然后滴加 $2mol·L^{-1}NH_3·H_2O$ 至生成沉淀刚好溶解为止。再向溶液中加入少量10%（质量分数）的葡萄糖溶液，水浴加热，观察现象，写出反应式，并加以解释。

（2）汞的配合物的生成及应用。

① 在 $Hg(NO_3)_2$ 溶液中逐滴加入 KI 溶液，观察沉淀的生成与溶解。然后往溶解后的溶液中加入 $2mol·L^{-1}NaOH$ 溶液使呈碱性，再加入几滴氯化铵溶液，观察现象。写出反应式（此反应可用于检验 NH_4^+ 离子的存在）。

② 在 $Hg(NO_3)_2$ 溶液中逐滴加入25%（质量分数）KSCN 溶液，观察沉淀的生成与溶解，写出反应式。把溶液分成两份，分别加入锌盐和钴盐，并用玻璃棒摩擦试管壁，观察白色$Zn[Hg(SCN)_4]$和蓝色$Co[Hg(SCN)_4]$沉淀的生成。（这反应可用于定性检验 Zn^{2+}、Co^{2+}）。

（3）铜（Ⅱ）的配合物。向少量固体 $CuCl_2$ 中加入浓盐酸，温热，使固体溶解，再加入少量蒸馏水，观察溶液的颜色，写出反应式。

取少量固体 KBr，慢慢加入上述溶液中，直到振荡后不再溶解为止。观察现象，并作解释。

三、铜（Ⅰ）化合物及其性质

1. 碘化亚铜（Ⅰ）的形成

在 $CuSO_4$ 溶液中加入 KI 溶液，观察现象，用实验验证反应产物，写出反应式。

取少量固体 $CuCl_2$，加入 8~10mL $2mol\cdot L^{-1} Na_2SO_3$ 溶液，搅拌，观察现象，若有沉淀产生，取其少许分别试验沉淀与浓氨水和浓盐酸作用，观察现象，写出反应式。

2. 氧化亚铜（Ⅰ）的形成和性质

在 $CuSO_4$ 溶液中加入过量的 $6mol\cdot L^{-1} NaOH$ 溶液，使最初生成的沉淀完全溶解。然后再加入数滴 10%（质量分数）葡萄糖溶液，摇匀，微热，观察现象。若生成沉淀，离心分离，并用蒸馏水洗涤沉淀。往沉淀中加入 $1mol\cdot L^{-1} H_2SO_4$ 溶液，再观察现象，列表写出反应方程式。

四、汞（Ⅱ）和汞（Ⅰ）相互转化

1. Hg^{2+} 离子转化为 Hg_2^{2+} 离子

① 在 $Hg(NO_3)_2$ 溶液中加入数滴 NaCl 溶液，观察现象。

② 少量 $Hg(NO_3)_2$ 溶液中加入一滴汞。振荡试管，把清液转移至另一试管中（余下的汞要回收）。将溶液分成两份，在其中一份清液中加入 NaCl 溶液数滴，观察现象，并与上一试验对比，写出反应式。另一份供下一实验用。

2. 汞（Ⅰ）的歧化分解

在上一个实验制得的 $Hg_2(NO_3)_2$ 溶液中滴加 $2mol\cdot L^{-1} KI$ 溶液，观察现象，写出反应式。

【思考题】

（1）Cu^{2+}、Ag^+、Zn^{2+}、Cd^{2+}、Hg^{2+} 与 NaOH 反应的产物分别为什么？

（2）比较铜（Ⅰ）化合物和铜（Ⅱ）化合物的稳定性。说明铜（Ⅰ）和铜（Ⅱ）互相转化的条件。

（3）试验汞及其化合物性质时应注意那些安全措施？

【注意事项】

(1) 银镜实验后试管要马上清洗。

(2) 做汞转化实验时要注意操作规范，不要将汞滴落出来，并准备硫粉以防外落。

实验十二 铬、锰、铁、钴、镍

【实验目的】
(1) 掌握铬、锰、铁、钴、镍氢氧化物的酸碱性和氧化还原性。
(2) 掌握铬、锰主要氧化态的化合物的重要性质及各氧化态之间相互转化的条件。
(3) 掌握铁、钴、镍配合物的生成和性质。
(4) 掌握铬、锰、铁、钴、镍混合离子的分离与鉴定方法。

【实验原理】

Cr，Mn 和铁系元素 Fe、Co、Ni 为第四周期的ⅥB，ⅦB，ⅧB 族元素。它们都能形成多种氧化值的化合物。铬的重要氧化值为 +3 和 +6；锰的重要氧化值为 +2，+4，+6，+7；铁的重要氧化值为 +2 和 +3，它们的重要化合物性质如下。

1. Cr 重要化合物的性质。

铬以铬铁矿 $Fe(CrO_2)_2$ 的形式存在，价电子构型为 $(n-1)d^{4\sim5}ns^{1\sim2}$。其中重要的化合物有 Cr_2O_3 和 $Cr(OH)_3$。$Cr(OH)_3$（蓝绿色）是典型的两性氢氧化物，$Cr(OH)_3$ 与 NaOH 反应所得的绿色 $NaCrO_2$ 具有还原性，易被 H_2O_2 氧化生成黄色 Na_2CrO_4。

2. Mn 重要化合物的性质

锰通常以软锰矿（$MnO_2 \cdot H_2O$）的形式存在，价电子构型为 $(n-1)d^5ns^2$，可形成多种氧化态：从 +2~+7。$Mn(OH)_2$（白色）是中强碱，具有还原性，易被空气中 O_2 所氧化：

$$4Mn(OH)_2 + O_2 \longrightarrow 4MnO(OH)_2(褐色) + 2H_2O \tag{1}$$

$MnO(OH)_2$ 不稳定分解产生 MnO_2 和 H_2O。

在酸性溶液中，二价 Mn^{2+} 很稳定，与强氧化剂（如 $NaBiO_3$，PbO_2，$S_2O_8^{2-}$ 等）作用时，可生成紫红色 MnO_4^- 离子：

$$2Mn^{2+} + 5NaBiO_3 + 14H^+ \longrightarrow 2MnO_4^- + 5Bi^{3+} + 5Na^+ + 7H_2O \tag{2}$$

K_2MnO_4 可被强氧化剂（如 Cl_2）氧化为 $KMnO_4$。

MnO_4^- 具强氧化性，它的还原产物与溶液的酸碱性有关。在酸性，中性或碱性介质中，分别被还原为 Mn^{2+}，MnO_2 和 MnO_4^{2-}。

3. Fe、Co、Ni 重要化合物的性质

Fe、Co、Ni 单质的存在形式主要有 Fe_2O_3（赤铁矿）、Fe_3O_4（磁铁矿）、FeS_2（黄铁矿）、CoAsS（辉铁矿）、$NiS \cdot FeS$（镍黄铁矿）。

(1) 铁、钴、镍的氢氧化物 $Fe(OH)_2$（白色）和 $Co(OH)_2$（粉色）除具有碱性外，均具有还原性，易被空气中 O_2 所氧化。

$$4Fe(OH)_2 + O_2 + 2H_2O \longrightarrow 4Fe(OH)_3 \tag{3}$$

$$4Co(OH)_2 + O_2 + 2H_2O \longrightarrow 4Co(OH)_3 \tag{4}$$

$Co(OH)_3$（褐色）和 $Ni(OH)_3$（黑色）具强氧化性，可将盐酸中的 Cl^- 离子氧化成 Cl_2。

$$2M(OH)_3 + 6HCl(浓) \longrightarrow 2MCl_2 + Cl_2 + 6H_2O(M 为 Ni、Co) \tag{5}$$

(2) 铁、钴、镍配合物　铁系元素是很好的配合物的形成体，能形成多种配合物，常见的有氨的配合物，Fe^{2+}，Co^{2+}，Ni^{2+} 离子与 NH_3 能形成配离子，它们的稳定性依次递增。

在无水状态下，$FeCl_2$ 与液 NH_3 形成 $[Fe(NH_3)_6]Cl_2$，此配合物不稳定，遇水即分解：

$$[Fe(NH_3)_6]Cl_2 + 6H_2O \longrightarrow Fe(OH)_3 + 4NH_3 \cdot H_2O + 2NH_4Cl \tag{6}$$

Co^{2+} 与过量氨水作用，生成 $[Co(NH_3)_6]^{2+}$ 配离子：

$$Co^{2+} + 6NH_3 \cdot H_2O \longrightarrow [Co(NH_3)_6]^{2+} + H_2O \tag{7}$$

$[Co(NH_3)_6]^{2+}$ 配离子不稳定，放置空气中立即被氧化成 $[Co(NH_3)_6]^{3+}$

$$4[Co(NH_3)_6]^{2+} + O_2 + 2H_2O \longrightarrow 4[Co(NH_3)_6]^{3+} + 4OH^- \tag{8}$$

二价 Ni^{2+} 与过量氨水反应，生成浅蓝色 $[Ni(NH_3)_6]^{2+}$ 配离子。

$$Ni^{2+} + 6NH_3 \cdot H_2O \longrightarrow [Ni(NH_3)_6]^{2+} + 6H_2O \tag{9}$$

【实验仪器与试剂】

仪器：离心机，吸量管，试管，长滴管。

试剂：HCl（$2mol \cdot L^{-1}$、浓），H_2SO_4（$2mol \cdot L^{-1}$、浓），HNO_3（$6mol \cdot L^{-1}$），HAc（$2mol \cdot L^{-1}$），H_2S（饱和），NaOH（$2mol \cdot L^{-1}$、$6mol \cdot L^{-1}$、40%），$NH_3 \cdot H_2O$（$2mol \cdot L^{-1}$、$6mol \cdot L^{-1}$），H_2O_2（3%），$MnSO_4$（$0.1mol \cdot L^{-1}$、$0.5mol \cdot L^{-1}$），$Cr_2(SO_4)_3$（$0.1mol \cdot L^{-1}$），Na_2S（$0.1mol \cdot L^{-1}$），$CrCl_3$（$0.1mol \cdot L^{-1}$），K_2CrO_4（$0.1mol \cdot L^{-1}$），$K_2Cr_2O_7$（$0.1mol \cdot L^{-1}$），$KMnO_4$（$0.01mol \cdot L^{-1}$），$BaCl_2$（$0.1mol \cdot L^{-1}$），$FeCl_3$（$0.1mol \cdot L^{-1}$），$CoCl_2$（$0.1mol \cdot L^{-1}$、$0.5mol \cdot L^{-1}$），$FeSO_4$（$0.1mol \cdot L^{-1}$），$SnCl_2$（$0.1mol \cdot L^{-1}$），$NiSO_4$（$0.1mol \cdot L^{-1}$、$0.5mol \cdot L^{-1}$），$K_4[Fe(CN)_6]$（$0.1mol \cdot L^{-1}$），$K_3[Fe(CN)_6]$（$0.1mol \cdot L^{-1}$），NH_4Cl（$1mol \cdot L^{-1}$），$MnO_2(s)$，$KMnO_4(s)$，$FeSO_4 \cdot 7H_2O(s)$，KSCN(s)，戊醇，溴水，丁二酮肟，丙酮，去离子水。

材料：淀粉-KI 试纸。

【实验步骤】

1. 氢氧化物的生成和性质

① 用 $0.1mol \cdot L^{-1}$ 的 $CrCl_3$ 溶液和 $2mol \cdot L^{-1}$ 的 NaOH 溶液制备少量 $Cr(OH)_3$，分别试验其在酸碱中的溶解情况，观察现象，将有关反应方程式列于表 2-11。

表 2-11　实验现象及反应方程式

实验内容	实验现象	反应方程式
结论		

注：以下实验内容参考表 2-11，自行设计表格，书写反应方程式和实验现象。

② 在 3 支试管中各加入几滴 $0.1mol \cdot L^{-1} MnSO_4$ 溶液和 $2mol \cdot L^{-1} NaOH$ 溶液（均预先加热除氧），观察现象。迅速检验两支试管中 $Mn(OH)_2$ 在酸碱中的溶解性，振荡第三支试管，观察沉淀颜色的变化，写出有关反应方程。

③ 取 2mL 去离子水，加入几滴 $2mol \cdot L^{-1} H_2SO_4$ 溶液，煮沸除氧，冷却后加少量

$FeSO_4 \cdot 7H_2O$(s) 使其溶解。在另一支试管中加入 1mL $2mol \cdot L^{-1}$ NaOH 溶液，煮沸除氧。冷却后用长滴管吸取 NaOH 溶液，迅速插入前一支试管溶液底部挤出，观察现象。震荡后分 3 份，取两份检验酸碱性，另一份在空气中放置，观察现象，写出有关反应方程。

④ 在 3 支试管中各加入几滴 $0.5mol \cdot L^{-1}$ $CoCl_2$ 溶液，再逐滴加入 $2mol \cdot L^{-1}$ NaOH 溶液，观察现象。离心分离，弃取清液，然后检验两支试管中沉淀的酸碱性，将第三支试管中的沉淀在空气中放置，观察现象，写出有关反应方程。

⑤ 用 $0.5mol \cdot L^{-1}$ $NiSO_4$ 溶液代替 $CoCl_2$ 溶液，重复实验④。

⑥ 在试管中加入几滴 $0.1mol \cdot L^{-1}$ 的 $FeCl_3$ 溶液和 $2mol \cdot L^{-1}$ NaOH 溶液制取少量 $Fe(OH)_3$ 沉淀，观察其颜色和状态，检验其酸碱溶解性。

⑦ 取几滴 $0.5mol \cdot L^{-1}$ $CoCl_2$ 溶液，加几滴溴水，然后加入几滴 $2mol \cdot L^{-1}$ NaOH 溶液，摇荡试管，观察现象。离心分离，弃取清液，在沉淀中滴加浓 HCl，并用淀粉-KI 试纸检查逸出的气体，写出有关反应方程。

⑧ 用 $0.5mol \cdot L^{-1}$ $NiSO_4$ 溶液代替 $CoCl_2$ 溶液，重复实验⑦，写出有关反应方程。

通过实验⑥~⑧比较 Fe(Ⅲ)、Co(Ⅲ)、Ni(Ⅲ) 氧化性的强弱。

2. Cr(Ⅲ) 的还原性和 Cr^{3+} 的鉴定

取几滴 $0.1mol \cdot L^{-1}$ $CrCl_3$ 溶液，逐滴加入 $6mol \cdot L^{-1}$ NaOH 溶液至过量，然后滴加 3% H_2O_2 溶液，微热，观察现象。待试管冷却后，再补加几滴 H_2O_2 和 0.5mL 戊醇（或乙醚），慢慢滴入 $6mol \cdot L^{-1}$ HNO_3 溶液，摇荡试管，观察现象，写出有关反应方程。

3. CrO_4^{2-} 和 $Cr_2O_7^{2-}$ 的相互转化

① 取几滴 $0.1mol \cdot L^{-1}$ $K_2Cr_2O_7$ 滴溶液，逐滴加入 $2mol \cdot L^{-1}$ H_2SO_4 溶液，观察现象，再逐滴加入 $2mol \cdot L^{-1}$ NaOH 溶液，观察有何变化，写出有关反应方程。

② 在 2 支试管中分别加入几滴 $0.1mol \cdot L^{-1}$ K_2CrO_4 溶液和 $0.1mol \cdot L^{-1}$ $K_2Cr_2O_7$ 溶液，然后分别滴加 $0.1mol \cdot L^{-1}$ $BaCl_2$ 溶液，观察现象。最后再分别滴加 $2mol \cdot L^{-1}$ HCl 溶液，观察现象。写出有关反应方程。

4. $Cr_2O_7^{2-}$、MnO_4^-、Fe^{3+} 的氧化性与 Fe^{2+} 的还原性

① 取 2 滴 $0.1mol \cdot L^{-1}$ $K_2Cr_2O_7$ 溶液，滴加饱和 H_2S 溶液，观察现象。

② 取 2 滴 $0.01mol \cdot L^{-1}$ $KMnO_4$ 溶液，用 $2mol \cdot L^{-1}$ H_2SO_4 溶液酸化，再滴加 $0.1mol \cdot L^{-1}$ $FeSO_4$ 溶液，观察现象。

③ 取几滴 $0.1mol \cdot L^{-1}$ $FeCl_3$ 溶液，滴加 $0.1mol \cdot L^{-1}$ $SnCl_2$ 溶液，观察现象。

④ 将 $0.01mol \cdot L^{-1}$ $KMnO_4$ 溶液与 $0.5mol \cdot L^{-1}$ $MnSO_4$ 溶液混合，观察现象。

⑤ 取 2mL $0.01mol \cdot L^{-1}$ $KMnO_4$ 溶液，加入 1mL 40% 的 NaOH，再加少量 MnO_2(s)，加热，沉降片刻，观察上层清液的颜色。取清液于另一试管中，用 $2mol \cdot L^{-1}$ H_2SO_4 溶液酸化，观察现象。写出有关反应方程。

5. 铬、锰、铁、钴、镍硫化物的性质

① 取几滴 $0.1mol \cdot L^{-1}$ $Cr_2(SO_4)_3$ 溶液，滴加 $0.1mol \cdot L^{-1}$ Na_2S 溶液，观察现象。检验逸出的气体（可微热），写出有关反应方程。

② 取几滴 $0.1mol \cdot L^{-1}$ $MnSO_4$ 溶液，滴加饱和 H_2S 溶液，观察有无沉淀生成。再用

长滴管吸取 2mol·L^{-1}NH$_3$·H$_2$O 溶液，插入溶液底部挤出，观察现象。离心分离，在沉淀中滴加 2mol·L^{-1}HAc 溶液，观察现象，写出有关反应方程。

③ 在 3 支试管中分别加入几滴 0.1mol·L^{-1}FeSO$_4$ 溶液、0.1mol·L^{-1}CoCl$_2$ 溶液和 0.1mol·L^{-1}NiSO$_4$ 溶液，滴加饱和 H$_2$S 溶液，观察有无沉淀生成。再加入 2mol·L^{-1}NH$_3$·H$_2$O 溶液，观察现象。离心分离，在沉淀中滴加 2mol·L^{-1}HCl 溶液，观察沉淀是否溶解，写出有关反应方程。

④ 取几滴 0.1mol·L^{-1}FeCl$_3$ 溶液，滴加饱和 H$_2$S 溶液，观察现象。写出反应方程式。

6. 铁、钴、镍的配合物

① 取 2 滴 0.1mol·L^{-1}K$_4$[Fe(CN)$_6$] 溶液，滴加 0.1mol·L^{-1}FeCl$_3$ 溶液；再取 2 滴 0.1mol·L^{-1}K$_3$[Fe(CN)$_6$] 溶液，滴加 0.1mol·L^{-1}FeSO$_4$ 溶液。观察现象，写出有关的反应方程式。

② 取几滴 0.1mol·L^{-1}CoCl$_2$ 溶液，加几滴 1mol·L^{-1}NH$_4$Cl 溶液，然后滴加 6mol·L^{-1}NH$_3$·H$_2$O 溶液，观察现象。摇荡后在空气中放置，观察溶液颜色的变化，写出有关的反应方程式。

③ 取几滴 0.1mol·L^{-1}CoCl$_2$ 溶液，加入少量 KSCN 晶体，再加入几滴丙酮，摇荡后观察现象。写出反应方程式。

④ 取几滴 0.1mol·L^{-1}NiSO$_4$ 溶液，滴加 2mol·L^{-1}NH$_3$·H$_2$O 溶液，观察现象。再加 2 滴丁二酮肟溶液，观察有何变化。写出有关的反应方程式。

7. 混合离子的分离与鉴定

试设计方法对下列两组混合离子进行分离和鉴定，图示步骤，写出现象和有关反应方程式。

① 含 Cr^{3+} 和 Mn^{2+} 的混合溶液。

② 可能含 Pb^{2+}、Fe^{3+} 和 Co^{2+} 的混合溶液。

【思考题】

（1）试总结铬、锰、铁、钴、镍氢氧化物的酸碱性和氧化还原性。

（2）一般如何制备 Co(Ⅲ) 的配合物？是否用 Co^{3+} 和配位体直接形成配合物？

（3）在酸性溶液、中性溶液、强碱性溶液中，KMnO$_4$ 与 Na$_2$SO$_3$ 反应的主要产物分别是什么？

（4）如何保存 FeSO$_4$ 溶液？

（5）在酸性介质中，H$_2$O$_2$ 溶液能否将 Cr^{3+} 氧化为 Cr$_2$O$_7^{2-}$？

【注意事项】

铬废液要处理后回收。

实验十三　配合物与沉淀-溶解平衡

【实验目的】
(1) 掌握配合物的形成、特征及稳定性。
(2) 理解沉淀-溶解平衡和溶度积的概念，掌握溶度积规则及其应用。
(3) 利用配合物形成分离常见混合阳离子。

【实验原理】

1. 配位化合物与配位平衡

配合物是典型的 Lewis 酸碱加合物。作为 Lewis 酸碱加合物的配离子或配合物分子，在水溶液中存在着配合物的解离反应和生成反应间的平衡，这种平衡称为配位平衡。

以 $[Ag(NH_3)_2]^+$ 为例，$[Ag(NH_3)_2]^+$ 的解离反应是分步进行的：

$$[Ag(NH_3)_2]^+(aq) \rightleftharpoons [Ag(NH_3)]^+(aq) + NH_3(aq) \tag{1}$$

$$[Ag(NH_3)]^+(aq) \rightleftharpoons Ag^+(aq) + NH_3(aq)$$

配合物形成时往往伴随溶液颜色、酸碱性、难溶电解质溶解度、中心离子氧化还原性的改变等特征。

2. 沉淀-溶解平衡

在含有难溶电解质晶体的饱和溶液中，难溶强电解质与溶液中相应离子间的多相离子平衡，称为沉淀-溶解平衡。

用通式表示如下：

$$A_nB_m(s) \rightleftharpoons nA^{m+}(aq) + mB^{n-}(aq) \tag{2}$$

其溶度积常数为：

$$K_{sp}^{\theta}(A_nB_m) = [c(A^{m+})]^n [c(B^{n-})]^m \tag{2-8}$$

沉淀的生成和溶解。可以根据溶度积规则判断：

$J^{\theta} > K_{sp}$　　有沉淀析出、平衡向右移动；

$J^{\theta} = K_{sp}$　　处于平衡状态、溶液为饱和溶液；

$J^{\theta} < K_{sp}$　　无沉淀析出、或平衡向右移动，原来的沉淀溶解。

溶液 pH 值的改变、配合物的形成或发生氧化还原反应，往往引起难溶电解质溶解度的改变。对于相同类型的难溶电解质，可以根据其 K_{sp}^{θ} 的相对大小判断沉淀的先后顺序。对于不同类型的难溶电解质，则要根据计算所需沉淀试剂浓度的大小来判断沉淀的先后顺序。

两种沉淀间相互转化的难易程度要根据沉淀转化反应的标准平衡常数确定。

利用沉淀反应和配位溶解可以分离溶液中的某些离子。

【实验仪器与试剂】

仪器：点滴板，试管，试管架，石棉网，酒精灯，电动离心机。

试剂：HCl（6mol·L^{-1}、2mol·L^{-1}），HNO$_3$（6mol·L^{-1}），H$_2$O$_2$（3%），NaOH（2mol·L^{-1}），NH$_3$·H$_2$O（2mol·L^{-1}、6mol·L^{-1}），KBr（0.1mol·L^{-1}），KI（0.02mol·L^{-1}、0.1mol·L^{-1}、2mol·L^{-1}），K$_2$CrO$_4$（0.1mol·L^{-1}），KSCN（0.1mol·L^{-1}），NaF（0.1mol·L^{-1}），NaCl（0.1mol·L^{-1}），Na$_2$S（0.1mol·L^{-1}），

NaNO$_3$(s), Na$_2$H$_2$Y (0.1mol·L^{-1}), Na$_2$S$_2$O$_3$ (0.1mol·L^{-1}), NH$_4$Cl (1mol·L^{-1}), MgCl$_2$ (0.1mol·L^{-1}), CaCl$_2$ (0.1mol·L^{-1}), Pb(NO$_3$)$_2$ (0.1mol·L^{-1}), Pb(Ac)$_2$ (0.01mol·L^{-1}), CoCl$_2$ (0.1mol·L^{-1}), FeCl$_3$ (0.1mol·L^{-1}), AgNO$_3$ (0.1mol·L^{-1}), NiSO$_4$ (0.1mol·L^{-1}), NH$_4$Fe(SO$_4$)$_2$ (0.1mol·L^{-1}), K$_3$[Fe(CN)$_6$] (0.1mol·L^{-1}), BaCl$_2$ (0.1mol·L^{-1}), CuSO$_4$ (0.1mol·L^{-1}), 丁二酮肟。

其它材料：pH 试纸。

【实验步骤】

1. 配合物的形成与颜色变化

① 在 0.1mol·L^{-1} FeCl$_3$ 溶液中加入 0.1mol·L^{-1} KSCN 溶液，记录实验现象。再加入 0.1mol·L^{-1} NaF 溶液，观察溶液变化。写出反应方程式。

② 在 0.1mol·L^{-1} K$_3$[Fe(CN)$_6$] 溶液和 0.1mol·L^{-1} NH$_4$Fe(SO$_4$)$_2$ 溶液中分别滴加 0.1mol·L^{-1} KSCN 溶液，观察溶液有无变化。

③ 在 0.1mol·L^{-1} CuSO$_4$ 溶液中滴加 6mol·L^{-1} NH$_3$·H$_2$O 至过量，然后将溶液分为两份，分别加入 2mol·L^{-1} NaOH 溶液和 0.1mol·L^{-1} BaCl$_2$ 溶液，记录实验现象，写出反应方程式。

④ 在 0.1mol·L^{-1} NiSO$_4$ 溶液中，逐滴加入 6mol·L^{-1} NH$_3$·H$_2$O，记录实验现象。然后加入丁二酮肟，观察生成物的颜色和状态。写出有关反应方程列于表 2-12。

表 2-12 实验现象及反应方程式

实验内容	实验现象	反应方程式

结论：

注：以下实验内容参考表 2-12，自行设计表格，书写反应方程式和实验现象。

2. 配合物形成时难溶物溶解度的改变

在 3 支试管中分别加入 0.1mol·L^{-1} NaCl 溶液、0.1mol·L^{-1} KBr 溶液、0.1mol·L^{-1} KI 溶液各 1mL，再各加入 1mL 0.1mol·L^{-1} AgNO$_3$ 溶液，观察沉淀的颜色。离心分离，弃去清液。在沉淀中分别逐滴加入 2mol·L^{-1} NH$_3$·H$_2$O、0.1mol·L^{-1} Na$_2$S$_2$O$_3$ 溶液、2mol·L^{-1} KI 溶液，振荡试管，观察沉淀的溶解。写出反应方程式。

3. 配合物形成时溶液 pH 值的改变

取一条 pH 试纸，在它的一端滴上半滴 0.1mol·L^{-1} CaCl$_2$ 溶液，记下被 CaCl$_2$ 溶液浸润处的 pH 值，待 CaCl$_2$ 溶液不再扩散时，在距离 CaCl$_2$ 溶液扩散边缘 0.5～1.0cm 干试纸处，滴上半滴 0.1mol·L^{-1} Na$_2$H$_2$Y 溶液，待 Na$_2$H$_2$Y 溶液扩散到 CaCl$_2$ 溶液区形成重叠时，记下重叠与未重叠处的 pH 值。说明 pH 值变化的原因，写出反应方程式。

4. 配合物形成时中心离子氧化还原性的改变

① 在 0.1mol·L^{-1} CoCl$_2$ 溶液中滴加 3% H$_2$O$_2$，观察有无变化。

② 在 0.1mol·L^{-1} CoCl$_2$ 溶液中加几滴 1mol·L^{-1} NH$_4$Cl 溶液，再滴加 6mol·L^{-1} NH$_3$·

H_2O 溶液，观察现象。然后滴加 3% H_2O_2，观察溶液颜色的变化。写出有关的反应方程式。

上述①和②两个实验可以得出什么结论？

5. 沉淀的生成与溶解

① 在 3 支试管中各加入 2 滴 $0.01mol·L^{-1} Pb(Ac)_2$ 溶液和 2 滴 $0.02mol·L^{-1} KI$ 溶液，振荡试管，观察现象。在第一支试管中加入 5mL 去离子水，振荡，观察现象；在第二支试管中加少量 $NaNO_3(s)$，振荡，观察现象；在第三支试管中加过量的 $2mol·L^{-1} KI$ 溶液，观察实验现象，分析原因。

② 在 2 支试管中各加入 1 滴 $0.1mol·L^{-1} Na_2S$ 溶液和 1 滴 $0.1mol·L^{-1} Pb(NO_3)_2$ 溶液，观察实验现象。在 1 支试管中加 $6mol·L^{-1} HCl$ 溶液，在另一支试管中加 $6mol·L^{-1} HNO_3$ 溶液，振荡试管，观察实验现象。写出相关的反应方程式。

③ 在 2 支试管中加入 $0.1mol·L^{-1} MgCl_2$ 溶液和几滴 $2mol·L^{-1} NH_3·H_2O$ 溶液至沉淀生成。在第一支试管中加入几滴 $2mol·L^{-1} HCl$ 溶液，观察沉淀是否溶解；在另一支试管中加入几滴 $1mol·L^{-1} NH_4Cl$ 溶液，观察沉淀是否溶解。写出相关反应方程式，并解释每步实验现象。

6. 分步沉淀

① 在试管中加入 1 滴 $0.1mol·L^{-1} Na_2S$ 溶液和 1 滴 $0.1mol·L^{-1} K_2CrO_4$ 溶液，用去离子水稀释至 5mL，摇匀。先加入 1 滴 $0.1mol·L^{-1} Pb(NO_3)_2$ 溶液，摇匀，观察沉淀的颜色，离心分离；然后再向清液中继续滴加 $Pb(NO_3)_2$ 溶液，观察此时沉淀的颜色。写出反应方程式，并说明判断两种沉淀先后析出的理由。

② 在试管中加入 2 滴 $0.1mol·L^{-1} AgNO_3$ 溶液和 1 滴 $0.1mol·L^{-1} Pb(NO_3)_2$ 溶液，用去离子水稀释至 5mL，摇匀。逐滴加入 $0.1mol·L^{-1} K_2CrO_4$ 溶液，观察实验现象。写出反应方程式，并解释之。

7. 沉淀的转化

$0.1mol·L^{-1} AgNO_3$ 溶液中加入 3 滴 $0.1mol·L^{-1} K_2CrO_4$ 溶液，观察实验现象。再逐滴加入 $0.1mol·L^{-1} NaCl$ 溶液，充分振荡，观察变化。写出反应方程式。

8. 沉淀-配位溶解法分离混合阳离子

① 某溶液中含有 Ba^{2+}、Al^{3+}、Fe^{3+}、Ag^+ 等离子，设计方法进行分离，写出相关反应方程式。

② 某溶液中含有 Ba^{2+}、Pb^{2+}、Fe^{3+}、Zn^{2+} 等离子，自己设计方法进行分离。写出相关反应方程式。

【思考题】

(1) 计算 $0.1mol·L^{-1} Na_2H_2Y$ 溶液的 pH 值。

(2) 如何正确地使用电动离心机？

【注意事项】

实验废液要倒入回收桶中。

实验十四 化学反应速度、反应级数和活化能的测定

【实验目的】
(1) 学习测定过二硫酸铵与碘化钾反应的反应速率的方法。
(2) 掌握温度、浓度和催化剂对反应速率的影响。
(3) 利用实验数据会计算反应级数、反应速率常数和反应的活化能。

【实验原理】
过二硫酸铵溶液与碘化钾溶液发生如下反应：
$$(NH_4)_2S_2O_8 + 3KI = (NH_4)_2SO_4 + K_2SO_4 + KI_3$$

离子方程式为：$S_2O_8^{2-} + 3I^- = 2SO_4^{2-} + I_3^-$ (1)

反应的平均速率 v 与反应物浓度的关系为：

$$v = -\frac{\Delta[S_2O_8^{2-}]}{\Delta t} = k[S_2O_8^{2-}]^m[I^-]^n \tag{2-9}$$

式中，$\Delta[S_2O_8^{2-}]$ 为 Δt 时间内 $S_2O_8^{2-}$ 浓度的改变量；$[S_2O_8^{2-}]$ 和 $[I^-]$ 分别为两种离子的初始浓度；k 为反应速率常数；$(m+n)$ 为反应级数。

为了测出 Δt 时间内 $S_2O_8^{2-}$ 浓度的变化量，需要在过二硫酸铵与碘化钾混合前，先在碘化钾溶液中加入一定量已知浓度的硫代硫酸钠溶液和淀粉溶液。由反应 (1) 生成的碘被硫代硫酸钠还原：

$$2S_2O_3^{2-} + I_3^- = S_4O_6^{2-} + 3I^- \tag{2}$$

反应 (1) 为慢反应，而反应 (2) 进行得非常快，瞬间完成。由反应 (1) 生成的 I_3^- 立即与 $S_2O_3^{2-}$ 作用，生成无色的 I^- 和 $S_4O_6^{2-}$。因此，在反应开始一段时间内，看不到碘与淀粉作用的蓝颜色。但是，一旦硫代硫酸钠消耗完，由反应 (1) 继续生成的微量碘立即与淀粉作用，使溶液变蓝。

从反应方程式 (1) 和 (2) 的关系可以看出，消耗 $S_2O_8^{2-}$ 的浓度为消耗 $S_2O_3^{2-}$ 浓度的一半。即

$$\Delta[S_2O_8^{2-}] = \frac{\Delta[S_2O_3^{2-}]}{2} \tag{2-10}$$

当硫代硫酸钠耗尽时，$\Delta[S_2O_3^{2-}]$ 就是开始时 $Na_2S_2O_3$ 的浓度。

在本实验中，每份混合溶液中 $Na_2S_2O_3$ 的起始浓度都是相同的，因而 $\Delta[S_2O_3^{2-}]$ 不变。因此，只要记下反应开始到溶液出现蓝色所需要的时间 Δt，即可求出反应速率

$$v = -\Delta[S_2O_8^{2-}]/\Delta t \tag{2-11}$$

根据反应速率方程：

$$v = k[S_2O_8^{2-}]^m[I^-]^n \tag{2-12}$$

利用求出的反应速率 v，就可以计算 m 和 n，进一步可求出速率常数 k 值。

反应速率常数 k 与反应温度 T 有如下关系：

$$\lg k = -\frac{E_a}{2.303RT} + A \tag{2-13}$$

式中，E_a 为反应的活化能；R 为气体常数；T 为热力学温度。测出不同温度下的 k 值，以 $\lg k$ 对 $1/T$ 作图可得一直线，由直线的斜率可求出反应的活化能 E_a 值。

【实验仪器与试剂】

仪器：温度计，秒表，恒温水浴锅，烧杯，量筒，玻璃棒或电磁搅拌棒。

试剂：KI（0.2mol·L^{-1}），KNO$_3$（0.2mol·L^{-1}），(NH$_4$)$_2$S$_2$O$_8$（0.2mol·L^{-1}），(NH$_4$)$_2$SO$_4$（0.2mol·L^{-1}），Na$_2$S$_2$O$_3$（0.010mol·L^{-1}），Cu(NO$_3$)$_2$（0.02mol·L^{-1}），0.2%淀粉溶液。

【实验步骤】

1. 浓度对反应速率的影响

在室温下，用量筒分别量取 0.2mol·L^{-1} 的 KI 溶液 20mL，0.01mol·L^{-1} 的 Na$_2$S$_2$O$_3$ 溶液 8mL 和 0.2%淀粉溶液 4mL，将以上溶液加入到 150mL 锥形瓶中，混匀。再用另一个量筒取 0.2mol·L^{-1} 的 (NH$_4$)$_2$S$_2$O$_8$ 溶液 20mL，快速加到盛混合溶液的锥形瓶中，同时开动秒表，将溶液搅匀。当溶液刚出现蓝色时，立即停表，记下反应时间和温度。

用同样的方法按表 2-13 序号 I 组的用量，完成序号 II～V 组的其它实验。为使每次实验中溶液离子强度和总体积不变，不足的量分别用 0.2mol·L^{-1} 的 KNO$_3$ 溶液和 0.2mol·L^{-1} 的 (NH$_4$)$_2$SO$_4$ 溶液补足。

表 2-13　浓度对反应速率的影响

项目	I	II	III	IV	V
反应温度/℃					
(NH$_4$)$_2$S$_2$O$_8$/mL	20	10	5	20	20
KI/mL	20	20	20	10	5
Na$_2$S$_2$O$_3$/mL	8	8	8	8	8
0.2%淀粉/mL	4	4	4	4	4
KNO$_3$/mL	0	0	0	10	15
(NH$_4$)$_2$SO$_4$/mL	0	10	15	0	0
反应时间/s					
反应速率 v					

2. 温度对反应速度的影响

按表 2-13 中实验序号 IV 的用量，分别做比室温高 10℃、20℃、30℃，其它操作步骤同实验 1，记录反应时间，结果列于表 2-14。

表 2-14　温度对反应速率的影响

项目	IV	VI	VII	VIII
反应温度/℃				
反应时间/s				
反应速率 v				

3. 催化剂对反应速率的影响

Cu^{2+} 可以使 (NH$_4$)$_2$S$_2$O$_8$ 氧化 KI 的反应速率加快。按表 2-13 中实验序号 IV 的用量，先在混合溶液中加 2 滴 0.02mol·L^{-1} 的 Cu(NO$_3$)$_2$ 溶液，混匀，其它操作同实验 1。记录反应时间，结果列于表 2-15。

表 2-15　催化剂对反应速率的影响

实验编号	加入 0.02mol·L^{-1} Cu(NO$_3$)$_2$ 的滴数	反应时间 t/s
1		
2		

【数据记录与处理】

1. 反应级数和反应速率常数的计算

$$v=kc_{S_2O_8^{2-}}^{m} \times c_{I^-}^{n}$$

两边取对数：　　　　　$\lg v = m\lg c_{S_2O_8^{2-}} + n\lg c_{I^-} + \lg k$ 　　　　　(2-14)

当 c_{I^-} 不变（实验Ⅰ、Ⅱ、Ⅲ）时，以 $\lg v$ 对 $\lg c_{S_2O_8^{2-}}$ 作图，得直线，斜率为 m。同理，当 $c_{S_2O_8^{2-}}$ 不变（实验Ⅰ、Ⅳ、Ⅴ）时，以 $\lg v$ 对 $\lg c_{I^-}$ 作图，得 n，此反应级数为 $m+n$。利用实验 1 一组实验数据即可求出反应速率常数 k，数据列于表 2-16。

表 2-16　数据处理

项目	Ⅰ	Ⅱ	Ⅲ	Ⅳ	Ⅴ
$\lg v$					
$\lg c_{S_2O_8^{2-}}$					
$\lg c_{I^-}$					
m					
n					
反应速率常数 k					

注：m 和 n 取正整数。

2. 求反应的活化能 E_a

计算不同温度下的反应速率常数 k 列于表 2-17，以 $\lg k$ 对 $1/T$ 作图，通过直线的斜率求出反应的活化能 E_a。

表 2-17　求反应的活化能

项目	Ⅳ	Ⅵ	Ⅶ	Ⅷ
反应温度/K				
$(1/T) \times 10^3$				
速率常数 k				
$\lg k$				
活化能 E_a				

【思考题】

(1) 反应中加入定量的 Na$_2$S$_2$O$_3$ 作用是什么？

(2) 实验中为什么可以由反应溶液出现蓝色的时间长短来计算反应速度？出现蓝色后反应是否停止了？

(3) 根据实验结果讨论浓度、温度、催化剂对反应速度及速度常数的影响。

【注意事项】

(1) 实验高于室温对反应速率的影响时，KI、Na$_2$S$_2$O$_3$、淀粉、KNO$_3$、(NH$_4$)$_2$SO$_4$ 混合液和 (NH$_4$)$_2$S$_2$O$_8$ 溶液要分别加热到目标温度。

(2) 反应时也要保持混合前的温度。

实验十五 碘酸铜溶度积的测定

【实验目的】
(1) 了解用分光光度法测定碘酸铜溶度积的原理和方法。
(2) 学习分光光度计的使用方法。
(3) 学习沉淀的制备、洗涤及过滤等基本操作。
(4) 学习工作曲线的绘制。

【实验原理】
将硫酸铜溶液和碘酸钾溶液在一定温度下混合,反应后得碘酸铜沉淀,其反应程式如下:
$$Cu^{2+} + 2IO_3^- \Longrightarrow Cu(IO_3)_2(s) \tag{1}$$
碘酸铜是难溶强电解质,在其饱和水溶液中,存在着如下平衡:
$$Cu(IO_3)_2 \Longrightarrow Cu^{2+} + 2IO_3^- \tag{2}$$
在一定温度下,难溶性强电解质碘酸铜的饱和溶液中,Cu^{2+} 浓度与 IO_3^- 浓度平方的乘积是一个常数:
$$K_{sp} = [Cu^{2+}][IO_3^-]^2 \tag{2-15}$$
式中,K_{sp} 称为溶度积常数;$[Cu^{2+}]$ 和 $[IO_3^-]$ 分别为溶解-沉淀平衡时 Cu^{2+} 和 IO_3^- 的浓度。

温度恒定时,K_{sp} 的数值与 Cu^{2+} 和 IO_3^- 的浓度无关。

本实验利用饱和溶液中的 Cu^{2+} 与过量 $NH_3 \cdot H_2O$ 作用生成深蓝色的配离子 $[Cu(NH_3)_4]^{2+}$,该配离子在波长 600nm 时具有强吸收峰,且在一定浓度范围内,它对光的吸收程度(用吸光度 A 表示)与溶液浓度成正比。因此,可由分光光度计测得碘酸铜饱和溶液中 Cu^{2+} 与 $NH_3 \cdot H_2O$ 作用后生成的 $[Cu(NH_3)_4]^{2+}$ 溶液的吸光度,利用工作曲线并通过计算就能确定饱和溶液中 $[Cu^{2+}]$。利用平衡时 $[Cu^{2+}]$ 和 $[IO_3^-]$ 关系,就能求出碘酸铜的溶度积 K_{sp}。

工作曲线的绘制:配制一系列 $[Cu(NH_3)_4]^{2+}$ 标准溶液,用分光光度计测定该标准系列中各溶液的吸光度,然后以吸光度 A 为纵坐标,相应的 Cu^{2+} 浓度为横坐标作图,得到的直线称为工作曲线。

【实验仪器与试剂】
仪器:吸量管(20mL、2mL),容量瓶(50mL),托盘天平,定量滤纸,温度计(273~373K),72型分光光度计。

试剂:$CuSO_4$(200g·L^{-1}),KIO_3(68g·L^{-1}),$NH_3 \cdot H_2O$ 50%(体积分数),去离子水。

【实验步骤】
1. $Cu(IO_3)_2$ 固体的制备

用 10mL $CuSO_4 \cdot 5H_2O$(200g·L^{-1})和 50mL KIO_3(68g·L^{-1})反应制得 $Cu(IO_3)_2$ 沉淀,其中 $CuSO_4 \cdot 5H_2O$ 溶液稍过量,用蒸馏水洗涤沉淀至无 SO_4^{2-} 为止。

2. $Cu(IO_3)_2$ 饱和溶液的制备

将上述制得的 $Cu(IO_3)_2$ 固体配制成 80mL 饱和溶液。用干的双层滤纸过滤饱和溶液,将滤液收集于一个干燥的烧杯中。

3. 工作曲线的绘制

用吸量管分别吸取 0.40、0.80、1.20、1.60、2.00mL 0.100mol·L^{-1}CuSO$_4$ 溶液于 5 个 50mL 容量瓶中,各加入 50%(体积分数)的 NH$_3$·H$_2$O 溶液 4mL,摇匀,用去离子水稀释至刻度,再摇匀。

以蒸馏水作参比溶液,选用 1cm 比色皿,选择入射光波长为 600nm,用分光光度计分别测定各溶液的吸光度。以吸光度值为纵坐标,相应 Cu^{2+} 浓度为横坐标,绘制工作曲线。

4. 饱和溶液中 Cu^{2+} 浓度的测定

吸取 20.00mL 过滤后的 Cu(IO$_3$)$_2$ 饱和溶液于 50mL 容量瓶中,加入 50%(体积分数) NH$_3$·H$_2$O 4mL,摇匀,用去离子水稀释至刻度,摇匀。按与测工作曲线相同条件测定溶液的吸光度,根据工作曲线求出饱和溶液中的 [Cu^{2+}]。

【数据记录与处理】

① 根据实验结果(表 2-18),绘制工作曲线。

表 2-18 标准曲线溶液的吸光度值

项目	1	2	3	4	5
V/mL	0.40	0.80	1.20	1.60	2.00
$m_{Cu^{2+}}$/mg					
A					

② 根据 Cu(IO$_3$)$_2$ 饱和溶液吸光度,通过工作曲线求出饱和溶液中的 Cu^{2+} 浓度,计算 K_{sp}。

【思考题】

(1) 如果配制的碘酸铜溶液不饱和或过滤时碘酸铜透过滤纸,对实验结果有何影响?
(2) 过滤碘酸铜饱和溶液时,所使用的漏斗、滤纸、烧杯等是否均要干燥?
(3) 如何判断硫酸铜与碘酸钾的反应是否基本完全?

【注意事项】

规范操作分光光度计:
(1) 比色皿的玻璃面要擦干净并对准通光孔。
(2) 分光光度计每换一次波长需要重新调背景值。
(3) 每组实验测量间隙,要打开试样室盖,切断电路,延长分光光度计使用寿命。
(4) 实验完毕要将比色皿清洗干净,倒置晾干。

实验十六 分光光度法测定 Ti(H₂O)₆²⁺、Cr(H₂O)₆³⁺ 和 (Cr-EDTA)⁻ 的分裂能

【实验目的】

(1) 学习应用分光光度法测定配合物的分裂能 Δ (10D)。
(2) 进一步练习分光光度计的使用。

【实验原理】

过渡金属离子的 d 轨道若处于非球形电场中,由于电场的对称性不同,各轨道能量升高的幅度不相同,即原来的简并轨道将发生能级分裂。对于八面体的 $[Ti(H_2O)_6]^{3+}$ 离子在八面体场的影响下,Ti^{3+} 离子的 5 个简并的 d 轨道分裂为二重简并的 e_g 轨道和三重简并的 t_{2g} 轨道。

e_g 轨道和 t_{2g} 轨道的能量差等于分裂能 Δ (10Dq)

根据
$$E_{光} = E_{e_g} - E_{t_{2g}} = \Delta$$
$$E_{光} = h\gamma = hc/\lambda$$

式中　h——普朗克常数,其值为 5.539×10^{-35} cm·s⁻¹;
　　　c——光速,其值为 2.9979×10^{10} cm·s⁻¹;
　　　$E_{光}$——可见光光能,cm⁻¹;
　　　γ——频率,s⁻¹;
　　　λ——波长,nm。

因为 h 和 c 都是常数,当一摩尔电子跃迁时,则 $hc = 1$

所以 　　　　　　　　　　$\Delta = 1/\lambda \times 10^7$ 　　　　　　　　(2-16)

式中,λ 为 $Ti(H_2O)_6^{3+}$ 离子吸收峰对应的波长,nm;Δ 为分裂能,cm⁻¹。

电子吸收了能量相当于 Δ 的可见光部分,发生跃迁。配离子显与吸收光互补的颜色,因吸收在紫区和红区最少,主要吸收绿色可见光,故配离子显紫红色。

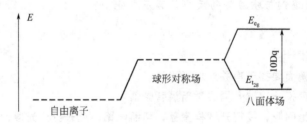

图 2-3　d 轨道能级示意图

对于八面体的 $Cr(H_2O)_6^{3+}$ 和 (Cr-EDTA)⁻ 配离子,中心离子 Cr^{3+} 的 d 轨道上有三个 d 电子,除了受八面体场的影响之外,还因电子间的相互作用使 d 轨道产生能级分裂,所以这些配离子吸收了可见光的能量后,就有三个相应的电子跃迁吸收峰,其中电子从 e_g 轨道跃迁到 t_{2g} 轨道所需的能量等于 10Dq。

本实验测定 $Ti(H_2O)_6^{3+}$、$Cr(H_2O)_6^{3+}$ 和 (Cr-EDTA)⁻ 配离子在可见光区的相应吸光度 A,作 A-λ 吸收曲线,则可用曲线中能量最低的吸收峰所对应的波长来计算 Δ 值。

【实验仪器与试剂】

仪器：电子天平，721型分光光度计（或72型分光光度计）。

试剂：$TiCl_3$ 15%（质量分数）水溶液，$CrCl_3 \cdot 6H_2O$（A.R，即分析纯，下同），EDTA二钠盐（A.R），去离子水。

【实验步骤】

① $Cr(H_2O)_6^{3+}$ 溶液的配制：称取 0.3g $CrCl_3 \cdot 6H_2O$ 溶于 50mL 蒸馏水中。

② $(Cr\text{-}EDTA)^-$ 溶液的配制：称取 0.5g EDTA 二钠盐，用 50mL 去离子水加热溶解后，加入约 0.05g 的 $CrCl_3 \cdot 6H_2O$，稍加热得到紫色的 $(Cr\text{-}EDTA)^-$ 溶液。

③ $Ti(H_2O)_6^{3+}$ 溶液的配制：用吸量管移取 5mL 15%（质量分数）的 $TiCl_3$ 水溶液于 50mL 容量瓶中，用去离子水稀释至刻度。

④ 以去离子水为参比液，用分光光度计在波长 460~550nm 范围内，每间隔 10nm 波长测定一次上述溶液的吸光度 A，在接近峰值附近，每间隔 5nm 测一次吸光度 A。

【数据记录与处理】

① 以表格形式记录实验有关数据。

② 作图：以 A 为纵坐标，λ 为横坐标作 $Ti(H_2O)_6^{3+}$、$Cr(H_2O)_6^{3+}$ 和 $(Cr\text{-}EDTA)^-$ 的吸收曲线。

③ 计算分裂能：在吸收曲线上找出最高峰所对应的波长，计算 $Ti(H_2O)_6^{3+}$、$Cr(H_2O)_6^{3+}$ 和 $(Cr\text{-}EDTA)^-$ 的分裂能。

【思考题】

(1) 配合物的分裂能 Δ（10Dq）受哪些因素影响？

(2) 本实验测定吸收曲线时，溶液浓度的高低对测定 10Dq 值是否有影响？

(3) 为什么用分光光度计测吸光度时，每变换一次波长，需要用参比溶液重新调零。

【注意事项】

规范操作分光光度计：

(1) 比色皿的玻璃面要擦干净并对准通光孔。

(2) 分光光度计每换一次波长需要重新调背景值。

(3) 每组实验测量间隙，要打开试样室盖，切断电路，延长分光光度计使用寿命。

(4) 实验完毕要将比色皿清洗干净，倒置晾干。

实验十七 磺基水杨酸合铜配离子的组成及稳定常数的测定

【实验目的】
(1) 掌握用分光光度法测定磺基水杨酸合铜配离子的组成及稳定常数的方法。
(2) 掌握分光光度计的使用方法。

【实验原理】
磺基水杨酸（以 H_3R 表示）是弱酸，它可以和多种金属离子形成稳定的络合物。本实验研究的是磺基水杨酸与 Cu^{2+} 在一定 pH 值形成稳定的络合物，并使用分光光度计采用等摩尔系列法测定其组成和稳定常数。

根据朗伯-比尔定律：$A = \varepsilon b c$

当液层厚度不变时，吸光度只与有色物质的浓度 c 成正比。为了测定配合物的组成和稳定常数，通常被测的配离子中的中心离子与配位体在选定的波长下不吸收，而且在一定条件下它们只生成一种配合物。

H_3R 与 Cu^{2+} 可以形成稳定的配合物，并且随溶液 pH 值的变化，形成配合物的组成也不同。在 pH=5 时，会形成 1∶1 配离子，络合物显亮绿色；pH 8.5 以上形成 1∶2 配离子，显深绿色。同时，pH 值在 4.5～4.8 的溶液中选用波长 440nm 的单色光，H_3R 不吸收，Cu^{2+} 离子对光也几乎不吸收，而它们的配合物有强吸收，因此符合本实验的要求。

等摩尔系列法是使金属离子 M 与配位体 R 的总摩尔数保持不变，可取用其摩尔浓度相同的金属离子和配位体溶液，维持总体积不变的前提下，按照不同体积比，配成一系列混合溶液，测定其吸光度 A。以 A 对 $c_M/(c_M+c_R)$ 作图，则吸光度值最大所对应的溶液组成也就是配合物的组成。

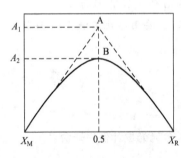

图 2-4 吸光度-组成图

利用等摩尔系列法还可以求算配合物的稳定常数。由图 2-4 可见，当 M 浓度较低，R 浓度较高，或当 M 浓度较高，R 浓度较低时，吸光度 A 与配合物浓度几乎成直线关系，两侧直线部分的延长线交点，相当于假定配合物在溶液中完全不电离时的吸光度的极大值 A_1。A_2 则为实验测得的吸光度极大值。显然配合物的电离度越大，则 A_1 与 A_2 的差值就越大，所以对于配位平衡：

$$M + R \Longrightarrow MR$$

其电离度 α 为：

$$\alpha = \frac{A_1 - A_2}{A_1}$$

其表观稳定常数 $K_稳$

$$K_稳 = \frac{[MR]}{[M][R]} = \frac{1-\alpha}{\alpha^2 c} \tag{2-17}$$

式中，c 为直线延长线交点对应的溶液中 M 离子的总浓度。

【实验仪器与试剂】

仪器：分光光度计，pH 计，容量瓶 50mL，电磁搅拌器，酸式滴定管。

试剂：$Cu(NO_3)_2$（0.05 mol·L^{-1}），NaOH（0.05 mol·L^{-1}，1 mol·L^{-1}），HNO$_3$（0.01 mol·L^{-1}），KNO$_3$（0.1 mol·L^{-1}），磺基水杨酸（0.05 mol·L^{-1}）。

【实验步骤】

① 取 13 个 50mL 容量瓶，按表 2-19 所示准确量取溶液于各容量瓶中，用蒸馏水稀释至刻度即成为系列溶液。

② 调节 pH 值：用 1mol·L^{-1}NaOH 溶液依次调节各溶液 pH≈4。

③ 微调 pH 值：用 0.05mol·L^{-1}NaOH 溶液在酸度计上调节各溶液 pH 值在 4.5～5 之间（此时溶液为黄绿色，无沉淀。若有沉淀产生，说明 pH 值过高，Cu^{2+} 已水解）。若 pH 值偏高于 5，可用 0.01mol·L^{-1}HNO$_3$ 溶液反调，最后记录准确 pH 值。溶液的总体积不得超过 50mL。

将调好 pH 值的溶液分别转移到预先编有号码的洁净的 50mL 容量瓶中，用 pH 值为 5 的 0.1mol·L^{-1}KNO$_3$ 溶液稀释至标线，摇匀。

④ 测定吸光度：在波长为 440nm 条件下，用分光光度计依次测定各溶液的吸光度。

表 2-19 工作曲线所配的系列溶液

容量瓶号	$V_{Cu(NO_3)_2}$/mL	V_{H_3R}/mL	摩尔分数/%	吸光度
1	24	0.00		
2	22	2.0		
3	20	4.0		
4	18	6.0		
5	16	8.0		
6	14	10		
7	12	12		
8	10	14		
9	8.0	16		
10	6.0	18		
11	4.0	20		
12	2.0	22		
13	0.00	24		

【数据记录与处理】

以吸光度为纵坐标，硝酸铜物质的量分数 X_M 为横坐标，作 A-X_M 图，求磺基水杨酸合铜配合物的组成和稳定常数 $K_稳$。

【思考题】

(1) 标准溶液是否要准确移取？

(2) 为什么说在等摩尔系列中,金属离子的浓度与配位体的浓度之比恰好等于其配离子组成时,其配合离子浓度最大?

【注意事项】

规范操作分光光度计:

(1) 比色皿的玻璃面要擦干净并对准通光孔。
(2) 分光光度计每换一次波长需要重新调背景值。
(3) 每组实验测量间隙,要打开试样室盖,切断电路,延长分光光度计使用寿命。
(4) 实验完毕要将比色皿清洗干净,倒置晾干。

实验十八 含铬废液的处理及 Cr^{6+} 的测定

【实验目的】
(1) 学习氧化还原反应和中和沉淀处理含铬废水的处理方法。
(2) 掌握用二苯碳酰二肼光度法测定水中六价铬的方法。
(3) 进一步熟练分光光度计和吸量管的使用方法。

【实验原理】
铬是一种银白色的坚硬金属。主要以金属铬、三价铬和六价铬三种形式出现。所有铬的化合物都有毒性,其中六价铬毒性最大。研究表明,六价铬的毒性比三价铬的毒性高100倍,六价铬为吞入性毒物/吸入性极毒物,皮肤接触可能导致过敏,更可能造成遗传性基因缺陷,吸入可能致癌,对土壤、农作物、水生生物均有危害。

目前处理含铬废水的方法主要有还原-沉淀法、电解法沉淀过滤、钡盐沉淀法、铁氧体法、阴离子交换树脂法、生物法、膜分离法、黄原酸酯法等。其中,还原-沉淀法是目前应用较为广泛的处理高浓度含铬废液的方法。基本原理是:在酸性条件下向含铬废液中加入适量还原剂,将六价铬还原成 Cr^{3+},再加入生石灰或 NaOH,使 Cr^{3+} 生成 $Cr(OH)_3$ 沉淀,达到降低溶液中铬离子浓度的目的。可作为还原剂的物质有 SO_2、$FeSO_4$、Na_2SO_3、$NaHSO_3$、Fe 等。

本实验采用还原-沉淀法。反应式如下:

$$Cr_2O_7^{2-} + 3HSO_3^- + 5H^+ = 2Cr^{3+} + 3SO_4^{2-} + 4H_2O \tag{1}$$

$$Cr^{3+} + 3OH^- = Cr(OH)_3(s) \tag{2}$$

$$Fe^{3+} + 3OH^- = Fe(OH)_3(s) \tag{3}$$

沉淀分离后,将 $Cr(OH)_3$ 沉淀回收后用于循环制备重铬酸钾。溶液用二苯碳酰二肼 (DPCI) 光度法测定六价铬含量。在酸性介质中 Cr^{6+} 与二苯碳酰二肼反应生成紫红色化合物。溶液的吸光度与 Cr^{6+} 含量成正比。该化合物最大吸收波长 λ 为 540nm,摩尔吸光系数 ε 为 $2.6\times10^4 \sim 4.17\times10^4 \text{L}\cdot\text{mol}^{-1}\cdot\text{cm}^{-1}$。本方法适用于地表水和工业废液中六价铬含量的测定。

【实验仪器与试剂】
仪器:50mL 容量瓶,移液管 (1mL、5mL、10mL),分光光度计。

试剂:$NaHSO_3$,20%NaOH,$3\text{mol}\cdot\text{L}^{-1}\text{H}_2\text{SO}_4$,$Cr^{6+}$ 废液,$1.0\text{mg}\cdot\text{L}^{-1}$ Cr^{6+} 标准溶液,$2\text{g}\cdot\text{L}^{-1}$ 二苯碳酰二肼的丙酮溶液。

【实验步骤】
1. 绘制标准曲线

取 7 个 50mL 容量瓶,编号,用移液管准确移取 0.00mL、0.25mL、0.50mL、1.00mL、2.00mL、4.00mL、6.00mL Cr^{6+} 标准溶液于容量瓶中,用水稀释至约 30mL,加入 2.00mL $3\text{mol}\cdot\text{L}^{-1}\text{H}_2\text{SO}_4$ 和 2.00mL 二苯碳酰二肼溶液,定容,摇匀。放置 5min 后,以试剂空白为参比,用 1cm 比色皿,于 540nm 波长处测定吸光度填入表 2-20,绘制标准曲线。

表 2-20 工作曲线所配的系列溶液

项目	1	2	3	4	5	6	7
$V_{Cr^{6+}}$/mL							
$c_{Cr^{6+}}$/(mg/L)							
A							

2. 含铬废液中 Cr^{6+} 含量的测定

测定样品中 Cr^{6+} 含量。用移液管准确移取 2.00mL 含 Cr^{6+} 废液于 50mL 容量瓶中，按上述方法测其吸光度，从工作曲线上查出废液中 c_1。

3. 处理含铬废液

取 50mL 含铬废液，用 3mol·L^{-1} H_2SO_4 溶液调节废液 pH≤3.0，加入 2g 的 $NaHSO_3$，搅拌并适当加热，使反应充分。用 20%NaOH 溶液调节 pH 值在 8~9 范围内，搅拌反应 20min，静置，将形成的沉淀充分沉降后过滤。将滤纸上的固体用少量水全部冲洗到回收瓶中，弃去滤纸。将滤液用 3mol·L^{-1} H_2SO_4 调至近中性，加热煮沸，稍冷后加一小匙活性炭，煮沸 1min，冷却、过滤，得处理液。

4. 测定处理后溶液中 Cr^{6+} 含量

用移液管准确移取 10mL 处理液于 50mL 容量瓶中，按 1 所述方法测其吸光度 A，从工作曲线上查出废液中 c_2。

【数据记录与处理】

① 根据不同浓度铬标准溶液的吸光度值绘制标准曲线。

② 分别测定样品和处理后样品的吸光度 A，从工作曲线上查出对应的 c_1、c_2。

废液中
$$c_{Cr^{6+}} = \frac{c_1 \times 1000}{V} (mg/L) \tag{2-18}$$

处理后废液中
$$c_{Cr^{6+}} = \frac{c_2 \times 1000}{V} (mg/L) \tag{2-19}$$

式中，V 为所取含铬废液试样的体积。

【思考题】

进行金属离子沉淀时，如果 pH 值过高或过低，对处理效果有什么影响？

【注意事项】

实验废液和回收沉淀必须倒入指定回收容器中，不能随意倾倒。

实验十九 氧化还原反应及电化学

【实验目的】

(1) 学会安装原电池。

(2) 掌握电极电势、氧化剂浓度、温度对氧化还原反应的影响。

(3) 学习用酸度计测定原电池电动势的方法。

【实验原理】

氧化还原反应是指一类有电子转移（或得失）的反应，并且任何氧化还原反应都是由两个"半反应"组成的，一个是还原剂被氧化的半反应，一个是氧化剂被还原的半反应。这两个半反应在一定装置中隔离开来并分别发生反应，便可产生电流，从而将化学能转化为电能，这种装置称为原电池。在原电池中，给出电子的电极为负极，接受电子的电极为正极。两电极各自具有不同的电极电势。根据其电极电势的相对大小，可以判断氧化还原反应进行的方向。

如果反应是在标准状态下进行，就可以根据标准电极电势的大小，判断氧化还原反应进行的方向。

非标准状态下的电极电势可以用能斯特方程求出。

$$E = E^{\theta} + \frac{0.0592}{n}\lg\frac{[氧化型]}{[还原型]} \quad (2-20)$$

影响氧化还原反应的主要因素有：电极电势、介质酸度、反应物浓度、催化剂等，本实验将对以上因素进行考察。

【实验仪器与试剂】

仪器：雷磁 25 型酸度计，酒精灯，石棉网，水浴锅，饱和甘汞电极，锌电极，铜电极，饱和 KCl 盐桥，烧杯，试管，量筒，滴管。

试剂：H_2SO_4 （$2mol \cdot L^{-1}$），HAc （$1mol \cdot L^{-1}$），$H_2C_2O_4$ （$0.1mol \cdot L^{-1}$），H_2O_2 （3%），NaOH （$2mol \cdot L^{-1}$），$NH_3 \cdot H_2O$ （$2mol \cdot L^{-1}$），KI （$0.02mol \cdot L^{-1}$），KIO_3 （$0.1mol \cdot L^{-1}$），KBr （$0.1mol \cdot L^{-1}$），$K_2Cr_2O_7$ （$0.1mol \cdot L^{-1}$），$KMnO_4$ （$0.01mol \cdot L^{-1}$），$KClO_3$ （饱和），Na_2SiO_3 （$0.5mol \cdot L^{-1}$），Na_2SO_3 （$0.1mol \cdot L^{-1}$），$Pb(NO_3)_2$ （$0.5mol \cdot L^{-1}$，$1mol \cdot L^{-1}$），$FeSO_4$ （$0.1mol \cdot L^{-1}$），$FeCl_3$ （$0.1mol \cdot L^{-1}$），$CuSO_4$ （$0.005mol \cdot L^{-1}$），$ZnSO_4$ （$1mol \cdot L^{-1}$），CCl_4，H_2SO_4 （$1mol \cdot L^{-1}$）。

材料：蓝色石蕊试纸，砂纸，锌片。

【实验步骤】

1. 电对 $E^{\ominus}$ 值对氧化还原反应的影响

① 在试管中加入 10 滴 $0.02mol \cdot L^{-1}$ KI 溶液和 5 滴 $0.1mol \cdot L^{-1}$ $FeCl_3$ 溶液，摇匀后，加入 1mL CCl_4 充分摇荡，观察 CCl_4 层的颜色有无变化。

② 在试管中加入 10 滴 $0.1mol \cdot L^{-1}$ KBr 溶液和 5 滴 $0.1mol \cdot L^{-1}$ $FeCl_3$ 溶液，摇匀后，加入 1mL CCl_4 充分摇荡，观察 CCl_4 层的颜色有无变化。

根据实验①和②的实验现象，判断 $E^{\ominus}(I_2/I^-)$，$E^{\ominus}(Fe^{3+}/Fe^{2+})$，$E^{\ominus}(Br_2/Br^-)$ 的相对大小；并找出其中最强的氧化剂和最强的还原剂。实验现象与反应方程式列于表 2-21。

表 2-21　实验现象与反应方程式

实验内容	实验现象	反应方程式

结论：

注：以下实验内容参考表 2-21，自行设计表格，书写反应方程式和实验现象。

③ 在试管中加入 2 滴 $0.02\text{mol}\cdot\text{L}^{-1}$ KI 溶液，再加入 2 滴 $1\text{mol}\cdot\text{L}^{-1}$ H_2SO_4 溶液酸化，加入 5 滴 3% H_2O_2 溶液，摇匀后，再加入 1mL CCl_4，充分摇荡，观察 CCl_4 层中颜色的变化，写出反应方程式。

④ 在试管中加入 2 滴 $0.01\text{mol}\cdot\text{L}^{-1}$ $KMnO_4$ 溶液，加入 2 滴 $1\text{mol}\cdot\text{L}^{-1}$ H_2SO_4 溶液酸化，再加入数滴 3% H_2O_2 溶液，观察反应现象，写出反应方程式。

试分析 H_2O_2 在实验③和④中分别起的作用。

⑤ 在试管中加入 8 滴 $0.1\text{mol}\cdot\text{L}^{-1}$ $K_2Cr_2O_7$ 溶液，加入 2 滴 $1\text{mol}\cdot\text{L}^{-1}$ H_2SO_4 溶液酸化，再加入足量的 $0.1\text{mol}\cdot\text{L}^{-1}$ Na_2SO_3 溶液，摇匀后，观察反应现象，写出反应方程式。

⑥ 在试管中加入 8 滴 $0.1\text{mol}\cdot\text{L}^{-1}$ $K_2Cr_2O_7$ 溶液，加入 2 滴 $1\text{mol}\cdot\text{L}^{-1}$ H_2SO_4 溶液酸化，再加入足量的 $0.1\text{mol}\cdot\text{L}^{-1}$ $FeSO_4$ 溶液的反应，观察反应现象，写出反应方程式。

2. 介质的酸碱性对氧化还原反应的影响

(1) 介质的酸碱性对氧化还原反应产物的影响　在点滴板的三个空穴中各滴入 1 滴 $0.01\text{mol}\cdot\text{L}^{-1}$ $KMnO_4$ 溶液，然后再分别加入 1 滴 $2\text{mol}\cdot\text{L}^{-1}$ H_2SO_4 溶液，1 滴 H_2O 和 1 滴 $2\text{mol}\cdot\text{L}^{-1}$ NaOH 溶液，最后再分别滴入 $0.1\text{mol}\cdot\text{L}^{-1}$ Na_2SO_3 溶液。观察现象，写出反应方程式。

(2) 溶液的 pH 值对氧化还原反应方向的影响　在试管中加入 10 滴 $0.1\text{mol}\cdot\text{L}^{-1}$ KIO_3 溶液和 10 滴 $0.1\text{mol}\cdot\text{L}^{-1}$ KI 溶液，混合后观察有无变化。再滴入几滴 $2\text{mol}\cdot\text{L}^{-1}$ H_2SO_4 溶液，观察有何变化。再逐滴加入 $2\text{mol}\cdot\text{L}^{-1}$ NaOH 溶液使溶液呈碱性，观察又有何变化。写出反应方程式并解释反应现象。

3. 浓度、温度对氧化还原反应速率的影响

(1) 浓度对氧化还原反应速率的影响　在两支试管中分别加入 5 滴 $0.5\text{mol}\cdot\text{L}^{-1}$ $Pb(NO_3)_2$ 溶液和 5 滴 $1\text{mol}\cdot\text{L}^{-1}$ $Pb(NO_3)_2$ 溶液，各加入 20 滴 $1\text{mol}\cdot\text{L}^{-1}$ HAc 溶液，充分混匀后，再逐滴加入 $0.5\text{mol}\cdot\text{L}^{-1}$ Na_2SiO_3 溶液约 30 滴，摇匀，用蓝色石蕊试纸检查溶液仍呈酸性。在 90℃ 水浴中加热至试管中出现乳白色透明凝胶，取出试管，冷却至室温，在两支试管中分别插入表面积相同的锌片，观察两支试管中"铅树"生长速率的快慢，并解释原因。

(2) 温度对氧化还原反应速率的影响　在 A、B 两支试管中各加入 1mL $0.01\text{mol}\cdot\text{L}^{-1}$ $KMnO_4$ 溶液，再加入 3 滴 $2\text{mol}\cdot\text{L}^{-1}$ H_2SO_4 溶液酸化；在 C、D 试管中各加入 1mL $0.1\text{mol}\cdot\text{L}^{-1}$ $H_2C_2O_4$ 溶液。将 A，C 两试管放在水浴中加热几分钟后取出，同时将 A 中溶液倒入 C 中，将 B 中溶液倒入 D 中，观察 C、D 两试管中的溶液哪一个先褪色，并解释原因。

4. 浓度对电极电势的影响

① 在 50mL 烧杯中加入 25mL $1\text{mol}\cdot\text{L}^{-1}$ $ZnSO_4$ 溶液，插入饱和甘汞电极和用砂纸打

磨过的锌电极，组成原电池。将甘汞电极与 pH 计的"＋"极相连，锌电极与"－"极相连。测原电池的电动势 E_{MF}（1）。已知饱和甘汞电极的 $E=0.2415V$，计算 $E(Zn^{2+}/Zn)$。

② 在另一个 50mL 烧杯中加入 25mL 0.005mol·L^{-1} CuSO$_4$ 溶液，插入铜电极，与（1）中的锌电极组成原电池，两烧杯间用饱和 KCl 琼脂盐桥连接，将铜电极接"＋"极，锌电极接"－"极，用 pH 计测原电池的电动势 E_{MF}（2），计算 $E^{\ominus}(Cu^{2+}/Cu)$ 和 $E(Cu^{2+}/Cu)$。

③ 向 0.005mol·L^{-1} CuSO$_4$ 溶液中滴入过量的 2mol·L^{-1} NH$_3$·H$_2$O 使其生成深蓝色透明溶液，再测原电池的电动势 E_{MF}（3）并计算 $E([Cu(NH_3)_4]^{2+}/Cu)$。

比较两次测得的铜-锌原电池的电动势和铜电极电极电势的大小，你能得出什么结论？

【数据记录与处理】

数据记录于表 2-22 中。

表 2-22 实验数据记录

项目	$E_{MF}(1)$	$E_{MF}(2)$	$E_{MF}(3)$
电动势/V			

根据实验记录数据分别计算 $E(Zn^{2+}/Zn)$、$E^{\ominus}(Cu^{2+}/Cu)$、$E(Cu^{2+}/Cu)$ 和 $E([Cu(NH_3)_4]^{2+}/Cu)$。

【思考题】

（1）温度和浓度对氧化还原反应的速率有何影响？
（2）高锰酸钾的氧化性随酸性的增加而如何变化？

【注意事项】

使用 pH 计时注意规范操作，保护玻璃电极不被损坏。

实验二十　由胆矾精制五水硫酸铜

【实验目的】

(1) 掌握结晶与重结晶提纯固体物质的原理和方法。
(2) 掌握固体的加热溶解、蒸发浓缩、减压过滤、结晶与重结晶等基本操作。

【实验原理】

胆矾是天然的含水硫酸铜,是五水硫酸铜($CuSO_4 \cdot 5H_2O$)的俗称,胆矾的晶体成板状或短柱状,具有漂亮的蓝色,且极易溶于水。本实验以胆矾为原料,精制五水硫酸铜。硫酸铜的溶解度随温度升高而增大,因此可用重结晶法提纯。提纯的过程为:第一步将粗硫酸铜加热成饱和溶液,趁热过滤除去不溶性杂质;第二步通过调节 pH 值和加入氧化剂的方式形成 $Fe(OH)_3$ 沉淀过滤除去铁离子;第三步蒸发浓缩除去可溶性杂质;第四步重结晶得到纯度更高的五水硫酸铜。

【实验仪器与试剂】

仪器:托盘天平,酒精灯,真空泵,烧杯,量筒,蒸发皿,漏斗,石棉网。

试剂:粗硫酸铜,NaOH($2mol \cdot L^{-1}$),H_2O_2 [3%(质量分数)],H_2SO_4($2mol \cdot L^{-1}$),乙醇[95%(质量分数)],去离子水。

材料:pH 试纸、滤纸。

【实验步骤】

① 除不可溶性杂质。称取 7.5g 粗硫酸铜于烧杯中,加入约 30mL 水,加热、搅拌至完全溶解,减压过滤以除去不溶物。

② 除可沉淀型杂质铁离子。在上述滤液中加入 2~3 滴 $2mol \cdot L^{-1} H_2SO_4$ 酸化,边加热边搅拌下,同时滴加 2mL 3% 的 H_2O_2 水溶液,使 Fe^{2+} 氧化为 Fe^{3+}。再滴加 $2mol \cdot L^{-1}$ NaOH 溶液,使溶液的 pH 值在 3.0~4.0 范围内,再加热溶液至沸腾,Fe^{3+} 水解为 $Fe(OH)_3$ 沉淀,静置沉降,趁热常压过滤,并将滤液转移到蒸发皿中。

③ 蒸发浓缩。在滤液中加入 3 滴 $2mol \cdot L^{-1} H_2SO_4$ 使 pH 值调至 1~2。然后将蒸发皿放在石棉网上,用小火加热,蒸发浓缩至液面出现一层结晶膜时,即可停止加热,冷至室温,减压过滤。

④ 称重。将晶体用滤纸吸干表面的水分后进行称重。

⑤ 重结晶。上述产品放于烧杯中,按每克产品加 1.2mL 去离子水的比例加入去离子水。加热,使产品全部溶解。趁热常压过滤。滤液冷至室温,再次减压过滤。用少量乙醇洗涤晶体 1~2 次。取出晶体,晾干,称重。计算产率。

【数据记录与处理】

根据以下实验数据计算五水硫酸铜产率

$m_{粗硫酸铜}=$ _____ g;$m_{重结晶}=$ _____ g;

$$产率 = \frac{m_{重结晶}}{m_{粗硫酸铜}} \times 100\% \qquad (2\text{-}21)$$

【思考题】

(1) 是否所有的物质都可以用重结晶方法提纯？

(2) 在除硫酸铜溶液中的 Fe^{3+} 时，为什么要控制 pH 值在 4.0 左右？加热溶液的目的是什么？

【注意事项】

(1) 蒸发浓缩的过程不宜搅拌，否则不易控制晶膜。

(2) 浓缩至刚好有一层晶膜即可。

(3) 产品回收入回收瓶中，不要随意倾倒。

实验二十一　氯化钠的提纯

【实验目的】
(1) 学会用化学方法提纯粗盐实验。
(2) 练习固体物质的称量、加热、过滤、蒸发浓缩、结晶和干燥等基本操作。
(3) 学习在分离提纯物质过程中，定性检验某种物质是否已除去的方法。

【实验原理】
粗盐中除了含有泥沙等不溶性杂质外，还含有 K^+、Ca^{2+}、Mg^{2+} 和 SO_4^{2-} 等可溶性杂质。不溶性杂质可用过滤法除去，可溶性杂质中的 Ca^{2+}、Mg^{2+} 和 SO_4^{2-} 则通过加入 $BaCl_2$，$NaOH$ 和 Na_2CO_3 溶液，生成难溶的硫酸盐、碳酸盐或碱式碳酸盐沉淀而除去，也可加入 $BaCO_3$ 固体和 $NaOH$ 溶液进行如下反应除去：

$$Ba^{2+} + CO_3^{2-} =\!=\!= BaCO_3 \tag{1}$$

$$Ba^{2+} + SO_4^{2-} =\!=\!= BaSO_4 \tag{2}$$

$$Ca^{2+} + CO_3^{2-} =\!=\!= CaCO_3 \tag{3}$$

$$Mg^{2+} + 2OH^- =\!=\!= Mg(OH)_2 \tag{4}$$

$$2Mg^{2+} + CO_3^{2-} + 2OH^- =\!=\!= Mg(OH)_2 \cdot MgCO_3(s) \tag{5}$$

【实验仪器与试剂】
仪器：天平，布氏漏斗，漏斗架，真空泵，蒸发皿，普通漏斗，酒精灯，烧杯，量筒。

试剂：HCl（$2mol \cdot L^{-1}$），NaOH（$2mol \cdot L^{-1}$），$BaCl_2$（$1mol \cdot L^{-1}$），$(NH_4)_2C_2O_4$（$0.5mol \cdot L^{-1}$），Na_2CO_3（$1mol \cdot L^{-1}$），粗食盐，镁试剂，蒸馏水。

材料：滤纸，pH 试纸。

【实验步骤】

1. 粗食盐的提纯

(1) **粗食盐的称量和溶解**　在台秤上称取 8g 粗食盐，放入 150mL 烧杯中，加入约 30mL 水，加热搅拌使其溶解。

(2) **SO_4^{2-} 离子的除去**　在煮沸的食盐水溶液中，边搅拌边滴加 $1mol \cdot L^{-1} BaCl_2$ 溶液（约 2mL）。检验 SO_4^{2-} 离子是否沉淀完全的方法：将酒精灯移开，待沉淀下沉后，向上层清液中滴入 1~2 滴 $BaCl_2$ 溶液，观察溶液是否有浑浊现象。如上层清液无浑浊现象，证明 SO_4^{2-} 已沉淀完全，如变浑浊，则要继续滴加 $BaCl_2$ 溶液，直到沉淀完全为止。再用小火加热 5min，以促使沉淀颗粒长大而便于过滤。用普通漏斗过滤，保留滤液于烧杯中，弃去沉淀。

(3) **Ca^{2+}、Mg^{2+} 和过量的 Ba^{2+} 的除去**　在滤液中加入适量的（约 1mL）$2mol \cdot L^{-1}$ NaOH 溶液和 3mL $1mol \cdot L^{-1} Na_2CO_3$ 溶液，加热至沸。同上方法用 Na_2CO_3 溶液检验 Ca^{2+}、Mg^{2+} 和 Ba^{2+} 等离子是否已沉淀完全，继续用小火加热煮沸 5min，用普通漏斗过滤，保留滤液于烧杯中，弃去沉淀。

(4) **调节溶液的 pH 值**　在滤液中逐滴加入 $2mol \cdot L^{-1}$ HCl 溶液，边滴边搅拌，并用玻璃棒蘸取滤液在置于表面皿上的 pH 试纸上试验，直到溶液呈微酸性（pH＝4～5）为止。

（5）**蒸发浓缩** 将溶液转移至蒸发皿中，小火加热，蒸发浓缩到溶液表面明显出现一层晶膜，进而形成稀粥状为止，切不可将溶液蒸干。

（6）**结晶、减压过滤、干燥** 将浓缩液冷却至室温。用布氏漏斗减压过滤，尽量抽干。再将晶体转移至蒸发皿中，放在石棉网上，用小火加热并搅拌、干燥、冷却、称量，计算收率。

2. 产品质量检验

取粗盐和提纯产品各 1g 左右，分别溶于约 5mL 蒸馏水中，然后各分成 3 份，盛于 3 支试管中。按如下方法对照检验它们的纯度。

（1）SO_4^{2-} 的检验 加入 2 滴 $1mol \cdot L^{-1} BaCl_2$ 溶液，观察有无白色的 $BaSO_4$ 沉淀生成。

（2）Ca^{2+} 的检验 加入 2 滴 $0.5mol \cdot L^{-1} (NH_4)_2C_2O_4$ 溶液，稍等片刻观察有无白色的 CaC_2O_4 沉淀生成。

（3）Mg^{2+} 的检验 加入 2～3 滴 $2mol \cdot L^{-1} NaOH$ 溶液，再加入几滴镁试剂（对硝基偶氮间苯二酚），如有蓝色沉淀产生，表示有 Mg^{2+} 离子存在。

【数据记录与处理】

根据以下实验数据计算收率。

$m_{粗盐}=$ _____ g；$m_{提纯精盐}=$ _____ g

$$收率 = \frac{m_{提纯精盐}}{m_{粗盐}} \times 100\% \tag{2-22}$$

【思考题】

（1）在提纯粗盐溶液过程中，K^+ 将在哪一步除去？

（2）蒸发前为什么要用盐酸将溶液的 pH 值调至 4～5？能否用其它酸？

（3）蒸发浓缩时如果直接蒸干可否？为什么？

【注意事项】

使用酒精灯时，应注意以下几点：

(1) 点燃酒精灯以前，必须检查酒精灯灯芯是否平整、完好。

(2) 酒精量必须占灯壶容积的 1/2～2/3，不可过多或过少。添加酒精必须使用小漏斗，以免加出灯外。

(3) 用火柴点燃酒精灯，决不能用燃着的酒精灯点燃，否则易引起火灾。

(4) 熄灭灯焰时，用灯帽将火焰熄灭，再复盖一次，决不能吹灭。

(5) 使用酒精灯时，应该用外焰加热。

实验二十二 四水甲酸铜的制备

【实验目的】

(1) 进一步熟悉固液分离的方法。

(2) 继续学习无机制备实验中的一些基本操作。

【实验原理】

四水甲酸铜为蓝色晶体，易溶于水，难溶于醇及大多数有机溶剂。实验室合成四水甲酸铜通常用碳酸铜、碱式碳酸铜或氧化铜与甲酸反应制备。本实验采用的是碱式碳酸铜。碱式碳酸铜，又叫孔雀石，在空气中加热会分解为氧化铜、水和二氧化碳，溶于酸并生成相应的铜盐。碱式碳酸铜的合成方法有多种，如硫酸铜法、硝酸铜法、氨水法等。

本实验选择硫酸铜法制备碱式碳酸铜，硫酸铜和碳酸氢钠制备碱式碳酸铜反应方程式为：

$$2CuSO_4 + 4NaHCO_3 \Longrightarrow Cu(OH)_2 \cdot CuCO_3(s) + 3CO_2(g) + 2Na_2SO_4 + H_2O \quad (1)$$

生成的碱式碳酸铜再与甲酸反应制得蓝色四水甲酸铜，反应方程式为：

$$Cu(OH)_2 \cdot CuCO_3 + 4HCOOH + 5H_2O \Longrightarrow 2Cu(HCOO)_2 \cdot 4H_2O + 3CO_2(g) \quad (2)$$

【实验仪器与试剂】

仪器：托盘天平，研钵，温度计。

试剂：$CuSO_4 \cdot 5H_2O$，$NaHCO_3(s)$，HCOOH，无水乙醇，$BaCl_2$ 溶液，蒸馏水。

【实验步骤】

1. 碱式碳酸铜的制备

称取 12.5g $CuSO_4 \cdot 5H_2O$ 和 9.5g $NaHCO_3$ 于研钵中，充分磨细并混合均匀。在快速搅拌下将混合物分多次少量缓慢加入到 100mL 近沸的蒸馏水中（为了防止爆沸，此时停止加热）。混合物加完后，再加热近沸数分钟。静置溶液澄清后，用倾析法分离溶液和沉淀，并将沉淀洗涤至溶液无 SO_4^{2-}（$BaCl_2$ 溶液检查），抽滤至干，称重。

2. 四水甲酸铜的制备

将前面制得的产品放入烧杯内，加入约 20mL 蒸馏水，加热搅拌至 50℃左右，逐滴加入适量甲酸至沉淀完全溶解（所需甲酸量自行计算，不宜过多），趁热过滤。滤液在通风橱下蒸发至原体积的 1/3 左右。冷至室温，减压过滤，用少量无水乙醇洗涤晶体 2 次，抽滤至干，得 $Cu(HCOO)_2 \cdot 4H_2O$ 产品，称重。

3. 粗产品重结晶

将粗产品按粗产品:水＝2:1（质量比）的比例溶于蒸馏水中，边加热边搅拌，若溶液沸腾时，晶体还未全部溶解，可再加极少量蒸馏水。待晶体完全溶解后停止加热，趁热过滤，滤液在通风橱下蒸发至原体积的 1/3 左右。冷至室温，减压过滤，用少量无水乙醇洗涤晶体 2 次，抽滤至干，得到纯度较高的 $Cu(HCOO)_2 \cdot 4H_2O$ 产品，称重，计算产率。

【数据记录与处理】

根据 $m_{四水甲酸铜(理论)}$（由五水硫酸铜质量推算）和 $m_{四水甲酸铜(重结晶)}$，计算甲酸铜产率。

$m_{四水甲酸铜(重结晶)}=$ _____ g

$$产率 = \frac{m_{四水甲酸铜(重结晶)}}{m_{四水甲酸铜(理论)}} \times 100\% \tag{2-23}$$

【思考题】

(1) 根据碱式碳酸铜的硫酸铜制备方程式，$CuSO_4$∶$NaHCO_3$（物质的量之比）=1∶2，但实验中为什么 $CuSO_4$ 的量却小于这个比例？

(2) 固液分离时，什么情况下用倾析法，什么情况下用常压过滤或减压过滤？

【注意事项】

(1) 在制备碱式碳酸铜过程中，温度不要太高。

(2) 减压过滤后得到的晶体，用乙醇洗时，应在常压状况下洗，不能一边抽滤一边洗。

(3) 倾析法分离固液混合物时，每次加入约 50mL 蒸馏水，至少需要洗涤 3～4 次。

实验二十三 硫酸亚铁铵的制备及组成分析

【实验目的】
(1) 巩固常压过滤、减压过滤、蒸发浓缩等基本操作。
(2) 学会利用溶解度的差异制备硫酸亚铁铵。
(3) 学习 pH 试纸、吸管、比色管的使用。
(4) 学会检验产品中杂质的方法。

【实验原理】
硫酸亚铁铵又称摩尔盐，它是一种复盐，分子式为 $(NH_4)_2Fe(SO_4)_2·6H_2O$，是浅蓝绿色的晶体，易溶于水，难溶于乙醇。由于硫酸亚铁铵晶体中的亚铁离子在空气中比其它一般的亚铁离子难氧化，所以在许多化学实验里，硫酸亚铁铵可以作为基准物质，用来直接配制标准溶液。

在 0~60℃ 的温度范围内，硫酸亚铁铵在水中的溶解度比组成它的每一组分的溶解度都小，因而有利于它的结晶分离。

本实验是先利用废铁屑溶于稀硫酸制得硫酸亚铁溶液：

$$Fe + H_2SO_4 == FeSO_4 + H_2(g) \tag{1}$$

然后加入硫酸铵制得溶解度较小的硫酸亚铁铵复盐，结晶析出。

$$FeSO_4 + (NH_4)_2SO_4 + 6H_2O == (NH_4)_2SO_4·FeSO_4·6H_2O \tag{2}$$

【实验仪器与试剂】
仪器：托盘天平，锥形瓶，量筒。
试剂：$(NH_4)_2SO_4(s)$，Na_2CO_3 (1mol·L^{-1})，H_2SO_4 (3mol·L^{-1})，HCl (2mol·L^{-1})，乙醇[95%（质量分数）]，KSCN (1mol·L^{-1})，去离子水。
材料：铁屑，滤纸。

【实验步骤】
1. 铁屑油污的去除
称取 2g 铁屑，放于锥形瓶内，加入 20mL 1mol·L^{-1} Na_2CO_3 溶液，小火加热煮沸 10min，随时补充水量，以除去铁屑上的油污，用倾析法倒掉废碱液，并用水把铁屑洗净。

2. 硫酸亚铁的制备
往盛有铁屑的锥形瓶中加入约 15mL 的 3mol·L^{-1} H_2SO_4 溶液，水浴加热（注意通风），在反应过程中经常取出锥形瓶摇荡和适当补充水分，直至反应基本完全为止（不产生气泡）。趁热过滤，滤液转移至蒸发皿内。残渣过多时应用滤纸吸干水分称其质量，算出参与反应的铁屑质量，滤渣极少可忽略不计。

3. 硫酸亚铁铵的制备
根据消耗的铁屑质量计算 $FeSO_4$ 的理论产量，并据此计算所需的 $(NH_4)_2SO_4$ 的用量。称取计算所用 $(NH_4)_2SO_4$ 固体，加入到盛有 $FeSO_4$ 的蒸发皿中，用 3mol·L^{-1} H_2SO_4 溶液调 pH 值在 1~2 范围内。放在水浴上蒸发混合溶液，搅拌至 $(NH_4)_2SO_4$ 完全溶解。蒸发浓缩至表面出现晶膜为止（不要搅拌）。冷却至室温，结晶析出后减压过滤，用少量乙醇洗涤晶体两次,除去表面水分,继续减压过滤抽干。取出晶体放在表面皿上晾干,称重,计算产率。

4. Fe^{3+} 的定量分析

用烧杯将去离子水煮沸5min,以除去溶解的氧,盖好,冷却后备用。称取1g产品,置于试管中,加5mL备用的去离子水使之溶解,再加入2mL 2mol·L^{-1} HCl溶液和1mL 1mol·L^{-1} KSCN溶液,最后用除氧的去离子水稀释到25mL,摇匀,和比色管中的溶液颜色进行比较,确定产品等级。

【数据记录与处理】

① 根据 $m_{铁屑}$ 和 $m_{残渣}$ 计算 $FeSO_4$ 的理论产量,再计算 $(NH_4)_2SO_4$ 的用量。

$m_{铁屑}=$_____g;$m_{残渣}=$_____g

② 根据以上数据计算硫酸亚铁铵理论产量和产率。

$m_{硫酸亚铁铵(实际)}=$_____g

$$产率=\frac{m_{硫酸亚铁铵(实际)}}{m_{硫酸亚铁铵(理论)}}\times 100\% \tag{2-24}$$

【思考题】

(1) 在制备硫酸亚铁和硫酸亚铁铵的时候为什么要控制溶液的pH值在1～2范围内?

(2) 硫酸亚铁的制备时为什么要趁热过滤?不趁热过滤会有什么影响?

【注意事项】

(1) 硫酸亚铁铵的制备过程中,蒸发浓缩表面出现晶膜时不要搅拌。

(2) 硫酸亚铁的制备要注意通风。

实验二十四　转化法制备硝酸钾

【实验目的】
(1) 利用物质溶解度随温度变化的差别，学习用转化法制备硝酸钾。
(2) 掌握结晶和重结晶的一般原理和方法。
(3) 继续练习溶解、加热、蒸发浓缩的基本操作。

【实验原理】
本实验采用转化法制备硝酸钾晶体，其反应方程式如下：

$$NaNO_3 + KCl \rightleftharpoons NaCl + KNO_3$$

其反应原理是利用反应物、生成物之间溶解度随温度变化而变化的大小不同，促使反应向右进行，从而得到目标产物。

氯化钠的溶解度随温度变化不大，而氯化钾、硝酸钠和硝酸钾在高温时又有较大或很大的溶解度，而温度降低时溶解度明显减小（如氯化钾、硝酸钠）或急剧下降（如硝酸钾），根据这种差别，将一定浓度的硝酸钠和氯化钾混合液加热浓缩。当温度达 118～120℃ 时，由于硝酸钾溶解度增加很多，它达不到饱和，不析出，而氯化钠的溶解度增加甚少，随浓缩的进行，水溶剂的减少，氯化钠析出。通过热过滤滤去氯化钠，将此溶液冷却至室温，即有大量硝酸钾析出，氯化钠仅有少量析出，从而得到硝酸钾粗产品；再经过重结晶提纯，得纯品硝酸钾晶体。硝酸钾产品中的杂质氯化钠利用氯离子和银离子生成氯化银白色沉淀来检验。

【实验仪器与试剂】
仪器：烧杯（100mL，250mL），温度计（200℃），玻璃抽滤器，真空泵，吸滤瓶，布氏漏斗，托盘天平，石棉网，酒精灯，玻棒，铁架台，量筒（10mL，50mL）。

试剂：氯化钾，硝酸钠（工业级或试剂级），硝酸银（$0.1 mol \cdot L^{-1}$）。

材料：滤纸。

【实验步骤】

1. 溶解蒸发

称取 10.0g $NaNO_3$ 和 8.0g KCl，放入一只硬质试管，加 16mL H_2O。将试管置于酒精灯上小火加热，待盐全部溶解后，继续加热，使溶液蒸发至原有体积的 2/3。这时试管中有晶体析出，趁热用热滤漏斗过滤。滤液盛于小烧杯中自然冷却至有结晶析出。用减压法过滤后，再用少量饱和 KNO_3 溶液淋洗晶体，KNO_3 晶体水浴烘干后称重。

2. 粗产品的重结晶

① 除保留少量（0.1～0.2g）粗产品供纯度检验外，按粗产品∶水＝2∶1（质量比）的比例，将粗产品溶于蒸馏水中。

② 加热、搅拌，待晶体全部溶解后停止加热。若溶液沸腾时，晶体还未全部溶解，可再加极少量蒸馏水使其溶解。

③ 待溶液冷却至室温后抽滤，水浴烘干，得到纯度较高的硝酸钾晶体，称重，计算产率。

3. 产品纯度定性检验

分别取 0.1g 粗产品和一次重结晶得到的产品放入两支小试管中,各加入 2mL 蒸馏水配成溶液。在溶液中分别滴入 1 滴 5mol·L^{-1} HNO$_3$ 酸化,再各滴入 0.1mol·L^{-1} AgNO$_3$ 溶液 2 滴,观察现象,进行对比,重结晶后的产品溶液应为澄清,如浑浊应再进行一次重结晶。

【数据记录与处理】

① 计算硝酸钾理论产值。

② 根据以下实验数据计算硝酸钾的产率。

$m_{硝酸钾(理论)}=$ _____ g $m_{硝酸钾(粗)}=$ _____ g

$m_{硝酸钾(重结晶)}=$ _____ g

$$产率 = \frac{m_{硝酸钾(重结晶)}}{m_{硝酸钾(理论)}} \times 100\% \tag{2-25}$$

【思考题】

(1) 什么情况下需用热过滤法进行固、液分离?

(2) 为什么采用水浴烘干硝酸钾晶体?

(3) 产品的主要杂质是什么?怎样提纯?

【注意事项】

(1) 制备硝酸钾时氯化钠先析出过滤,此时一定要趁热快速减压抽滤,可将布氏漏斗在沸水中或烘箱中预热。热过滤是本实验的关键。

(2) 热过滤后滤液冷却时不要骤冷,以防结晶过于细小。

实验二十五 三草酸合铁(Ⅲ)酸钾的合成和结构测定

【实验目的】
(1) 掌握合成三草酸合铁(Ⅲ)酸钾的方法和原理。
(2) 通过综合性实验的基本训练,掌握确定化合物化学式的基本原理及方法。
(3) 练习溶解、沉淀、过滤、蒸发、结晶等基本操作。

【实验原理】
三草酸合铁(Ⅲ)酸钾(含三个结晶水)是亮绿色的单斜晶体,易溶于水,难溶于乙醇。在383K时失去结晶水,503K时分解。它又是光敏物质,见光易分解。

$$2K_3[Fe(C_2O_4)_3] = 2FeC_2O_4(s) + 3K_2C_2O_4 + 2CO_2(g) \quad (1)$$

其合成工艺路线有多种,本实验采用的方法是首先由硫酸亚铁铵与草酸反应制备草酸亚铁沉淀,此沉淀在草酸钾、过氧化氢和草酸的综合作用下生成三草酸合铁(Ⅲ)酸钾。

$$(NH_4)_2Fe(SO_4)_2 \cdot 6H_2O + H_2C_2O_4 = FeC_2O_4 \cdot 2H_2O(s) + (NH_4)_2SO_4 + H_2SO_4 + 2H_2O \quad (2)$$

$$6FeC_2O_4 \cdot 2H_2O + 3H_2O_2 + 6K_2C_2O_4 = 4K_3[Fe(C_2O_4)_3] + 2Fe(OH)_3(s) + 12H_2O \quad (3)$$

$$2Fe(OH)_3 + 3H_2C_2O_4 + 3K_2C_2O_4 = 2K_3[Fe(C_2O_4)_3] + 6H_2O \quad (4)$$

生成的三草酸合铁(Ⅲ)酸钾用乙醇洗涤后自然晾干,即可析出三草酸合铁(Ⅲ)酸钾的结晶。其后几步总反应式为:

$$2FeC_2O_4 \cdot 2H_2O + H_2O_2 + 3K_2C_2O_4 + H_2C_2O_4 = 2K_3[Fe(C_2O_4)_3] \cdot 3H_2O \quad (5)$$

最后产物三草酸合铁(Ⅲ)酸钾要进行定性检测,分别验证K^+、Fe^{3+}和$C_2O_4^{2-}$的存在。

【实验仪器与试剂】
仪器:托盘天平、烧杯、布氏漏斗、吸滤瓶、量筒,红外光谱仪。
试剂:H_2SO_4 (3mol·L^{-1})、$H_2C_2O_4 \cdot 2H_2O$(s)、$(NH_4)_2Fe(SO_4)_2 \cdot 6H_2O$(s)、$K_2C_2O_4$(饱和)、饱和酒石酸氢钠、KSCN (0.1mol·L^{-1})、$FeCl_3$ (0.1mol·L^{-1})、$CaCl_2$ (0.5mol·L^{-1})、H_2O_2 (6%)、乙醇(95%)、去离子水、饱和$H_2C_2O_4$溶液,KBr。
材料:滤纸。

【实验步骤】
1. 草酸亚铁的制备
称取 5g 硫酸亚铁铵放入 150mL 烧杯中,加入 15mL 去离子水,3 滴 3mol·L^{-1} H_2SO_4,加热搅拌使之溶解。另加入 25mL 饱和 $H_2C_2O_4$ 溶液,加热至沸腾 5min,静置,生成黄色沉淀,弃上清液(倾析法),用热去离子水洗涤沉淀三次,除去可溶性杂质。

2. 三草酸合铁(Ⅲ)酸钾的制备
向草酸亚铁沉淀中加入 15mL 饱和 $K_2C_2O_4$ 溶液,水浴加热至 40℃,并逐滴滴加 10mL 6% H_2O_2 溶液,不断搅拌。溶液变成深棕色,继续加热至沸腾,赶出过量的 H_2O_2,再缓

慢滴入饱和 $H_2C_2O_4$ 溶液至溶液变成亮绿色为止。溶液冷却后，加入 95％乙醇 10mL，在暗处放置，析出翠绿色晶体。减压过滤后再用少量乙醇洗涤产品，抽干，称量，计算产率。

3. 产品的定性分析

① 检测 K^+：在试管中取少量产物用去离子水溶解，再加入饱和酒石酸氢钠溶液 1mL，充分振摇（可用玻璃棒摩擦试管内壁后放置片刻），观察现象。

② 检测 Fe^{3+}：在试管中取少量产物用去离子水溶解，另取一支试管加入 2 滴 $0.1 mol \cdot L^{-1}$ $FeCl_3$ 溶液，再分别加入 $0.1 mol \cdot L^{-1}$ KSCN 溶液 2 滴，观察现象。

③ 检测 $C_2O_4^{2-}$：在试管中取少量产物加蒸馏水溶解，另取一支试管加入 2 滴饱和 $K_2C_2O_4$ 溶液，各加 $0.5 mol \cdot L^{-1}$ $CaCl_2$ 溶液 2 滴，观察现象有何不同。

④ 用红外光谱鉴定 $C_2O_4^{2-}$ 与结晶水

采用红外光谱仪测定产品的 KBr 压片，得到红外吸收光谱，根据谱图判断是否含有 $C_2O_4^{2-}$ 及结晶水。

【数据记录与处理】

① 计算三草酸合铁（Ⅲ）酸钾的理论产量。

② 根据三草酸合铁（Ⅲ）酸钾的实际产量计算产率。

$m_{K_3[Fe(C_2O_4)_3] \cdot 3H_2O} = \underline{\qquad}$ g

$$产率 = \frac{m_{K_3[Fe(C_2O_4)_3] \cdot 3H_2O (实际)}}{m_{K_3[Fe(C_2O_4)_3] \cdot 3H_2O (理论)}} \times 100\% \tag{2-26}$$

③ 检测 K^+、$C_2O_4^{2-}$、Fe^{3+} 的位置，根据实验现象分析原因，现象记录于表 2-23 中。

表 2-23 实验现象记录

项目	饱和酒石酸氢钠溶液	KSCN 溶液	$CaCl_2$ 溶液
K^+			
Fe^{3+}			
$C_2O_4^{2-}$			

【思考题】

(1) 三草酸合铁（Ⅲ）酸钾保存时应注意什么？

(2) 为何将 Fe^{2+} 转化为草酸盐沉淀后再进行氧化？先将 Fe^{2+} 氧化成 Fe^{3+} 再与草酸钾形成沉淀会有什么影响？

(3) 三草酸合铁（Ⅲ）酸钾的结晶水还可以用什么方法检测？

【注意事项】

(1) 加过氧化氢氧化时应控制温度在 40℃（水浴），防止过氧化氢高温分解。

(2) 为了防止 Fe(Ⅱ)水解和氧化，硫酸亚铁铵溶解时应加少量的 H_2SO_4。

实验二十六　电导率法测定硫酸钡的溶度积常数

【实验目的】
(1) 学习电导率法测定硫酸钡溶度积的原理和方法。
(2) 学习电导率仪的使用方法。
(3) 学习饱和溶液的配制方法。

【实验原理】
难溶电解质的溶解度很小，很难直接测定。本实验采用电导率法测定难溶强电解质硫酸钡的溶度积。通过测定溶液的电导率，根据电导率与浓度之间的关系，计算难溶电解质的溶解度，从而计算出溶度积。

因摩尔电导 Λ_m：$\Lambda_m = \dfrac{\kappa}{c} \times 10^{-3}$（$S \cdot m^2 \cdot mol^{-1}$），所以 $BaSO_4$ 的溶解度可表示为：

$$c(BaSO_4) = \dfrac{\kappa(BaSO_4)}{1000\Lambda_m(BaSO_4)}(mol \cdot L^{-1}) \tag{2-27}$$

$BaSO_4$ 饱和溶液的电导率值，包括水电离的 H^+ 和 OH^-，因此计算时必须减去，即：

$$\kappa(BaSO_4) \approx \kappa(BaSO_4 测) - \kappa(H_2O)$$

因为 $BaSO_4$ 饱和溶液中存在如下平衡：

$$BaSO_4 \rightleftharpoons Ba^{2+} + SO_4^{2-}$$

因此 $BaSO_4$ 的溶度积与离子浓度、电导率的关系为：

$$K_{sp}(BaSO_4) = c(Ba^{2+}) \cdot c(SO_4^{2-}) = [c(BaSO_4)]^2$$

综合公式可得 $BaSO_4$ 的溶度积公式为：

$$K_{sp}(BaSO_4) = \left[\dfrac{\kappa(BaSO_4 测) - \kappa(H_2O)}{1000\Lambda_m(BaSO_4)} \right]^2 \tag{2-28}$$

$BaSO_4$ 为难溶化合物，其饱和溶液为极稀溶液，则有：

$$\Lambda_m = \Lambda_m(Ba^{2+}) + \Lambda_m(SO_4^{2-}) = 287.28 \times 10^4 S \cdot m^2 \cdot mol^{-1}$$

因此，只需测定 $BaSO_4$ 饱和溶液和纯水的电导率即可计算出 $BaSO_4$ 的溶度积。

【实验仪器与试剂】
仪器：电导率仪，离心机，离心试管，烧杯（50mL，100mL），电炉，表面皿，量筒（100mL），石棉网。

试剂：H_2SO_4（$6mol \cdot L^{-1}$），$BaCl_2$（$1mol \cdot L^{-1}$），$AgNO_3$（$0.1mol \cdot L^{-1}$），去离子水。

【实验步骤】

1. $BaSO_4$ 沉淀的制备

在 100mL 烧杯中加入 1mL $6mol \cdot L^{-1} H_2SO_4$ 溶液和 50mL 去离子水，加热近沸，边搅拌边逐滴加入 $1mol \cdot L^{-1} BaCl_2$ 溶液 6mL。加后盖上表面皿继续加热煮沸 5min，之后小火保温 10min。搅拌，取下静置，陈化，倾去上层清液。离心分离沉淀后，再加入 5mL 近沸的蒸馏水，多次洗涤沉淀直到无 Cl^- 为止（$AgNO_3$ 检测），离心分离，弃去清液。

2. $BaSO_4$ 饱和溶液的制备

在 $BaSO_4$ 沉淀中加少量水后全部转移到烧杯中，再加入 60mL 去离子水，搅拌均匀后，盖上表面皿，加热煮沸 5min，稍冷后，再置于冷水浴中搅拌 5min，然后浸在冷水中静置，冷却至室温。取上层清液进行电导率的测定。

3. 电导率的测定

① 测定 $BaSO_4$ 饱和溶液的电导率。
② 测定去离子水的电导率。

【数据记录与处理】

分别记录 $BaSO_4$ 饱和溶液以及蒸馏水的电导率（表 2-24），通过公式计算出 $BaSO_4$ 的溶度积。

表 2-24 实验数据记录

项目	数据
$\kappa(H_2O)/S \cdot m^{-1}$	
$\kappa(BaSO_4 溶液)/S \cdot m^{-1}$	
$\Lambda_m/S \cdot m^2 \cdot mol^{-1}$	
$c(BaSO_4)/mol \cdot L^{-1}$	
$K_{sp}^{\theta}(BaSO_4)$	

【思考题】

(1) 在测定 $BaSO_4$ 饱和溶液的电导率时，纯水的电导率为什么不能忽略？
(2) $BaSO_4$ 沉淀制备时，搅拌和陈化的作用分别是什么？

【注意事项】

(1) 制备 $BaSO_4$ 沉淀时，要反复洗涤沉淀，去除 Cl^- 杂质，否则对实验结果影响很大。
(2) 测定电导率时所用容器必须洁净无其它离子污染。
(3) 正确操作电导率仪。

实验二十七 一种钴(Ⅲ)配合物的制备

【实验目的】

(1) 掌握钴(Ⅲ)配合物的合成方法及原理。
(2) 了解钴(Ⅲ)配合物的理化性质。
(3) 学会用电导法判断配合物的组成。

【实验原理】

Co(Ⅲ)能形成很多配合物,如 $[CoF_6]^{3-}$,$[Co(NH_3)_6]^{3+}$,$[Co(CN)_6]^{3-}$ 等。大部分 Co(Ⅲ)配合物都是低自旋的,在水溶液中非常稳定,不容易发生变化。但 Co^{3+} 具有强氧化性,在水溶液中不能稳定存在,难以与配位体直接形成配合物,通常将 Co(Ⅱ)盐溶在含有配位剂的溶液中,用氧化剂把 Co(Ⅱ)氧化制得 Co(Ⅲ)配合物。

本实验要合成 $[Co(NH_3)_6]^{3+}$ 配合物,先将氯化钴(Ⅱ)与浓氨水混合,以 H_2O_2 为氧化剂将把 Co(Ⅱ)配合物氧化成紫红色的 Co(Ⅲ)配合物,反应方程式为:

$$2CoCl_2 + 2NH_4Cl + 10NH_3 + H_2O_2 = 2[Co(NH_3)_6]Cl_3 + 2H_2O \tag{1}$$

加入浓氨水的目的是抑制氨的电离,使 $[Co^{2+}][OH^-]^2 < K_{sp}$,$Co^{2+}$ 不能形成氢氧化物沉淀。加 H_2O_2 使 Co(Ⅱ)的配合物氧化成相应 Co(Ⅲ)的配合物,加浓盐酸加热的目的是除过量的氨水和氯化铵。

合成的配合物是否为我们需要的目标产物 $[Co(NH_3)_6]^{3+}$,需要进行配合物组成判定。判定方法主要采用化学分析法和电导率法。用化学分析方法确定配合物的外界和内届组成。用电导率法确定该配合物中的离子个数,进而确定化学式,主要内容如下。

(1) 游离 Co^{2+} 确定 游离的 Co^{2+} 离子在酸性溶液中可与硫氰化钾作用生成蓝色配合物 $[Co(NCS)_4]^{2-}$。实验过程中加入戊醇和乙醚的目的是提高其稳定性。反应方程式为:

$$Co^{2+} + 4SCN^- = [Co(NCS)_4]^{2-} \tag{2}$$

(2) 游离 NH_4^+ 确定 游离的 NH_4^+ 离子可由奈氏试剂来检定,其反应如下:

$$NH_4^+ + 2[HgI_4]^{2-} + 4OH^- = [O(Hg)_2NH_2]I(s) + 7I^- + 3H_2O \tag{3}$$

(3) Cl^- 的确定 通过测定配合物的电导率可确定其电离类型及外界 Cl^- 的个数,即可确定配合物的组成。

【实验仪器与试剂】

仪器:台称、烧杯、锥形瓶、量筒、研钵、漏斗、铁架台、酒精灯、试管、滴管、药勺、试管夹、漏斗架、石棉网、普通温度计、电导率仪等。

试剂:HCl(浓、$6mol·L^{-1}$)、浓氨水、NaOH($0.5mol·L^{-1}$)、H_2O_2(30%)、$AgNO_3$($0.1mol·L^{-1}$)、$CoCl_2·6H_2O(s)$、$NH_4Cl(s)$、KSCN(s)、$SnCl_2$($0.5mol/L$)、奈氏试剂、乙醚、戊醇、去离子水。

材料:pH试纸、滤纸。

【实验步骤】

1. 钴(Ⅲ)配合物的制备

在100mL锥形瓶中加入1.0g氯化铵和6mL浓氨水,充分溶解后不断振荡锥形瓶使溶液混合均匀。分数次加入研磨过的氯化钴粉末 2.0g，边加边振摇，使溶液成棕色稀浆。再向其中滴入 2~3mL 30% H_2O_2，边加边振摇，当固体完全溶解无气泡产生时，慢慢加入 6mL 浓盐酸，边加边振摇，并在水浴上微热，温度不要超过 85℃，否则配合物会被破坏。加热 10~15min（同时摇动锥形瓶），然后在室温下冷却混合物并摇动，待完全冷却后过滤沉淀。用 5mL 冷水分数次洗涤沉淀，再用 5mL 6mol·L^{-1} 冷盐酸洗涤，产物在 105℃ 左右烘干并称量。

2. 配合物组成确定

① 取 0.3g 产物于 150mL 锥形瓶中，加 35mL 水，混匀，检验其 pH 值。

② 取 15mL 实验①配合物溶液于烧杯中，再向其中逐滴加入 2mL 0.1mol·L^{-1} $AgNO_3^-$ 溶液至上部清液无沉淀生成，过滤，滤液中加 1~2mL 浓硝酸，再加 2mL 0.1mol·L^{-1} $AgNO_3$，观察有无沉淀生成，并与前面沉淀量进行对比。

③ 取实验①溶液 2mL 于试管中，向其中加入 0.5mol·L^{-1} 的 $SnCl_2$ 溶液 3 滴，边加边振荡再加入绿豆大小的硫氰化钾固体，振荡溶解，再加入戊醇、乙醚各 1mL，振荡溶液后观察上层溶液颜色。

④ 取实验①溶液 2mL 于试管中，加 10mL 去离子水后，再加入加奈氏试剂，振荡后观察溶液有无变化。

⑤ 剩余实验①溶液加入试管中放在酒精灯上加热，观察溶液变化，至完全变成棕黑色时停止加热，冷却后检验溶液酸碱性，过滤后取上清液再分别做实验③、实验④，观察有何不同。

⑥ 测该配合物溶液浓度为 0.01mol·L^{-1}、0.001mol·L^{-1} 时的电导率，确定类型（即离子数）1:3 型。

根据以上实验判断配合物的组成。

【数据记录与处理】

记录 0.01mol·L^{-1}、0.001mol·L^{-1} 钴（Ⅲ）配合物溶液电导率值（表 2-25），并与表 2-26 对比，确定其化学式中所含离子数。

表 2-25 不同浓度钴（Ⅲ）配合物溶液电导率

项目	数据
κ(0.01mol·L^{-1}配合物)/S·m^{-1}	
κ(0.001mol·L^{-1}配合物)/S·m^{-1}	

表 2-26 不同配合物不同浓度电导率值

电解质	类型(离子数)	电导率/S	
		0.01mol·L^{-1}	0.001mol·L^{-1}
KCl	1:1型(2)	1230	133
$BaCl_2$	1:2型(3)	2150	250
$K_3[Fe(CN)_6]$	1:3型(4)	3400	420

【思考题】

(1) 在 $[Co(NH_3)_6]Cl_3$ 的制备过程中，氨水、浓盐酸、过氧化氢各起什么作用？

(2) 实验用的氧化剂为 H_2O_2，可以换成其它的氧化剂吗？为什么？

【注意事项】

(1) 制备钴（Ⅲ）配合物所用固体药品要充分溶解。

(2) 制备整个过程振荡很关键。

(3) 加热的温度不能超过 85℃。

实验二十八　纳米氧化锌的制备与表征分析

【实验目的】

(1) 了解纳米氧化锌的性质和制备方法。

(2) 掌握纳米氧化锌产品的化学分析方法和物理表征方法。

【实验原理】

纳米氧化锌（ZnO）粒径介于 1～100 nm 之间，是一种多功能性的新型无机材料。表现出许多特殊的性质，例如非迁移性、荧光性、压电性、吸收和散射紫外线能力等。利用其在光、电、磁、敏感等方面的功能，使其应用于陶瓷、化工、电子、光学、生物、医药等许多领域。

氧化锌的制备方法从传统原理上讲分为三类：即直接法（美国法）、间接法（法国法）和湿化学法；而从方式上讲有物理法、气相法和化学法。当前出售的超细纳米氧化锌产品都生产自气相法和湿化学法，关于此方面的研究也较多。

化学法又分为溶胶-凝胶法、醇盐水解法、直接沉淀法、均相沉淀法、微乳液法、水热合成法。因为这种方法对各组分的含量要求精确控制，可实现分子、原子水平上的均匀混合，通过工艺条件的控制可获得粒度分布均匀、形状可控的纳米微粒材料，它也是目前采用最多的一种方法。本实验采用沉淀法，以 $ZnCl_2$ 和 $H_2C_2O_4$ 为原料，$ZnCl_2$ 和 $H_2C_2O_4$ 反应生成 $ZnC_2O_4 \cdot 2H_2O$ 沉淀，经焙烧后得纳米氧化锌粉体。反应式如下：

$$ZnCl_2 + 2H_2O + H_2C_2O_4 \Longrightarrow ZnC_2O_4 \cdot 2H_2O + 2HCl \tag{1}$$

$$ZnC_2O_4 \cdot 2H_2O \xrightarrow[\triangle]{O_2} ZnO + 2CO_2(g) + 2H_2O(g) \tag{2}$$

纳米材料的物相及形貌表征主要考虑颗粒的粒度以及表面特性，常用的仪器主要是粉末 X 射线衍射仪（XRD）和透射子显微镜（透射电镜，TEM）。

【实验仪器与试剂】

仪器：分析天平，托盘天平，电磁搅拌器，真空干燥箱，减压过滤装置，马弗炉，烧杯，X 射线衍射仪，透射电镜，量筒（10mL，50mL），滴定管（25mL），锥形瓶（250mL），容量瓶（250mL），移液管（10mL），烧杯。

试剂：$ZnCl_2$(s)，$H_2C_2O_4$(s)，$NH_3 \cdot H_2O$ 溶液（1∶1），NH_3-NH_4Cl 缓冲溶液（pH=10），HCl 溶液（6mol·L^{-1}），蒸馏水，去离子水，铬黑 T 指示剂，EDTA 标准溶液（0.005mol·L^{-1}），无水乙醇。

材料：滤纸。

【实验步骤】

1. 纳米氧化锌的制备

用台秤称取 1.0g $ZnCl_2$ 于 100mL 小烧杯中，加 50mL 蒸馏水充分溶解，配制 1.5mol·L^{-1} 的 $ZnCl_2$ 溶液。用托盘天平称取 9g $H_2C_2O_4$ 于 50mL 小烧杯中，加 40mL 蒸馏水溶解，配制 2.5mol·L^{-1} 的 $H_2C_2O_4$ 溶液。

将上述两种溶液混合于 250mL 烧杯中，在电磁搅拌器上搅拌反应，常温下反应 2h，生

成白色 $ZnC_2O_4 \cdot 2H_2O$ 沉淀。过滤,沉淀用蒸馏水洗涤干净,然后在真空干燥箱中于 110℃下干燥(30min)。干燥后的沉淀置于马弗炉中,在氧气环境中于 350~450℃下焙烧 2h,得到白色(或淡黄色)纳米氧化锌粉。

2. 产品质量分析

(1) 氧化锌含量的测定。用分析天平准确称取 0.13~0.15g 干燥试样加于 100mL 小烧杯中,用少量蒸馏水润湿,加入 5mL 6mol·L^{-1}HCl 溶液,加热溶解后,定量转移到 250mL 容量瓶中,加去离子水稀释到刻度,摇匀。用吸量管取 10.00mL 试液于锥形瓶中,滴加 1:1 $NH_3 \cdot H_2O$ 至刚产生沉淀,然后加入 10mL NH_3-NH_4Cl 缓冲溶液、2 滴铬黑 T 指示剂,用 0.005mol·L^{-1}EDTA 标准溶液滴定至溶液由酒红色变为纯蓝色,即为终点,记录体积,平行测定 3 次,计算氧化锌的含量。

(2) 粒径大小、晶形的测定。

①粒径的测定:先将样品用超声波在无水乙醇中分散,放大倍数为 15 万倍,然后利用透射电镜进行观测,确定样品粒径、形貌和粒径分布等。②晶体结构的测定。利用 X 射线衍射仪检测产品的 XRD 图谱,对照标准图谱,说明所得产物属于何种晶系,并计算晶粒的平均大小。

【数据记录与处理】

① 计算产品氧化锌含量。

$$w\%_{(ZnO)} = \frac{(cV)_{EDTA} \times 25 \times M_{ZnO}}{m_{(样品)}} \tag{2-29}$$

② 根据透射电镜和 X 射线衍射图谱分析表征结果。

【思考题】

(1) 本实验可否用 $ZnCO_3$ 代替 ZnC_2O_4,为什么?

(2) ZnC_2O_4 焙烧时为何需要 O_2?

【注意事项】

$ZnC_2O_4 \cdot 2H_2O$ 沉淀要冲洗干净,以保证纳米氧化锌的纯度。

实验二十九　由废铁屑制备三氯化铁试剂——设计实验

【实验目的】

(1) 了解氯化法制取三氯化铁的原理和方法。

(2) 了解铁盐的物理化学性质,学会独立设计三氯化铁制备的实验方案。

【实验原理】

三氯化铁是一种很重要的铁盐共价化合物,结晶呈黑棕色,易溶于水并且有强烈的吸水性。$FeCl_3$ 从水溶液析出时带六个结晶水为 $FeCl_3 \cdot 6H_2O$,是橘黄色的晶体。三氯化铁具有氧化性、絮凝性和催化性等特点,因此可用于废水处理、染料工业、有机合成,也可用于无线电印刷电路及不锈钢蚀刻行业。

三氯化铁的制备方法有多种,固体产品采用氯化法、低共熔混合物反应法和四氯化钛副产法,液体产品可采用盐酸法和一步氯化法。

本实验要求学生采用氯化法,利用廉价废铁屑制备三氯化铁。实验制备路线如下式:

$$Fe \rightarrow FeCl_2 \rightarrow FeCl_3 \rightarrow FeCl_3 \cdot 6H_2O$$

根据制备路线、铁盐的性质和实验影响因素(酸度、温度、氧化剂的用量)合理设计实验方案。

【实验仪器与试剂】

由学生自行列出所需仪器、药品、材料之清单。

实验内容及要求:

(1) 实验要求制取 20g 左右的三氯化铁,请学生据此计算理论应用废铁屑质量。

(2) 废铁屑使用前要进行去污处理。

(3) 确定合适的实验条件。

(4) 产品制备完成后计算产率。

实验三十　离子鉴定和未知物的鉴定——设计实验

【实验目的】

(1) 学会运用所学的元素及化合物的基本性质进行常见物质的鉴别或鉴定。

(2) 进一步掌握常见阳离子和阴离子重要的基本知识。

【实验原理】

鉴定一个试样或者一组未知物需要鉴别时，通常应从以下几个方面考虑：①物态；②溶解性；③酸碱性；④热稳定性；⑤鉴定反应。

鉴定反应大致采用以下几种：

① 通过与某试剂反应，生成沉淀、或沉淀溶解、或放出气体。必要时再对生成的沉淀和气体做性质实验。

② 显色反应。

③ 焰色反应。

④ 硼砂珠试验。

⑤ 其它特征反应。

【实验仪器与试剂】

仪器：学生根据实验内容在实验预习报告中列出；常用玻璃仪器学生自行准备；公用仪器按学生预习列出所需的情况准备。

试剂：

固体　CuO、Co_2O_3、PbO_2、MnO_2、$NaNO_3$、$Na_2S_2O_3$、Na_3PO_4、$NaCl$、Na_2CO_3、$NaHCO_3$、Na_2SO_4、$NaBr$、Na_2SO_3、Na_2S。

液体　$AgNO_3$、$Pb(NO_3)_2$、$NaNO_3$、$Cb(NO_3)_2$、$Zn(NO_3)_2$、$Al(NO_3)_3$、KNO_3、$Mn(NO_3)_2$、$Hg(NO_3)_2$、混合离子溶液，$2mol \cdot L^{-1}$ 盐酸，$3mol \cdot L^{-1}$ H_2SO_4，$6mol \cdot L^{-1}$ $NH_3 \cdot H_2O$，$6mol \cdot L^{-1}$ $NaOH$，$0.1mol \cdot L^{-1}$ $Na_3Co(NO_2)_6$，$6mol \cdot L^{-1}$ CH_3COOH，饱和 NH_4SCN。

材料：铝片，锌片，各种试纸。

学生预习列出实验所需的各种试剂。

实验内容及要求：

① 根据下述实验内容，列出实验用品及分析步骤。

② 区分二片银白色金属片：一是铝片，一是锌片。

③ 鉴别四种黑色和近于黑色的氧化物：CuO、Co_2O_3、PbO_2、MnO_2。

④ 未知混合液 1、2、3 分别含有 Cr^{3+}、Mn^{2+}、Fe^{3+}、Co^{2+}、Ni^{2+} 离子中的大部分或全部，设计实验方案以确定未知的溶液中，哪几种离子不存在。

⑤ 盛有以下十种硝酸盐的试剂瓶标签被腐蚀，试加以鉴别：

| AgNO$_3$ | Hg(NO$_3$)$_2$ | Hg(NO$_3$)$_2$ | Pb(NO$_3$)$_2$ | NaNO$_3$ | Cb(NO$_3$)$_2$ |
| Zn(NO$_3$)$_2$ | Al(NO$_3$)$_3$ | KNO$_3$ | Mn(NO$_3$)$_2$ | | |

⑥ 盛有下列十种固体钠盐的试剂瓶标签脱落试加以鉴别：

| NaNO$_3$ | Na$_2$S | Na$_2$S$_2$O$_3$ | Na$_3$PO$_4$ | NaCl | Na$_2$CO$_3$ |
| NaHCO$_3$ | Na$_2$SO$_4$ | NaBr | Na$_2$SO$_3$ | | |

实验三十一 碱式碳酸铜的制备——设计实验

【实验目的】

(1) 让学生通过碱式碳酸铜制备条件的探求和对生成物颜色、状态的分析，研究反应物的合理配料比并确定制备反应合适的温度条件。

(2) 培养学生独立设计实验的能力。

【实验原理】

$$2CuSO_4 + 2Na_2CO_3 + H_2O \xrightarrow{\quad\quad} Cu_2(OH)_2CO_3(s) + CO_2(g) + 2Na_2SO_4$$

碱式碳酸铜为天然孔雀石的主要成分，呈暗绿色或淡蓝绿色，加热至 200℃ 即分解，在水中的溶解度很小，新制备的试样在沸水中很易分解。

制备实验都有其最佳的反应条件，可以通过多组实验来寻找最佳反应物配比和最佳反应温度，从而确定最佳反应条件。

【实验仪器与试剂】

由学生自行列出所需仪器、药品、材料的清单，经指导老师同意，即可进行实验。

实验内容及要求：

① 设计合理的实验方案。

② 根据方案确定最佳反应条件（反应物配比、反应温度）。

③ 制备碱式碳酸铜 10g。

实验三十二　从印刷电路烂板液中制备硫酸铜

【实验目的】

运用所学的知识设计从废烂板液中回收硫酸铜的方法，进一步掌握的 Cu(Ⅱ) 氧化性和单质铜的还原性，巩固有关的分离提纯的基本操作，逐步增强环保及资源充分利用的意识。

【实验原理】

"烂板液"是印刷电路板时，用三氯化铁腐蚀铜板后所得的废液。腐蚀反应如下：

$$Cu + 2FeCl_3 = 2FeCl_2 + CuCl_2$$

反应后的废液，即"烂板液"中含有 $CuCl_2$、$FeCl_2$ 以及少量的三氯化铁，是铜盐和铁盐的混合液。可用化学的方法将其中的 Cu^{2+} 分离开来，转化为硫酸铜。本实验要求同学设计从"烂板液"中回收硫酸铜的实验方法。

回收硫酸铜的常用方法是加入铁粉置换铜，再用 $6 mol \cdot L^{-1}$ 盐酸浸泡所得金属固体至无黑色、无气泡放出为止，从而除去多余铁粉。浸泡所得铜粉高温灼烧，使其充分氧化为氧化铜，氧化铜与稀硫酸反应既得硫酸铜。所得产品为粗硫酸铜，还需进行重结晶提纯。

$$CuO + H_2SO_4 = CuSO_4 + H_2O$$

将铜粉分离后的滤液可回收 $FeCl_2$。主要是用铁粉将余下三氯化铁还原，然后加热蒸发浓缩（加铁粉防氧化，防水解即保证在酸性介质中蒸发）结晶。

【实验仪器与试剂】

由学生自行列出所需仪器、药品、材料之清单，经指导老师的同意，即可进行实验。

实验内容及要求：

① 设计合理的制备方案。

② 制取 10g 左右的硫酸铜。

第三部分 分析化学实验

实验一 电子分析天平称量操作练习

【实验目的】

(1) 了解电子分析天平的工作原理,正确使用电子分析天平。

(2) 掌握直接称量法和减量称量法,学会称量瓶的使用。

(3) 学会正确使用有效数字和实验原始数据的记录,培养记录实验数据的习惯。

【实验原理】

1. 电子分析天平的构造原理

电子分析天平根据电磁力平衡原理直接称量。

2. 特点

性能稳定、操作简便、称量速度快、灵敏度高。

3. 电子分析天平的使用方法

① 水平调节:电子分析天平开机前,先观察水平仪内的水泡是否位于圆环的中央,如否,则调节水平脚,使水平泡位于水平仪中心,保证电子分析天平水平。

② 预热:电子分析天平在初次接通电源或长时间断电后开机时,至少需要30min预热。

③ 校准:进行首次称量前应该对天平进行校准,为了得到准确的校准结果,最好重复校准操作两次。

④ 称量:按开机键,显示器亮后,等待仪器自检,显示称量模式0.0000g后,将称量物放入盘中央,待读数稳定,该数字即为所称物体的质量。

⑤ 去皮称量:按清零键,将空容器放在盘中央,按清零键显示0.0000g,即去皮。将称量物放入空容器中,待读数稳定后,此时电子分析天平所示读数即为所称物体的质量。

4. 称量方法

(1) 直接称量法 在空气中性质稳定、无吸湿性、不易挥发或升华、无腐蚀性的药品,以及洁净干燥的器皿如烧杯、表面皿、坩埚等可用直接称量法称量。

方法:电子分析天平调零后,把被称物用一干净的纸条套住(也可采用戴专用手套)放在电子分析天平中央,所示读数即为被称物的质量。

(2) 减量称量法　用于称量一定质量范围的试样。易吸水、易氧化或易于和 CO_2 反应的物质适用减量称量法。

方法：用纸条夹住已干燥好的称量瓶，将称量瓶放到电子分析天平的中央，称出称量瓶及试样的准确质量，记下读数，设为 m_1（单位为 g）。将称量瓶拿到接收器上方，右手用纸片夹住瓶盖柄，打开瓶盖。将瓶身缓慢向下倾斜，并用瓶盖轻轻敲击瓶口，使试样缓慢落入容器内（切勿把试样撒在容器外）。当估计倾出的试样已接近所要称取的质量时（从体积上估计），缓慢将称量瓶竖起，并用瓶盖轻轻敲击瓶口，使粘附在瓶口上部的试样落入瓶内，盖好瓶盖，将称量瓶放回电子分析天平上称量。准确称取其质量，设此时质量为 m_2（单位为 g）。则倒入接收器中的质量 m 为 (m_1-m_2)。若倒出的试样少于预期质量，则反复操作至达到要求的质量为止；若倒出的试样多于预期质量，则需换另一洁净接收器重新敲击。

【实验仪器与试剂】

仪器：电子分析天平，空坩埚，称量瓶，称量纸条。

试剂：无水 Na_2CO_3 固体（或其它固体试剂）。

【实验步骤】

1. 直接法称量

称量坩埚：将电子分析天平接通电源预热 30min 后，调平水泡，打开电子分析天平开关，将电子分析天平清零后，将预称量的坩埚（清洁、烘干）直接放置在电子分析天平中间，待天平读数后出现 g 后，直接读数即可。

2. 减量法称量

用减量法称取 $0.2\sim0.3$ g 无水 Na_2CO_3 样品。

① 将干燥洁净的空坩埚放在电子分析天平中间，在电子分析天平上准确称出其质量，记录称量数据为 m_0。

② 将装有试样的称量瓶，在天平上准确称出其质量，记录称量数据 m_1。

③ 转移 $0.2\sim0.3$ g Na_2CO_3 倒入已称量的坩埚中，称量并记录称量瓶和剩余试样的质量 m_2。平行做称量两次。

3. 称量检验

将装有试样的坩埚再次进行称量，得出试样及坩埚的质量为 m_3。检查其总质量与计算值是否一致，若不同，偏差有多大，分析原因。

【数据记录与处理】

数据记录见表 3-1。

表 3-1　直接称量及减量称量练习

项目	次数	
	1	2
m_1/g		
m_2/g		
$(m_2-m_1)/g$		
m_0/g		
m_3/g		
$(m_3-m_0)/g$		
m 试样重量偏差/g		

【思考题】

(1) 称量结果应记录至几位有效数字？为什么？

(2) 本实验中要求称量偏差不大于0.5mg，为什么？

(3) 直接法和减量法称量各有何优缺点？各在什么情况下使用？

(4) 用减量称量法称取试样，若称量瓶内的试样吸湿，将对称量结果造成什么影响？若试样倒入烧杯内以后再吸湿，对称量是否有影响？

实验二 容量仪器的校准

【实验目的】
(1) 了解容量仪器校准的意义和方法。
(2) 掌握滴定管、移液管和容量瓶的使用方法。
(3) 练习滴定管、移液管的校准和容量瓶与移液管间相对校准的操作。

【实验原理】
滴定管、移液管和容量瓶是分析实验室常用的玻璃容量器皿，它们都具有刻度和标称容量。合格产品的容量误差应小于或等于国家标准规定的容量允差。但由于不合格产品、温度变化、试剂腐蚀等原因，往往造成容量器皿的实际容量与它所标称的容量不完全相符，有时甚至会超过分析所允许的误差范围，如果不进行容量校准则会引起分析结果的系统误差。因此，在准确度要求较高的分析工作中，必须对容量器皿进行校准。校准次数不可少于两次，两次校准数据的偏差应不超过该容量器皿容量允差的 1/4，并以其平均值为校准结果。

由于玻璃具有热胀冷缩的特性，在不同的温度下容量器皿的容量也不同。因此，校准玻璃容量器皿时，必须规定一个共同的温度值，这一规定温度值为标准温度。国际标准和我国标准都规定以 20℃ 为标准温度，即在校准时都将玻璃容量器皿的容量校准到 20℃ 时的实际容量。当实际使用不在 20℃ 时，容量器皿的容量以及溶液的体积都会发生改变。由于玻璃的体膨胀系数很小，在温度相差不太大时，容量器皿的容量改变可以忽略，但量取的液体的体积必须进行校准。

容量器皿通常采用两种校准方法：相对校准法和绝对校准法。

1. 相对校准法

在分析化学实验中，要求两种容器的容量之间有一定的比例关系时，常用相对校准法。此法简单易行，应用较多，但这两件容量器皿必须配套使用。

2. 绝对校准法

绝对校准法是测定容量器皿的实际容量的一种方法。常用的校准方法为称量法，即用天平称量被校准的容量器皿容纳或放出纯水的质量，再根据当时水温下的密度计算出该容量器皿在 20℃ 时的实际容量。

由质量换算成容量时，需考虑三方面的影响：
① 温度对水的密度的影响；
② 温度对玻璃容量器皿的容量的影响；
③ 在空气中称量时空气浮力的影响。

为了方便起见，将不同温度下真空中水的密度 ρ_t 和其在空气中的总校准值 ρ_t（空）列于表 3-2。根据表 3-2 可计算出任意温度下一定质量的纯水所占的实际容量。

例如，23℃ 时由滴定管放出 10.10mL 水，其质量为 10.08g，由表 3-2 可知，23℃ 时水的密度为 $0.99655 \text{g} \cdot \text{mL}^{-1}$，故这一段滴定管在 23℃ 时的实际容量为：$V_{23}= (10.08/0.99655)\text{mL}=10.11\text{mL}$。

滴定管这一段容量的校准值为 $(10.11-10.10)\text{mL}=+0.01\text{mL}$。

表 3-2　不同温度下纯水的 ρ_t 和 ρ_t（空）

温度/℃	ρ_t/g·mL^{-1}	ρ_t(空)/g·mL^{-1}	温度/℃	ρ_t/g·mL^{-1}	ρ_t(空)/g·mL^{-1}
5	0.99996	0.99853	18	0.99860	0.99749
6	0.99994	0.99853	19	0.99841	0.99733
7	0.99990	0.99852	20	0.99821	0.99715
8	0.99985	0.99849	21	0.99799	0.99695
9	0.99978	0.99845	22	0.99777	0.99676
10	0.99970	0.99839	23	0.99754	0.99655
11	0.99961	0.99833	24	0.99730	0.99634
12	0.99950	0.99824	25	0.99705	0.99612
13	0.99938	0.99815	26	0.99679	0.99588
14	0.99925	0.99804	27	0.99652	0.99566
15	0.99910	0.99792	28	0.99624	0.99539
16	0.99894	0.99773	29	0.99595	0.99512
17	0.99878	0.99764	30	0.99565	0.99485

欲更详细、全面地了解量器的校准，可参考 JJG 196—1990《常用玻璃量器检定规程》。

【实验仪器与试剂】

仪器：25mL 移液管，250mL 容量瓶，50mL 酸式滴定管，50mL 碱式滴定管，50mL 碘量瓶，温度计，电子分析天平。

试剂：纯水。

【实验步骤】

1. 滴定管的校准

洗净欲校准的 50mL 滴定管，加入与室温达平衡的纯水至零刻度线以上约 5mm 处，调节液面至 0.00mL，并记录室温。

称量干燥的 50mL 碘量瓶的质量，再由滴定管中放出 15.00mL 纯水于上述碘量瓶中盖紧，称量。两次称量值之差即为滴定管中放出纯水的质量。

用同样方法测得滴定管 0.00～20.00、0.00～25.00、0.00～30.00、0.00～35.00、0.00～40.00 刻度间放出纯水的质量，根据查得校准温度下纯水的密度，计算滴定管所测各段的真正容积。

要求：称量时称准至 0.01g，每段重复一次，两次校正值之差不得超过 0.02mL，结果取平均值。将所得结果绘制成以滴定管读数为横坐标，以校准值为纵坐标的校正曲线。

2. 移液管的校准

方法同上，由从 25mL 移液管放出的纯水的质量，计算出它的真正容积，重复一次。两次校正值之差不得超过 0.02mL。

3. 容量瓶的校准

用已校准的 25mL 移液管进行间接校准。用 25mL 移液管移取纯水至洗净且干燥的 250mL 容量瓶中，移取十次后，仔细观察溶液弯月面是否与标线相切，否则另做新标记。由移液管的真正容积可知容量瓶的容积（至新标线）。经相对校准过的移液管和容量瓶应配套使用。

【数据记录与处理】

数据记录见表 3-3 和表 3-4。

表 3-3 滴定管校准表

水温_____℃，密度_____g·mL^{-1}

滴定管读数/mL	滴定管容量/mL	碘量瓶的质量/g	碘量瓶与纯水的质量/g	纯水的质量/g	实际容量/mL	平均值/mL	校准值/mL

表 3-4 移液管校准表

水温_____℃，密度_____g·mL^{-1}

移液管的标称容量/mL	碘量瓶的质量/g	碘量瓶与纯水的质量/g	纯水的质量/g	实际容量/mL	校准值/mL
25.00					

【思考题】

(1) 容量仪器为什么要校准？影响量器容量刻度的主要因素有哪些？

(2) 称量纯水所用的碘量瓶为什么要避免将磨口部分和瓶塞沾湿？

(3) 在本实验称量时，为什么只需称准至 0.01g？

(4) 分段校准滴定管时，为何每次要从 0.00mL 开始？

实验三 酸碱溶液的配制及滴定操作练习

【实验目的】

(1) 掌握酸、碱滴定管的使用方法。

(2) 熟悉甲基橙和酚酞指示剂的适用条件和终点时颜色的变化,初步掌握酸碱指示剂的选择方法。

(3) 练习滴定操作,正确判断滴定终点。

【实验原理】

$$HCl + NaOH = NaCl + H_2O$$

由于 HCl 易挥发,NaOH 易吸收空气中的 H_2O 和 CO_2,因此不宜用直接法配制,而是将溶液配制成近似浓度,然后用基准物质标定其准确浓度,也可用另一种已知的标准溶液滴定该溶液,再根据它们的体积比求出该溶液的浓度。

酸碱指示剂都具有一定的变色范围,HCl 和 NaOH 滴定时 pH 值的突跃范围为 4.3~9.7,应当选用在此范围内变色的指示剂,如甲基橙(变色范围 3.1~4.4)或酚酞(变色范围 8.0~9.6)等可作为指示剂来指示滴定终点。

【仪器与试剂】

仪器:托盘天平,50mL 酸碱滴定管,25mL 移液管,250mL 锥形瓶,500mL 试剂瓶,100mL 烧杯,量筒。

试剂:NaOH 固体(分析纯),6mol·L^{-1} HCl 溶液,0.2%酚酞乙醇溶液,0.2%甲基橙水溶液,去离子水/蒸馏水,凡士林。

【实验步骤】

(一) 滴定仪器的使用

1. 洗涤

先用洗衣粉或去污粉洗涤,并用自来水冲洗;然后,用铬酸洗液洗涤;最后,用蒸馏水或去离子水洗涤。洗涤干净的标准是:水不成滴或成股流下,而是一层均匀的薄膜。

2. 酸式、碱式滴定管的使用练习

① 检漏:加满水至零刻度,静止放在滴定管架上几分钟,然后用滤纸检验尖嘴和旋塞位置是否有水。

酸式滴定管漏水时必须涂凡士林,其操作方法如下:用细玻璃棒将凡士林涂在活塞的大头上,另将凡士林涂在活塞套小头的内壁上,均涂上薄薄的一层,将活塞直接插入活塞套中,沿同一方向旋转活塞,直至全部呈透明状为止。多涂的凡士林必须用滤纸擦掉。

碱式滴定管漏水要更换乳胶管或移动玻璃球的位置。

② 排气泡:酸式滴定管下斜 15°~30°排空;碱式滴定管两边均成 45°上翘排空,手指握住玻璃球上 1/3 处,否则总会留下一段气泡。

③ 安放:滴定管的刻度面向自己;滴定台离自己 15~20cm;管尖与锥形瓶距离 2cm。

④ 加液与调零:加液时直接加入;调零时两指轻轻握住滴定管的无刻度的最上端,让

滴定管自然竖直,"三点一线"慢速放出溶液。

⑤ 滴液:采用三指法,即左手的三个指头(大拇指、食指、中指)内外握住旋塞,右手三个手指握住锥形瓶。锥形瓶稍倾斜,并将管尖伸入锥形瓶中1cm左右,按顺时针方向旋转锥形瓶。

(二)酸碱互滴操作练习

1. 酸碱溶液的配制

① $0.1mol·L^{-1}$ NaOH 溶液的配制。计算配制 500mL $0.1mol·L^{-1}$ NaOH 溶液时固体 NaOH 的用量。在托盘天平上按计算值称取固体 NaOH 后,放入 100mL 烧杯中,用 100mL 量筒量取 100mL 水,一部分倒入烧杯中溶解样品,剩下的润洗烧杯 3 次,所有溶液都转移至 500mL 洁净的试剂瓶中,再加 400mL 水,用橡皮塞塞好瓶口,摇匀,贴上标签。

② $0.1mol·L^{-1}$ HCl 溶液的配制。计算配制 500mL $0.1mol·L^{-1}$,HCl 溶液时,HCl 溶液($6mol·L^{-1}$)的用量。用 10mL 量筒按计算值量取 HCl 溶液($6mol·L^{-1}$),并倒入 500mL 洁净的试剂瓶中,加 500mL 水,盖上玻璃塞摇匀,贴上标签。

2. 酸碱溶液相互滴定

① 碱滴定酸。用 25mL 移液管移取 $0.1mol·L^{-1}$ HCl 溶液,置于锥形瓶中,加 1~2 滴酚酞指示剂,将 $0.1mol·L^{-1}$ NaOH 溶液装入 50mL 碱式滴定管中,滴定锥形瓶中的 HCl 溶液,滴定时应逐滴加入,边摇边滴,直至溶液由无色变为微红色,30s 不褪色,即为滴定终点。平行滴定两次。

② 酸滴定碱。用 25mL 移液管移取 $0.1mol·L^{-1}$ NaOH 溶液,置于锥形瓶中,加 1~2 滴甲基橙指示剂,将 $0.1mol·L^{-1}$ HCl 溶液装入 50mL 酸式滴定管中,滴定锥形瓶中的 NaOH 溶液,滴定时应逐滴加入,边摇边滴,直至溶液由黄色变为橙色,30s 不褪色,即为滴定终点。平行滴定两次。

【数据记录与处理】

见表 3-5。

表 3-5 酸碱溶液相互滴定

指示剂 项目	酚酞		甲基橙	
	Ⅰ	Ⅱ	Ⅰ	Ⅱ
V_{HCl}/mL	25.00	25.00		
V_{NaOH}/mL			25.00	25.00
V_{HCl}/V_{NaOH}				
平均值				
相对偏差 d_r/%				

【思考题】

(1) 用滴定管装标准溶液之前,为什么要用标准溶液冲洗 2~3 次,所用的锥形瓶是否也需用标准溶液冲洗?为什么?

(2) 用 50mL 滴定管时,若滴定第一份试液用去 20mL,滴定第二份试液(也约需

20mL）时，是继续滴定，还是将溶液添加至"零"刻度再滴定？为什么？

（3）HCl 溶液和 NaOH 溶液定量反应完全后，生成 NaCl 和 H_2O，用 HCl 滴定 NaOH 时采用甲基橙为指示剂，而用 NaOH 滴定 HCl 时却用酚酞，为什么？

（4）配制 HCl 和 NaOH 溶液需加入蒸馏水，是否要准确量取其体积？为什么？

【注意事项】

铬酸洗液必须回收，千万不能倒入水池，以免污染环境。

实验四 盐酸标准溶液的配制与标定及混合碱的测定

【实验目的】

(1) 掌握盐酸标准溶液的配制和标定方法。

(2) 掌握双指示剂法测定混合碱中各组分的含量;掌握酸碱分步滴定的原理。

【实验原理】

1. HCl溶液的标定

盐酸标准溶液的配制：由于盐酸溶液容易挥发，所以不宜用直接法配制盐酸标准溶液，而是配制成近似浓度的溶液，然后用基准物质标定其准确浓度。

盐酸标准溶液的标定：标定盐酸的基准物有无水碳酸钠（Na_2CO_3）和硼砂（$Na_2B_4O_7 \cdot 10H_2O$）等。碳酸钠的优点是价格便宜，易于提纯，但缺点是分子量小。市售分析纯碳酸钠易吸湿，使用前必须在270～300℃下烘干1h，然后置于干燥器中，冷却备用。市售分析纯硼砂也可做基准物，其分子量大，但含有的结晶水易失去。因此实验室常选用烘干的无水Na_2CO_3标定盐酸溶液。

用Na_2CO_3标定HCl溶液反应式如下：

$$Na_2CO_3 + 2HCl = 2NaCl + CO_2 + H_2O \tag{1}$$

达到化学计量点时，溶液pH值为3.89，突跃范围为5.0～3.5，可选用甲基橙、甲基红或溴甲酚绿-甲基红混合液等作指示剂。快到滴定终点时应将溶液煮沸2～3min，以减少CO_2的影响，待溶液冷却后再继续滴定至终点。

根据称取无水Na_2CO_3的质量和滴定消耗盐酸的体积，可计算出盐酸标准溶液的浓度，见公式(3-1)。

计算公式：
$$c_{HCl} = \frac{2m_{Na_2CO_3} \times 1000}{V_{HCl} \times M_{Na_2CO_3}} \tag{3-1}$$

式中，V_{HCl}为HCl溶液滴定所消耗的体积，mL；$M_{Na_2CO_3}$为Na_2CO_3的摩尔质量；$m_{Na_2CO_3}$为Na_2CO_3的总质量，g。

2. 混合碱的测定

混合碱是Na_2CO_3与NaOH或Na_2CO_3与$NaHCO_3$等类似的混合物，可采用双指示剂法用HCl标准溶液进行滴定，测定同一份试样中各组分的含量。

双指示剂法：取适量样品，用HCl标准溶液为滴定剂，以酚酞为指示剂，滴定至溶液由红色变为无色，为第一滴定终点，记录体积为V_1，再以甲基橙为指示剂，滴定至溶液由黄色变为橙色，为第二滴定终点，记录体积为V_2。根据V_1、V_2的大小关系，可以判断混合碱的组成；再根据标准溶液的浓度及用量，计算各组分的含量。此法简便、快速，在实际生产中应用广泛。

反应方程式如下：

V_1：
$$NaOH + HCl = NaCl + H_2O \tag{2}$$
$$Na_2CO_3 + HCl = NaCl + NaHCO_3 \tag{3}$$

V_2:
$$NaHCO_3 + HCl =\!=\!= NaCl + CO_2 + H_2O \tag{4}$$

组成判断与含量计算

① $V_1 > 0$，$V_2 = 0$ 时

$$\rho_{NaOH} = \frac{(cV_1)_{HCl} \times M_{NaOH}}{V_s} \ (g \cdot L^{-1}) \ (M_{NaOH} = 40.00) \tag{3-2}$$

② $V_1 = V_2 \neq 0$ 时

$$\rho_{Na_2CO_3} = \frac{(cV_1)_{HCl} \times M_{Na_2CO_3}}{V_s} \ (g \cdot L^{-1}) \ (M_{Na_2CO_3} = 105.99) \tag{3-3}$$

③ $V_1 = 0$，$V_2 > 0$ 时

$$\rho_{NaHCO_3} = \frac{(cV_2)_{HCl} \times M_{NaHCO_3}}{V_s} \ (g \cdot L^{-1}) \ (M_{NaHCO_3} = 84.01) \tag{3-4}$$

④ $V_1 > V_2$，$V_2 \neq 0$ 时

$$\rho_{NaOH} = \frac{(V_1 - V_2) \times c_{HCl} \times M_{NaOH}}{V_s} \ (g \cdot L^{-1})$$

$$\rho_{Na_2CO_3} = \frac{(cV_2)_{HCl} \times M_{Na_2CO_3}}{V_s} \ (g \cdot L^{-1}) \tag{3-5}$$

⑤ $V_1 < V_2$，$V_1 \neq 0$ 时

$$\rho_{Na_2CO_3} = \frac{(cV_1)_{HCl} \times M_{Na_2CO_3}}{V_s} \ (g \cdot L^{-1})$$

$$\rho_{NaHCO_3} = \frac{(V_2 - V_1) \times c_{HCl} \times M_{NaHCO_3}}{V_s} \ (g \cdot L^{-1}) \tag{3-6}$$

式中，c_{HCl} 为 HCl 标准溶液的浓度，$mol \cdot L^{-1}$；V_{HCl} 为 HCl 标准溶液滴定所消耗的体积，mL；V_s 为混合液体积，mL。

【实验仪器与试剂】

仪器：电子分析天平，称量瓶，50mL 酸式滴定管，250mL 锥形瓶，25mL 移液管。

试剂：无水 Na_2CO_3 固体（基准试剂），0.2%甲基橙水溶液，0.2%酚酞乙醇溶液，6mol·L^{-1} HCl 溶液，混合碱试液，蒸馏水。

【实验步骤】

1. 0.1mol·L^{-1} HCl 溶液的配制（见实验三）

2. 0.1mol·L^{-1} HCl 标准溶液的标定

称取已烘干的 0.12~0.17g 无水 Na_2CO_3，置于 250mL 锥形瓶中，加蒸馏水 20~30mL 使其溶解，加入 1~2 滴甲基橙指示剂，将欲标定的盐酸溶液装入 50mL 酸式滴定管中调零并记录初读数，然后边充分摇动锥形瓶边滴定，直至溶液由黄色转变为橙色即为终点，记下滴定所消耗的盐酸溶液体积。平行滴定三次。

3. 混合碱的测定

用 25mL 移液管移取混合碱试液于 250mL 锥形瓶中，加 2~3 滴酚酞指示剂，用 0.1mol·L^{-1} HCl 标准溶液滴定，直至溶液由微粉色变为无色，为第一滴定终点，记下 HCl

标准溶液体积 V_1。

在锥形瓶中加入 2 滴甲基橙指示剂,继续用 HCl 标准溶液滴定并充分摇动,至溶液由黄色变为橙色,为第二滴定终点,记下第二次消耗 HCl 的体积为 V_2。

平行滴定三次,根据 V_1、V_2 的关系判断混合碱的组成,计算各组分的含量。

【数据记录与处理】

数据记录见表 3-6 和表 3-7。

表 3-6　$0.1\text{mol}\cdot\text{L}^{-1}$ HCl 溶液的标定

项目	I	II	III
Na_2CO_3 称量前/g			
Na_2CO_3 称量后/g			
Na_2CO_3 质量/g			
V_{HCl} 初始读数/mL			
V_{HCl} 终点读数/mL			
V_{HCl}/mL			
c_{HCl}/mol·L^{-1}			
平均值/mol·L^{-1}			
相对偏差 d_r/%			

表 3-7　混合碱的测定

项目	I	II	III
混合碱体积/mL	25.00	25.00	25.00
V_{HCl} 初始读数/mL			
V_{HCl} 中点读数/mL			
V_{HCl} 终点读数/mL			
V_1/mL			
V_2/mL			
Na_2CO_3 含量/g·L^{-1}			
平均值/g·L^{-1}			
相对偏差 d_r/%			
＿＿＿含量/g·L^{-1}			
平均值/g·L^{-1}			
相对偏差 d_r/%			

【思考题】

(1) 指示剂为何只加 1~2 滴,加多有什么影响?

(2) 双指示剂法测定混合碱组成的方法原理是什么?在同一份试液中用双指示剂测定混合碱时,如何判断混合碱的组成?

(3) 如果 NaOH 标准溶液在保存过程中吸收了 CO_2,用该标准溶液滴定盐酸,以甲基橙为指示剂，对测定结果有无影响？若用酚酞为指示剂进行滴定时，又怎样？为什么？

（4）用盐酸标准溶液滴定在空气中放置一段时间的混合碱试液，对测定结果有什么影响？

【注意事项】

（1）如果混合碱的组成为 NaOH 和 Na_2CO_3 时，酚酞指示剂可适当多加几滴，否则会使 NaOH 的测定结果偏低。

（2）在达到第一滴定终点前，滴定速度不宜过快或太慢，摇动一定要均匀。

（3）接近第二滴定终点前，一定要充分摇动，以防形成 CO_2 的过饱和溶液而使终点提前到达。

实验五　氢氧化钠标准溶液的配制与标定及铵盐中氮含量的测定

【实验目的】
(1) 掌握氢氧化钠标准溶液的配制和标定方法及酚酞指示剂的滴定终点的判断。
(2) 了解酸碱滴定法的应用,掌握甲醛法测定铵盐中氮含量的原理和方法。

【实验原理】

1. NaOH 标准溶液的标定

NaOH 有很强的吸水性而且吸收空气中的 CO_2,因而,市售 NaOH 中常含有 Na_2CO_3。反应方程式:

$$2NaOH + CO_2 = Na_2CO_3 + H_2O \tag{1}$$

由于 Na_2CO_3 的存在,对指示剂的使用影响较大,应设法除去。

除去 Na_2CO_3 最通常的方法是将 NaOH 先配制成饱和溶液(质量分数约52%),由于 Na_2CO_3 在饱和 NaOH 溶液中几乎不溶解,会慢慢沉淀出来,因此,可用饱和 NaOH 溶液配制不含 Na_2CO_3 的 NaOH 溶液。待 Na_2CO_3 沉淀后,可吸取一定量的上清液,稀释至所需浓度即可。此外,用来配制 NaOH 溶液的蒸馏水,也应加热煮沸放冷,除去其中的 CO_2。

常用来标定碱溶液的基准物质有草酸($H_2C_2O_4 \cdot 2H_2O$)、苯甲酸(C_6H_5COOH)和邻苯二甲酸氢钾($C_6H_4COOHCOOK$)等。最常用的是邻苯二甲酸氢钾,滴定反应如下:

$$C_6H_4COOHCOOK + NaOH = C_6H_4COONaCOOK + H_2O \tag{2}$$

化学计量点时由于弱酸盐的水解,溶液呈弱碱性(pH=9.20),可选用酚酞作为指示剂。

2. 铵盐中氮含量的测定

常用的含氮化肥有 NH_4Cl、$(NH_4)_2SO_4$、NH_4NO_3、NH_4HCO_3 和尿素等,其中 NH_4Cl、$(NH_4)_2SO_4$、NH_4NO_3 是强酸弱碱盐。由于铵盐中的 NH_4^+ 的酸性太弱($K_a = 5.6 \times 10^{-10}$),不能直接用 NaOH 标准溶液准确滴定,因此在生产和实验室中广泛采用甲醛法进行测定。将甲醛与一定量的铵盐作用,生成相当量的酸(H^+)和质子化的六次甲基四铵盐($K_a = 7.1 \times 10^{-6}$),反应如下:

$$4NH_4^+ + 6HCHO = (CH_2)_6N_4H^+ + 3H^+ + 6H_2O \tag{3}$$

生成的 H^+ 和质子化的六次甲基四胺盐,均可被 NaOH 标准溶液准确滴定(弱酸 NH_4^+ 被强化)。

$$(CH_2)_6N_4H^+ + 3H^+ + 4NaOH = 4H_2O + (CH_2)_6N_4 + 4Na^+ \tag{4}$$

化学计量点时,溶液呈弱碱性,可选用酚酞作指示剂。NH_4^+ 与 NaOH 化学计量比为 1:1,可根据公式(3-7)计算试样中的氮含量。

$$\omega(N) = \frac{c_{NaOH} \times \dfrac{V_{NaOH}}{1000} \times M_N}{m_s} \times 100\% \tag{3-7}$$

式中,c_{NaOH} 为 NaOH 标准溶液的浓度,$mol \cdot L^{-1}$;V_{NaOH} 为 NaOH 标准溶液滴定所消耗的体积,mL;M_N 为 N 的摩尔质量;m_s 为试样质量,g。

【实验仪器与试剂】

仪器：50mL 碱式滴定管，25mL 移液管，250mL 锥形瓶，电子分析天平。

试剂：NaOH 固体（分析纯），邻苯二甲酸氢钾（基准试剂），0.2%酚酞乙醇溶液，20%甲醛溶液，铵盐固体试样，蒸馏水。

【实验步骤】

1. $0.1\text{mol} \cdot \text{L}^{-1}$ NaOH 溶液的配制（见实验三）

2. $0.1\text{mol} \cdot \text{L}^{-1}$ NaOH 标准溶液的标定

称取已烘干的 0.4~0.6g 邻苯二甲酸氢钾，置于 250mL 锥形瓶中，加 50mL 无 CO_2 蒸馏水，温热使之溶解，冷却，加酚酞指示剂 2~3 滴，用欲标定的 $0.1\text{mol} \cdot \text{L}^{-1}$ NaOH 溶液滴定，直到溶液呈粉红色，30s 不褪色。平行滴定三次。

3. 铵盐中氮含量的测定

称取 0.13~0.17g 铵盐固体试样，置于 250mL 锥形瓶中，加 20~30mL 水溶解（可稍加热以促进溶解），加入 10mL20%甲醛，加入 1~2 滴酚酞指示剂，充分摇匀，放置 1min。用 $0.1\text{mol} \cdot \text{L}^{-1}$ NaOH 标准溶液滴定直至溶液呈现微红色，且 30s 不褪色即为终点，记录 V_NaOH。平行滴定三次。根据 NaOH 标准溶液的浓度和滴定消耗的体积，计算试样中氮的含量和测定结果的相对偏差。

【数据记录与处理】

数据记录见表 3-8 和表 3-9。

表 3-8　$0.1\text{mol} \cdot \text{L}^{-1}$ NaOH 标准溶液的标定

项目	Ⅰ	Ⅱ	Ⅲ
$C_6H_4COOHCOOK$ 称量前/g			
$C_6H_4COOHCOOK$ 称量后/g			
$C_6H_4COOHCOOK$ 质量/g			
V_NaOH 初始读数/mL			
V_NaOH 终点读数/mL			
V_NaOH/mL			
c_NaOH/mol·L^{-1}			
平均值/mol·L^{-1}			
相对偏差 d_r/%			

表 3-9　铵盐中氮含量的测定

项目	Ⅰ	Ⅱ	Ⅲ
铵盐称量前/g			
铵盐称量后/g			
铵盐质量/g			
V_NaOH 初始读数/mL			
V_NaOH 终点读数/mL			
V_NaOH/mL			
$\omega(N)$/%			
平均值/%			
相对偏差 d_r/%			

【思考题】

(1) 溶解基准物邻苯二甲酸氢钾所用水的体积,是否要求准确?为什么?

(2) 用邻苯二甲酸氢钾标定 $0.1\text{mol} \cdot \text{L}^{-1}$ NaOH 溶液时,如何计算基准物的质量?

(3) 实验所用称量瓶、烧杯、锥形瓶是否必须烘干?为什么?

(4) 铵盐中氮的测定为何不采用 NaOH 直接滴定?

【注意事项】

(1) 如果甲醛中含有游离酸(甲醛受空气氧化所致,应除去,否则产生正误差),应事先以酚酞为指示剂,用 NaOH 溶液中和至微红色($pH \approx 8$)。

(2) 如果试样中含有游离酸(应除去,否则产生正误差),应事先以甲基红为指示剂,用 NaOH 溶液中和至黄色($pH \approx 6$)(能否用酚酞指示剂?)。

实验六 EDTA 标准溶液的配制与标定及水硬度的测定

【实验目的】

(1) 掌握 EDTA 标准溶液的配制与标定的原理和方法。
(2) 了解络合滴定的特点，以及金属指示剂的作用原理及终点前后颜色的变化。
(3) 了解水硬度的测定意义和常用的水硬度表示方法。
(4) 掌握 EDTA 法测定水中钙、镁含量的原理和方法。

【实验原理】

1. EDTA 溶液的标定

EDTA 标准溶液常用乙二酸四乙酸二钠盐配制。乙二酸四乙酸二钠盐为白色结晶粉末，不易制得纯品，因此标准溶液常用间接法配制，以纯金属（锌、铋、镉、铜、镁、镍、汞、铅纯度最好在 99.9% 以上或金属氧化物和盐类）为基准物质标定其浓度。本实验选择氧化锌为基准物，EDTA 滴定条件：$pH=5\sim6$，以六次甲基四胺为缓冲溶液，以二甲酚橙（XO）为指示剂，终点由紫红色变为亮黄色。滴定过程中的反应为：

滴定前：　　　　　　$Zn+XO \Longrightarrow Zn-XO$（紫红色）　　　　　　(1)

终点时：　　　　$Zn-XO+Y \Longrightarrow ZnY+XO$（亮黄色）　　　　　(2)

2. 水硬度的测定

水的硬度是指水中 Ca^{2+}、Mg^{2+} 浓度的总和。水硬度包括暂时硬度和永久硬度，二者之和称为总硬度。水硬度的表示方法很多，常用的有两种：一种是用"德国度（°）"表示，这种方法是将水中的 Ca^{2+}、Mg^{2+} 折合为 CaO 来计算，每升水含 10mg CaO 称为 1 德国度；另一种是用"$mg \cdot L^{-1}$（$CaCO_3$）"表示，它是将每升水中所含的 Ca^{2+}、Mg^{2+} 都折合成 $CaCO_3$ 的毫克数。

目前我国常用的水硬度表示方法有两种：一种是用 $CaCO_3$ 的质量浓度 ρ_{CaCO_3} 表示水中 Ca^{2+}、Mg^{2+} 的含量，单位是 $mg \cdot L^{-1}$；另一种是用 $c_{Ca^{2+},Mg^{2+}}$ 来表示水中 Ca^{2+}、Mg^{2+} 的含量，单位是 $mmol \cdot L^{-1}$。可根据公式(3-8)或公式(3-9)计算：

$$\rho_{CaCO_3} = \frac{c_{EDTA} \times V_{EDTA} \times M_{CaCO_3}}{V_{水样}} \times 1000 \quad (mg \cdot L^{-1}) \tag{3-8}$$

$$c_{Ca^{2+},Mg^{2+}} = \frac{c_{EDTA} \times V_{EDTA}}{V_{水样}} \times 1000 \quad (mmol \cdot L^{-1}) \tag{3-9}$$

式中，c_{EDTA} 为 EDTA 标准溶液的浓度，$mol \cdot L^{-1}$；V_{EDTA} 为 EDTA 标准溶液所消耗的体积，mL；M_{CaCO_3} 为 $CaCO_3$ 的摩尔质量；$V_{水样}$ 为水样体积，mL。

按照"德国度（°）"表示，天然水按硬度的大小可以分为以下几类：0°~4°称为极软水，4°~8°称为软水，8°~16°称为中等软水，16°~30°称为硬水，30°以上称为极硬水。

Ca^{2+}、Mg^{2+} 总量的测定：在 $pH=10$ 的氨缓冲溶液中，滴加 EBT 指示剂，用 EDTA 标准溶液滴定。由于 EBT 和 EDTA 都能与 Ca^{2+}、Mg^{2+} 生成配合物，其稳定次序为 $CaY^{2-}>MgY^{2-}>MgEBT>CaEBT$，因此加入 EBT 后，它首先与 Mg^{2+} 生成酒红色配合物。当滴入 EDTA 时，EDTA 则先与游离的 Ca^{2+} 配位，再与游离的 Mg^{2+} 配位，最后夺取 EBT 配合物中的 Mg^{2+}，使 EBT 游离出来，滴定终点时，溶液由酒红色变为纯蓝色。滴定时，需

用三乙醇胺掩蔽 Fe^{3+}、Al^{3+} 等干扰离子。

等当点时：
$$CaIn^- + H_2Y^{2-} \rightleftharpoons CaY^{2-} + HIn^{2-} + H^+ \quad (3)$$
$$MgIn^- + H_2Y^{2-} \rightleftharpoons MgY^{2-} + HIn^{2-} + H^+ \quad (4)$$
（紫红色）　　　　　　　　　（蓝色）

【实验仪器与试剂】

仪器：电子分析天平，50mL 酸式滴定管，250mL 容量瓶，250mL 锥形瓶，25mL 移液管，100mL 烧杯，刻度移液管，试剂瓶。

试剂：EDTA 固体（分析纯），氧化锌固体（分析纯），$6mol \cdot L^{-1}$ HCl 溶液，20％六次甲基四胺溶液，0.2％二甲酚橙水溶液，0.5％铬黑T溶液，10％NaOH 溶液，氨缓冲溶液（pH＝10），钙指示剂。

【实验步骤】

1. $0.01mol \cdot L^{-1} Zn^{2+}$ 标准溶液的配制

称取 0.16～0.25g 的 ZnO 于 100mL 烧杯中，加入 6mL 的 $6mol \cdot L^{-1}$ HCl 溶液，使其溶解，转移至 250mL 容量瓶，定容、摇匀，根据公式(3-10)计算其准确浓度。

$$c_{Zn^{2+}} = \frac{m_{ZnO} \times 1000}{M_{ZnO} \times 250} \quad (3-10)$$

式中，m_{ZnO} 为 ZnO 的质量，g；M_{ZnO} 为 ZnO 的摩尔质量。

2. $0.01mol \cdot L^{-1}$ EDTA 溶液的配制

称取 2g EDTA 二钠盐置于小烧杯中，加入适量水溶解，转移至试剂瓶中，加水稀释至 500mL，摇匀，如溶液久置，最好储存聚乙烯瓶中，以待标定。

3. $0.01mol \cdot L^{-1}$ EDTA 标准溶液的标定

用 25mL 移液管吸取上述锌离子溶液于锥形瓶中，加入 1～2 滴二甲酚橙指示剂，然后滴加六次甲基四胺溶液至溶液呈稳定的浅紫红色，再加六次甲基四胺溶液 3mL，用 EDTA 标准溶液滴定至溶液由紫红变为亮黄即为终点。平行滴定三次。根据公式(3-11)计算 EDTA 标准溶液的浓度。

$$c_{EDTA} = \frac{(m_{ZnO} \times 25.00 \times 10^3)}{V_{EDTA} \times 250 \times M_{ZnO}} \quad (3-11)$$

式中，m_{ZnO} 为 ZnO 的质量，g；V_{EDTA} 为 EDTA 标准溶液所消耗的体积，mL；M_{ZnO} 为 ZnO 的摩尔质量。

4. 总硬度测定

用移液管移取 50 或 100mL 水样于 250mL 锥形瓶中，加入 5mL 氨缓冲溶液，加入 1～2 滴铬黑T指示剂，此时溶液呈现红色，用 EDTA 标准溶液滴定，并充分摇匀，滴至溶液由紫红变为蓝色即为终点。平行滴定三次。

5. 钙硬度的测定

移取 50mL 水样于 250mL 锥形瓶中，加入 4mL 的 NaOH 溶液，加少量钙指示剂，用 EDTA 标准溶液滴定至溶液由酒红色变为纯蓝色即为终点。平行滴定三次。

水的硬度常以水中 Ca^{2+}、Mg^{2+} 总量换算为 CaO 含量的方法表示，以每升水中含 10mg CaO 为 1°（度），用度来表示水的硬度。即 1°＝10mgCaO/1L（H_2O）。计算方法对应公式(3-12)至(3-14)。

$$水的总硬度 = \frac{(cV)_{EDTA} \times M_{CaO}}{V_{水样}} \times 100 \tag{3-12}$$

$$\rho_{Ca} = \frac{(cV_2)_{EDTA} \times M_{Ca} \times 10^3}{V_{水样}} \tag{3-13}$$

$$\rho_{Mg} = \frac{c(V_1 - V_2)_{EDTA} \times M_{Mg} \times 10^3}{V_{水样}} \tag{3-14}$$

式中，c_{EDTA} 为 EDTA 标准溶液的浓度，$mol \cdot L^{-1}$；V_{EDTA} 为 EDTA 标准溶液所消耗的体积，mL；M_{CaO} 为 CaO 的摩尔质量；M_{Ca} 为 Ca 的摩尔质量；M_{Mg} 为 Mg 的摩尔质量；$V_{水样}$ 为水样体积，mL。

【数据记录与处理】

数据记录见表 3-10 和表 3-11。

表 3-10　0.01 $mol \cdot L^{-1}$ EDTA 溶液的标定

项目	I	II	III
ZnO 称量前/g			
ZnO 称量后/g			
ZnO 质量/g			
V_{EDTA} 初始读数/mL			
V_{EDTA} 终点读数/mL			
V_{EDTA}/mL			
c_{EDTA}/$mol \cdot L^{-1}$			
平均值/$mol \cdot L^{-1}$			
相对偏差 d_r/%			

表 3-11　水硬度的测定

项目	I	II	III
$V_{水}$/mL			
V_{EDTA} 初始读数/mL			
V_{EDTA} 终点读数/mL			
V_{EDTA}/mL			
水的总硬度/°			
平均值/°			
相对偏差 d_r/%			

【思考题】

(1) 络合滴定中为什么要加入缓冲溶液？

(2) 以 ZnO 为基准物，以二甲酚橙为指示剂，标定 EDTA 浓度的实验中，溶液的 pH 值为多少？若溶液为强酸性，应如何调节？

(3) 络合滴定法与酸碱滴定法相比，不同点有那些？操作中应注意哪些问题？

(4) 为什么滴定 Ca^{2+}、Mg^{2+} 总量时要控制 pH≈10，而滴定 Ca^{2+} 分量时要控制 pH 值为 12~13？若 pH>13 时测 Ca^{2+} 对结果有何影响？

(5) 用 EDTA 法测定水硬度时，哪些离子存在干扰？应如何消除？

实验七 铅、铋混合液中 Pb^{2+}、Bi^{3+} 的连续测定

【实验目的】
(1) 了解通过控制酸度的方法进行多种金属离子连续配位滴定的原理和方法。
(2) 熟悉二甲酚橙指示剂的应用条件。
(3) 掌握用 EDTA 进行连续滴定的方法。

【实验原理】
混合离子的滴定常利用控制酸度法、掩蔽法进行，可根据有关副反应系数原理进行计算，论证对它们分别滴定的可能性。直接用控制酸度的方法准确测定金属离子的可行性判据：$\lg c_{sp} K'_{MY} \geqslant 6$；分步滴定的可行性判据：$\Delta \lg cK \geqslant 6$。式中，$M_{sp}$ 为滴定终点时金属离子浓度；K'_{MY} 为条件稳定常数；K 为稳定常数。

溶液中 Bi^{3+}、Pb^{2+} 均能与 EDTA 形成稳定的 1∶1 配合物。两者 $\lg K$ 相差很大，$\lg K$ 分别为 27.94 和 18.04，$\Delta \lg cK = 9.90 > 6$，因此，可利用控制酸度法进行分别滴定。在 pH=1 时滴定 Bi^{3+}，在 pH=5～6 时滴定 Pb^{2+}。

实验中所用的指示剂二甲酚橙（XO）在水溶液中的颜色随酸度的改变而改变，在 pH<6.3 时呈黄色，在 pH>6.3 时呈红色。二甲酚橙与 Bi^{3+}、Pb^{2+} 所形成的配合物呈紫红色，它们的稳定性与 Bi^{3+}、Pb^{2+} 和 EDTA 所形成的配合物相比要低一些，即 $K_{BiY} > K_{PbY} > K_{Bi-XO} > K_{Pb-XO}$。

在滴定 Bi^{3+}、Pb^{2+} 混合溶液时，先调节溶液的 pH 值约为 1，以二甲酚橙为指示剂，Bi^{3+} 与指示剂形成紫红色配合物（Pb^{2+} 在此条件下不会与二甲酚橙形成有色配合物），用 EDTA 标准溶液滴定 Bi^{3+}，当溶液由紫红色恰好变为黄色，即为 Bi^{3+} 的终点。按公式(3-15)计算。

$$Bi^{3+} + H_2Y^{2-} \Longrightarrow BiY^- + 2H^+ \tag{1}$$

$$c_{Bi^{3+}} = \frac{(cV)_{EDTA}}{V_1} \tag{3-15}$$

在滴定 Bi^{3+} 后的溶液中，加入六次甲基四胺，调节溶液 pH=5～6，Pb^{2+} 与二甲酚橙形成紫红色配合物，溶液再次呈现紫红色，再用 EDTA 标准溶液继续滴定，当溶液由紫红色恰好变为黄色时，即为滴定 Pb^{2+} 的终点。按公式(3-16)计算。

$$Pb^{2+} + H_2Y^{2-} \Longrightarrow PbY^{2-} + 2H^+ \tag{2}$$

$$c_{Pb^{2+}} = \frac{(cV_2)_{EDTA}}{V_s} \tag{3-16}$$

式中，c_{EDTA} 为 EDTA 标准溶液的浓度，$mol \cdot L^{-1}$；V_{EDTA} 为 EDTA 标准溶液所消耗的体积，mL；V_s 为铅、铋混合液的体积，mL。

【实验仪器与试剂】
仪器：50mL 酸式滴定管，25mL 移液管，250mL 锥形瓶，刻度移液管。
试剂：$0.01 mol \cdot L^{-1}$ EDTA 标准溶液，0.2% 二甲酚橙水溶液，20% 六次甲基四胺溶液，Bi^{3+}、Pb^{2+} 混合溶液，$0.1 mol \cdot L^{-1}$ HNO_3 溶液，1∶1 氨水溶液。

【实验步骤】

用 25mL 移液管移取 Pb^{2+}、Bi^{3+} 混合溶液于 250mL 锥形瓶中，然后滴加 $0.1mol \cdot L^{-1}$ HNO_3 溶液 10mL，此时溶液的 pH 值约为 1，加入 2~3 滴二甲酚橙指示剂，用 EDTA 标准溶液滴定至溶液由紫红色恰好变为亮黄色，即为 Bi^{3+} 的终点，记下所用 EDTA 体积 V_1。

在滴定 Bi^{3+} 后的溶液中，补加 1~2 滴二甲酚橙，并逐滴滴加氨水（1:1），至溶液由黄色变为橙色，然后再滴加 20% 六次甲基四胺溶液，至溶液呈现稳定的紫红色，再过量加入 5mL，此时溶液的 pH 值为 5~6。继续用 EDTA 标准溶液滴定至溶液由紫红色恰好变为亮黄色，即为 Pb^{2+} 的终点，记下所用 EDTA 体积 V_2。平行滴定三次。

【数据记录与处理】

数据处理见表 3-12。

表 3-12 混合液中 Pb^{2+}、Bi^{3+} 的连续测定

项目	Ⅰ	Ⅱ	Ⅲ
取 Pb^{2+}、Bi^{3+} 混合液体积/mL	25.00	25.00	25.00
$c_{EDTA}/mol \cdot L^{-1}$			
V_{EDTA} 初始读数/mL			
V_{EDTA} 中点读数/mL			
V_{EDTA} 终点读数/mL			
V_1/mL			
Bi^{3+} 含量/$mol \cdot L^{-1}$			
平均值/$mol \cdot L^{-1}$			
相对偏差 d_r/%			
V_2/mL			
Pb^{2+} 含量/$mol \cdot L^{-1}$			
平均值/$mol \cdot L^{-1}$			
相对偏差 d_r/%			

【思考题】

(1) 滴定溶液中的 Bi^{3+} 和 Pb^{2+} 时，溶液酸度各控制在什么范围？怎样调节？

(2) 能否在同一份试液中先滴定 Pb^{2+}，再滴定 Bi^{3+}？

实验八 邻二氮菲分光光度法测定铁

【实验目的】

(1) 学习 SP-22PC 可见分光光度计的使用方法。

(2) 掌握邻二氮菲分光光度法测铁的原理及方法。

(3) 学习测绘吸收曲线的方法，掌握利用标准曲线进行微量成分分光光度测定的基本方法和有关计算。

【实验原理】

邻二氮菲（简写作 phen）是测定铁的一种比较理想的试剂。在 pH 值为 2~9 的溶液中，Fe^{2+} 离子与邻二氮菲发生下列显色反应：

$$Fe^{2+} + phen \Longrightarrow [Fe(phen)_3]^{2+} \tag{1}$$

生成的橙红色络合物非常稳定，$\lg K_{稳} = 21.3$ (20℃)，其溶液在波长为 510nm 处有最大吸收峰，摩尔吸光系数 $\varepsilon = 1.1 \times 10^4 L \cdot cm^{-1} \cdot mol^{-1}$，利用上述反应可以测定微量铁。显色反应的适宜 pH 值范围为 2~9，酸度过高（pH<2）反应进行较慢；若酸度过低，Fe^{2+} 将水解，通常在 pH 值约为 5 的 Hac-NaAc 缓冲介质中测定。

Fe^{3+} 与邻二氮菲生成淡蓝色络合物，可用盐酸羟胺（$NH_2OH \cdot HCl$）把 Fe^{3+} 还原成 Fe^{2+}，反应式如下：

$$2Fe^{3+} + 2NH_2OH \cdot HCl \Longrightarrow 2Fe^{2+} + N_2(g) + 2H_2O + 4H^+ + 2Cl^- \tag{2}$$

利用分光光度法进行定量测定时，一般是选择与被测物质（或经显色反应后产生的新物质）最大吸收峰相应单色光的波长为测量吸光度的波长。该波长下的摩尔吸光系数 ε 最大，测定的灵敏度也最高。为了找出物质的最大吸收峰所在的波长，需测绘有关物质在不同波长单色光照射下的吸光度曲线，即吸收曲线。

通常采用标准曲线法进行定量测定，即先配制一系列不同浓度的标准溶液，在选定的反应条件下使被测物质显色，测得相应的吸光度，以浓度为横坐标，吸光度为纵坐标绘制标准曲线（或称工作曲线）。另取试液经适当处理后，在与上述相同的条件下显色，由测得的吸光度从标准曲线上求得被测物质的含量。

【实验仪器与试剂】

仪器：SP-22PC 可见分光光度计，50mL、100mL 容量瓶，刻度吸量管（10mL、5mL、1mL）。

试剂：铁标准储备溶液 $100\mu g \cdot mL^{-1}$ [准确称取 0.863g 铁盐 $NH_4Fe(SO_4)_2 \cdot 12H_2O$ 置于烧杯中，加入 $6mol \cdot L^{-1}$ HCl 20mL 和少量水，转移至 1000mL 容量瓶中，然后加水稀释至刻度，摇匀]，$6mol \cdot L^{-1}$ HCl 溶液，$100g \cdot L^{-1}$ 盐酸羟胺溶液，$1.5g \cdot L^{-1}$ 邻二氮菲溶液，$1mol \cdot L^{-1}$ NaAc 缓冲溶液，$1mol \cdot L^{-1}$ NaOH 溶液，蒸馏水。

【实验步骤】

1. 测量波长的选择

用吸量管移取 0.0mL、1.0mL 的铁标准溶液分别于 2 个 50mL 容量瓶中，用吸量管依次加入 1mL 的盐酸羟胺溶液，摇匀，加 2mL 的邻二氮菲溶液，5mL 的 NaAc 溶液，以水稀释至刻度，摇匀。放置10min后在分光光度计上用1cm比色皿，以试剂空白为参比溶液，在440~560nm间，每隔10nm测定一次吸光度，在最大吸光度处每隔5nm测定一次吸光度，以波长为横坐标，吸光度为纵坐标，绘制吸收曲线，找出最大吸收波长。

2. 溶液酸度的影响

在9个50mL容量瓶中，用吸量管依次加入2.00mL的铁标准溶液，1mL的盐酸羟胺溶液，摇匀，加2mL的邻二氮菲溶液，分别加入1mol·L^{-1}的NaOH溶液0.00mL、0.20mL、0.50mL、0.80mL、1.00mL、1.50mL、2.00mL、2.50mL、3.00mL，以水稀释至刻度，摇匀。用精密pH试纸或pH计测定各溶液的pH值。放置10min后在最大吸收波长下，用1cm比色皿，以试剂空白为参比溶液，测定以上9个溶液的吸光度，以pH值为横坐标，吸光度为纵坐标，绘制吸光度-pH曲线，找出适宜的pH值范围。

3. 显色剂用量的考察

取7个50mL容量瓶，用吸量管依次加入2.00mL的铁标准溶液和1mL的盐酸羟胺溶液，摇匀，分别加入邻二氮菲溶液0.10mL、0.30mL、0.50mL、0.80mL、1.00mL、2.00mL、4.00mL，然后加入5mL的NaAc溶液，以水稀释至刻度，摇匀。放置10min后在分光光度计上，用1cm比色皿，在最大吸收波长下，以试剂空白为参比溶液，测定以上7个溶液的吸光度。以邻二氮菲的体积（mL）为横坐标，吸光度为纵坐标，绘制吸光度-显色剂用量曲线，找出最佳的显色剂的体积（mL）。

4. 显色时间考察

在50mL容量瓶中，用吸量管依次加入2.00mL的铁标准溶液，1mL的盐酸羟胺溶液，摇匀，再加入2mL的邻二氮菲溶液，5mL的NaAc溶液，以水稀释至刻度，摇匀。立即在最大吸收波长下，用1cm比色皿，以试剂空白溶液为参比，测定吸光度，然后放置5min、10min、30min、1h、2h，测定其吸光度，以时间为横坐标，吸光度为纵坐标，绘制吸光度-显色时间曲线，找出络合物稳定的时间范围。

5. 工作曲线的绘制

配制10μg·mL^{-1}铁的标准溶液：用吸量管移取10mL的100μg·mL^{-1}铁的标准溶液于100mL容量瓶中，加入2.0mL的6mol·L^{-1}盐酸和少量水摇匀，然后加水稀释至刻线，摇匀。

在6个50mL容量瓶中，用吸量管分别加入0.0mL、2.0mL、4.0mL、6.0mL、8.0mL、10.0mL的10μg·mL^{-1}铁标准溶液，各加入1mL盐酸羟胺溶液，摇匀，加2mL邻二氮菲溶液，5mL的NaAc溶液，以水稀释至刻度，摇匀。放置10min后在最大吸收波长下，用1cm比色皿，以试剂空白为参比溶液，测定各溶液吸光度，绘制工作曲线，并计算摩尔吸光系数。

6. 铁含量的测定

移取适当体积未知液于50mL容量瓶中，按工作曲线的测定步骤，测定其吸光度，从工作曲线上求出未知液中Fe的含量（μg·mL^{-1}）。

【思考题】

(1) 邻二氮菲分光光度法测铁的原理是什么？用该法测出的铁含量是否为试样中亚铁的含量？

(2) 测绘Fe^{2+}-phen吸收曲线时，为什么在510nm附近的测量点间隔要密一些？

(3) 本实验所用的参比溶液为什么选择试剂空白？而不用蒸馏水？

(4) 设计以邻二氮菲分光光度法分别测定试样中微量Fe^{2+}、Fe^{3+}含量的分析方案。

实验九 有机酸摩尔质量的测定

【实验目的】
(1) 熟练掌握氢氧化钠标准溶液的配制和标定的基本原理及方法。
(2) 掌握酸碱滴定的基本条件和有机酸摩尔质量的测定方法。

【实验原理】
大部分有机酸都是固体弱酸,如果多元有机酸能溶于水,并且它的逐级解离常数均符合准确滴定的要求(即 $cK_a \geqslant 10^{-8}$),则可在水溶液中用 NaOH 标准溶液准确滴定有机酸中的 H^+,测得其含量。称取一定量的试样,溶于水后用 NaOH 标准溶液滴定,滴定产物为弱碱性,滴定突跃发生在弱碱性范围内,可选用酚酞作指示剂,滴定至微红色为终点。根据 NaOH 标准溶液浓度、滴定时消耗的体积及有机酸的元数,即可计算有机酸摩尔质量。

有机弱酸 H_nA 与 NaOH 反应方程式为:
$$n\text{NaOH} + H_nA == Na_nA + nH_2O$$

有机弱酸的摩尔质量按式(3-17)计算:

$$M_{H_nA} = \frac{nm_{H_nA}}{c_{NaOH}V_{NaOH}} \tag{3-17}$$

式中 n——滴定反应的化学计量数比;
  c_{NaOH}——NaOH 溶液的浓度,$mol \cdot L^{-1}$;
  V_{NaOH}——滴定所消耗 NaOH 溶液的体积,mL;
  m_{H_nA}——称取有机酸的质量,g。

几种有机酸在水中的解离常数为:草酸在 25℃ 时,$pK_{a1} = 1.23$,$pK_{a2} = 4.19$;柠檬酸在 18℃ 时,$pK_{a1} = 3.13$,$pK_{a2} = 4.76$,$pK_{a3} = 6.40$;酒石酸在 25℃ 时,$pK_{a1} = 3.04$,$pK_{a2} = 4.37$。

【实验仪器与试剂】
仪器:电子分析天平,50mL 碱式滴定管,25mL 移液管,250mL 锥形瓶,100mL 烧杯,100mL 容量瓶。

试剂:0.2% 酚酞乙醇溶液,有机酸试样(如草酸、酒石酸、柠檬酸、乙酰水杨酸、苯甲酸等),去离子水,NaOH($0.1mol \cdot L^{-1}$)。

【实验步骤】
1. $0.1mol \cdot L^{-1}$ NaOH 溶液的标定 (见实验五)

2. 有机酸摩尔质量的测定

根据计算的质量,称取有机酸试样 1 份于 100mL 烧杯中(称取试样的量,根据 n 值和有机酸摩尔质量范围,按不同试样分别消耗 25.00mL 左右的 $0.1mol \cdot L^{-1}$ NaOH 溶液预先计算),用煮沸并冷却的去离子水溶解后,定量转入 100mL 容量瓶中,加水稀释至刻度,摇匀。用移液管移取 25mL 试液放入 250mL 锥形瓶中,加入 2~3 滴酚酞乙醇溶液,用 NaOH 标准溶液滴定至由无色变为微红色,30s 内不褪色即为终点。平行滴定三次。根据消耗

NaOH 标准溶液的体积，计算有机酸的摩尔质量，并将结果与理论值比较。

实验室常用有机酸试样的摩尔质量如下：草酸为 90.04，苯甲酸为 122.12，水杨酸为 138.12，酒石酸为 150.09，柠檬酸为 192.14。

【数据记录与处理】

数据处理见表 3-13。

表 3-13　有机酸摩尔质量的测定

项目	Ⅰ	Ⅱ	Ⅲ
有机酸称量前/g			
有机酸称量后/g			
有机酸质量/g			
V_{NaOH} 初始读数/mL			
V_{NaOH} 终点读数/mL			
V_{NaOH}/mL			
$M_{H_nA}/g \cdot mol^{-1}$			
平均值/$g \cdot mol^{-1}$			
相对偏差 d_r/%			
相对平均偏差/%			

【思考题】

(1) 配制有机酸试样溶液时所用的水为什么要经过煮沸？

(2) 草酸、柠檬酸、酒石酸等多元有机酸能否用 NaOH 溶液分步滴定？如何判断？

(3) 试推导化学计量点的 pH 值计算式。

实验十 高锰酸钾标准溶液的配制和标定及过氧化氢含量的测定

【实验目的】

(1) 掌握高锰酸钾标准溶液的配制方法。
(2) 掌握以草酸钠为基准物标定高锰酸钾标准溶液的方法和反应条件,正确判断滴定终点。
(3) 学会用高锰酸钾法测定双氧水中过氧化氢含量的原理和方法。

【实验原理】

1. $KMnO_4$ 标准溶液的标定

市售的 $KMnO_4$ 试剂中常含有少量的硫酸盐、氯化物、硝酸盐及 MnO_2 等杂质,因此不能用精确称量的 $KMnO_4$ 来直接配制准确浓度的溶液。$KMnO_4$ 氧化能力强,易和水中的有机物、空气中的尘埃等物质作用,使 $KMnO_4$ 还原;$KMnO_4$ 还能自身分解,分解方程式如下:

$$4KMnO_4 + 2H_2O = 4MnO_2(s) + 3O_2(g) + 4KOH \tag{1}$$

在中性溶液中,分解很慢,但 Mn^{2+} 和 MnO_2 能加速 $KMnO_4$ 的分解,见光则分解得更快。因此,$KMnO_4$ 溶液的浓度容易改变,必须正确的配制和保存。

标定 $KMnO_4$ 溶液的基准物质有 $Na_2C_2O_4$、$H_2C_2O_4 \cdot H_2O$、$(NH_4)_2Fe(SO_4)_2 \cdot 6H_2O$ 和纯铁丝等,其中以 $Na_2C_2O_4$ 最常用,$Na_2C_2O_4$ 不含结晶水,不易吸湿,易纯制,性质稳定。在酸性条件下,用 $Na_2C_2O_4$ 标定 $KMnO_4$ 的反应为:

$$2MnO_4^- + 5C_2O_4^{2-} + 16H^+ = 2Mn^{2+} + 10CO_2(g) + 8H_2O \tag{2}$$

加热可加快反应速度,溶液预热至75～85℃,在 Mn^{2+} 催化的条件下进行。加热时温度不宜过高,否则草酸会部分分解。滴定开始时反应很慢,$KMnO_4$ 溶液必须逐滴加入,当第一滴加入后溶液颜色褪去生成 Mn^{2+} 后可加第二滴。如果滴加过快,$KMnO_4$ 在热硫酸溶液中能部分分解而导致结果偏低。

$$4KMnO_4 + 6H_2SO_4 = 2K_2SO_4 + 4MnSO_4 + 6H_2O + 5O_2(g) \tag{3}$$

由于 $KMnO_4$ 溶液本身有颜色,滴定时,溶液中只要有稍微过量的 $KMnO_4$,即显粉红色,因此不需要另加指示剂。

2. H_2O_2 含量的测定

双氧水中主要成分是 H_2O_2,具有漂白、杀菌的作用,在工业、生物、医药等方面使用较为广泛。在室温条件下、酸性溶液中,可用 $KMnO_4$ 标准溶液直接测定 H_2O_2,其反应如下:

$$2MnO_4^- + 5H_2O_2 + 6H^+ = 2Mn^{2+} + 5O_2\uparrow + 8H_2O \tag{4}$$

开始时反应速度较慢,随着 Mn^{2+} 的产生反应速度会逐渐加快。因为 H_2O_2 不稳定,反应不能加热,滴定时的速度不能太快。测定时,移取一定体积 H_2O_2 的稀释液,用 $KMnO_4$ 标准溶液滴定至终点,根据 $KMnO_4$ 溶液的浓度和所消耗的体积,计算 H_2O_2 的含量。

【实验仪器与试剂】

仪器:电子分析天平,烧杯,棕色试剂瓶,250mL 锥形瓶,250mL 容量瓶,量筒,50mL 酸式滴定管,25mL 移液管,微孔玻璃漏斗,电炉子。

试剂:$KMnO_4$ 固体(分析纯),$Na_2C_2O_4$ 固体(基准试剂),$6mol \cdot L^{-1}$ H_2SO_4 溶液,

$3mol \cdot L^{-1} H_2SO_4$ 溶液，市售 H_2O_2（分析纯）。

【实验步骤】

1. $0.02mol \cdot L^{-1} KMnO_4$ 溶液的配制

用电子分析天平称取 0.8g 固体 $KMnO_4$，置于烧杯中，加水至 250mL（由于要煮沸使水蒸发，可适当多加些水），盖上表面皿，煮沸约 1h，静置冷却后用微孔玻璃漏斗或玻璃棉漏斗（3号或4号）过滤，滤液装入棕色试剂瓶中，贴上标签，放在暗处静置一周后标定。

2. $0.02mol \cdot L^{-1} KMnO_4$ 溶液的标定

称取 $0.13\sim0.15g$ 基准物质 $Na_2C_2O_4$，置于 250mL 的锥形瓶中，加约 40mL 水和 10mL $6mol \cdot L^{-1} H_2SO_4$，盖上表面皿，在石棉网上慢慢加热到 $75\sim85℃$（刚开始冒蒸气的温度），趁热用 $KMnO_4$ 溶液滴定。开始滴定时反应速度慢，待溶液中产生了 Mn^{2+} 后，滴定速度可适当加快，直到溶液呈现微红色并持续 30s 不褪色即为终点。平行滴定三次。根据称取 $Na_2C_2O_4$ 的质量和消耗 $KMnO_4$ 溶液的体积计算 $KMnO_4$ 浓度，按公式(3-18)计算。

$$c_{KMnO_4} = \frac{2 \times m_{Na_2C_2O_4}}{5 \times V_{KMnO_4} \times M_{Na_2C_2O_4}} \times 1000 \tag{3-18}$$

式中，$m_{Na_2C_2O_4}$ 为 $Na_2C_2O_4$ 的质量，g；V_{KMnO_4} 为 $KMnO_4$ 溶液所消耗的体积，mL；$M_{Na_2C_2O_4}$ 为 $Na_2C_2O_4$ 的摩尔质量。

3. 双氧水中 H_2O_2 含量的测定

用 1mL 移液管吸取原装 H_2O_2 溶液，放入 250mL 容量瓶中，加水至刻线，摇匀。用 25mL 移液管吸取稀释后的 H_2O_2 溶液，置于 250mL 锥形瓶中，加 5mL 的 $3mol \cdot L^{-1} H_2SO_4$；用 $KMnO_4$ 标准溶液滴定溶液呈粉红色，且保持 30s 不褪色，即达到滴定终点。平行滴定三次。按公式(3-19)计算。

$$\rho_{H_2O_2} = \frac{5c_{KMnO_4} \times V_{KMnO_4} \times M_{H_2O_2}}{2 \times (25.00/250.0) \times 1000} \tag{3-19}$$

式中，c_{KMnO_4} 为 $KMnO_4$ 标准溶液的浓度，$mol \cdot L^{-1}$；V_{KMnO_4} 为 $KMnO_4$ 溶液所消耗的体积，mL；$M_{H_2O_2}$ 为 $Na_2C_2O_4$ 的摩尔质量。

【数据记录与处理】

数据记录见表 3-14 和表 3-15。

表 3-14　$0.02mol \cdot L^{-1} KMnO_4$ 溶液的标定

项目	I	II	III
$Na_2C_2O_4$ 称量前/g			
$Na_2C_2O_4$ 称量后/g			
$Na_2C_2O_4$ 质量/g			
V_{KMnO_4} 初始读数/mL			
V_{KMnO_4} 终点读数/mL			
V_{KMnO_4}/mL			
c_{KMnO_4}/$mol \cdot L^{-1}$			
平均值/$mol \cdot L^{-1}$			
相对偏差 d_r/%			

表 3-15 双氧水中 H_2O_2 含量的测定

项目	I	II	III
$V_{H_2O_2}$/mL	25.00	25.00	25.00
V_{KMnO_4} 初始读数/mL			
V_{KMnO_4} 终点读数/mL			
V_{KMnO_4}/mL			
H_2O_2 含量/g·L^{-1}			
平均值/g·L^{-1}			
相对偏差 d_r/%			

【思考题】

(1) 在配制过程中要用微孔玻璃漏斗过滤，能否用滤纸？为什么？

(2) 用 $Na_2C_2O_4$ 标定 $KMnO_4$ 时为什么要在加热到 75~85℃？

(3) 用 $Na_2C_2O_4$ 标定 $KMnO_4$ 时候，如果 H_2SO_4 用量不足对结果有何影响？

(4) 用高锰酸钾法测定 H_2O_2 时，为何不能通过加热来加速反应？

(5) 用 $KMnO_4$ 法测定 H_2O_2 溶液时，能否用 HNO_3、HCl 和 HAc 控制酸度？为什么？

【注意事项】

(1) 蒸馏水中常含有少量还原性物质，使 $KMnO_4$ 还原为 $MnO_2 \cdot nH_2O$。市售高锰酸钾内含的细粉状的 $MnO_2 \cdot nH_2O$ 能加速 $KMnO_4$ 的分解，故通常将 $KMnO_4$ 溶液煮沸一段时间，冷却后，还需放置 2~3 天，使之充分作用，然后将沉淀物过滤除去。

(2) 在室温条件下，$KMnO_4$ 与 $C_2O_4^-$ 之间的反应速度缓慢，故加热提高反应速度。但温度又不能太高，如温度超过 85℃则有部分 $H_2C_2O_4$ 分解，反应式如下：

$$H_2C_2O_4 \xrightarrow{\triangle} CO_2(g) + CO(g) + H_2O \tag{5}$$

(3) $Na_2C_2O_4$ 溶液的酸度在开始滴定时，约为 1mol·L^{-1}；滴定终点时，约为 0.5mol·L^{-1}，这样能促使反应正常进行，并且防止 MnO_2 的形成。滴定过程如果发生棕色浑浊（MnO_2），应立即加入 H_2SO_4 补救，使棕色浑浊消失。

(4) 开始滴定时，反应很慢，在第一滴 $KMnO_4$ 还没有完全褪色以前，不可加入第二滴。当反应生成能使反应加速进行的 Mn^{2+} 后，可以适当加快滴定速度，但过快则局部 $KMnO_4$ 过浓而分解，放出 O_2 或引起杂质的氧化，都可造成误差。

如果滴定速度过快，部分 $KMnO_4$ 来不及与 $Na_2C_2O_4$ 反应，而会按下式分解：

$$4MnO_4^- + 4H^+ = 4MnO_2 + 3O_2(g) + 2H_2O \tag{6}$$

(5) $KMnO_4$ 标准溶液滴定时的终点较不稳定，当溶液出现微红色，在 30s 内不褪时，滴定就可认为已经完成，如对终点有疑问时，可先将滴定管读数记下，再加入 1 滴 $KMnO_4$ 标准溶液，发生紫红色即证实终点已到，滴定时不要超过计量点。

(6) $KMnO_4$ 标准溶液应放在酸式滴定管中，由于 $KMnO_4$ 溶液颜色很深，液面凹下弧线不易看出，因此，应该从液面最高面上读数。

实验十一 铝合金中铝含量的测定

【实验目的】

(1) 掌握返滴定法和置换滴定法的原理和方法。

(2) 了解溶液的酸度、温度和滴定速度等因素在配位滴定中的影响。

(3) 了解二甲酚橙指示剂的变色原理。

【实验原理】

由于 Al^{3+} 易水解，易形成多核羟基配合物，在较低酸度时，还可与 EDTA 形成羟基配合物，同时 Al^{3+} 与 EDTA 配位速度较慢，因此，一般采用返滴定法或置换滴定法测定铝的含量。采用置换滴定法时，先调节溶液的 pH 值为 3.5，加入过量且定量的 EDTA 溶液，煮沸几分钟，使 Al^{3+} 与 EDTA 配位完全，冷却后，再调节溶液的 pH 值为 5~6，以二甲酚橙为指示剂，用 Zn^{2+} 标准溶液滴定过量的 EDTA。然后，加入过量的 NH_4F，加热至沸腾，使 AlY^- 与 F^- 之间发生置换反应，并释放出与 Al^{3+} 等物质量的 EDTA。释放出来的 EDTA，再用 Zn^{2+} 标准溶液滴定至溶液呈紫红色，即为滴定终点。其反应方程式为：

$$AlY^- + 6F^- + 2H^+ = AlF_6^{3-} + H_2Y^{2-}$$

用置换法滴定测定铝含量时，若试样中含 Ti^{4+}、Zr^{4+}、Sn^{4+} 等离子，也同时被滴定，对 Al^{3+} 的测定有干扰。采用掩蔽剂的方法，把上述干扰离子掩蔽掉。Fe^{3+} 含量不太高时，可用此法，但需控制 NH_4F 的用量，否则 FeY^- 也会部分被置换，使结果偏高。可加入 H_3BO_3，使过量 F^- 生成 BF_4^-，从而防止 Fe^{3+} 的干扰。加入 H_3BO_3 后，还可防止 SnY 中的 EDTA 被置换，因此，也可消除 Sn^{4+} 的干扰。大量 Ca^{2+} 在 pH 值为 5~6 时，也有部分与 EDTA 配位，使测定的 Al^{3+} 的结果不准确。

【实验仪器与试剂】

仪器：电子分析天平，25mL 移液管，250mL 锥形瓶，烧杯，量筒，50mL 酸式滴定管，100mL 容量瓶，吸量管。

试剂：HNO_3-HCl-H_2O（1:1:2）混合酸，3mol·L^{-1} HCl 溶液，0.02mol·L^{-1} EDTA 溶液，1:1 氨水溶液，20% 六次甲基四胺溶液，0.01mol·L^{-1} 锌标准溶液，20% NH_4F 溶液，铝合金、二甲酚橙指示剂。

【实验步骤】

1. 铝合金试液的制备

称取 0.1~0.15g 铝合金于 400mL 烧杯中，加入 10mL 混合酸，并立即盖上表面皿，待试样溶解后，用水冲洗烧杯壁和表面皿，将溶液转移至 100mL 容量瓶中，加水稀释至刻度，摇匀。

2. 铝合金试液中铝含量的测定

用 25mL 移液管移取铝合金试液于 250mL 锥形瓶中，加入 10mL 0.02mol·L^{-1} EDTA 溶液溶液，滴入 1~2 滴二甲酚橙指示剂，溶液呈黄色，用 1:1 氨水溶液调至溶液恰好呈紫红色。再滴加 3 滴 3mol·L^{-1} HCl 溶液，将溶液煮沸 3min 左右，冷却，加入 20mL 的 20% 六次甲基四胺溶液，此时溶液应呈黄色，如不呈黄色，可用 3mol·L^{-1} HCl 溶液调节，再补加 2 滴二甲酚橙指示剂，用锌标准溶液滴定至溶液由黄色变为紫红色。加入 10mL 的 20% NH_4F 溶液，将溶液加热至微沸，冷却，再补加 2 滴二甲酚橙指示剂，此时溶液应呈黄色，若溶液呈红色，滴加 3mol·L^{-1} HCl 溶液使其呈黄色，再用锌标准溶液滴定至溶液由黄色变为紫红色时，即为滴定终点。平行滴定三次。根据消耗的锌标准溶液的体积，计算铝的质量分数。按式(3-20) 计算。

$$\omega_{Al} = \frac{c_{Zn^{2+}} \times V_{Zn^{2+}} \times M_{Al}}{(25.00/100.0) \times m_s} \times 100\% \quad (3-20)$$

式中，$c_{Zn^{2+}}$ 为 Zn^{2+} 标准溶液的浓度，mol·L^{-1}；$V_{Zn^{2+}}$ 为 Zn^{2+} 标准溶液所消耗的体积，mL；M_{Al} 为 Al 的摩尔质量。

【数据记录与处理】

数据记录于表 3-16 中。

表 3-16　铝合金中铝含量的测定

项目	Ⅰ	Ⅱ	Ⅲ
铝合金称量前/g			
铝合金称量后/g			
铝合金质量/g			
$c_{Zn^{2+}}$ /mol·L^{-1}			
待测液体积/mL			
$V_{Zn^{2+}}$ 初始读数/mL			
$V_{Zn^{2+}}$ 终点读数/mL			
$V_{Zn^{2+}}$ /mL			
ω_{Al} /%			
平均值/%			
相对偏差 d_r/%			

【思考题】

(1) 铝含量的测定为什么一般不采用 EDTA 直接滴定的方法？

(2) 第一次用锌标准溶液滴定时，为什么加入过量 EDTA 后，可以不计消耗的体积？

(3) 用置换滴定法测定简单试样中的 Al^{3+} 含量时，加入过量 EDTA 溶液的浓度是否必须准确？为什么？

实验十二 铁矿石中铁含量的测定

【实验目的】
(1) 学习使用酸溶法来分解矿石试样。
(2) 掌握无汞盐重铬酸钾法测定铁的原理及方法,增强环保意识。
(3) 了解预氧化还原的目的和方法。
(4) 了解二苯胺磺酸钠指示剂的作用原理。

【实验原理】
含铁的矿石种类很多,主要以铁的氧化物形式存在,可以作为炼铁原料的铁矿石主要有磁铁矿(Fe_3O_4)、赤铁矿(Fe_2O_3)、褐铁矿($Fe_2O_3 \cdot nH_2O$)等。测定铁矿石中铁的含量最常用的方法是重铬酸钾法。经典的重铬酸钾法(即氯化亚锡-氯化汞-重铬酸钾法)准确、简便,但所用氯化汞是剧毒物质,会严重污染环境。为减少环境污染,近年来推广采用不用汞盐的测定铁的方法。

粉碎到一定粒度的铁矿石用热的盐酸分解:

$$Fe_2O_3 + 6H^+ == 2Fe^{3+} + 3H_2O \tag{1}$$

试样分解完全后,加入$SnCl_2$将大部分Fe^{3+}还原成Fe^{2+},溶液由红棕色变为浅黄色,再以Na_2WO_4为指示剂,用$TiCl_3$将剩余的Fe^{3+}全部还原成Fe^{2+},当Fe^{3+}定量还原为Fe^{2+}之后,过量1~2滴$TiCl_3$溶液,即可使溶液中的Na_2WO_4还原为蓝色的五价钨化合物,俗称"钨蓝",故指示剂呈蓝色,用$K_2Cr_2O_7$标准溶液使过量的$TiCl_3$氧化,"钨蓝"刚好褪色。

本实验采用改进的重铬酸钾法,即三氯化钛-重铬酸钾联合还原铁的无汞测铁法。其反应方程式为:

$$2Fe^{3+} + Sn^{2+} == 2Fe^{2+} + Sn^{4+} \tag{2}$$

$$Fe^{3+} + Ti^{3+} + H_2O == Fe^{2+} + TiO^{2+} + 2H^+ \tag{3}$$

此时试液中的Fe^{3+}已被全部还原为Fe^{2+},加入硫磷混酸和二苯胺磺酸钠指示剂,用$K_2Cr_2O_7$标准溶液滴定至溶液呈稳定的紫色即为终点。在酸性溶液中,$K_2Cr_2O_7$滴定Fe^{2+}的反应式如下:

$$Cr_2O_7^{2-} + 6Fe^{2+} + 14H^+ == 6Fe^{3+} + 2Cr^{3+} + 7H_2O \tag{4}$$
　　　(黄色)　　　　　　　　　　(绿色)

在滴定过程中,不断产生的Fe^{3+}(黄色)对终点的观察有干扰,通常用加入磷酸的方法,使Fe^{3+}与磷酸形成无色的$Fe(HPO_4)^{2-}$配合物,消除Fe^{3+}(黄色)的颜色干扰,便于观察终点。同时由于生成$Fe(HPO_4)^{2-}$,Fe^{3+}的浓度大量下降,避免了二苯胺磺酸钠指示剂被Fe^{3+}氧化而过早改变颜色,使滴定终点提前到达的现象,提高了滴定分析的准确性。

由滴定消耗的$K_2Cr_2O_7$溶液的体积,可以计算得到试样中铁的含量,其计算式如公式(3-21):

$$\omega_{Fe} = \frac{c_{\frac{1}{6}K_2Cr_2O_7} \times V_{K_2Cr_2O_7} \times M_{Fe}}{m \times 1000} \times 100\% \tag{3-21}$$

式中，$c_{\frac{1}{6}K_2Cr_2O_7}$ 为 $K_2Cr_2O_7$ 标准溶液的浓度，$mol \cdot L^{-1}$；$V_{K_2Cr_2O_7}$ 为 $K_2Cr_2O_7$ 标准溶液所消耗的体积，mL；M_{Fe} 为 Fe 的摩尔质量；m 为试样的质量，g。

【实验仪器与试剂】

仪器：电子分析天平，50mL 酸式滴定管，250mL 锥形瓶，电炉子，烧杯，表面皿等。

试剂：$6mol \cdot L^{-1}$ HCl 溶液，10% $SnCl_2$ 溶液（称取 100g 的 $SnCl_2 \cdot 2H_2O$，溶于 500mL 盐酸中，加热至澄清，然后加水稀释至 1L），4% $TiCl_3$ 溶液（将 100mL 的 $TiCl_3$ 试剂与 200mL 的 1:1 HCl 溶液及 700mL 水相混合，转于棕色试剂瓶中，加入 10 粒无砷锌，放置过夜），0.5% 二苯胺磺酸钠指示剂，硫磷混酸（在搅拌下将 200mL 的 H_2SO_4 缓缓加到 500mL 水中，冷却后再加 300mL 的 H_3PO_4 混匀），$0.1mol \cdot L^{-1}$ 的 $K_2Cr_2O_7$ 标准溶液，10% Na_2WO_4 溶液（称取 100g 固体 Na_2WO_4，溶于约 400mL 蒸馏水中，若混浊则过滤，然后加入 50mL H_3PO_4，用蒸馏水稀释至 1L）。

【实验步骤】

1. 试样的分解

称取 0.2g 铁矿石试样，置于 250mL 的锥形瓶中，用少量蒸馏水润湿，加入 20mL 的 $6mol \cdot L^{-1}$ HCl 溶液，盖上表面皿，小火加热至近沸，待铁矿大部分溶解后，缓慢煮沸 1~2min，使铁矿分解完全（即无黑色颗粒状物质存在，残渣为 SiO_2，应接近白色），这时溶液呈红棕色。用少量蒸馏水吹洗瓶壁和表面皿，加热至沸。

2. Fe^{3+} 的还原

趁热滴加 10% $SnCl_2$ 溶液，边滴加边摇动，直到溶液由红棕色变为浅黄色，如果 $SnCl_2$ 滴加过量，溶液的黄色完全消失呈无色，则应加入少量 $KMnO_4$ 溶液使溶液呈浅黄色。加入 50mL 蒸馏水及 10 滴 10% Na_2WO_4 溶液，边摇动边滴加 $TiCl_3$ 溶液直至出现稳定的蓝色，且 30s 不褪色，再过量 1 滴。用自来水冷却至室温，小心滴加 $K_2Cr_2O_7$ 标准溶液直至蓝色刚刚消失（呈浅绿色或接近无色）。

需要特别注意的是，用 $SnCl_2$ 还原 Fe^{3+} 为 Fe^{2+} 时，应预处理一份，立即滴定一份，而不能同时预处理几份并放置，然后再一份一份滴定。

3. 滴定

将试液加入 50mL 蒸馏水、10mL 硫磷混酸及 2 滴二苯胺磺酸钠指示剂，立即用 $K_2Cr_2O_7$ 标准溶液滴定至溶液呈稳定的紫色为终点，记下所消耗的 $K_2Cr_2O_7$ 标准溶液的体积。

平行滴定三次。根据所消耗 $K_2Cr_2O_7$ 标准溶液的体积，按公式计算铁矿石中铁含量（%）。三次平行滴定结果的极差应不大于 0.4%，以平均值为最终结果。

【数据记录与处理】

数据记录见表 3-17。

表 3-17 铁矿样中铁含量的测定

项目	I	II	III
铁矿样称量前/g			
铁矿样称量后/g			
铁矿样质量/g			
$c_{K_2Cr_2O_7}/mol \cdot L^{-1}$			

项目	I	II	III
$V_{K_2Cr_2O_7}$ 初始读数/mL			
$V_{K_2Cr_2O_7}$ 终点读数/mL			
$V_{K_2Cr_2O_7}$ /mL			
ω_{Fe}/%			
平均值/%			
相对平均偏差/%			

【思考题】

(1) $K_2Cr_2O_7$ 标准溶液为何可以直接配制？

(2) 分解铁矿石时，为何要在低温下进行？如果加热至沸会对结果产生什么影响？

(3) $SnCl_2$ 还原 Fe^{3+} 的条件是什么？怎样控制 $SnCl_2$ 不过量？

(4) 滴定前为何要加入硫磷混酸？加入硫磷混酸和指示剂后为何必须立即滴定？

【注意事项】

(1) 溶解样品时，温度不能太高，不应沸腾，必须盖上表面皿，以防止 $FeCl_2$ 挥发或溶液溅出，溶解样品时如酸挥发太多，应适当补加盐酸，使最后定溶液中的盐酸量不少于 10mL。

(2) 氧化、还原和滴定时溶液温度控制在 20~40℃较好，$SnCl_2$ 如过量，应滴加少量 $KMnO_4$ 溶液至溶液呈浅黄色。

(3) 在酸性溶液中，Fe^{2+} 易被氧化，故加入硫磷混酸后应立即滴定，一般还原后，二十分钟以内进行滴定，重现性良好。

实验十三 氯化钡中钡含量的测定

【实验目的】
(1) 掌握晶形沉淀的条件、原理和沉淀方法。
(2) 练习沉淀的过滤、洗涤和灼烧等重量分析基本操作技术。
(3) 学会测定氯化钡中钡的含量,并用换算因数计算测定结果。

【实验原理】
Ba^{2+} 能生成一系列的微溶化合物,如 $BaCO_3$、$BaCrO_4$、BaC_2O_4、$BaHPO_4$、$BaSO_4$ 等,其中以 $BaSO_4$ 的溶解度最小(25℃时 0.25mg/100mLH_2O),$BaSO_4$ 性质非常稳定,组成与化学式相符合,因此常以 $BaSO_4$ 重量法测定可溶性钡盐中 Ba^{2+} 的含量,也可用于测定 SO_4^{2-} 的含量。虽然 $BaSO_4$ 的溶解度较小,但还不能满足重量法对沉淀溶解度的要求,必须加入过量的沉淀剂以降低 $BaSO_4$ 的溶解度。H_2SO_4 在灼烧时能挥发,是沉淀 Ba^{2+} 离子的理想沉淀剂,使用时可过量 50%~100%,$BaSO_4$ 沉淀初生成时,一般形成细小的晶体,过滤时易穿过滤纸,为了得到纯净而颗粒较大的晶体沉淀,应当在热的酸性稀溶液中,在不断搅拌下逐滴加热的稀 H_2SO_4。$BaSO_4$ 重量法一般在 0.05mol·L^{-1} 的 HCl 溶液介质中进行沉淀,在酸性条件下沉淀 $BaSO_4$ 还能防止 $BaCO_3$、$BaHPO_4$、BaC_2O_4、$BaCrO_4$ 等沉淀,加热温度以近沸较好。将所得的 $BaSO_4$ 沉淀经过陈化、过滤、洗涤、灼烧,最后称量,即可求得试样中 Ba^{2+} 的含量。

【实验仪器与试剂】
仪器:泥三角,瓷坩埚,慢速定量滤纸,长颈漏斗,电炉子,马弗炉等。
试剂:可溶性钡盐试样,2mol·L^{-1} HCl 溶液,2mol·L^{-1} H_2SO_4 溶液,0.1mol·L^{-1} $AgNO_3$ 溶液。

【实验步骤】
1. 空坩埚恒重
将两只洗净并晾干的瓷坩埚,在 800~850℃ 的马弗炉中灼烧,第一次灼烧 30min,取出稍冷片刻,放入干燥器中冷却至室温(约 30min),称重。第二次灼烧 15~20min,同样方法冷却至室温,再称重,重复操作直到两次称量不超过 0.0003g,即已恒重。

2. 称样及沉淀的制备
称取 0.4~0.5g 的 $BaCl_2·2H_2O$ 试样,置于 400mL 烧杯中。加入 100mL 蒸馏水,溶解试样,再加入 3mL 的 2mol·L^{-1} HCl 溶液,盖上表面皿,加热至近沸,但勿使溶液沸腾,以防溅失。同时,再取 4mL 的 2mol·L^{-1} H_2SO_4,置于 100mL 小烧杯中,加水稀释至 30mL,加热至近沸,然后将热的 H_2SO_4 溶液用滴管逐滴滴入热的钡盐溶液中,并用玻璃棒不断搅拌。搅拌时,玻璃棒不要碰烧杯底内壁以免划损烧杯,使沉淀粘附在烧杯壁上难于洗下。沉淀完毕后,静置,待溶液澄清后,于上层清液中加入 2mol·L^{-1} 的 H_2SO_4 溶液 1~2 滴,以检查其沉淀是否完全。如果上清液中有混浊出现,必须再加入 H_2SO_4 溶液,直至沉淀完全溶解为止。盖上表面皿,将玻璃棒靠在烧杯嘴边(切勿将玻璃棒拿出杯外)置于电炉子上加热,陈化(在室温下放置过夜)。

3. 沉淀的过滤和洗涤

先将上层清液倾注在慢速定量滤纸上过滤，再以稀 H_2SO_4 洗涤液（2mL 2mol·L^{-1} H_2SO_4 的稀释至 200mL）用倾泻法洗涤沉淀 3～4 次，每次约 20mL。然后将沉淀小心转移到滤纸上，并用一小片滤纸擦净杯壁，将滤纸片放在漏斗内的滤纸上，再用水洗涤沉淀至无氯离子为止（用 $AgNO_3$ 溶液检查）。

4. 沉淀的灼烧和恒重

将盛有沉淀的滤纸折成小包，放入已恒重的坩埚中，在电炉子上烘干和炭化后，放在马弗炉中以 800～850℃ 的高温灼烧 1h。取出置于干燥器内冷却至室温，称量；第二次灼烧 10～15min，冷却，称量，如此操作直至恒重。

平行测定两次。

【数据记录与处理】

数据记录见表 3-18。

表 3-18 氯化钡中钡含量的测定

项目	I	II
氯化钡称量前/g		
氯化钡称量后/g		
氯化钡质量/g		
空坩埚质量/g		
空坩埚质量＋硫酸钡质量/g		
硫酸钡质量/g		
钡含量/%		
平均值/%		

【思考题】

（1）沉淀 $BaSO_4$ 时为什么要在稀且热的 HCl 溶液中进行？不断搅拌的目的是什么？

（2）为什么沉淀 $BaSO_4$ 时要在热溶液中进行，而在自然冷却后进行过滤？趁热过滤或强制冷却好不好？

（3）洗涤沉淀时，为什么用洗涤液要少量、多次？

（4）如何判断沉淀是否完全？沉淀剂过量太多会有什么影响？

实验十四　食醋总酸度的测定

【实验目的】

(1) 掌握食醋中总酸度的测定原理和方法。
(2) 比较不同指示剂对滴定结果的影响。
(3) 掌握强碱滴定弱酸的基本原理和方法，以及指示剂选择的基本原理。

【实验原理】

食醋是混合酸，其主要成分是 CH_3COOH，简写为 HAc（有机弱酸，$K_a = 1.8 \times 10^{-5}$，质量分数为 3%～5%），此外还含有少量其它弱酸（如乳酸等）。用 NaOH 标准溶液滴定时，只要是 $cK_a > 10^{-8}$ 的弱酸均可被滴定，因此测定的是总酸量，测定结果以含量最高的醋酸 ρ_{HAc} (g·L^{-1}) 来表示。滴定反应式为：

$$NaOH + HAc =\!=\!= NaAc + H_2O$$

反应产物 NaAc（$K_b = 5.6 \times 10^{-10}$）为弱酸强碱盐，化学计量点时 pH 值在 8.7 左右，滴定突跃在碱性范围内，如果使用在酸性范围内变色的指示剂如甲基橙，将引起很大的滴定误差，因此应选择在碱性范围内变色的指示剂酚酞（8.0～9.6）。

本实验选用酚酞作指示剂，利用 NaOH 标准溶液测定 HAc 含量。食醋中总酸度用 HAc 的含量来表示。食醋中醋酸的质量分数较大，大约在 3%～5%，可适当稀释后再滴定（注意 CO_2 的影响，应选用无 CO_2 的蒸馏水）。若食醋颜色较深，可用中性活性炭脱色后再滴定。

【实验仪器与试剂】

仪器：250mL 容量瓶，25mL 移液管，250mL 锥形瓶，50mL 碱式滴定管。

试剂：NaOH 标准溶液，邻苯二甲酸氢钾（基准试剂），0.2%甲基橙水溶液，0.2%酚酞乙醇溶液，食醋样品。

【实验步骤】

1. **0.1mol·L^{-1} NaOH 溶液的配制与标定**（见实验 5）

2. **食醋总酸量的测定**

用 25mL 移液管移取食醋样品于 250mL 容量瓶中，用新煮沸并冷却的蒸馏水稀释至刻度，摇匀。用 25mL 移液管移取配好的溶液，置于 250mL 锥形瓶中，加入 25mL 蒸馏水，滴加 1～2 滴酚酞指示剂，用 NaOH 标准溶液滴定至溶液呈微粉色，并保持 30s 不褪色，即为滴定终点。平行测定三次。

记录 NaOH 标准溶液的用量 V_{NaOH}，计算食醋总酸量。

用甲基橙作为指示剂，按上述方法滴定，计算结果，比较两种指示剂结果之间的差别。

食醋的质量浓度计算式如公式(3-22) 所示：

$$\rho_{CH_3COOH} = \frac{c_{NaOH} \times V_{NaOH} \times M_{CH_3COOH}}{V_{CH_3COOH}} \qquad (3\text{-}22)$$

【数据记录与处理】

0.1mol·L^{-1} NaOH 溶液的标定（见实验 5）

数据记录见表3-19。

表3-19 食醋总酸度的测定

项目	Ⅰ	Ⅱ	Ⅲ
吸取醋样稀释液/mL	25.00	25.00	25.00
V_{NaOH}初始读数/mL			
V_{NaOH}终点读数/mL			
V_{NaOH}/mL			
食醋总酸度 ρ			
平均值/g·L^{-1}			
相对偏差 d_r/%			
相对平均偏差/%			

【思考题】

(1) 为何用无CO_2蒸馏水来稀释食醋？若蒸馏水中含有CO_2，对测定结果有何影响？

(2) 测醋酸时为什么要用酚酞作指示剂？该方法的测定原理是什么？使用甲基橙作指示剂，则消耗的NaOH标准溶液的体积偏大还是偏小？为什么？

【注意事项】

(1) 食醋取样后应立即将试剂瓶盖盖好，防止挥发。

(2) 食醋中醋酸的浓度较大，且颜色较深，故必须稀释后再进行滴定。

(3) 测定醋酸含量时，所用的蒸馏水中不能含有CO_2，否则会溶于水中生成碳酸，将同时被滴定。

(4) 用甲基橙作指示剂时，注意观察终点颜色的变化。

(5) 数据处理时应注意最终结果的表示方式。

实验十五　氯化物中氯含量的测定（莫尔法）

【实验目的】

(1) 掌握莫尔法测定氯离子的原理和方法。
(2) 掌握铬酸钾指示剂的正确使用方法。
(3) 掌握硝酸银标准溶液的配制与标定方法。

【实验原理】

银量法常用于生活用水、工业用水、环境水、药品、食品及某些可溶性氯化物中氯含量的测定。此方法是在中性或弱碱性溶液中，以 K_2CrO_4 为指示剂，用 $AgNO_3$ 标准溶液进行滴定。由于 AgCl 的溶解度小于 Ag_2CrO_4，因此，溶液中首先析出的应为 AgCl 沉淀，当 AgCl 定量析出后，稍过量的 $AgNO_3$ 溶液再与 CrO_4^{2-} 生成砖红色 Ag_2CrO_4 沉淀，指示达到滴定终点。其主要反应式如下：

$$Ag^+ + Cl^- = AgCl(s)(白色) \quad K_{sp}=1.8\times10^{-10} \tag{1}$$

$$2Ag^+ + CrO_4^{2-} = Ag_2CrO_4(s)(砖红色) \quad K_{sp}=2.0\times10^{-12} \tag{2}$$

滴定必须在中性或在弱碱性溶液中进行，最适宜 pH 值范围为 6.5～10.5，如有铵盐存在，溶液的 pH 值范围最好控制在 6.5～7.2 之间。如果酸度过高，则不产生 Ag_2CrO_4 沉淀；如果酸度过低，则形成 Ag_2O 沉淀。

指示剂 K_2CrO_4 的用量对滴定的准确度有影响，如果 K_2CrO_4 的浓度太高，会干扰 Ag_2CrO_4 沉淀颜色的观察，影响终点的判断。因此，实际上加入 K_2CrO_4 的浓度以 5×10^{-3} mol·L^{-1} 为宜，可以认为不影响分析结果的准确度。如果溶液较稀，会影响分析结果的准确度，通常需要校准指示剂的空白值。

根据溶度积原理，等当点时溶液中 Ag^+ 和 Cl^- 的浓度为：

$$c_{Ag^+} = c_{Cl^-} = \sqrt{K_{sp}(AgCl)} = \sqrt{1.8\times10^{-10}} = 1.3\times10^{-5}(mol·L^{-1})$$

在等当点时，要求以刚好析出 Ag_2CrO_4 沉淀为指示终点，此时溶液中的 CrO_4^{2-} 的浓度应为：

$$c_{CrO_4^{2-}} = \frac{K_{sp}(Ag_2CrO_4)}{(c_{Ag^+})^2} = \frac{2.0\times10^{-12}}{(1.3\times10^{-5})^2} = 1.2\times10^{-2}(mol·L^{-1})$$

凡是能与 Ag^+ 生成难溶化合物或配合物的阴离子都干扰测定，例如 PO_4^{3-}、AsO_4^{3-}、SO_3^{2-}、S^{2-}、CO_3^{2-} 及 $C_2O_4^{2-}$ 等，其中 S^{2-} 可通过生成 H_2S，经加热煮沸除去，SO_3^{2-} 可经氧化成 SO_4^{2-} 而不产生干扰。大量 Cu^{2+}、Ni^{2+}、Co^{2+} 等有色离子将影响终点的观察。凡是能与 CrO_4^{2-} 生成难溶化合物的阳离子也干扰测定，但 Ba^{2+} 的干扰可以通过加入过量 Na_2SO_4 进行消除。Al^{3+}、Fe^{3+}、Bi^{3+}、Zr^{4+} 等高价金属离子，在中性或弱碱性溶液中易水解产生沉淀，也不应存在。如果存在，则改用佛尔哈德法测定氯含量。

【实验仪器与试剂】

仪器：电子分析天平，50mL 酸式滴定管，250mL 锥形瓶，25mL 移液管，容量瓶（100mL 和 250mL），称量瓶，干燥器等。

试剂：固体 NaCl（基准试剂），固体 $AgNO_3$（分析纯），5% K_2CrO_4 溶液。

【实验步骤】

1. 0.1mol·L^{-1} AgNO$_3$ 溶液的配制

称取 8.5g AgNO$_3$ 溶解于 500mL 不含 Cl$^-$ 的蒸馏水中，将溶液转入棕色试剂瓶中，置于暗处保存，以防止见光分解。

2. 0.1mol·L^{-1} AgNO$_3$ 溶液的标定

称取 0.5~0.65g 的 NaCl 基准物质，置于小烧杯中，用蒸馏水溶解后，转入 100mL 容量瓶中，加水稀释至刻度，摇匀。用 25mL 移液管移取 NaCl 标准溶液于 250mL 锥形瓶中，加入 25mL 蒸馏水，再加入 1mL 的 5% K$_2$CrO$_4$ 指示剂，在不断摇动下，用 AgNO$_3$ 溶液滴定至呈现砖红色即为滴定终点。平行滴定三次。

3. 试样分析

称取 1.3g NaCl 试样置于烧杯中，加水溶解后，转入 250mL 容量瓶中，用水稀释至刻度，摇匀。用 25mL 移液管移取 NaCl 试液于 250mL 锥形瓶中，加入 25mL 蒸馏水，再加入 1mL 的 5% K$_2$CrO$_4$ 指示剂，在不断摇动下，用 AgNO$_3$ 标准溶液滴定至呈现砖红色即为滴定终点。平行滴定三次。

根据试样的质量和滴定中消耗的 AgNO$_3$ 标准溶液的体积计算试样中氯的质量分数。

【数据记录与处理】

数据记录见表 3-20 和表 3-21。

表 3-20 0.1mol·L^{-1} AgNO$_3$ 溶液的标定

	Ⅰ	Ⅱ	Ⅲ
基准 NaCl 称量前/g			
基准 NaCl 称量后/g			
基准 NaCl 质量/g			
V_{AgNO_3} 初始读数/mL			
V_{AgNO_3} 终点读数/mL			
V_{AgNO_3}/mL			
c_{AgNO_3}/mol·L^{-1}			
平均值/mol·L^{-1}			
相对偏差 d_r/%			

表 3-21 氯化物中氯的测定

	Ⅰ	Ⅱ	Ⅲ
NaCl 试样称量前/g			
NaCl 试样称量后/g			
NaCl 试样质量/g			
V_{AgNO_3} 初始读数/mL			
V_{AgNO_3} 终点读数/mL			
V_{AgNO_3}/mL			
ω_{Cl}/%			
平均值/%			
相对偏差 d_r/%			

【思考题】

(1) 莫尔法测氯时，溶液的 pH 值须控制在什么范围？为什么？

(2) 以 K_2CrO_4 作指示剂时，指示剂浓度过大或过小对测定结果有何影响？

(3) $AgNO_3$ 标准溶液应装在酸式滴定管中还是碱式滴定管中？为什么？

(4) 能否用莫尔法以 NaCl 标准溶液直接滴定 Ag^+？为什么？

实验十六 银盐中银含量的测定（佛尔哈德法）

【实验目的】
(1) 掌握用佛尔哈德法测定银含量的方法及原理。
(2) 学会铁铵矾指示剂的原理及正确判断滴定终点。

【实验原理】
在 HNO_3 介质中，以铁铵矾为指示剂，用 NH_4SCN（或 $KSCN$）滴定溶液中的 Ag^+，当 $AgSCN$ 定量沉淀后，稍过量的 SCN^- 与 Fe^{3+} 生成红色配合物，即为滴定终点。

滴定反应：$SCN^- + Ag^+ \rightleftharpoons AgSCN(s)$（白色） $K_{sp} = 1.0 \times 10^{-12}$ (1)

指示反应：$SCN^- + Fe^{3+} \rightleftharpoons FeSCN^{2+}$（红色） $K_{稳} = 138$ (2)

为了防止溶液中的 Fe^{3+} 水解成深色配合物，影响终点观察，酸度应控制在 $0.1 \sim 1 mol \cdot L^{-1}$。由于 $AgSCN$ 沉淀吸附 Ag^+，使终点提早，因此，滴定时应充分摇动溶液，使被吸附的 Ag^+ 及时释放出来，以免造成结果偏低。

【实验仪器与试剂】
仪器：电子分析天平，50mL 棕色酸式滴定管，25mL 移液管，量筒，250mL 锥形瓶，烧杯等。

试剂：固体 NH_4SCN（分析纯），$6mol \cdot L^{-1}$ HNO_3 溶液，铁铵矾指示剂，$0.1mol \cdot L^{-1}$ $AgNO_3$ 标准溶液。

【实验步骤】

1. $0.1mol \cdot L^{-1} NH_4SCN$ 溶液的配制

称取 3.8g 的 NH_4SCN 固体，置于 250mL 烧杯中，加入适量水使其溶解，移入试剂瓶中，稀释至 500mL，摇匀。

2. $0.1mol \cdot L^{-1} NH_4SCN$ 溶液的标定

用 25mL 移液管移取 $0.1mol \cdot L^{-1} AgNO_3$ 标准溶液，置于锥形瓶中，加入 20mL 蒸馏水、5mL 的 $6mol \cdot L^{-1}$ HNO_3 溶液和 2mL 铁铵矾指示剂，用 $0.1mol \cdot L^{-1} NH_4SCN$ 溶液滴定至溶液呈淡棕红色，剧烈振摇后仍不褪色，即为滴定终点。记录所消耗的 NH_4SCN 溶液的体积。平行滴定三次。

3. 试样中银含量的测定

称取 $0.25 \sim 0.3g$ 银盐试样，置于锥形瓶中，加入 10mL 的 $6mol \cdot L^{-1}$ HNO_3 溶液，加热溶解后，再加入 50mL 蒸馏水、2mL 铁铵矾指示剂，在充分剧烈摇动下，用 $0.1mol \cdot L^{-1}$ NH_4SCN 标准溶液滴定至溶液呈淡棕红色，经轻轻摇动后也不褪色，即为滴定终点。平行滴定三次。记录所消耗的 NH_4SCN 标准溶液的体积。计算试样中银的质量分数。

【数据记录与处理】
数据记录见表 3-22 和表 3-23。

表 3-22 $0.1mol \cdot L^{-1} NH_4SCN$ 溶液的标定

项目	Ⅰ	Ⅱ	Ⅲ
$AgNO_3$ 标准溶液/mL	25.00	25.00	25.00

续表

项目	I	II	III
V_{NH_4SCN}初始读数/mL			
V_{NH_4SCN}终点读数/mL			
V_{NH_4SCN}/mL			
c_{NH_4SCN}/mol·L^{-1}			
平均值/mol·L^{-1}			
相对偏差 d_r/%			

表3-23 试样中银含量的测定

项目	I	II	III
银盐试样称量前/g			
银盐试样称量后/g			
银盐试样质量/g			
V_{NH_4SCN}初始读数/mL			
V_{NH_4SCN}终点读数/mL			
V_{NH_4SCN}/mL			
ω_{Ag}/%			
平均值/%			
相对偏差 d_r/%			

【思考题】

(1) 用佛尔哈德法测定银含量，滴定时必须剧烈摇动，为什么？

(2) 采用佛尔哈德法，能否使用 $FeCl_3$ 作指示剂？为什么？

(3) 采用返滴定法测定 Cl^- 时，能否剧烈摇动？为什么？

【注意事项】

(1) 滴定应在酸性介质中进行。如果在中性或碱性介质中，则指示剂水解而析出 $Fe(OH)_3$ 沉淀，Ag 在碱性溶液中会生成 Ag_2O 沉淀；如果酸度过大，则部分 SCN^- 形成 HSCN（K_a = 0.14）。所以滴定时 HNO_3 的浓度应控制在 0.2~0.5 mol·L^{-1} 为宜。

(2) 指示剂用量大小对滴定准确度有影响，一般控制 Fe^{3+} 浓度为 0.0155 mol·L^{-1} 为宜。

(3) 由于 AgSCN 沉淀易吸附 Ag^+，故滴定时要剧烈摇动，直至淡红棕色不褪色即到达滴定终点。

实验十七　石灰石中钙含量的测定

【实验目的】

(1) 掌握用 $KMnO_4$ 法测定石灰石中钙含量的原理和方法。

(2) 了解结晶形沉淀的制备、分离、洗涤的基本要求与操作方法。

(3) 了解用间接滴定法测定物质中组分含量。

【实验原理】

天然石灰石是工业生产中重要的原材料之一,其主要成分是 $CaCO_3$(如果以 CaO 计,一般含量为 30%~55%)。除钙外,还含有一定量的 $MgCO_3$、SiO_2、Fe_2O_3 和 Al_2O_3 等杂质。石灰石中 Ca^{2+} 含量的测定主要采用配位滴定法和高锰酸钾法。前者比较简便但干扰也较多;后者干扰少、准确度高,但较费时。

本实验采用高锰酸钾间接滴定法测定石灰石中的钙含量,首先将石灰石用盐酸溶解制成溶液,将 Ca^{2+} 以 CaC_2O_4 的形式沉淀,将过滤出的沉淀洗涤后,用稀 H_2SO_4 溶液将其溶解,再用 $KMnO_4$ 标准溶液间接滴定与 Ca^{2+} 相当的 $C_2O_4^{2-}$,根据消耗的 $KMnO_4$ 溶液的体积和浓度计算出试样中钙的含量。主要反应如下:

$$CaCO_3 + 2HCl =\!=\!= CaCl_2 + H_2O + CO_2(g) \tag{1}$$

$$Ca^{2+} + C_2O_4^{2-} =\!=\!= CaC_2O_4(s) \tag{2}$$

$$CaC_2O_4 + 2H^+ =\!=\!= Ca^{2+} + H_2C_2O_4 \tag{3}$$

$$2MnO_4^- + 5H_2C_2O_4 + 6H^+ =\!=\!= 2Mn^{2+} + 10CO_2(g) + 8H_2O \tag{4}$$

为了使测定结果准确,必须控制条件,以保证 Ca^{2+} 与 $C_2O_4^{2-}$ 有 1:1 的关系,并要得到颗粒较大,便于洗涤的沉淀。沉淀反应不能在中性或碱性介质中进行,否则不仅产生的沉淀颗粒细小,难以过滤,而且会产生 $Ca(OH)_2$ 或碱式草酸钙沉淀,应将试液酸度范围控制在 pH 值为 3.5~4.5。采用在待测的含 Ca^{2+} 酸性溶液中加入过量的 $(NH_4)_2C_2O_4$(此时 $C_2O_4^{2-}$ 浓度很小,主要以 $HC_2O_4^-$ 形式存在,故不会有 CaC_2O_4 生成),再滴加氨水逐步中和,缓慢地增大 $C_2O_4^{2-}$ 浓度进而析出沉淀,沉淀完全后再稍加陈化,使得沉淀颗粒增大,表面吸附杂质少、易过滤、易洗涤;必须用冷水少量多次彻底洗去沉淀表面及滤纸上的 $C_2O_4^{2-}$ 和 Cl^-(这常是造成结果偏离的主要因素),但又不能用水过多,否则沉淀的溶解损失过大。

除碱金属离子外,多种离子都干扰测定。因此当有较大量的干扰离子存在时,应预先对其进行分离或将其掩蔽。例如,如果有大量的 Al^{3+} 或 Fe^{3+},可用柠檬酸铵掩蔽。如果有 Mg^{2+} 存在,也能生成 MgC_2O_4 沉淀,但当有过量 $C_2O_4^{2-}$ 存在时,Mg^{2+} 能形成 $[Mg(C_2O_4)_2]^{2-}$ 络离子而与 Ca^{2+} 分离,则不干扰测定。

【实验仪器与试剂】

仪器:电子分析天平,50mL 酸式滴定管,烧杯,漏斗,量筒,定性滤纸等。

试剂:$0.02\,mol \cdot L^{-1}\,KMnO_4$ 标准溶液,$6\,mol \cdot L^{-1}\,HCl$ 溶液,$1\,mol \cdot L^{-1}\,H_2SO_4$ 溶液,$3\,mol \cdot L^{-1}\,NH_3 \cdot H_2O$ 溶液,$0.25\,mol \cdot L^{-1}\,(NH_4)_2C_2O_4$ 溶液,0.1% 甲基橙水溶液,10% 柠檬酸铵溶液,0.1% $(NH_4)_2C_2O_4$ 溶液,$0.5\,mol \cdot L^{-1}\,CaCl_2$ 溶液,石灰石试样。

【实验步骤】

1. CaC$_2$O$_4$ 的制备

称取 0.15~0.2g 石灰石试样，置于 250mL 烧杯中，滴加少量蒸馏水润湿试样，盖上表面皿（稍留缝隙），从烧杯嘴处缓慢滴加 10mL 的 6mol·L^{-1} HCl 溶液，同时不断轻摇烧杯，使试样全部溶解，待停止冒泡后，用小火加热至微沸约 2min，冷却后用少量蒸馏水淋洗表面皿和烧杯内壁，使飞溅部分进入溶液。在试液中加入 5mL 10%柠檬酸铵溶液和 50mL 去离子水，加 2~3 滴甲基橙指示剂，此时溶液显红色，再加入 5~20mL 的 0.25mo·L^{-1} (NH$_4$)$_2$C$_2$O$_4$，加热溶液 70~80℃，在不断搅拌下以每秒 1~2 滴的速度滴加 3mol·L^{-1} 氨水直至溶液由红色变为黄色。将溶液在水浴中陈化 1h，同时用玻璃棒搅拌，使沉淀陈化。待沉淀自然冷却至室温后，用定性滤纸以倾泻法（先将上层清液倾入漏斗中）过滤。用冷的 0.1%(NH$_4$)$_2$C$_2$O$_4$ 溶液洗涤沉淀 3~4 次，再用水洗涤直至滤液中不含 C$_2$O$_4^{2-}$ 为止。在洗涤接近完成时，用小表面皿接取约 1mL 滤液，加入数滴 0.5mol·L^{-1} 的 CaCl$_2$ 溶液，如无浑浊现象，证明已洗涤干净。

2. 沉淀的溶解和 Ca^{2+} 含量的测定

将带有沉淀的滤纸小心展开并贴在原烧杯内壁上，用 50mL 的 1mol·L^{-1} H$_2$SO$_4$ 溶液分多次将沉淀冲洗到烧杯中，再用洗瓶水洗 2 次，加入蒸馏水稀释，使总体积约为 100mL。加热至 75~85℃，用 0.02mol·L^{-1} KMnO$_4$ 标准溶液滴定至溶液呈粉红色，再将滤纸浸入溶液中，轻轻搅动，若溶液褪色则继续滴加 KMnO$_4$ 标液，直至粉红色在 30s 内不褪，即为终点，记录消耗 KMnO$_4$ 标准溶液的体积，计算试样中 Ca 的质量分数。平行测定三次，结果的相对偏差不大于 0.2% 即可。

按公式(3-23)计算石灰石中钙的质量分数：

$$\omega_{Ca} = \frac{5c_{KMnO_4} \times V_{KMnO_4} \times M_{Ca}}{2m_s} \times 100\% \tag{3-23}$$

式中，c_{KMnO_4} 和 V_{KMnO_4} 为 KMnO$_4$ 标准溶液的浓度和滴定所消耗的体积；M_{Ca} 为 Ca 的摩尔质量；m_s 为试样的总质量。

【数据记录与处理】

数据记录见表 3-24。

表 3-24 石灰石中钙含量的测定

项目	Ⅰ	Ⅱ	Ⅲ
c_{KMnO_4} /mol·L^{-1}			
石灰石试样称量前/g			
石灰石试样称量后/g			
石灰石试样质量/g			
V_{KMnO_4} 初始读数/mL			
V_{KMnO_4} 终点读数/mL			
V_{KMnO_4} /mL			
ω_{Ca} /%			
平均值/%			
相对偏差 d_r/%			

【思考题】

(1) 加入 $(NH_4)_2C_2O_4$ 沉淀钙时,为什么要在热溶液中逐滴加入?pH 值控制在多少?

(2) 沉淀 CaC_2O_4 时,为什么要采用先在酸性溶液中加入沉淀剂 $(NH_4)_2C_2O_4$,而后滴加氨水中和的方法使沉淀析出?中和时为什么选用甲基橙指示剂来指示溶液的酸度?

(3) 沉淀 CaC_2O_4 生成后为什么要陈化?

(4) CaC_2O_4 沉淀为什么先要用稀的 $(NH_4)_2C_2O_4$ 溶液洗涤,然后再用蒸馏水洗?怎样判断沉淀已洗净?

(5) 如果将 CaC_2O_4 沉淀和滤纸一起置于 H_2SO_4 溶液中加热后,再用 $KMnO_4$ 标准溶液滴定,会产生什么影响?

【注意事项】

(1) 如果试样中酸不溶物较多,且对分析精度要求又较高时,则应按碱熔法制取试液后分析。

(2) 石灰石中含有少量 Mg^{2+},在沉淀 Ca^{2+} 的过程中,MgC_2O_4 以过饱和的形式保留于液相中。若陈化时间过长,尤其是冷却后再放置过久,则会发生 MgC_2O_4 后沉淀而导致结果偏高。

(3) CaC_2O_4 在水中溶解度较大,沉淀应先用 0.1% $(NH_4)_2C_2O_4$ 洗涤,再用蒸馏水洗涤 3~4 次(每次约 10mL),一直洗到过滤液中不含 $C_2O_4^{2-}$ 离子为止。

(4) 在酸性溶液中滤纸也消耗 $KMnO_4$ 溶液,接触时间越长,消耗得越多,因此只有在滴定至终点前才能将滤纸浸入溶液中。

实验十八　碘量法测定葡萄糖

【实验目的】
(1) 掌握硫代硫酸钠溶液的配制及标定方法。
(2) 学会间接碘量法测定葡萄糖含量的原理及方法。

【实验原理】

1. $Na_2S_2O_3$ 溶液的标定

$Na_2S_2O_3 \cdot 5H_2O$ 中一般含有少量的 S、Na_2SO_3、Na_2CO_3、NaCl 等杂质，且易风化和潮解，因此 $Na_2S_2O_3$ 不能用直接法来配制标准溶液，应采用间接法配制。

$Na_2S_2O_3$ 溶液不稳定，容易分解，水中的 CO_2、细菌和光照都能使其分解，而且水中的 O_2 也能使其氧化，因此，配制 $Na_2S_2O_3$ 溶液时，需要使用新煮沸冷却的蒸馏水，并加入少量 Na_2CO_3 溶液（0.02%）使溶液呈弱碱性，以抑制细菌的生长。新配制的溶液保存于棕色瓶中，放置几天后再进行标定；但不宜久置，使用一段时间后需要重新标定。如果发现溶液变混或析出硫，应过滤后再标定，或者另外配制。

标定 $Na_2S_2O_3$ 溶液的基准物质有纯 I_2、KIO_3、$KBrO_3$、纯铜、$K_2Cr_2O_7$ 等，这些物质除纯 I_2 外，均能与 KI 反应而析出 I_2，析出的 I_2 用 $Na_2S_2O_3$ 溶液滴定，这种标定方法叫做间接碘量法。在上述几种基准物质中，使用 $K_2Cr_2O_7$ 作基准物质最方便。该法以淀粉为指示剂，用间接碘量法标定 $Na_2S_2O_3$ 溶液。因为 $K_2Cr_2O_7$ 与 $Na_2S_2O_3$ 的反应产物有多种，不能按确定的反应式进行，因此不能用 $K_2Cr_2O_7$ 直接滴定 $Na_2S_2O_3$。而是先使 $K_2Cr_2O_7$ 与过量的 KI 反应，析出的 I_2 再用 $Na_2S_2O_3$ 溶液滴定。其反应方程式如下：

$$Cr_2O_7^{2-} + 6I^- + 14H^+ = 2Cr^{3+} + 3I_2 + 7H_2O \tag{1}$$

$$2S_2O_3^{2-} + I_2 = 2I^- + S_4O_6^{2-} \tag{2}$$

溶液的酸度愈大，该反应速度愈快，但酸度太大时，I^- 又容易被空气中的 O_2 氧化，所以酸度一般控制在 $0.2 \sim 0.4 \text{mol} \cdot L^{-1}$ 为宜。$Cr_2O_7^{2-}$ 与 I^- 的反应速度较慢，为了加快反应速度，同时加入过量的 KI，并在暗处放置一定时间，使 $Cr_2O_7^{2-}$ 与 I^- 反应完全。在滴定前须将溶液稀释，既可降低酸度，使 I^- 被 O_2 氧化速度减慢，又可以使 $Na_2S_2O_3$ 的分解作用减小，而且稀释后 Cr^{3+} 的绿色变浅，便于观察终点。

2. 碘量法测定葡萄糖

在碱性条件下，将一定量的 I_2 加入葡萄糖溶液中，I_2 与 NaOH 作用可生成次碘酸钠（NaIO），IO^- 可将葡萄糖（$C_6H_{12}O_6$）分子中的醛基定量地氧化为羧基。其反应方程式如下。

I_2 与 NaOH 作用生成 NaIO 和 NaI：$I_2 + 2OH^- = IO^- + H_2O$ （3）

$C_6H_{12}O_6$ 和 NaIO 定量作用：$C_6H_{12}O_6 + IO^- = C_6H_{12}O_7 + I^-$ （4）

总反应式为：$I_2 + C_6H_{12}O_6 + 2OH^- = C_6H_{12}O_7 + 2I^- + H_2O$ （5）

过量的未与葡萄糖作用的次碘酸钠在碱性溶液中进一步歧化生成 NaI 和 $NaIO_3$，当溶液酸化时，$NaIO_3$ 又与 I^- 反应析出 I_2，此时，再用 $Na_2S_2O_3$ 标准溶液滴定析出的 I_2，从而可计算出葡萄糖的含量。其反应方程式如下。

未与葡萄糖作用的 NaIO 在碱性溶液中歧化成 NaI 和 $NaIO_3$：
$$3IO^- \rightleftharpoons IO_3^- + 2I^- \tag{6}$$
在酸性条件下，$NaIO_3$ 又恢复成 I_2 析出：
$$IO_3^- + 5I^- + 6H^+ \rightleftharpoons 3I_2 + 3H_2O \tag{7}$$
用 $Na_2S_2O_3$ 滴定析出的 I_2：
$$I_2 + 2S_2O_3^{2-} = S_4O_6^{2-} + 2I^- \tag{8}$$

由以上反应可以看出 1mol 葡萄糖与 1mol 的 I_2 相当，而 1mol 的 IO^- 可产生 1mol 的 I_2。根据所加入的 I_2 标准溶液的物质的量和滴定所消耗的 $Na_2S_2O_3$ 标准溶液的体积，便可计算出葡萄糖的含量。

I_2 溶液的浓度按公式(3-24)计算：
$$c_{I_2} = \frac{(cV)_{Na_2S_2O_3}}{2V_{I_2}} \tag{3-24}$$

葡萄糖含量按公式(3-25)计算：
$$\omega_{C_6H_{12}O_6} = \frac{\left[(cV)_{I_2} - \dfrac{(cV)_{Na_2S_2O_3}}{2}\right] \times M_{C_6H_{12}O_6}}{V_{C_6H_{12}O_6}} \times 100\% \tag{3-25}$$

式中，$c_{NaS_2O_3}$ 为 $Na_2S_2O_3$ 标准溶液的浓度，$mol \cdot L^{-1}$；$V_{NaS_2O_3}$ 为 $Na_2S_2O_3$ 标准溶液所消耗的体积，mL；c_{I_2} 为 I_2 溶液的浓度，$mol \cdot L^{-1}$；V_{I_2} 为 I_2 溶液的体积，mL；$V_{C_6H_{12}O_6}$ 为 $C_6H_{12}O_6$ 溶液的体积，mL。

【实验仪器与试剂】

仪器：电子分析天平，50mL 酸式滴定管，50mL 碱式滴定管，250mL 锥形瓶，25mL 移液管，烧杯，量筒，250mL 碘量瓶等。

试剂：I_2 固体（分析纯），20%KI 溶液，$Na_2S_2O_3$ 固体（分析纯），无水 Na_2CO_3 固体（分析纯），$0.1mol \cdot L^{-1}$ 的 $K_2Cr_2O_7$ 标准溶液，$6mol \cdot L^{-1}$ HCl 溶液，0.2%淀粉溶液（取 0.2g 可溶性淀粉，加少量水调成糊状溶于 100mL 沸水中，此溶液使用前现配制），$2mol \cdot L^{-1}$ NaOH 溶液，0.05%葡萄糖试样，水。

【实验步骤】

1. $0.1mol \cdot L^{-1} Na_2S_2O_3$ 溶液的配制

在电子分析天平上称取 13g $Na_2S_2O_3 \cdot 5H_2O$ 加入 500mL 烧杯中，加入 300mL 新煮沸的冷蒸馏水，待完全溶解后，加入 0.2g 固体 Na_2CO_3，然后加水稀释至 500mL，保存于棕色试剂瓶中，放置在暗处 7~10 天后标定。

2. $0.1mol \cdot L^{-1} Na_2S_2O_3$ 溶液的标定

用移液管移取 25mL $0.1mol \cdot L^{-1}$ 的 $K_2Cr_2O_7$ 标准溶液于 250mL 碘量瓶中，加入 10mL 的 20%KI 溶液及 5mL 的 $6mol \cdot L^{-1}$ HCl 溶液，盖上瓶塞，摇匀后于暗处放置 5min，待反应完全后，加水稀释至约 100mL，用待标定的 $Na_2S_2O_3$ 溶液滴定至黄绿色，加入 0.2%淀粉溶液 5mL，继续滴定至深蓝色变为亮绿色，即为滴定终点。平行滴定三次。计算 $Na_2S_2O_3$ 的准确浓度。

3. $Na_2S_2O_3$ 标准溶液标定 I_2 溶液

用 25mL 移液管移取 $Na_2S_2O_3$ 标准溶液，置于 250mL 锥形瓶中，加 50mL 水、2mL 0.2%

淀粉溶液，用 I_2 溶液滴定直至稳定的蓝色，30s 内不褪色即为滴定终点。平行滴定三次。

4. 葡萄糖含量的测定

用移液管移取 25mL 葡萄糖试液于碘量瓶中，向酸式滴定管中加入 25.00mL 的 I_2 标准溶液。一边摇动，一边缓慢加入 $2mol \cdot L^{-1}$ NaOH 溶液，直至溶液呈浅黄色。将碘量瓶加塞放置 10~15min，使之反应完全。用少量水冲洗瓶盖和碘量瓶内壁，再加 2mL 的 $6mol \cdot L^{-1}$ HCl 使溶液成酸性，立即用 $Na_2S_2O_3$ 溶液滴定至溶液呈淡黄色时，加入 2mL 0.2%淀粉溶液，继续滴定至蓝色恰好消失，即为滴定终点。平行滴定三次，计算试样中葡萄糖的含量（以 $g \cdot L^{-1}$ 表示），并计算三次平行测定的相对平均偏差。要求相对平均偏差小于 0.3%。

【数据记录与处理】

数据记录见表 3-25、表 3-26 和表 3-27。

表 3-25 $Na_2S_2O_3$ 溶液浓度的标定

项目	Ⅰ	Ⅱ	Ⅲ
$K_2Cr_2O_7$ 标准溶液/mL	25.00	25.00	25.00
$V_{Na_2S_2O_3}$ 初始读数/mL			
$V_{Na_2S_2O_3}$ 终点读数/mL			
$V_{Na_2S_2O_3}$/mL			
$c_{Na_2S_2O_3}$/mol·L^{-1}			
平均值/mol·L^{-1}			
相对平均偏差/%			

表 3-26 I_2 标准溶液浓度的计算（指示剂：淀粉）

项目	Ⅰ	Ⅱ	Ⅲ
$V_{Na_2S_2O_3}$/mL	25.00	25.00	25.00
V_{I_2} 初始读数/mL			
V_{I_2} 终点读数/mL			
V_{I_2}/mL			
c_{I_2}/mol·L^{-1}			
平均值/mol·L^{-1}			
相对平均偏差/%			

表 3-27 葡萄糖含量的测定（指示剂：淀粉）

项目	Ⅰ	Ⅱ	Ⅲ
$V_{葡萄糖试样}$/mL	25.00	25.00	25.00
$V_{Na_2S_2O_3}$ 初始读数/mL			
$V_{Na_2S_2O_3}$ 终点读数/mL			
$V_{Na_2S_2O_3}$/mL			
$\omega_{葡萄糖}$/g·L^{-1}			
平均值/g·L^{-1}			
相对平均偏差/%			

【思考题】

（1）淀粉指示剂为什么一定要在接近终点时才能加入？加得太早或太迟有什么影响？

（2）配制 I_2 溶液时加入过量 KI 的作用是什么？将称得的 I_2 和 KI 一起加水到一定体积可以吗？为什么？

（3）I_2 溶液应装入酸式滴定管还是碱式滴定管中？为什么？装入滴定管后弯月面看不清，应如何读数？

（4）I_2 溶液浓度的标定和葡萄糖含量的测定中均用到淀粉指示剂，各步骤中淀粉指示剂加入的时机有什么不同？

（5）为什么在氧化葡萄糖时滴加 NaOH 的速度要慢，且加完后要放置一段时间？而在酸化后则要立即用 $Na_2S_2O_3$ 标准溶液滴定？

【注意事项】

（1）$K_2Cr_2O_7$ 与 I_2 反应进行很慢，在稀溶液中更慢，因此，在加水稀释前应放置 5min，使其反应完全。

（2）一定要待 I_2 完全溶解后再转移。做完实验后，剩余的 I_2 溶液应倒入回收瓶中。

（3）碘易受有机物的影响，不可使用软木塞、橡皮塞，并应储存于棕色瓶内避光保存。配制和装液时应戴上手套。I_2 溶液不能装在碱式滴定管中。

（4）加 NaOH 的速度不能过快，否则过量 NaIO 来不及氧化 $C_6H_{12}O_6$ 就进一步歧化成为 $NaIO_3$ 和 NaI，使测定结果偏低。

（5）NaOH 溶液加完后，要放置 10～15min，目的是使葡萄糖分子中的醛基定量地被 IO^- 氧化为羧基。

实验十九　白酒中甲醛含量的测定

【实验目的】
(1) 了解白酒中甲醛含量测定的原理及方法。
(2) 熟悉分光光度计的工作原理和使用方法。

【实验原理】
白酒中含有甲醛、乙醛、糠醛等醛类，它们的毒性较大，会引起交感神经兴奋和心悸，损害心肌，并使血压升高。甲醛是甲醇氧化后的产物，有毒性。白酒的质量受原料、辅料和菌种的影响。原料和辅料不同，生产出酒的质量也不同，其中甲醛的含量也有所不同，针对白酒中甲醛含量的测定方法，目前主要有分光光度法、色谱法、电化学法和化学滴定法等。

本实验采用分光光度-乙酰丙酮法测定白酒中甲醛的含量。乙酰丙酮法的原理是利用甲醛与乙酰丙酮及铵离子反应生成黄色化合物二乙酰基二氢卢剔啶，在波长为412nm下进行分光光度测定后，与标准系列比较定量。对于次硫酸氢钠甲醛中的甲醛可采取酸化的方法，使其中的甲醛释放出来，经水蒸气蒸馏后，收集吸收液，对其中的甲醛进行测定。此法最大的优点是操作简便，性能稳定，误差小，不受乙醛的干扰，有色溶液可稳定存在12h；缺点是灵敏度较低，最低检出浓度为$0.25mg \cdot L^{-1}$，仅适用于较高浓度甲醛的测定，而且反应较慢，需要约60min，SO_2对测定存在干扰（使用$NaHSO_3$作为保护剂则可以消除）。

【实验仪器与试剂】
仪器：SP-22PC可见分光光度计，水蒸气蒸馏装置，电子天平，吸量管，容量瓶。

试剂：磷酸溶液（吸取10mL85％磷酸，加蒸馏水至100mL），硅油，乙酰丙酮溶液（在100mL蒸馏水中加入醋酸铵25g、冰醋酸3mL、乙酰丙酮0.40mL，振摇，促进溶解，储备于棕色瓶中，此溶液可保存1个月），甲醛标准使用液（将标定后的甲醛标准储备液用蒸馏水稀释至$5\mu g \cdot mL^{-1}$），蒸馏水。

【实验步骤】
1. 样品处理
称取5～10g样品（根据样品中含有次硫酸氢钠甲醛的量而定）置于500mL蒸馏瓶中，加入蒸馏水20mL与样品混匀后，再加入硅油2～3滴和磷酸溶液10mL，立即连通水蒸气蒸馏装置，进行蒸馏。冷凝管下口应插入盛有约20mL蒸馏水并且置于冰水浴中的250mL容量瓶中。待蒸馏液约为250mL时取出，放至室温后，加水至刻度，混匀。另作空白蒸馏。

2. 测定
根据样品中次硫酸氢钠甲醛的含量，准确吸取样品蒸馏液2～10mL于25mL带刻度的具塞比色管中，补充蒸馏水至10mL。另取甲醛标准使用液0、0.50mL、1.00mL、3.00mL、5.00mL、7.00mL、10.00mL（分别相当于0.00、$2.50\mu g$、$5.00\mu g$、$15.00\mu g$、$25.00\mu g$、$35.00\mu g$、$50.00\mu g$甲醛）各置于25mL带刻度具塞比色管中，补充蒸馏水至10mL。

在样品及标准系列管中分别加入1mL乙酰丙酮溶液，摇匀，置于沸水浴中3min，用1cm比色皿以0.00mL甲醛标准使用液调节零点，于波长412nm处测吸光度，绘制标准曲线,并记录样品吸光度值,扣除空白液吸光度值,查标准曲线计算结果。按公式(3-26)计算。

$$x = (V_0 - V_1) \times c \times 15 \times 1000 / (10 \times 1000) \quad (3\text{-}26)$$

式中,x 为甲醛标准储备液的浓度,$mg \cdot mL^{-1}$;V_0 为滴定空白溶液消耗 $Na_2S_2O_3$ 标准滴定溶液的体积,mL;V_1 为滴定样品溶液消耗 $Na_2S_2O_3$ 标准滴定溶液的体积,mL;c 为标准 $Na_2S_2O_3$ 溶液的摩尔浓度;15 为甲醛(1/2HCHO)的摩尔质量,$g \cdot mol^{-1}$;10 为滴定时吸取甲醛标准储备液的体积,mL。

【数据记录与处理】

自行设计表格进行数据记录。按公式(3-27)计算。

$$Y = (A \times 1000 V_2) / (m V_1 \times 1000 \times 1000) \quad (3\text{-}27)$$

式中,Y 为样品中游离甲醛的含量,$g \cdot kg^{-1}$;A 为测定用样品液中甲醛的质量,μg;m 为样品质量,g;V_1 为测定用样品溶液体积,mL;V_2 为蒸馏液总体积,mL。

【思考题】

(1) 简述分光光度计的工作原理。
(2) 乙酰丙酮分光光度法测定甲醛的适宜条件是什么?
(3) 根据自己的实验数据,计算在实验选定的波长下有色配合物的摩尔吸光系数。

【注意事项】

(1) 水蒸气蒸馏过程中,回收瓶底部要稍稍加热,促使样品酸化过程反应完全。
(2) 平行测定结果用算术平均值表示,保留两位有效数字。
(3) 该方法最小检出量为 $2mg \cdot kg^{-1}$(以游离甲醛计)。
(4) 该试验结果以游离甲醛计,如果以次硫酸氢钠甲醛计,可乘以系数 5.133。

实验二十 离子交换法分离 Co^{2+} 和 Ni^{2+} 并用滴定法测其含量

【实验目的】

(1) 掌握离子交换分离的原理及操作方法。
(2) 了解离子交换分离在定量分析中的应用。
(3) 了解应用络合滴定测定钴和镍含量的方法。

【实验原理】

对于含有多种阳离子的混合体系的离子分离，通常首先将阳离子转化为阴离子的形式，然后再通过阴离子交换树脂进行离子分离。由于金属离子 Mn^{2+}、Co^{2+}、Cu^{2+}、Fe^{3+}、Zn^{2+} 在盐酸溶液中能形成氯络阴离子，而 Ni^{2+} 则不能形成氯络阴离子，又因为各种金属络阴离子的稳定性不同，生成络阴离子所需的 Cl^- 的浓度也不相同，因此可利用阴离子交换柱，选用不同浓度的盐酸作为洗脱液而将这些金属离子分离。本实验将进行钴离子和镍离子的分离。

Co^{2+}、Ni^{2+} 的混合体系，经过浓 HCl 处理，Ni^{2+} 没有形成络阴离子，将处理后的溶液放入阴离子交换柱中，当试液中盐酸浓度为 $9mol \cdot L^{-1}$ 时，Ni^{2+} 仍为阳离子，不被阴离子交换树脂吸附，交换柱上呈现钴的蓝色带，所以在用 $9mol \cdot L^{-1}$ HCl 溶液洗脱时，Ni^{2+} 首先以阳离子的形式直接从交换柱中流出，流出液呈淡黄色。而 Co^{2+} 形成 $[CoCl_4]^{2-}$，能被阴离子交换柱吸附，接着以 $0.1mol \cdot L^{-1}$ HCl 溶液洗脱，此时 $[CoCl_4]^{2-}$ 转变成 Co^{2+} 被洗出。因此，采用盐酸梯度淋洗液可以把它们分别从树脂上淋洗下来，达到分离的目的。该反应方程式为：

$$2R_4N + 2Cl^- + [CoCl_4]^{2-} \rightleftharpoons (R_4N^+)_2[CoCl_4]^{2-} + 2Cl^-$$

然后分别用 EDTA 标准溶液滴定流出液中镍与钴的含量。在 Ni^{2+} 洗脱液中加入 $6mol \cdot L^{-1}$ NaOH 中和至终点，滴加 $6mol \cdot L^{-1}$ HCl 至红色褪去，加入过量 EDTA 标准溶液及 20% 的六次甲基四胺控制溶液的 pH 值为 5~5.5，摇匀，加入二甲酚橙作为指示剂，以标准锌溶液滴定直至溶液由黄色为橙红色即为滴定终点。Co^{2+} 含量的测定方法与此相同。计算分离后镍与钴的回收率，并根据回收率的大小讨论实验的分离效果。

【实验仪器与试剂】

仪器：50mL 酸式滴定管、烧杯、250mL 容量瓶、移液管、250mL 锥形瓶、量筒、坩埚、电子分析天平、离子交换柱 [1cm×20cm，将已预处理的 717 型强碱性阴离子交换树脂（60~100 目）按常法装入酸式滴定管中，将其变为氯型]。

试剂：$10mg \cdot L^{-1}$ 镍标准溶液（称取分析纯 $NiCl_2 \cdot 6H_2O$ 试剂 4.048g，用 30mL 的 $2mol \cdot L^{-1}$ HCl 溶解，移入 100mL 容量瓶并用 $2mol \cdot L^{-1}$ HCl 稀释至刻度），$10mg \cdot L^{-1}$ 钴标准溶液（称取分析纯 $CoCl_2 \cdot 6H_2O$ 试剂 4.036g，用 30mL 的 $2mol \cdot L^{-1}$ HCl 溶解，移入 100mL 容量瓶，用 $2mol \cdot L^{-1}$ HCl 稀释至刻度），$0.02mol \cdot L^{-1}$ 标准锌溶液（用纯锌片溶解于少量的 $6mol \cdot L^{-1}$ HCl 中配制，稀释成所需浓度），$0.02mol \cdot L^{-1}$ EDTA 标准溶液，0.2% 二甲酚橙水溶液，20% 六次甲基四胺水溶液（用 $2mol \cdot L^{-1}$ HCl 调至 pH=

5.8），盐酸溶液（浓；6mol·L^{-1}；淋洗液：9mol·L^{-1}、0.1mol·L^{-1}；树脂再生液：2mol·L^{-1}），NaOH溶液（6mol·L^{-1}），定性鉴定用试剂：1%丁二酮肟乙醇溶液，饱和NH$_4$SCN溶液，浓氨水，酚酞。

【实验步骤】

1. 交换柱的准备

强碱性阴离子交换树脂（国产717，新商品牌号为201×7），氯型，40～80目。用2mol·L^{-1} HCl溶液浸泡24h，取出树脂，用水洗净。继续用2mol·L^{-1}的NaOH溶液浸泡2h，然后用去离子水洗至中性，再用2mol·L^{-1} HCl浸泡24h，备用。

取一支1cm×20cm的玻璃交换柱，底部塞以少许玻璃棉，将树脂和水缓慢倒入柱中，树脂柱高约15cm，上面再铺一层玻璃棉。调节流速约为1mL·min^{-1}，待水面下降近树脂层的上端时（切勿使树脂干涸），分次加入20mL的9mol·L^{-1} HCl溶液，并以相同的流量通过。

2. Co^{2+}、Ni^{2+}混合试液的配制

分别取2mL的Co^{2+}、Ni^{2+}盐酸试液于50mL小烧杯中，加入6mL浓盐酸，使试液中HCl溶液的浓度为9mol·L^{-1}。

3. 交换分离

将制备好的试液小心移入交换柱内，进行交换，用2mL的9mol·L^{-1} HCl分次洗涤烧杯，并转移至柱内。打开交换柱活塞，将试液通过柱子进行交换（切勿让试液液面低于交换树脂上部）。用250mL锥形瓶收集流出液，流速为0.5mL·min^{-1}。当液面接近树脂相时，用20mL的9mol·L^{-1} HCl洗脱Ni^{2+}。开始时用少量9mol·L^{-1} HCl洗涤烧杯，每次2～3mL，洗3～4次，洗液均倒入柱中，以保证试液全部转移入交换柱。然后将剩余的9mol·L^{-1} HCl分次倒入交换柱，收集流出液于另一个锥形瓶中以备测定Ni^{2+}。在淋洗过程中，镍首先流出，流出液几乎无色，同时钴吸附层缓慢下降，待淋洗接近结束时，取2滴流出液，用浓氨水碱化，再加2滴1%丁二酮肟检验Ni^{2+}是否洗脱完全，如果有Ni^{2+}，则为红色。如果收集液中不再有镍，继续用25mL的0.1mol·L^{-1} HCl分5次加入交换柱，洗脱Co^{2+}（方法同前），流速为1mL·min^{-1}，收集流出液于另一锥瓶中以备测定Co^{2+}。钴层下降，并且由蓝色变为微红色，一直到全部钴洗出为止（加饱和NH$_4$SCN检验Co^{2+}是否已洗脱完全，如果有Co^{2+}，则为蓝色）。

4. 0.02mol·L^{-1} EDTA溶液的配制及标定（见实验6）

5. Co^{2+}、Ni^{2+}的测定

将Ni^{2+}的洗脱液用6mol·L^{-1}的NaOH中和至酚酞变红，继续用6mol·L^{-1} HCl溶液调至红色褪去，再过量2滴，此时由于中和发热，液体温度升高，可将锥形瓶置于冷的流水中冷却。用移液管加入10mL的EDTA标准溶液，加5mL六次甲基四胺溶液，控制溶液的pH=5.5。滴加2滴二甲酚橙，溶液应为黄色（如果呈紫红或橙红，则说明pH值过高，用2mol·L^{-1} HCl溶液调至刚变为黄色即可），用标准锌溶液回滴过量的EDTA溶液，溶液由黄绿变红橙色即为滴定终点。Co^{2+}的滴定与Ni^{2+}滴定相同。

根据滴定结果计算试液中各组分的量，并分别计算钴与镍的回收率。

6. 树脂的再生

继续加入20～30mL 2mol·L^{-1} HCl溶液处理交换柱，流出液缓慢放出，使树脂再生。

【数据记录与处理】

参考其它实验自行设计数据记录表格并计算。按公式(3-28) 和 (3-29) 计算。

$$c_{Co^{2+}} = \frac{c_{EDTA}V_{EDTA} - c_{Zn^{2+}}V_{Zn^{2+}} \times M_{Co^{2+}} \times 10^3}{V_{Co^{2+}}} \tag{3-28}$$

$$c_{Ni^{2+}} = \frac{c_{EDTA}V_{EDTA} - c_{Zn^{2+}}V_{Zn^{2+}} \times M_{Ni^{2+}} \times 10^3}{V_{Ni^{2+}}} \tag{3-29}$$

【思考题】

(1) 在离子交换分离中,为什么要控制流出液的流速?淋洗液为什么要分几次加入?

(2) 为什么不能使交换柱干涸?

(3) 本实验如果是微量的 Co^{2+} 与微量的 Ni^{2+} 的分离,其测定方法有何不同?

实验二十一 硅酸盐水泥中 Fe、Al、Ca、Mg、Si 的测定

【实验目的】

(1) 了解重量法测定 SiO_2 含量的原理和用重量法测定水泥熟料中 SiO_2 含量的方法。

(2) 进一步掌握配位滴定法的原理,通过控制试液的酸度、温度及选择适当的掩蔽剂和指示剂等,在铁、铝、钙、镁共存时分别测定各成分的含量。

(3) 掌握试样分解、沉淀、过滤、洗涤、灰化、灼烧等技术。

(4) 学习复杂物质分析方法,培养综合分析问题和解决问题的能力。

【实验原理】

水泥主要由硅酸盐组成。水泥熟料由水泥生料经 1400℃ 以上的高温煅烧而成。一般的水泥由水泥熟料加入适量的石膏组成。要控制水泥的质量,可以通过水泥熟料的分析得以实现。根据分析结果,可以检验水泥熟料质量和烧成情况的好坏,及时调整原料的配比以控制生产。

最常用的硅酸盐水泥熟料的主要化学成分是:SiO_2(18%~24%)、Fe_2O_3(2.0%~5.5%)、Al_2O_3(4.0%~9.5%)、CaO(60%~67%) 和 MgO(<4.5%)。根据水泥熟料的组成,本实验采用化学法测定主要成分的含量。

1. 试样的分解

水泥熟料中碱性氧化物占 60% 以上,因此容易被酸分解。水泥熟料主要为硅酸三钙($3CaO \cdot SiO_2$)、硅酸二钙($2CaO \cdot SiO_2$)、铝酸三钙($3CaO \cdot Al_2O_3$) 和铁铝酸四钙($4CaO \cdot Al_2O_3 \cdot Fe_2O_3$) 等混合物。这些化合物与盐酸作用时,生成硅酸和可溶性的氯化物,反应方程式如下:

$$2CaO \cdot SiO_2 + 4HCl = 2CaCl_2 + H_2SiO_3 + H_2O \tag{1}$$

$$3CaO \cdot SiO_2 + 6HCl = 3CaCl_2 + H_2SiO_3 + 2H_2O \tag{2}$$

$$3CaO \cdot Al_2O_3 + 12HCl = 3CaCl_2 + 2AlCl_3 + 6H_2O \tag{3}$$

$$4CaO \cdot Al_2O_3 \cdot Fe_2O_3 + 20HCl = 4CaCl_2 + 2AlCl_3 + 2FeCl_3 + 10H_2O \tag{4}$$

$$MgO + 2HCl = MgCl_2 + H_2O \tag{5}$$

试样被酸分解后,硅酸一部分以无定形沉淀的形式析出,另一部分以溶胶状态存在,其化学式应以 $SiO_2 \cdot H_2O$ 表示。在用浓酸和加热蒸干等方法处理后,能使绝大部分硅酸水溶胶脱水变成水凝胶析出,因此,可以利用沉淀分离的方法把硅酸与水泥中的铁、铝、钙、镁等组分分开。

2. Fe_2O_3 的测定

调节溶液的 pH 值为 1.5~2.5,以磺基水杨酸(H_2In)或其钠盐为指示剂,用 EDTA 标准溶液滴定至终点,温度控制在 60~70℃。用 EDTA 滴定铁的关键在于正确控制溶液的 pH 值和掌握适当的温度。实验表明,溶液酸度控制不恰当对铁的测定结果影响很大。在 pH≤1.5 时,结果偏低;pH>3 时,Fe^{3+} 开始形成红棕色的氢氧化物,往往没有滴定终点。如果温度高于 75℃,Al^{3+} 也可能与 EDTA 配合,使 Fe_2O_3 的测定结果偏高,而 Al_2O_3 的

测定结果偏低；如果温度太低，滴定速度又较快，则由于终点前 EDTA 夺取 $FeIn^+$ 中 Fe^{3+} 的速度缓慢，而使滴定过量。滴定终点时溶液由紫红色变为亮黄色。

滴定反应 $\qquad Fe^{3+} + H_2Y^{2-} \rightleftharpoons FeY^- + 2H^+ \qquad$ (6)

指示剂的显色反应 $\qquad Fe^{3+} + HIn^- \rightleftharpoons FeIn^+ + H^+ \qquad$ (7)
$\qquad\qquad\qquad\qquad$（无色）$\qquad\qquad$（紫红色）

终点时 $\qquad FeIn^+ + H_2Y^{2-} \rightleftharpoons FeY^- + HIn^- + H^+ \qquad$ (8)
$\qquad\qquad$（紫红色）$\qquad\qquad\qquad\qquad$（亮黄色）

3. Al_2O_3 的测定

以 PAN 为指示剂，用铜盐返滴定法来测定铝的含量。因为 Al^{3+} 与 EDTA 的配合反应进行得很慢，不宜采用直接滴定法，所以一般在测定 Fe^{3+} 后的溶液中先加入一定量且过量的 EDTA 标准溶液，并加热煮沸，使 Al^{3+} 与 EDTA 充分反应，然后用 $CuSO_4$ 标准溶液返滴过量的 EDTA。

Al-EDTA 配合物是无色的，PAN 指示剂在 pH=4.3 的条件下是黄色的，所以滴定开始前溶液呈黄色。随着 $CuSO_4$ 标准溶液的加入，Cu^{2+} 不断与过量的 EDTA 生成淡蓝色的 Cu-EDTA，溶液逐渐由黄色变为绿色。终点时，过量的 Cu^{2+} 与 PAN 反应生成红色配合物，由于蓝色 Cu-EDTA 的存在，所以滴定终点呈紫色。

滴定反应 $\qquad\qquad Al^{3+} + H_2Y^{2-} \rightleftharpoons AlY^- + 2H^+ \qquad$ (9)

用铜盐返滴过量的 EDTA $\quad Cu^{2+} + H_2Y^{2-} \rightleftharpoons CuY^{2-} + 2H^+ \qquad$ (10)
$\qquad\qquad\qquad\qquad\qquad\qquad\qquad\qquad$（蓝色）

终点时的变色反应 $\qquad Cu^{2+} + PAN \rightleftharpoons CuPAN \qquad$ (11)
$\qquad\qquad\qquad$（黄色）$\qquad$（红色）

终点时的颜色与 EDTA 和 PAN 指示剂的量有关，如果 EDTA 过量太多，或 PAN 量较少，因存在大量蓝色 Cu-EDTA，滴定终点为蓝紫色或蓝色；如果 EDTA 过量太少，则 EDTA 与配位可能不完全，使误差增大。因而，对过量的 EDTA 的量要加以控制，一般 100mL 溶液中加入的 EDTA 标准溶液（浓度 $0.01\sim0.015\,mol\cdot L^{-1}$）以过量 $10\sim15\,mL$ 为宜。在这种情况下，滴定终点为紫色。

4. CaO 的测定

在 pH 值为 12 以上的强碱性溶液中，Mg^{2+} 形成 $Mg(OH)_2$ 沉淀而被掩蔽，Fe^{3+}、Al^{3+} 用三乙醇胺掩蔽，以钙黄绿素-甲基百里香酚蓝-酚酞（CMP）为混合指示剂，用 EDTA 标准溶液滴定。

当 pH>12 时，钙黄绿素本身呈橘红色，与 Ca^{2+}、Sr^{2+}、Ba^{2+} 等离子配位后呈绿色的荧光。滴定终点时，溶液中的荧光消失呈橘红色，但由于溶液中有残余荧光，会影响终点的观察，需要利用某些酸碱指示剂和其它配位指示剂的颜色来掩盖钙黄绿素残余荧光。本实验选用钙黄绿素-甲基百里香酚蓝-酚酞混合指示剂，其中的甲基百里香酚蓝和酚酞在滴定的条件下起遮盖残余荧光的作用。

5. MgO 的测定

本实验采用差减法，以 EDTA 配位滴定法测定镁的含量，即在一份溶液中，调节 pH=10 时，用 EDTA 标准溶液滴定钙、镁总含量，从总含量中减去钙的量，即求得镁的含量。

在滴定钙、镁总含量时，常用的指示剂有铬黑 T 和酸性铬蓝 K-萘酚绿 B（K-B）混合指示剂。铬黑T易受某些重金属离子的封闭，所以采用K-B指示剂作为EDTA滴定钙、镁总含量的指示剂。混合指示剂中的萘酚绿B在滴定过程中没有颜色变化，只起到衬托终点颜色的作用，终点颜色的变化由红色到蓝色。Fe^{3+}、Al^{3+}用三乙醇胺和酒石酸钾钠进行联合掩蔽。

6. SiO_2的测定

本实验以重量法测定SiO_2的含量。对水泥熟料经酸分解后的溶液，采用加热蒸发近干和加固体氯化铵两种措施，使水溶性胶状硅胶尽可能全部脱水析出。将溶液控制在100～110℃温度下，在水浴上加热10～15min。由于HCl的蒸发，硅酸中所含水分大部分被带走，硅酸水溶胶即成为水凝胶析出。加入固体氯化铵后，氯化铵进行水解，夺取硅胶中的水分，从而加速了硅胶水溶胶的脱水过程。反应的方程式如下：

$$NH_4Cl + H_2O \Longleftrightarrow NH_3 \cdot H_2O + HCl \tag{12}$$

由于含水硅胶的组成不固定，因此沉淀经过过滤、洗涤、灰化后，还需要经950～1000℃高温灼烧为SiO_2，然后称量，根据沉淀的质量计算SiO_2的含量。

【实验仪器与试剂】

仪器：50mL酸式滴定管，烧杯，250mL容量瓶，移液管（10mL、25mL和50mL），250mL锥形瓶，300mL广口三角烧瓶，坩埚，电子分析天平，马弗炉，电炉子等。

试剂：$6mol \cdot L^{-1}$ HCl溶液，浓HNO_3，固体氯化铵（分析纯），10% NaOH溶液，10%磺基水杨酸溶液，$0.02mol \cdot L^{-1}$ EDTA溶液，HAc-NaAc缓冲溶液，0.2% PAN指示剂，10%酒石酸钾钠水溶液，$0.02mol \cdot L^{-1}$ $CuSO_4$标准溶液（称5.00g $CuSO_4 \cdot 5H_2O$溶于水中，加4～5滴1:1的H_2SO_4溶液，用水稀释至1L），0.1% $AgNO_3$溶液，0.1%溴甲酚绿指示剂，1:1氨水溶液，1:1三乙醇胺水溶液，钙指示剂（固体），NH_3-NH_4Cl缓冲溶液（pH=10），K-B指示剂，蒸馏水。

【实验步骤】

1. $0.02mol \cdot L^{-1}$ EDTA标准溶液的标定（见实验六）

2. Fe_2O_3、Al_2O_3、CaO和MgO含量的测定

称取0.50～0.55g试样于100mL烧杯中，加入20mL的$6mol \cdot L^{-1}$ HCl溶液，在水浴中加热溶解后，用快速定性滤纸过滤，用250mL容量瓶接收。趁热用倾泻法进行过滤，并用热蒸馏水洗涤，直至洗出液中不含有Cl^-，待容量瓶温度降至室温，加水至刻度线，摇匀。

① Fe_2O_3含量的测定 用50mL移液管移取上述滤液，置于300mL的广口三角烧瓶中，加入50mL水、1滴0.1%溴甲酚绿指示剂（溴甲酚绿在pH<3.8时呈现黄色，在pH>5.4时呈现蓝绿色），此时溶液呈现黄色。逐滴滴加1:1的氨水溶液使溶液呈现蓝绿色，然后用$6mol \cdot L^{-1}$ HCl溶液调至溶液呈黄色后，再过量3滴，此时溶液的pH值约为2。加热至约70℃取下，滴加2滴10%磺基水杨酸溶液，用$0.02mol \cdot L^{-1}$的EDTA标准溶液滴定。在滴定开始时溶液呈现紫红色，此时滴定速度可以稍快一些，当溶液开始呈现淡红色时，滴定速度应当放慢，需要逐滴滴加并摇动（保持温度），直至溶液变为亮黄色，即为滴定终点。记下所消耗的EDTA标准溶液的体积，按公式(3-29)计算Fe_2O_3的质量分数。

② Al_2O_3含量的测定 用10mL移液管准确移取$0.02mol \cdot L^{-1}$的EDTA标准溶液于

250mL 锥形瓶中，加入蒸馏水稀释至约 100mL，再加入 10mL 的 HAc-NaAc 缓冲溶液，加热至 70~80℃，滴加 4~6 滴 PAN 指示剂，用 0.02mol·L^{-1} 的 $CuSO_4$ 标准溶液滴定直至紫红色不变，即为滴定终点。计算 1mL 的 $CuSO_4$ 标准溶液相当于 EDTA 标准溶液的毫升数。

在已测定 Fe^{3+} 的溶液中继续测定 Al^{3+}。加入 20mL 的 0.02mol·L^{-1} 的 EDTA 标准溶液，摇匀。在 70~80℃时，滴加 1∶1 氨水直至溶液的 pH 值约为 4，加入 10mL 的 HAc-NaAc 缓冲溶液，煮沸 1min 后取下，冷却。滴加 6~8 滴 PAN 指示剂（PAN 在 pH 值为 1.9~12.2 范围内呈现黄色），用 0.02mol·L^{-1} 的 $CuSO_4$ 标准溶液回滴过量的 EDTA 直至溶液呈现紫红色即为滴定终点。记下 $CuSO_4$ 标准溶液的用量，按公式(3-30)计算 Al_2O_3 的质量分数。

③ CaO 含量的测定 用 25mL 移液管准确移取滤液，置于 250mL 的锥形瓶中，加蒸馏水稀释至约 100mL，加入 4mL 1∶1 三乙醇胺溶液，摇匀后再加入 10mL 的 10%NaOH 溶液，再摇匀后，加入少许钙指示剂，此时溶液呈现酒红色。然后用 0.02mol·L^{-1} 的 EDTA 标准溶液滴定直至溶液呈现纯蓝色，即为滴定终点，记下所消耗的 EDTA 标准溶液的体积 V_1。按公式(3-31)计算。

④ MgO 含量的测定 用 25mL 移液管准确移取滤液，置于 250mL 锥形瓶中，加水稀释至约 100mL，加入 4mL 的 1∶1 三乙醇胺溶液、4mL 的 10% 酒石酸钾钠溶液，用 1∶1 氨水调节 pH≈10，摇匀后，加入 10mL 的 NH_3-NH_4Cl 缓冲溶液，再摇匀，然后滴加 4~5 滴酸性铬蓝 K-萘酚绿 B 指示剂，用 0.02mol·L^{-1} 的 EDTA 标准溶液滴定，溶液由紫红色变为蓝色，即为滴定终点。记下所消耗的 EDTA 标准溶液的体积 V_2，这是滴定 Ca^{2+}、Mg^{2+} 的总含量时所消耗的体积，根据此结果计算出 Ca^{2+}、Mg^{2+} 的总含量，由 (V_2-V_1) 计算试样中 MgO 的质量分数。按公式(3-32)计算。

3. SiO_2 含量的测定

用减量法准确称取 0.4g 硅酸盐水泥试样，置于干燥的小烧杯中，加入 2.5~3g 固体 NH_4Cl，用玻棒混匀，滴加 HCl 溶液直至试样全部润湿，再滴加 2~3 滴 HNO_3，搅匀，盖上表面皿，置于沸水浴上，加热 10min，加入约 40mL 的水，搅拌溶解可溶性盐类，过滤。用热水洗涤烧杯和滤纸，直至无 Cl^-（用 $AgNO_3$ 溶液检验），弃去滤液。

将沉淀连同滤纸一起放入已灼烧至恒重的坩埚中，在电炉子上低温炭化后，置于 950℃ 的马弗炉中灼烧 30min，取下，置于干燥器中冷却至室温，称重，重复操作直至恒重，按公式(3-33)计算试样中 SiO_2 的质量分数。

$$\omega_{Fe_2O_3}=\frac{c_{EDTA}\times V_{EDTA}\times M_{Fe_2O_3}}{2m_s}\times 100\% \tag{3-30}$$

$$\omega_{Al_2O_3}=\frac{(c_{CuSO_4}\times V_{CuSO_4}-c_{EDTA}\times V_{EDTA})\times M_{Al_2O_3}}{2m_s}\times 100\% \tag{3-31}$$

$$\omega_{CaO}=\frac{c_{EDTA}\times V_1\times M_{CaO}}{m_s}\times 100\% \tag{3-32}$$

$$\omega_{MgO}=\frac{c_{EDTA}\times (V_2-V_1)\times M_{MgO}}{m_s}\times 100\% \tag{3-33}$$

$$\omega_{SiO_2}=\frac{m_{SiO_2}}{m_s}\times 100\% \tag{3-34}$$

式中 m_s——试样质量，g；

M——摩尔质量，g·mol^{-1}；

c——物质的量浓度，mol·L^{-1}；

V——体积，mL。

【数据记录与处理】

自行设计表格记录数据并计算。

【思考题】

(1) 在 Fe^{3+}、Al^{3+}、Ca^{2+}、Mg^{2+} 共存时，能否用 EDTA 标准溶液控制酸度法滴定 Fe^{3+}？滴定 Fe^{3+} 的介质酸度范围为多大？

(2) EDTA 标准溶液滴定 Al^{3+} 时，为什么采用返滴定法？

(3) EDTA 标准溶液滴定 Ca^{2+}、Mg^{2+} 时，怎样消除 Fe^{3+}、Al^{3+} 的干扰？

实验二十二　混合酸含量的测定

【实验目的】

(1) 学会通过查阅有关资料、并结合所学理论知识解决实际问题，预先自行设计实验方案。
(2) 熟悉移液管和碱式滴定管的使用。
(3) 根据实验方案准确选择适宜的指示剂。

【实验要求】

本实验为盐酸和醋酸混合酸中各组分含量的测定。滴定分析实验中，强酸和弱酸混合物分步滴定的原理与混合碱（例如 NaOH 与 Na_2CO_3 含量的测定）的分析类似，可根据滴定曲线上每个化学计量点附近的 pH 值的突跃范围，选择不同变色范围的指示剂确定各组分的滴定终点。再由标准溶液的浓度和所消耗的体积求出混合物中各组分的含量。

滴定曲线可以通过计算得到，也可以用电位滴定的方法通过实验绘出。

根据混合酸的成分设计实验方案；选择合适的滴定剂，配制标准溶液并标定其准确浓度；测定混合酸各成分的含量。

根据实验结果，结合有关理论写一份完整的实验报告。报告内容包括：实验目的，实验原理，仪器及试剂，实验步骤，实验结果及分析对比，总结。

【思考题】

试分析实验过程中，哪些因素产生误差？是否可以通过其它方法减小误差？

实验二十三　去离子水的制备及水质检验

【实验目的】

(1) 根据离子交换原理，设计一套用离子交换法制备去离子水的方案。经修改完善后按方案安装一套制备去离子水的简易设备，并用本套仪器用自来水制取 200mL 的去离子水。

(2) 对自来水和制得的去离子水进行水质检验，自己选择或设计检测方案。

(3) 了解去离子制备及各种检测方法原理，并了解各不同用水的水质标准。

【实验要求】

对自来水和制得的去离子水进行水质检验，分别检验自来水、自制去离子水以及经阳离子交换柱交换的水的 Cl^-、水的硬度、电导率以及 pH 值。

根据实验结果，结合有关理论写一份完整的实验报告。报告内容包括：实验目的，实验原理，仪器及试剂，实验步骤，实验结果及分析对比，总结。

【思考题】

(1) 经阳离子交换柱交换的水中的 Cl^-、金属离子、电导率以及 pH 值与自来水有哪些区别？

(2) 影响离子交换的主要因素有哪些？

实验二十四 蛋壳中 Ca、Mg 含量的测定——配位滴定法测定蛋壳中 Ca、Mg 总量

【实验目的】

(1) 进一步掌握配位滴定分析的方法与原理。

(2) 学习使用配位掩蔽法排除干扰离子影响的方法。

(3) 设计对实物试样中某组分含量测定的一套方案。

【实验要求】

了解鸡蛋壳的主要成分，掌握预处理蛋壳的方法，测定蛋壳中钙、镁含量（以 CaO 的含量表示）。

根据实验结果，结合有关理论写一份完整的实验报告。报告内容包括：实验目的，实验原理，仪器及试剂，实验步骤，实验结果及分析对比，总结。

【思考题】

(1) 如何确定蛋壳粉末的称量范围（提示：先粗略确定蛋壳粉末中钙、镁含量，再估算蛋壳粉末的称量范围）？

(2) 试列出求钙、镁总量的计算式（以 CaO 含量表示）。

实验二十五 饮用水中氟含量的测定

【实验目的】

(1) 掌握直接电位法测定离子活度的原理与方法，学会正确使用数字式离子计。
(2) 测定氟离子选择电极的检测下限和实际斜率，了解氟离子选择电极的性能。
(3) 设计一套方案测定并计算自来水中 F^- 的活度。

【实验要求】

饮用水中氟含量的高低对人体健康有一定影响，含量太低时易得龋齿病，含量高时又会产生氟中毒现象，一般比较适宜的含量为 $0.5\sim 1\text{mg}\cdot\text{mL}^{-1}$，离子选择电极电位法测定氟含量操作简便，干扰少，不必进行预处理，故已成为氟的常规分析方法。

查阅相关资料，设计实验方案，绘制标准曲线，在标准曲线的线性区间，计算其斜率 k、截距 b、相关系数 r 及自来水中 F^- 活度的平均值及标准偏差。

根据实验结果，结合有关理论写一份完整的实验报告。报告内容包括：实验目的，实验原理，仪器及试剂，实验步骤，实验结果及分析对比，总结。

【思考题】

可利用氟离子选择电极测定不含 F^- 溶液中的 La^{3+}、Al^{3+} 的浓度，试分析其原因，并导出电极对 La^{3+} 的电位响应公式。

实验二十六　维生素 B_{12} 注射液的定性鉴别与定量分析

【实验目的】

(1) 熟悉紫外分光光度计的操作方法。

(2) 掌握定性鉴别的方法和吸光系数法的定量方法。

(3) 了解含量测定、百分含量及稀释度等的计算方法。

(4) 设计实验方案，分别用标准曲线法和吸光系数法定性鉴别及定量分析维生素 B_{12}。

【实验要求】

查阅相关资料，设计实验方案，分别用标准曲线法和吸光系数法定性鉴别及定量分析维生素 B_{12} [用标示量（%）表示]。

根据实验结果，结合有关理论写一份完整的实验报告。报告内容包括：实验目的，实验原理，仪器及试剂，实验步骤，实验结果及分析对比，总结。

【思考题】

试比较用标准曲线法及吸光系数法定量的优缺点。

第四部分 有机化学实验

实验一 常用仪器介绍、重结晶

【实验目的】

(1) 了解有机化学实验常用仪器,学习各仪器的使用方法及注意事项。
(2) 了解重结晶原理,学会用重结晶提纯固体有机化合物的方法。
(3) 掌握热过滤和抽滤操作。

【实验原理】

一、有机化学实验常用玻璃仪器

1. 普通玻璃仪器(见图 4-1)

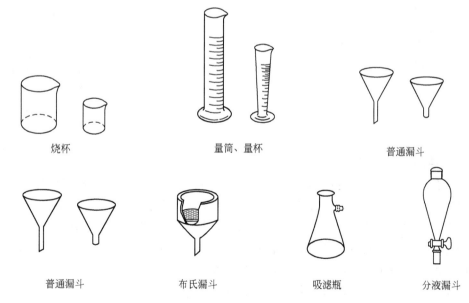

图 4-1 普通玻璃仪器

2. 标准磨口玻璃仪器（图 4-2）

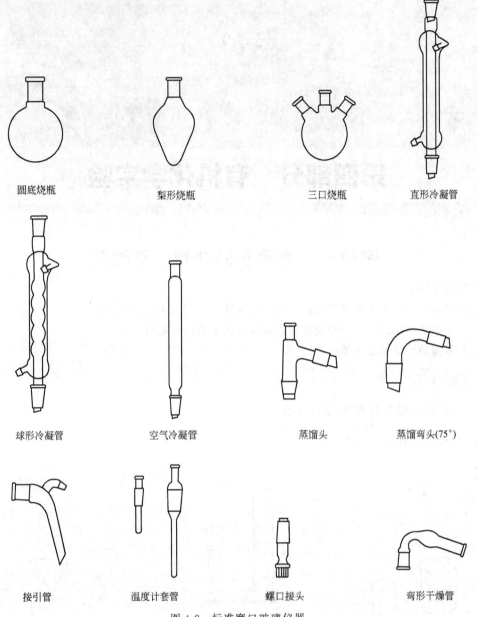

图 4-2　标准磨口玻璃仪器

二、重结晶

从有机化学反应中制得的固体产物，常含有少量杂质，除去这些杂质的有效方法之一就是用适当的溶剂来进行重结晶。重结晶的一般过程是使待重结晶物质在较高的温度（接近溶剂沸点）下以饱和溶液的形式溶于合适的溶剂里，趁热过滤以除去不溶物质和有色的杂质（加活性炭煮沸脱色），将滤液冷却，使晶体从饱和溶液里析出，而可溶性杂质仍留在溶液里，然后再次进行减压过滤，把晶体从母液中分离出来。

首先要正确地选择溶剂，溶剂必须符合下列条件：

① 不与重结晶的物质发生化学反应；

② 在高温时，重结晶物质在溶剂中的溶解度较大，而在低温时则很小；
③ 杂质的溶解度或是很大（待重结晶物质析出时，杂质仍留在母液内）或是很小（待重结晶物质溶解在溶剂里，借过滤除去杂质）；
④ 容易和重结晶物质分离。

此外，也需适当地考虑溶剂的毒性、易燃性、价格和溶剂回收等因素。

三、减压过滤

减压过滤是利用真空泵或抽气泵将吸滤瓶中的空气抽走而产生负压，使过滤速度加快，减压过滤装置由真空泵、布氏漏斗、吸滤瓶组成。

操作规程如下。

(1) 剪滤纸：将滤纸比照着自己的布氏漏斗剪成内径一样大小。如滤纸大了，滤纸的边缘不能紧贴漏斗而产生缝隙，过滤时沉淀穿过缝隙，造成沉淀与溶液不能分离，且空气穿过缝隙，吸滤瓶内不能产生负压，使过滤速度慢，沉淀抽不干。若滤纸小了，不能盖住所有的瓷孔，则不能过滤。因此剪一张合适的滤纸是减压过滤成功的关键。

(2) 过滤：过滤时一般先转移溶液后转移沉淀，使过滤速度加快。转移溶液时，用搅棒引导，倒入溶液的量不要超过漏斗总容量的 2/3。抽滤至干，继续抽吸直至晶体干燥。晶体是否干燥，有三种方法判断：
① 干燥的晶体不粘搅棒；
② 1～2min 内漏斗颈下无液滴滴下；
③ 用滤纸压在晶体上，滤纸不湿。

(3) 转移晶体：取出晶体时，用搅棒掀起滤纸的一角，用手取下滤纸，连同晶体放在称量纸上。用搅棒取下滤纸上的晶体，但要避免刮下纸屑。

(4) 转移滤液：将支管朝上，从瓶口倒出滤液，如支管朝下或在水平位置，则转移滤液时，部分滤液会从支管处流出而损失。

(5) 热过滤：当需要除去热、浓溶液中的不溶性杂质，而又不能让溶质析出时，一般采用热过滤。过滤前把布氏漏斗放在水浴中预热，快速垫上两张剪好的滤纸使热溶液在趁热时快速过滤，快速从抽滤瓶中倒出，不至于因冷却而在漏斗、抽滤瓶中析出溶质。

【实验仪器与试剂】

仪器：布氏漏斗，滤纸，烧杯，电热包，水浴锅，抽滤瓶，抽气泵，玻璃棒，电子天平。

试剂：粗乙酰苯胺，活性炭。

【实验步骤】

1. 常用仪器介绍

由指导老师介绍有机实验中经常用到的各种仪器，熟悉并记住它们的名称、用途及注意事项等，在实验报告中画出并简单介绍这些仪器。

2. 重结晶

① 滤纸准备：比照布氏漏斗，剪好 3 张滤纸使滤纸稍小于漏斗的内径备用。
② 称取 2g 的粗乙酰苯胺，放入大烧杯（不用小烧杯，否则加热时可能水溢出导致触电事故）中，加入 80mL 水作为溶剂，加热到沸腾。若有油珠须添加少量水直到完全溶解，但

应注意，不要因为重结晶的物质中含有不溶解的杂质而加入过量的水。

③ 在所得到的热饱和溶液中，稍冷后加入半勺活性炭吸附杂质，并须不断搅动，以免发生暴沸。再次加热到沸腾，用水浴加热预热过的布氏漏斗，垫上2张剪好的滤纸趁热快速过滤，快速倒出滤液，以免晶体结晶析出。

④ 将得到的滤液静置20min以上，冷至室温使晶体完全析出，此时必须使过滤的热溶液慢慢地冷却，这样所得的晶体晶型较好。

⑤ 待晶体全部析出后，仍用布氏漏斗垫上1张剪好的滤纸过滤，抽滤时间稍长些。待晶体完全干燥后称重并记录质量，计算产率。产品倒入回收杯中，不可随意乱扔。

【数据记录与处理】

结果记录：产品为_____色晶体，共_____g

产率％＝晶体质量/称取粗样品质量×100％

【思考题】

(1) 对有机化合物进行重结晶时，最适合的溶剂应具备什么性质？

(2) 溶解重结晶粗产物时，应怎样控制溶剂的量？

(3) 重结晶时，为什么需要加入活性炭？

(4) 用水重结晶乙酰苯胺时，往往会出现油珠，怎样使其消失？

【注意事项】

溶剂的用量很关键，过多，不能形成热饱和溶液，冷却时析不出结晶或结晶太少；过少，会有部分待结晶的物质热溶时未溶解，热过滤时和不溶性杂质一起留在滤纸上造成损失。

实验二 蒸馏操作、水蒸气蒸馏介绍

【实验目的】
(1) 了解蒸馏在分离和提纯液态有机化合物中的重要地位。
(2) 掌握常压蒸馏的基本操作方法和要领。
(3) 介绍水蒸气蒸馏的原理和操作方法。

【实验原理】

1. 蒸馏

蒸馏是将液体有机物加热到沸腾状态，使液体变成蒸气，又将蒸气冷凝为液体的过程。通过蒸馏可除去不挥发性杂质，可分离沸点差大于 30℃ 的液体混合物，还可以测定纯液体有机物的沸点及定性检验液体有机物的纯度。

2. 水蒸气蒸馏介绍

水蒸气蒸馏操作是将水蒸气通入不溶或难溶于水但有一定挥发性的有机物质中，使该有机物质在低于 100℃ 的温度下，随着水蒸气一起蒸馏出来。

水蒸气蒸馏是分离和提纯有机化合物的重要方法之一，常用于下列各种情况：
① 混合物中含有大量的固体，通常的蒸馏、过滤、萃取等方法都不适用；
② 混合物中含有焦油状物质，采用通常的蒸馏、萃取等方法非常困难；
③ 在常压下蒸馏会发生分解的高沸点有机物质。

水蒸气蒸馏装置如图 4-3 所示，主要由水蒸气发生器、圆底烧瓶和长的直形冷凝管组成。操作前水蒸气蒸馏装置应经过检查，必须严密不漏气。操作时把要蒸馏的物质倒入三口烧瓶中，其量约为烧瓶容量的三分之一。开始蒸馏时，把发生器里的水加热到沸腾，这时可以看到瓶中的混合物翻腾不息，不久在冷凝管中就出现有机物质和水的混合物。调节火焰，使瓶内的混合物不致飞溅得太厉害，并控制馏出液的速度约为 2～3 滴/s。当馏出液澄清透明不再含有有机物质的油滴时，可停止蒸馏。

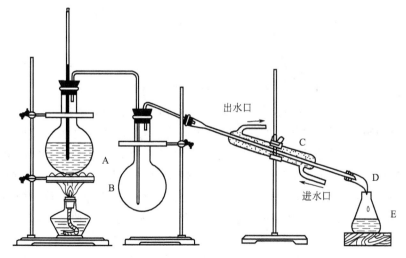

图 4-3 水蒸气蒸馏装置
A—水蒸气发生器；B—圆底烧瓶；C—冷凝管；D—尾接管；E—接收瓶

【实验仪器与试剂】

水蒸气蒸馏装置,电热包,温度计。乙醇样品,沸石。

【实验步骤】

① 装样品:量取 10mL 待蒸馏的乙醇样品于 25mL 梨形烧瓶中,通常装入液体的体积应为蒸馏瓶容积 1/3~2/3,往烧瓶里投入 1~2 粒沸石防止液体暴沸,使沸腾保持平稳。

② 蒸馏装置的安装:按照"从下到上,从左到右"的原则,在铁架台上,依次放好垫板、电热包,固定好烧瓶的位置使梨形烧瓶中间半径最大部分与电热包表面相平。把温度计插入蒸馏头中,注意温度计的位置,水银球的上沿应与蒸馏头支管口的下沿相平(如图 4-4 所示)。装上蒸馏头,在另一铁架台上,用铁夹夹住直形冷凝管的中部,调整铁架台与铁夹的位置,把蒸馏头的支管和直形冷凝管严密地连接起来。再安装并用皮筋固定好接引管,出口放置小烧杯作为接收器。

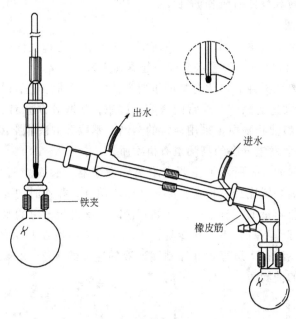

图 4-4 蒸馏装置

③ 接通冷凝水:装置安装完毕冷凝管中按照"下进上出"的原则通入自来水,冷凝水流量以出口有水小量流出即可,水流量不可较大以防胶管进裂。

④ 加热:加热前应再检查一遍装置,特别是烧瓶与蒸馏头、蒸馏头与冷凝管之间接合是否紧密,以防蒸气泄漏。电热包加热,通过垫板的层数调节加热速度,使从冷凝管流出液滴的速度为 1~2 滴/s。按照沸点范围收集接取温度范围为 77~79℃的馏分,用预先洗净烘干的小烧杯接取所需温度范围的液体,当梨形烧瓶中仅残留少量液体时,应立即停止蒸馏,千万不要完全蒸干,蒸馏结束应立即移开垫板和电热包使装置冷却。测量小烧杯中液体体积计算产率,将量完体积的产品和梨形烧瓶中的剩余有机物都倒入回收瓶中,千万不可随意倒入水池。

⑤ 拆除蒸馏装置:蒸馏完毕,先应撤出热源,然后停止通水,最后拆除蒸馏装置(与安装顺序相反)。

【数据记录与处理】

收集 77~79℃的馏分：_____ mL；呈_____（填颜色和是否透明）状态。

【思考题】

（1）什么叫沸点？液体的沸点和大气压有什么关系？文献里记载的某物质的沸点是否即为你们那里的沸点温度？

（2）蒸馏时加入沸石的作用是什么？如果蒸馏前忘记加沸石，能否立即将沸石加至将近沸腾的液体中？当重新蒸馏时，用过的沸石能否继续使用？

（3）为什么蒸馏时最好控制馏出液的速度为 1~2 滴/s？

（4）如果液体具有恒定的沸点，那么能否认为它是单纯物质？

【注意事项】

(1) 冷却水流速不可太大以防迸溅，保持有水从胶管出口小量流出即可。

(2) 控制好加热温度。通过垫板层数控制馏出速度，使从尾接管流出液体的速度为 1~2 滴/s。

实验三　氨基酸的纸色谱

【实验目的】
学习用纸色谱法进行分离鉴定氨基酸。

【实验原理】
纸色谱法是属于分配色谱的一种，通常用特制的滤纸如新华一号滤纸作为固定相（水的支持剂），含有一定比例的水的有机溶剂（展开相）作流动相，应用于多官能团或高极性化合物如糖或氨基酸的分离、鉴定。

比移值 R_f 是原点到斑点中心的距离与原点到溶剂前沿的距离的比值，R_f 值随被分离化合物的结构、固定相与流动相的性质、温度等因素不同而异。当温度、滤纸等实验条件固定时，它是一个常数，这也就是用纸色谱进行定性分析的依据。

$$R_f = \frac{溶质的最高浓度中心至原点中心的距离}{溶剂前沿至原点中心的距离} \tag{4-1}$$

氨基酸经纸上层析后，常用茚三酮显色剂显色。必须注意指印含有一定量的氨基酸，在本实验方法中足以检出（本法可以检出以微克计的痕迹量），因此，不能用手直接触摸分析用的滤纸，要用镊子钳夹滤纸边。

【实验仪器与试剂】
仪器：干燥箱，标本缸，毛细管，铅笔，直尺，喷壶。

试剂：无水乙醇，醋酸，茚三酮，半胱氨酸，谷氨酸，蛋氨酸，组氨酸，苏氨酸，脯氨酸，甘氨酸，丙氨酸，异亮氨酸，天门冬氨酸，色氨酸，蛋氨酸，层析滤纸。

【实验步骤】

1. 标准氨基酸色列和混合物色列的制作

取一条 8×15cm 滤纸，在滤纸短边 1cm 处用铅笔轻轻画上一条线，在线上等距的标上四个点并编号。用专用毛细管（不可混用）蘸试样在铅笔线的点上打三个标准氨基酸试样斑点和一个混合物的斑点。斑点的直径约为 1.5mm，不宜过大，把滤纸放在空气中晾干。

取一标本缸，加入约 20mL 乙醇-水-醋酸展开剂，盖上玻璃片使标本缸内形成此溶液的饱和蒸气。将滤纸小心放入上述标本缸中，不要碰及缸壁。经过约 2h，当展开剂的前沿位置达到滤纸上端约一公分处，小心取出滤纸，用铅笔作下展开剂前沿位置的记号。记下展开剂吸附上升所需的时间、温度和吸附上升高度，将此滤纸于干燥箱中烘干。标本缸内的液体不可倒掉，缸盖反置以防腐蚀挂钩。

2. 显色

用喷雾方式将茚三酮溶液均匀地喷在滤纸上，并放回干燥箱中烘干。此时，由于氨基酸与茚三酮溶液作用而使斑点显色，用铅笔划出斑点的轮廓以供保存。量出每个斑点中心到原点的距离，计算每个氨基酸的 R_f 值，根据 R_f 值判断属于以下四组氨基酸中的哪一组。

这四组混合样品是：

氨基酸	R_f		氨基酸	R_f
Ⅰ：半胱氨酸	0.25	Ⅱ：	组氨酸	0.23
谷氨酸	0.36		苏氨酸	0.40
蛋氨酸	0.62		脯氨酸	0.53
Ⅲ：甘氨酸	0.28	Ⅳ：	天门冬氨酸	0.22
丙氨酸	0.49		色氨酸	0.40
异亮氨酸	0.79		蛋氨酸	0.62

【数据记录与处理】

计算 R_f 值，并分析。

【思考题】

(1) 有 A、B 两瓶无标签试剂，如何用纸色谱分析它们是否是同一化合物？

(2) 在层析缸中，若展开剂的高度超过点样线，对实验结果有何影响？

【注意事项】

(1) 手、唾液等不要接触到层析滤纸。

(2) 喷上显色剂后一定要充分烘干才能显色。

实验四 卤代烃的性质

【实验目的】

学习卤代烃的化学性质以及卤代烃的鉴别方法。

【实验原理】

烃分子中的氢原子被卤素原子取代后的化合物称为卤代烃，简称卤烃。根据取代卤素的不同，分别称为氟代烃、氯代烃、溴代烃和碘代烃；也可根据分子中卤素原子的多少分为一卤代烃、二卤代烃和多卤代烃；也可根据烃基的不同分为饱和卤代烃、不饱和卤代烃和芳香卤代烃等。卤代烃是一类重要的有机合成中间体，是许多有机合成的原料，它能发生许多化学反应，如取代反应、消去反应等。卤代烷中的卤素容易被—OH、—OR、—CN、NH_3 或 H_2NR 取代，生成相应的醇、醚、腈、胺等化合物。

卤代烃的化学活性取决于卤原子的种类和烃基的结构。一般来说，叔碳原子上的卤素活泼性比仲碳和伯碳原子上的要大。在烷基结构相同时，其活泼性次序为：$RI>RBr>RCl>RF$。乙烯型的卤原子都很稳定，即使加热也不与硝酸银的醇溶液作用。烯丙型卤代烃非常活泼，室温下与硝酸银的醇溶液作用。隔离型卤代烃需要加热才与硝酸银的醇溶液作用。卤代烃可以发生消去反应，在碱的作用下脱去卤化氢生成碳-碳双键或碳-碳三键，脂肪族卤代烃可在碱性水溶液中水解生成醇，碱性醇溶液中发生消去反应生成烯，芳香族卤代烃则较为困难。

【实验仪器与试剂】

仪器：试管，试管夹，导管，水浴锅。

试剂：1-溴丁烷，1-氯丁烷，1-碘丁烷，溴化苄，溴苯，2%硝酸银的乙醇溶液，5%氢氧化钠，氢氧化钾，乙醇，稀硝酸，2-氯丁烷，2-甲基-2-氯丙烷，溴乙烷，溴水，酸性高锰酸钾。

【实验步骤】

1. 与硝酸银的乙醇反应

（1）不同烃基结构的反应　取三支干燥试管并编号，在管1中加入10滴1-溴丁烷，管2中加入10滴溴化苄（溴苯甲烷）管3中加入10滴溴苯，然后各加入4滴2%硝酸银的乙醇溶液，摇动试管观察有无沉淀析出。如10min后仍无沉淀析出，可在水浴上加热煮沸后再观察。

观察并记录出它们活泼性次序。

（2）不同卤原子的反应　取三支干燥试管并编号，各加入4滴2%硝酸银的乙醇溶液，然后分别加入10滴1-氯丁烷、1-溴丁烷及1-碘丁烷。按上述方法观察沉淀生成的速度，写出它们活泼性的次序。

2. 卤代烃的水解

（1）不同烃基结构的反应　取三支试管，分别加入10~15滴1-氯丁烷、2-氯丁烷及2-甲基-2-氯丙烷，然后在各管中加入1~2mL 5%氢氧化钠，充分振荡后静置。小心取水层数滴，加入同体积稀硝酸酸化，用2%硝酸银检查有无沉淀。

若无沉淀，可在水浴上小心加热，再检查。比较三种氯代烃的活泼性次序。

（2）不同卤原子的反应　取三支试管分别加入 10~15 滴 1-氯丁烷、1-溴丁烷及 1-碘丁烷，然后各加入 1~2mL 5％氢氧化钠，振荡，静置。小心取水层数滴，按上述方法用同体积稀硝酸酸化后，再用 2％硝酸银检查，记录活泼性次序。

（3）β-消除反应实验　在一试管中加入 1g 氢氧化钾固体和乙醇 4~5mL，微微加热，当 KOH 全部溶解后，再加入溴乙烷 1mL 振摇混匀，塞上带有导管和塞子，导管另一端插入盛有溴水或酸性高锰酸钾溶液的试管中。试管中有气泡产生，溶液褪色，说明有乙烯生成。

【数据记录与处理】

记录各个实验现象，并解释现象，写出反应方程。

【思考题】

（1）卤代烃通常如何制备？

（2）卤代烃最基本的化学性质有哪些？

【注意事项】

卤代烃的水解性质实验中，要通过液体中是否有氯离子来判断，故所用溶液不能使用自来水配制。

实验五　醇和酚的性质

【实验目的】
(1) 学习醇和酚主要化学性质及检测、验证方法。
(2) 掌握水浴加热操作和点滴板的使用。

【实验原理】
在醇分子中，由于氧原子的电负性较强，故与氧原子相连的键有极性；但碳氧键的可极化性并不强，所以，在水溶液中不能形成碳正离子和羟基负离子。可是由于碳、氧、氢各原子的电负性不同，在反应中有碳氧键和氢氧键断裂的两种可能。同时，α-H 和 β-H 有一定的活泼性，使得醇能发生氧化反应、消除反应等。多元醇还具有一些特殊的性质，如甘油能与 $Cu(OH)_2$ 作用等。

酚类化合物分子中含有羟基，由于苯环的影响使酚溶液显示弱酸性；C—OH 键显示一定的活性，易发生氧化反应；而苯环也受—OH 的影响，使得苯环上的 H 的活性增强，易发生取代反应。

【实验仪器与试剂】
仪器：试管，试管夹，玻璃棒，点滴板，水浴锅。

试剂：金属钠，无水乙醇，酚酞试剂，仲丁醇，叔丁醇，蒸馏水，卢卡斯试剂，1.5mol/L 硫酸，0.17mol/L 重铬酸钾溶液，100g/L NaOH 溶液，48g/L $CuSO_4$ 溶液，甘油，蓝色石蕊试纸，pH 试纸，0.1mol/L 苯酚溶液，饱和碳酸钠溶液，饱和碳酸氢钠溶液，饱和溴水，0.06mol/L 三氯化铁溶液，0.03mol/L 高锰酸钾溶液。

【实验步骤】
1. 醇的化学性质
(1) 醇钠的生成及水解　在干燥试管中，加入无水乙醇 1mL，并加一小粒新切的、用滤纸擦干的金属钠，观察反应放出的气体和试管是否发热。随着反应的进行，试管内溶液变稠。当钠完全溶解后，冷却，试管内溶液逐渐凝结成固体。然后滴加水直到固体消失，再加一滴酚酞试液，观察并解释发生的变化。

(2) 醇的氧化　取 3 支试管，分别加入 5 滴仲丁醇、叔丁醇和蒸馏水，然后各加入 10 滴 1.5mol/L 硫酸和 0.17mol/L 重铬酸钾溶液，振荡试管，观察并及时记录出现变化快慢的时间。

(3) 与卢卡斯试剂反应　取 2 支试管，分别各加入 5 滴仲丁醇、叔丁醇，在 50～60℃ 水浴中加热，然后同时向 2 支试管中各加入 5 滴卢卡斯试剂，振荡试管之后静置，观察并解释产生的现象。

(4) 甘油与氢氧化铜反应　取 2 支试管各加入 10 滴 100g/L NaOH 溶液和 48g/L $CuSO_4$ 溶液，再分别加入无水乙醇、甘油各 10 滴，振荡试管之后静置，观察现象并解释发生的变化。

2. 酚的化学性质
(1) 测定苯酚溶液的 pH 值　各取 2 滴 0.1mol/L 苯酚溶液于点滴板凹穴中，将湿润的蓝色石蕊试纸和 pH 试纸与凹穴接触，观察并读出 pH 值。

(2) 苯酚与氢氧化钠的反应　向试管里加入 1mL 0.1mol/L 苯酚溶液，逐滴入 100g/L NaOH 溶液，振荡试管，观察现象并解释。

(3) 苯酚与碳酸钠的反应　取两支试管，分别加入 20 滴 0.1mol/L 苯酚溶液，往一支试管中加入 10 滴饱和碳酸钠溶液，另一支试管中加入 20 滴饱和碳酸氢钠溶液，振荡试管，观察现象并解释发生的变化。

(4) 苯酚与溴的反应　在试管中加入 5 滴 0.1mol/L 苯酚溶液，逐滴加入饱和溴水，振摇至白色沉淀生成，观察并解释发生的变化。

(5) 酚与三氯化铁的显色反应　取 1 支试管，加入 10 滴 0.1mol/L 苯酚溶液，再加入 1 滴 0.06mol/L 三氯化铁溶液，振荡试管，观察现象并解释发生的变化。

(6) 酚的氧化反应　在试管中滴入 20 滴 0.1mol/L 苯酚溶液，再滴 10 滴 100g/L NaOH 溶液，最后滴加 2~3 滴 0.03mol/L 高锰酸钾溶液，观察并解释所发生的变化。

【数据记录与处理】

记录各个实验现象，并解释现象，写出反应方程。

【思考题】

(1) 醇和钠反应为何要用干燥试管和无水乙醇？
(2) 苯酚为什么能溶于氢氧化钠和碳酸钠溶液中，而不溶于碳酸氢钠溶液？
(3) 用化学方法鉴别下列各组化合物：
① 丙醇与异丙醇　　　　　　② 丙醇与丙三醇
③ 苯、环己醇、苄醇与苯酚　　④ 乙醇与苯酚

【注意事项】

(1) 本实验中，有些实验一定要用干燥试管。实验时，请妥善安排好干燥试管的使用。

(2) 苯酚对皮肤有很强的腐蚀性，使用时应注意不与皮肤接触。万一碰到皮肤，应立即用酒精棉花擦洗。

(3) 卢卡斯试剂与醇作用时，若室温较低，则反应较慢，可在水浴上加热。

(4) 苯酚在水中的溶解度为 8g/100g (H_2O)，故一定量的苯酚能和水形成浑浊液。

实验六 醛和酮的性质

【实验目的】

(1) 了解醛、酮的化学性质。
(2) 掌握醛、酮的鉴别方法。

【实验原理】

醛类、酮类化合物都含有羰基,所以它们具有某些相似的化学性质,比如都能发生亲核加成反应和活泼氢的卤代反应。但由于结构上差异,又具备各自不同的特性。醛类化合物,醛基上氢原子受羰基影响而较为活泼,可以被斐林试剂、托伦试剂等弱氧化剂氧化发生反应,而酮类化合物则不会(只有脂肪族醛能与斐林试剂发生反应)。另外,希夫试剂(Schiff 又称品红亚硫酸试剂)与醛作用显紫色,与酮作用则不显色,所有醛与希夫试剂的加成反应中又仅有甲醛反应所显示的颜色在加了硫酸后不消失,可用于鉴别醛类化合物。本尼迪特试剂只能与甲醛以外的脂肪族醛发生反应,也可用于鉴别醛类。

羰基化合物和 2,4-二硝基苯肼等羰基试剂相遇会发生加成缩合反应,有红色或者黄色的沉淀生成,共轭醛、酮与 2,4-二硝基苯肼反应生成的沉淀多为橘红色或红色。醇类化合物不与 2,4-二硝基苯肼反应,但在此条件下有些很易被氧化成相应的醛或酮而与 2,4-二硝基苯肼作用,如苄醇、烯丙醇等。

醛、位阻较小的甲基酮、或低级环酮(C_8 以下)和饱和 $NaHSO_3$ 水溶液作用,生成羟基磺酸钠而白色结晶析出。羟基磺酸钠在稀酸或稀碱条件下共热又分解为原来的羰基化合物。用于提纯分离醛和某些甲基酮。羟基磺酸钠在稀酸或稀碱条件下共热又分解为原来的羰基化合物。用于提纯分离醛和某些甲基酮。

可以用碘仿反应来鉴别与羰基相连的是否为甲基。反应生成的 NaOI 有氧化性,可被氧化成甲基酮,从而进一步发生反应。

【实验仪器与试剂】

仪器:试管,试管夹,水浴锅,纱布。

试剂:甲醛,乙醛,丙酮,3-戊酮,环己酮,苯甲醇,苯甲醛,乙醇,异丙醇,亚硫酸氢钠,正丁醛,10%碳酸钠溶液,5%盐酸溶液,浓硫酸,碱性品红,碘溶液,5%氢氧化钠溶液,三氧化铬,硝酸银,氨水,五水硫酸铜,酒石酸钾钠,柠檬酸钠,2,4-二硝基苯肼,无水碳酸钠,偏重亚硫酸钠,活性炭,蒸馏水。

【实验步骤】

1. 与 2,4-二硝基苯肼的反应

取 7 支试管编号 1~7 号,按顺序加入 2 滴甲醛、乙醛、丙酮、3-戊酮、环己酮、苯甲醇、苯甲醛,然后分别向 7 试管中滴加 2,4-二硝基苯肼试剂 2~5 滴,边滴边摇动试管。

观察有无沉淀产生,颜色变化,解释颜色不同原因。

将有丙酮腙沉淀的试管取出,再往试管里滴加丙酮。边加边摇匀,直到滴加丙酮的量与 2,4-二硝基苯肼的量相当或稍微过量为止。

观察沉淀变化,并解释。

2. 与亚硫酸氢钠的反应

取 4 支干燥的试管,编号。按顺序分别滴加 10 滴苯甲醛、正丁醛、丙酮、环己酮。再向每个试管中各加 1mL 新配置的饱和亚硫酸氢钠溶液,边加边用力摇动试管。

注意观察有没有晶体产生。若没有,静置 5~10min 后再观察。

将产生的晶体分为两组试管,编号。分别加 2mL 10%碳酸钠溶液和 2mL 5%稀盐酸,用力摇动试管后放在不超过 50℃的水浴里加热,继续不断摇动,观察现象。

3. 与希夫试剂反应

希夫试剂的配制:将 0.5g 碱性品红溶于 100mL 热蒸馏水中,使之充分溶解,待溶液冷却至 50℃时过滤,再冷却到 25℃时加入 $1mol \cdot L^{-1}$ 盐酸 10mL 和 1g 亚硫酸氢钠或 1.5g 偏重亚硫酸钠,放置暗处,静置 24h 后,加 0.25~0.5g 活性炭摇荡 1min,过滤,溶液呈无色,装入棕色瓶中塞紧瓶塞,保存在冰箱内(0~4℃),用前预先取出,放置至室温后再用。如溶液呈粉红色须重配,一般配完 2 天之内使用。

取 3 个试管,各加 0.5mL 希夫试剂,再分别滴加入 1 滴丙酮、甲醛、乙醛试液,摇动试管,观察现象有何不同。

分别取出 1 滴与希夫试剂反应后的甲醛、乙醛溶液放入两个试管中,对应地滴加 4 滴甲醛、乙醛溶液,同时摇动试管,再各加入 4 滴浓硫酸。注意观察颜色有何变化。

4. 碘仿反应

分别取 3 滴甲醛、乙醛、丙酮、乙醇、异丙醇放在 5 个试管中,分别加 7 滴碘溶液,溶液呈深红色。加完碘液后,接着滴加 5%氢氧化钠溶液。边加边摇动试管,一直滴到深红色刚好消失为止。

注意观察试管里的溶液,当深红色刚消失后有没有沉淀立即产生,是否能嗅到碘仿的气味?如果有的试管里是出现白色乳浊液,还不能说是碘仿,应该将装有白色的乳浊液的试管放到 50~60℃水浴中温热几分钟,再观察有何现象。

5. 斐林试验

斐林试剂配制:将 $34.6gCuSO_4 \cdot 5H_2O$ 溶于 200mL 水中,用 0.5mL 浓硫酸酸化,再用水稀释到 500mL 待用(A);取 173g 酒石酸钾钠、50g NaOH 固体溶于 400mL 水中,再稀释到 500mL,用精制石棉过滤(B);使用时取等体积两溶液混合。

取 4 支试管各加 0.5mL 斐林试剂 A 和 0.5mL 斐林试剂 B,用力摇匀。然后分别加 10 滴(0.5mL)甲醛、乙醛、丙酮及苯甲醛,边加边摇动试管。摇匀后,将 4 支试管一起放入沸水浴中加热 3~5min。注意观察有何现象并解释之。

6. 本尼迪特试验

本尼迪特试剂:173g 柠檬酸钠和 100g 无水碳酸钠溶解于 800mL 水中。再取 17.3g 结晶硫酸铜溶解在 100mL 水中,慢慢将此溶液加入上述溶液中,最后用水稀释到 1L,当溶液不澄清时可过滤。

取 4 支试管各加 1mL 本尼迪特试剂。然后分别加 0.5mL 甲醛、乙醛、苯甲醛和丙酮,边加边摇动试管,摇匀后,用沸水浴加热 5min。

【数据记录与处理】

记录各个实验现象,并解释现象,写出反应方程。

【思考题】

(1) 哪些试剂可用于醛、酮的鉴别？

(2) 醛、酮与亚硫酸钠加成反应中，为什么一定要使用饱和亚硫酸氢钠溶液？而且必须新配制？

(3) 哪一种丁醇能发生碘仿反应？为何没有氯仿和溴仿反应？

【注意事项】

(1) 试管应该洁净。

(2) 加试剂时滴管应垂直试管口悬空滴入。

(3) 实验要认真仔细，避免加错。准确描述实验现象。

实验七 折射率的测定

【实验目的】
(1) 了解阿贝折射仪的构造和折射率测定的基本原理。
(2) 掌握用阿贝折射仪测定液态有机化合物折射率的方法。

【实验原理】
一般地说,光在两个不同介质中的传播速度是不相同的,所以光线从一个介质进入另一个介质,当它的传播方向与两个介质的界面不垂直时,则在界面处的传播方向发生改变,这种现象称为光的折射现象。折射率是有机化合物最重要的物理常数之一,作为液体物质纯度的标准,它比沸点更为可靠。利用折射率,可以鉴定未知化合物,也用于确定液体混合物的组成。

物质的折射率不但与它的结构和光线有关,而且也受温度、压力等因素的影响。所以折射率的表示,须注明所用的光线和测定时的温度,常用 n_D^t 表示

测定折射率通常使用如图 4-5 所示的阿贝折射仪。

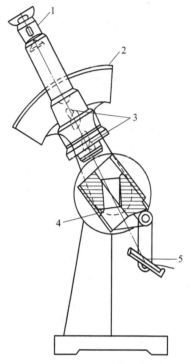

图 4-5 阿贝折射仪示意图
1—目镜;2—刻度尺;3—消色镜;
4—棱镜;5—反光镜

【操作要点和说明】
(1) 将阿贝折射仪置于靠窗口的桌上或白炽灯前,但避免阳光直射,用超级恒温槽通入所需温度的恒温水于两棱镜夹套中,棱镜上的温度计应指示所需温度,否则应重新调节恒温槽的温度。

(2) 松开锁钮,打开棱镜,滴 1~2 滴丙酮在玻璃面上,合上两棱镜,待镜面全部被丙酮湿润后再打开,用擦镜纸轻擦干净。

(3) 校正 用重蒸蒸馏水较正。打开棱镜,滴 1 滴蒸馏水于下面镜面上,在保持下面镜面水平情况下关闭棱镜,转动刻度盘罩外手柄(棱镜被转动),使刻度盘上的读数等于蒸馏水的折射率($n_D^{20}=1.33299$,$n_D^{25}=1.3325$)调节反射镜使入射光进入棱镜组,并从测量望远镜中观察,使视场最明亮,调节测量镜(目镜),使视场十字线交点最清晰。

转动消色调节器,消除色散,得到清晰的明暗界线,然后用仪器附带的小旋棒旋动位于镜筒外壁中部的调节螺丝,使明暗线对准十字交点(如图 4-6),校正即完毕。

(4) 测定 用丙酮清洗镜面后,滴加 1~2 滴样品于毛玻璃面上,闭合两棱镜,旋紧锁钮。如样品很易挥发,可用滴管从棱镜间小槽中滴入。

图 4-6 折射仪镜筒中视野图

转动刻度盘罩外手柄(棱镜被转动),使刻度盘上的读数为最小,调节反射镜使光进入棱镜组,并从测量望远镜中观察,使视场最明亮,再调节目镜,使视场十字线交点最

清晰。

再次转动罩外手柄，使刻度盘上的读数逐渐增大，直到观察到视场中出现的半明半暗现象，并在交界处有彩色光带，这时转动消色散手柄，使彩色光带消失，得到清晰的明暗界线，继续转动罩外手柄使明暗界线正好与目镜中的十字线交点重合。从刻度盘上直接读取折射率。

【实验仪器与试剂】

仪器：阿贝折射仪，超级恒温槽，擦镜纸。

试剂：丙酮，重蒸蒸馏水，无水乙醇，环己醇、丁醇。

【实验步骤】

① 测定自来水、无水乙醇的折射率。

② 测定环己醇、乙醇和丁醇混合物的折射率。

【数据记录与处理】

计算各物质折射率。

【思考题】

(1) 什么是折射率？其数值与哪些因素有关？

(2) 使用阿贝折射仪应注意什么？

(3) 测定有机物的光学特性有何意义？

【注意事项】

(1) 要特别注意保护棱镜镜面，滴加液体时防止滴管口划伤镜面。

(2) 每次擦拭镜面时，只许用擦镜头纸轻擦，测试完毕，也要用丙酮洗净镜面，待干燥后才能合笼棱镜。

(3) 不能测量带有酸性、碱性或腐蚀性的液体。

(4) 测量完毕，拆下连接恒温槽的胶皮管，棱镜夹套内的水要排尽。

(5) 若无恒温槽，所得数据要加以修正，通常温度升高1℃，液态化合物折射率降低 $3.5 \sim 5.5 \times 10^{-4}$。

实验八　从茶叶中萃取咖啡因-萃取操作

【实验目的】

(1) 掌握从天然化合物中提取和提纯有机化合物的方法。
(2) 学会使用索氏提取器的基本操作。

【实验原理】

茶叶中含有生物碱，其主要成分是含量约占3%～5%的咖啡因和含量较少的茶碱和可可豆碱。

咖啡因具有刺激心脏、兴奋大脑神经和利尿等作用，因此，可作为中枢神经兴奋剂，在医学上有重要的用途。其结构式如图4-7。

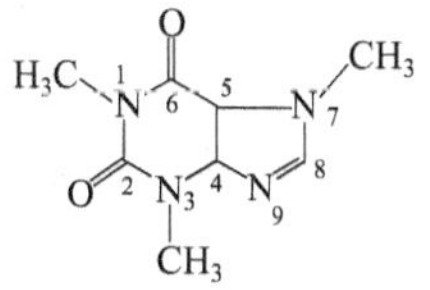

萃取又称溶剂萃取或液液萃取（以区别于固液萃取，即浸取），亦称抽提（通用于石油炼制工业），是指利用物质在两种互不相溶（或微溶）的溶剂中溶解度或分配系数的不同，使物质从一种溶剂内转移到另外一种溶剂中。经过反复多次萃取，将绝大部分的物质提取出来的方法。实现组分分离的传质分离过程，是一种广泛应用的单元操作。

图4-7　咖啡因结构式

分配定律是萃取方法理论的主要依据，物质对不同的溶剂有着不同的溶解度。同时在两种互不相溶的溶剂中加入某种可溶性的物质时，它能分别溶解于两种溶剂中。实验证明，在一定温度下，该化合物与此两种溶剂不发生分解、电解、缔合和溶剂化等作用时，此化合物在两液层中之比是一个定值。不论所加物质的量是多少，都是如此，属于物理变化。用公式表示：$C_A/C_B=K$。C_A、C_B分别表示一种物质在两种互不相溶的溶剂中的量浓度。K是一个常数，称为"分配系数"。

有机化合物在有机溶剂中一般比在水中溶解度大，用有机溶剂提取溶解于水的化合物是萃取的典型实例。在萃取时，若在水溶液中加入一定量的电解质（如氯化钠），利用"盐析效应"以降低有机物和萃取溶剂在水溶液中的溶解度，可提高萃取效果。

要把所需要的溶质从溶液中完全萃取出来，通常萃取一次是不够的，必须重复萃取数次。利用分配定律的关系，可以算出经过萃取后化合物的剩余量。

设：V为原溶液的体积，w_0为萃取前化合物的总量，w_1为萃取一次后化合物的剩余量，w_2为萃取二次后化合物的剩余量，w_n为萃取n次后化合物的剩余量，S为萃取溶液的体积。

经一次萃取，原溶液中该化合物的浓度为w_1/V；而萃取溶剂中该化合物的浓度为$(w_0-w_1)/S$；两者之比等于K，即：

$$\frac{w_1/V}{(w_0-w_1)/S}=K \tag{4-2}$$

$$w_1=\frac{w_0KV}{KV+S} \tag{4-3}$$

同理，经二次萃取后，则有

$$\frac{w_2/V}{(w_1-w_2)/S}=K \tag{4-4}$$

即
$$w_2=\frac{w_1 KV}{KV+S}=w_0\left(\frac{KV}{KV+S}\right)^2 \tag{4-5}$$

因此，经 n 次提取后：
$$w_n=w_0\left(\frac{KV}{KV+S}\right)^n \tag{4-6}$$

当用一定量溶剂萃取时，希望溶质在水中的剩余量越少越好。而上式 $KV/(KV+S)$ 总是小于1，所以 n 越大，w_n 就越小，也就是说把溶剂分成数次作多次萃取比用全部量的溶剂作一次萃取为好。但应该注意，上面的公式适用于几乎和水不相溶的溶剂，例如苯、四氯化碳等；而与水有少量互溶的溶剂乙醚等，上面公式只是近似的，但还是可以指出预期的结果。

本实验从茶叶中提取咖啡因是用适量的水作溶剂，在索氏提取器中连续萃取，然后浓缩、焙炒、升华而制得。

仪器介绍——索氏提取器

又称脂肪抽取器或脂肪抽出器。索氏提取器是由提取瓶、提取管、冷凝器三部分组成的，提取管两侧分别有虹吸管和连接管，各部分连接处要严密不能漏气。提取时，将待测样品包在脱脂滤纸包内，放入提取管内。提取瓶内加入石油醚，加热提取瓶，石油醚汽化，由连接管上升进入冷凝器，凝成液体滴入提取管内，浸提样品中的脂类物质。待提取管内石油醚液面达到一定高度，溶有粗脂肪的石油醚经虹吸管流入提取瓶。流入提取瓶内的石油醚继续被加热汽化、上升、冷凝，滴入提取管内，如此循环往复，直到抽提完全为止，如图4-8所示。

图4-8 索氏提取器

【实验仪器与试剂】

仪器：索氏提取器，电子天平，铁架台，电热包，球形冷凝管，梨形烧瓶，乳胶管。

试剂：沸石，茶叶。

【实验步骤】

① 装置安装：以试管为模折好滤纸套筒，再缠绕几圈棉线以固定，装满茶叶（约5g），放入索氏提取器的滤纸套筒中，加约10mL水润湿，在50mL梨形烧瓶中加入30mL的水和两粒沸石。在铁架台上，依次放好垫板、电热包，固定好烧瓶的位置使梨形烧瓶中间半径最大部分与电热包表面相平，再按图4-8从下到上依次装配好索氏提取器、大小头和球形冷凝管。冷凝管中按照"下进上出"的原则通入自来水，冷凝水流量以出口有水小量流出即可，水流量不可过大以防胶管迸裂。

② 萃取：给电热包通电加热使烧瓶中液体沸腾，用垫板层数来调节使球形冷凝管中液体回流速度为1~2滴/s，连续抽提3h，待冷凝液恰好虹吸下去时，停止加热。

③ 浓缩：将抽提液倒入小烧杯中，用电热包加热蒸发，蒸去大部分水，剩下10mL左右时，停止加热，冷却后把液体转移到浓缩液回收瓶中，首次实验暂停于此。

【数据记录与处理】

结果记录：10mL浓缩液为____色液体，已倒入浓缩液回收瓶中。

计算萃取率。

【思考题】

(1) 怎样理解索氏提取器的提取高效率?

(2) 本实验使用哪些萃取剂效果会比较好?

【注意事项】

(1) 索氏提取器属高价值仪器且极易损坏,一定要小心取放,按要求使用。

(2) 自制滤纸筒要大小合适。

实验九　黄连中黄连素的提取及紫外光谱分析

【实验目的】

(1) 通过从黄连中提取黄连素，掌握回流提取的方法。
(2) 学习紫外吸收光谱的原理，了解紫外可见分光光度计的使用方法。

【实验原理】

黄连为我国名产药材之一，抗菌力很强，对急性结膜炎、口疮、急性细菌性痢疾、急性肠胃炎等均有很好的疗效。黄连中含有多种生物碱，黄连素的含量约4%～10%。黄连素季铵碱式结构式如图4-9。

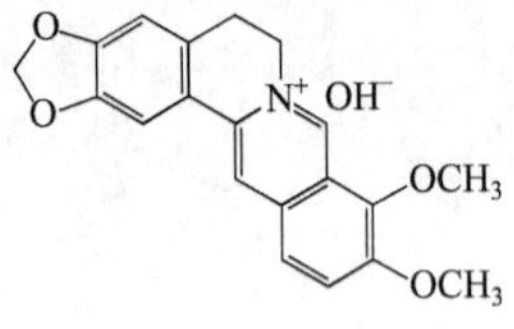

图4-9　黄连素季铵碱式结构式

分子吸收紫外或可见光后，能在其价电子能级间发生跃迁。有机分子中有三种不同性质的价电子：成键的 $\sigma \rightarrow \sigma^*$、$n \rightarrow \sigma^*$、$\pi \rightarrow \pi^*$、$n \rightarrow \pi^*$。不同分子因电子结构不同而有不同的电子能级和能级差，能吸收不同波长的紫外光，产生特征的紫外吸收光谱。所以，紫外吸收光谱能用于有机化合物结构鉴定和定量分析。

仪器介绍——UV1100型紫外可见分光光度计

UV1100型紫外可见分光光度计是一种紫外吸收光谱分析仪器（见图4-10）。紫外吸收光谱是分子中最外层价电子在不同能级上跃迁而产生的，它反映了分子中电子跃迁时的能量变化与混合物所含发色基团的关系，主要提供了分子内共轭体系的结构信息。通常以波长λ为横轴、吸光度A为纵轴作图，就可获得该化合物的紫外吸收光谱图。

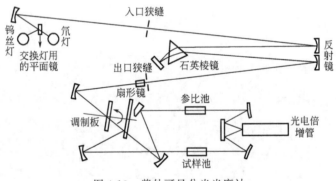

图4-10　紫外可见分光光度计

操作规程如下。
① 开启计算机和分光光度计电源。
② 点击启动UV analyst 1.0操作控制软件。
③ 点击"联机"按钮。
④ 点击界面左侧"波长扫描"，点击"设置"，点击"波长扫描"；起始波长设为600nm；结束波长设为200nm；扫描速度设为400nm/min；其它保持不变。
⑤ 将分光光度计上拉杆置第一档，让装蒸馏水的比色皿通过光路，点"基线测量"。

⑥ 将分光光度计上拉杆置第二档，让装样品的比色皿通过光路，点"扫描"，显示谱图即可。

基本操作介绍——加热回流

很多有机化学反应需要在反应体系的溶剂或液体反应物的沸点附近进行，这时就要用回流装置。在回流装置中，一般如图4-11在烧瓶上口安装球形冷凝管来进行。因为蒸气与球形冷凝管接触面积较大，冷凝效果较好，故使用球形冷凝管而不是直形冷凝管。

操作规程如下。

① 装样品：在烧瓶中装入待回流的样品，通常装入液体的体积应为蒸馏瓶容积1/3~2/3，往烧瓶里投入1~2粒沸石防止液体暴沸，使沸腾保持平稳。

② 回流装置的安装：按照"从下到上"的原则，在铁架台上，按图4-11依次放好垫板、电热包，固定好烧瓶的位置使梨形烧瓶中间半径最大部分与电热包表面相平，烧瓶上口安装球形冷凝管。

图4-11 回流装置

③ 接通冷凝水：安装完毕冷凝管中按照"下进上出"的原则通入自来水，冷凝水流量以出口有水小量流出即可，水流量不可过大以防胶管迸裂。

④ 加热：加热前应再检查一遍装置，特别是烧瓶与冷凝管之间接合是否紧密，以防蒸气泄漏。加热时要密切注意回流的速度，通过垫板的层数调节加热速度，控制液体从冷凝管中滴下的速度不超过1~2滴/s。

⑤ 拆除回流装置：回流完毕，先应撤出热源，降温冷却后停止通水，最后拆除回流装置（与安装顺序相反）。

【实验仪器与试剂】

仪器：紫外可见分光光度计，循环水式真空泵，电子天平，比色皿，蒸馏瓶，铁架台，冷凝管，梨形烧瓶，乳胶管，垫板，电热包，布氏漏斗。

试剂：黄连，醋酸，盐酸。

【实验步骤】

① 黄连素的提取：称取5g粉碎的中药黄连，放入50mL梨形烧瓶中，加入25mL水，在铁架台上，依次放好垫板、电热包，固定好烧瓶的位置使梨形烧瓶中间半径最大部分与电热包表面相平。梨形烧瓶上装上回流冷凝管，冷凝管中按照"下进上出"的原则通入自来水，冷凝水流量以出口有水小量流出即可，水流量不可过大以防胶管迸裂。通电加热后用垫板层数来调节使球形冷凝管回流速度为1~2滴/s，回流2h后停止加热，静置稍冷后小心倒出上层溶液抽滤，下层药渣可不过滤直接弃去（不得加水涮洗烧瓶后过滤，以免稀释溶液得不到结晶）。

② 黄连素的纯化：滤液中加入3滴醋酸，若有不溶物须再次抽滤以除去不溶物，然后于溶液中加入5mL浓盐酸，冷却至室温，即有黄色针状体的黄连素盐酸盐析出，抽滤，烘干产品用电子天平称重，计算产率。产品倒入回收杯中，不可随意乱扔。

③ 产品检测：产品在UV1100型紫外可见分光光度计中进行紫外吸收光谱的测定。黄连素的紫外可见吸收光谱图如图4-12所示。

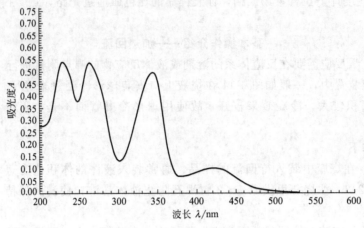

图 4-12 黄连素紫外光谱图

【数据记录与处理】

结果记录：产品为____色固体，共____g。

计算黄连素提取率。

【思考题】

（1）影响黄连素提取产率的因素有哪些？列举进一步提高产率的方法。

（2）紫外光谱适合于分析哪些类型的化合物？你合成过的化合物中哪几个能用紫外光谱分析，哪几个不能用紫外光谱分析，为什么？

【注意事项】

（1）黄连素的提取回流要充分。

（2）滴加浓盐酸前，不溶物要去除干净，否则影响产品的纯度。

（3）在测定样品的紫外吸收光谱之前，必须对空白样品（即纯溶剂）进行基线校正，以消除溶剂吸收紫外光的影响。用同一种溶剂连续测定若干个样品时，只需做一次基线校正。因为校正数据能自动保存在当前内存中，可供反复使用。

（4）紫外光谱的灵敏度很高，应在稀溶液中测定，因此测定时加样品应尽量少。

实验十　从茶叶中萃取咖啡因-升华收集及热分析

【实验目的】

(1) 学会使用升华来提取有机化合物的基本操作。

(2) 了解咖啡因的热分析实验及结果。

【实验原理】

茶叶中含有约 3%～5% 的咖啡因，咖啡因可作为中枢神经兴奋剂，在医学上有重要的用途。升华是利用固体混合物的蒸气压或挥发度不同，将不纯净的固体化合物在熔点温度以下加热，利用产物蒸气压高，杂质蒸气压低的特点，使产物不经过液体过程而直接汽化，遇冷后固化，而杂质则不发生这个过程，达到分离提纯的目的。

热分析法是在程序控制温度下，精确记录待测物质理化性质与温度的关系，研究其受热过程所发生的晶型转变、熔融、升华、吸附等物理变化和脱水、热分解、氧化、还原等化学变化，用以对该物质进行物理常数、熔点和沸点的确定以及作为鉴别和纯度检查的方法。

基本操作介绍——升华

升华是纯化固体有机化合物的一种方法。在前几部分已经介绍过，液体的蒸气压随温度升高而升高，其实固体的蒸气压与温度也有类似的关系，其中蒸气压较高的固体可不经液相直接变为气相，这一过程称为升华，然后蒸气又可直接冷凝为固体，称为凝华。利用这种升华-凝华的循环可以实现固体的提纯。由于升华是由固体直接汽化，因此并不是所有固体物质都能用升华方法来纯化。只有那些在其熔点温度以下具有相当高蒸气压（高于 2.67kPa）的固态物质，才可用升华来提纯。利用升华方法可除去不挥发性杂质，或分离不同挥发度的固体混合物。其优点是纯化后的物质纯度比较高，但操作时间长，损失较大，实验室里一般只用于较少量化合物的纯化。对有机化合物的提纯来说，我们关注的是使物质蒸气不经过液态而直接转变成固态，因此，在实验操作中，不管物质蒸气是由固态直接汽化，还是由液态蒸发而产生的，只要是物质从蒸气不经过液态而直接转变成固态的过程也都称之为升华。一般说来，对称性较高的固态物质，具有较高的熔点，且在熔点温度以下具有较高的蒸气压，易于用升华来提纯。

图 4-13　常压升华装置图

最简单的常压升华装置如下图 4-13 所示。在蒸发皿中放置粗产物，上面覆盖一张刺有许多小孔的滤纸。然后将大小合适的玻璃漏斗倒盖在上面，漏斗的颈部塞有玻璃毛或脱脂棉，以减少蒸气逸出。在石棉网上渐渐加热蒸发皿（最好能用砂浴或其它热浴），小心调节火焰，控制浴温低于被升华物质的熔点，使其慢慢升华。蒸气通过滤纸小孔上升，冷却后凝结在滤纸上或漏斗壁上。必要时外壁可用湿布冷却。

仪器介绍——SDT-2960 型热分析仪

SDT-2960 型热分析仪（图 4-14）是由美国 TA 公司生产的新产品，它同时具有差热分析（DTA）和热重分析（TGA）的特点。

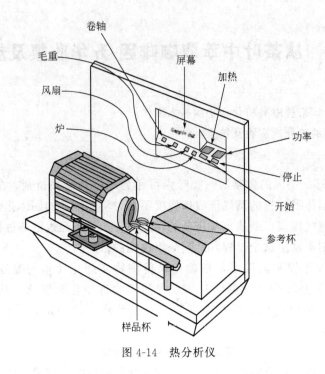

图 4-14 热分析仪

操作规程如下。
① 打开总电源。
② 打开变压器电源，启动 SDT2960，预热 30min。
③ 打开气体钢瓶，调节减压阀以控制载气流量在 100mL/min 左右。
④ 打开计算机，进入 Windows 系统。
⑤ 启动 SDT2960 的控制软件，设置好样品名，最高温度，升温速率等参数。
⑥ 装样品，执行热分析操作，测定过程中，应随时注意观察，以防意外情况发生。测定结束，等待炉温降至室温取出坩埚。
⑦ 测定结束后，关机顺序与开机顺序相反。

【实验仪器与试剂】

仪器：蒸发皿，电热包，玻璃漏斗，滤纸，SDT2960 型热分析仪。

试剂：氧化钙。

【实验步骤】

① 焙炒：从上次萃取实验得到的浓缩液回收瓶中取 10mL 浓缩液倒入蒸发皿中，加入 2g 氧化钙，用电热包离蒸发皿底部至少 5cm 的距离小心加热，温度千万不能过高，否则产物自燃。焙炒直至残液全部变成干燥的固体，边搅拌边用搅棒将固体捣碎成粉末状。冷却，用滤纸擦干净沾在蒸发皿边缘上的粉末，以免下一步升华时污染产物。

② 升华：在蒸发皿上倒扣一个干燥的玻璃漏斗，蒸发皿和漏斗之间用滤纸相隔，滤纸上用针刺数个小孔。蒸发皿用电热包缓慢加热。此时，若漏斗内有蒸气，或者漏斗内部壁上有液珠出现，应立即用纸巾擦去水汽。正常升华时，透过漏斗应该可以看到滤纸上白色针状晶体，小心控制温度，不能过高，否则产物炭化。当出现棕色烟雾时，停止加热。冷却后小心揭开漏斗和滤纸，仔细地把附在纸上及器皿周围的咖啡因晶体刮下，电子天平称重计算产

率。产品倒入回收杯中，不可随意乱扔。

③ 咖啡因的热分析实验：提取得到的咖啡因产品在 SDT2960 型热分析仪上进行热分析，升温速率为 10℃/min，氩气保护。咖啡因的热分析图如图 4-15。

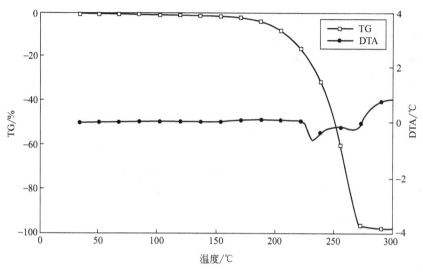

图 4-15 咖啡因的热分析图

说明：

a. TG 线为热重线，其中 175～275℃ 失重过程为咖啡因的升华和热分解过程，300℃ 咖啡因已基本完全分解。

b. DTA 线为差热线，其中 234.5℃ 的吸热峰为咖啡因的熔化过程。

【数据记录与处理】

结果记录：产品为____色晶体，共____g。

计算咖啡因产率。

【思考题】

(1) 利用升华方法来提纯物质，有哪些优缺点？

(2) 进行升华操作应注意哪些问题？

【注意事项】

焙炒、升华操作一定要小心控制加热温度，这步是本实验的成功关键所在。

实验十一 乙酸正丁酯的制备及纯度检测

【实验目的】
(1) 了解乙酸正丁酯的合成意义。
(2) 掌握乙酸正丁酯的制备方法以及分水器的使用。
(3) 掌握气相色谱测定产品纯度的方法。

【实验原理】

$$CH_3COOH + n\text{-}C_4H_9OH \longrightarrow CH_3COOC_4H_9\text{-}n + H_2O$$

为了促使反应向右进行,通常采用增加酸或醇的浓度或连续地移去产物(酯和水)的方式来达到的。在实验过程中二者兼用。至于是用过量的醇还是用过量的酸,取决于原料来源的难易和操作上是否方便等诸因素。提高温度可以加快反应速度。

【实验仪器与试剂】
仪器:气相色谱,干燥箱,梨形烧瓶,小烧杯,锥形瓶,垫板,电热包,铁架台,冷凝管,分液漏斗。

试剂:正丁醇,醋酸,硫酸,碳酸钠,沸石。

【实验步骤】
(1) 仪器准备:将 25mL 梨形烧瓶、小烧杯和锥形瓶刷洗干净,倒扣在干燥箱中,烘干备用。

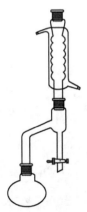

图 4-16 乙酸正丁酯制备装置图

(2) 粗产品的制备

① 装药品:在 50mL 梨形烧瓶中,装入 11.5mL 正丁醇(0.125mol)和 7.2mL 醋酸(0.125mol),再加入 3~4 滴硫酸,混合均匀,投入两粒沸石。

② 仪器的安装:在铁架台上,依次放好垫板、电热包,固定好烧瓶的位置使梨形烧瓶中间半径最大部分与电热包表面相平。按照装置图 4-16 安装分水器及回流冷凝管,并在分水器中预先加水至低于支管口 1cm。冷凝管中按照"下进上出"的原则通入自来水,冷凝水流量以出口有水小量流出即可,水流量不可过大以防胶管迸裂。

③ 用电热包加热回流,用垫板层数来调节使球形冷凝管回流速度为 1~2 滴/s,反应一段时间后把水逐渐分去,保持分水器中水层液面在原来的高度。约 40min 后停止加热,将垫板和电热包移开使装置冷却,记录分出的水量。冷却后,合并分水器和梨形烧瓶中的酯层。

④ 洗涤:在分液漏斗中油层依次用 10mL 水、5mL 碳酸钠溶液和 10mL 水洗涤,每次都要进行振荡、静置和分离。最后将上层的粗乙酸正丁酯放入干燥的锥形瓶中,加入半匙无水硫酸镁,间歇振荡锥形瓶直到液体澄清为止。

⑤ 蒸馏:将液体倾倒入干燥的 25mL 梨形烧瓶中,安装蒸馏装置进行蒸馏,用干燥的小烧杯收集 124~126℃的馏分,蒸馏结束应停止加热,立即移开垫板和电热包使装置冷却,量取产品体积以计算产率(密度 $d=0.882$g/mL)。样本瓶中上次班级色谱分析完的剩余有

机物倒入回收瓶中，不可随意倒入水池，将量完体积的产品按台号装入样本瓶中进行气相色谱分析。

结果记录：收集分水器分出水量：_____ mL；

收集 124～126℃的馏分：_____ mL；呈 _____（填颜色和是否透明）状态。

⑥ 气相色谱分析：得到的产品进行气相色谱分析，检测产品纯度。

使用仪器为 GC7890Ⅱ型气相色谱仪（上海天美科学仪器有限公司），内置 DM-17 型气相色谱毛细管色谱柱（规格：30m×φ0.25mm×0.25μm）。测试条件为：进样室 200℃；柱温 105℃；氢火焰监测器（FID）温度 200℃。图像如图 4-17，结果如表 4-1。

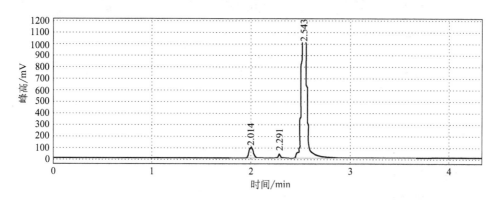

图 4-17　乙酸正丁酯气相色谱图

表 4-1　结果分析表

峰号	保留时间/min	峰高/μV	峰面积/(μV×s)	归一化法峰面积/%	含量/%	峰型
1	2.014	84647	279441	5.23015	5.23015	BV
2	2.291	21269	46302	0.86661	0.86661	VV
3	2.543	1155104	5017140	93.90325	93.90325	SVB

上图和表中保留时间为 2.543 的色谱峰为产品乙酸正丁酯，其含量为 93.9%，保留时间为 2.014 和 2.291 的色谱峰为杂质峰。

仪器介绍——气相色谱仪

气相色谱仪的工作原理是样品混合物随载气注入色谱柱，通过对欲检测混合物中组分有不同保留性能的色谱柱，使各组分分离，依次导入检测器，以得到各组分的检测信号。按照导入检测器的先后次序，经过对比，可以区别出是什么组分，根据峰高度或峰面积可以计算出各组分含量。原理如图 4-18。

操作规程如下。

① 通载气。先开氮氢空一体机氮气开关，再开净化器的载气开关，仪器侧面的压力表指示 0.3，并查看柱前压（仪器面板右面的压力表）是否稳定。

② 打开仪器开关。通过控制面板调节各部位的温度，当各部位的温度升到位后，先打开氮氢空一体机氢气和空气开关，再开净化器的开关，稍后点火。

③ 通过色谱工作站判断是否点火成功（基线上移），信号线平稳后，进样，完成实验数据和谱图的输出。

④ 气相色谱关机顺序与开机顺序相反，待各室的温度降到 80℃以下时再关电源。

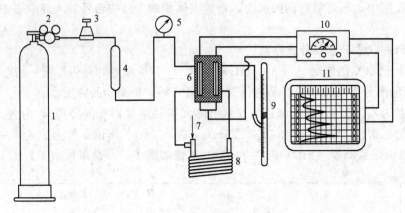

图 4-18 气相色谱仪工作原理图
1—高压钢瓶；2—减压阀；3—流量精密调节阀；4—净化器；5—压力表；6—检测器；
7—进样器和汽化室；8—色谱柱；9—流量计；10—测量电桥；11—记录仪

【思考题】

(1) 本实验是根据什么原理来提高乙酸正丁酯的产率的？
(2) 计算反应完全时应分出多少水？
(3) 什么叫酯化反应？本实验如何提高乙酸正丁酯的产率？
(4) 什么叫回流？比较回流和蒸馏装置的异同。

【注意事项】

(1) 回流时保持分水器中水位始终低于支管口。
(2) 浓硫酸不可多加，防止有机物炭化等副反应发生。
(3) 操作分液漏斗时不能振摇过猛，防止乳化。

实验十二　乙酰苯胺的制备

【实验目的】
(1) 掌握乙酰苯胺的制备方法。
(2) 复习重结晶、减压过滤操作。

【实验原理】
乙酰苯胺为无色晶体，具有退热镇痛作用，是较早使用的解热镇痛药，因此俗称"退热冰"。乙酰苯胺也是磺胺类药物合成中重要的中间体。

乙酰苯胺可由苯胺与乙酰化试剂如乙酰氯、乙酐或乙酸等直接作用来制备。乙酰氯和乙酐的反应活性都大于乙酸，考虑到乙酰氯和乙酐的价格较贵，实验室一般选用冰醋酸作为乙酰化试剂。反应式如下：

$$C_6H_5NH_2 + CH_3COOH \longrightarrow C_6H_5NHCOCH_3 + H_2O$$

采用苯胺与冰醋酸反应的方法制成乙酰苯胺，速率较慢，且反应是可逆的，为了提高乙酰苯胺的产率，一般采用加入过量冰醋酸的方法，同时利用分馏柱将反应中生成的水移走。反应中加入少量锌粉，防止苯胺在反应过程中氧化。

乙酰苯胺在水中的溶解度随温度的变化差异较大（20℃，0.46g；100℃，5.5g），因此可以采用将乙酰苯胺粗品用水重结晶的方法进行提纯。

基本操作介绍——分馏

分馏是利用分馏柱将多次汽化-冷凝过程在一次操作中完成的方法（如图4-19）。因此，分馏实际上是多次蒸馏。它更适合于分离提纯沸点相差不大的液体有机混合物。

进行分馏的必要性：(1) 蒸馏分离不彻底；(2) 多次蒸馏操作繁琐、费时，浪费极大。

分馏的原理：混合液沸腾后蒸气进入分馏柱中被部分冷凝，冷凝液在下降途中与继续上升的蒸气接触，二者进行热交换，蒸气中高沸点组分被冷凝，低沸点组分仍呈蒸气上升，而冷凝液中低沸点组分受热汽化，高沸点组分仍呈液态下降。结果是上升的蒸气中低沸点组分增多，下降的冷凝液中高沸点组分增多。如此经过多次热交换，就相当于连续多次的普通蒸馏。以致低沸点组分的蒸气不断上升，而被蒸馏出来；高沸点组分则不断流回蒸馏瓶中，从而将它们分离。

分馏柱的种类较多。常用的有填充式分馏柱和刺形分馏柱〔又称韦氏（Vigreux）分馏柱〕。填充式分馏柱是在柱内填上各种惰性材料，以增加表面积，效率较高，适合于分离一些沸点差距较小的化合物。刺形分馏柱结构简单，且较填充式粘附的液体少，较同样长度的填充柱分馏效率低，适合于分离少量且沸点差距较大的液体。

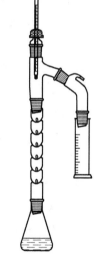
图 4-19　分馏装置

若欲分离沸点相距很近的液体化合物，则必须使用精密分馏装置。

决定分馏柱的分馏效因素主要有：①分馏柱的高度；②填充物；③分馏柱的绝热性能；④蒸馏速度。

【实验仪器与试剂】
仪器：电热包，循环水式真空泵，布氏漏斗，滤纸，垫板，铁架台，锥形瓶，水银温度计,大烧杯。

试剂:锌粉,苯胺,醋酸,活性炭。

【实验步骤】

1. 滤纸准备

比照布氏漏斗,剪好 4 张滤纸使滤纸稍小于漏斗的内径备用。

2. 粗产品的制备

① 装药品:在 50mL 锥形瓶中先加入少量锌粉(尽量不要沾到瓶口,万一沾到瓶口上要用后加的液体冲下),再加入 5mL 苯胺、7.4mL 醋酸。

② 仪器的安装:在铁架台上,依次放好垫板、电热包,固定好烧瓶的位置使锥形瓶中间半径最大部分与电热包表面相平。按照图 4-19 在锥形瓶上装一个分馏柱,柱顶插一支温度计,注意温度计的位置,水银球的上沿应与支管口的下沿相平,用一个小烧杯收集分离出的少量水。

③ 用电热包加热至沸腾,用垫板层数来控制加热速度,保持温度计读数在 105℃左右,不得超过 110℃。约经过 40~60min,反应所生成的水可完全蒸出。当温度计的水银柱上下跳动(或烧瓶中出现白雾),反应即达终点,停止加热,将垫板和电热包移开使装置稍冷 1~2min。

3. 产品的精制和提纯

① 在不断搅拌下把反应混合物趁热以细流的方式慢慢倒入盛 80mL 水的大烧杯中。继续搅拌,并冷却烧杯,使粗乙酰苯胺以细粒状完全析出,用布氏漏斗垫上 1 张剪好的滤纸抽滤析出的固体。

② 在大烧杯(不用小烧杯,否则加热时可能水溢出致触电事故)中把粗乙酰苯胺放入 80mL 水中,加热至沸腾。如果仍有未溶解的油珠,需补加热水,直到油珠完全溶解为止。稍冷后加入半匙粒状活性炭,搅拌并煮沸 1~2min。趁热用预先加热好的布氏漏斗,垫上 2 张剪好的滤纸快速减压过滤,快速倒出滤液,以免晶体结晶析出。

③ 将得到的滤液静置 20min 以上冷至室温使晶体完全析出,此时必须使过滤的热溶液慢慢地冷却,这样所得的晶体晶型较好。待晶体全部析出后,仍用布氏漏斗垫上 1 张剪好的滤纸过滤,抽滤时间稍长些待晶体完全干燥后称重并记录质量,计算产率,产品用写有姓名和班级的纸包好以备后续的熔点测定实验使用。不做熔点测定的班级产品要倒入回收杯中,不可随意乱扔。

【数据记录与处理】

结果记录:产品为____色晶体,共____g。

计算产率。

【思考题】

(1) 还可以用什么方法从苯胺制备乙酰苯胺?

(2) 在重结晶操作中,必须注意哪几点才能使产物产率高,质量好?

(3) 试计算重结晶时留在母液中的乙酰苯胺的量。

(4) 反应瓶中的白雾是什么?

【注意事项】

(1) 锌粉不要加过量,否则后处理困难。

(2) 热过滤时,过滤速度要快,温度要高。为了防止滤纸破损,须用双层滤纸。

(3) 苯胺有毒,醋酸有刺激性,不要接触皮肤,取用完及时盖紧试剂瓶。

实验十三　1-溴丁烷的制备及产品分析

【实验目的】
(1) 掌握由醇制备正溴丁烷的原理和方法。
(2) 掌握回流及气体吸收装置和分液漏斗使用方法。
(3) 了解测定折射率对研究有机化合物的实用意义。

【实验原理】
主反应：
$$NaBr + H_2SO_4 \longrightarrow HBr + NaHSO_4 \qquad (1)$$
$$n\text{-}C_4H_9OH + HBr \longrightarrow n\text{-}C_4H_9Br + H_2O \qquad (2)$$
副反应：
$$CH_3CH_2CH_2CH_2OH + HBr \longrightarrow CH_3CH_2CH=CH_2 + H_2O \qquad (3)$$
$$2n\text{-}C_4H_9OH \longrightarrow (n\text{-}C_4H_9)_2O + H_2O \qquad (4)$$
$$2NaBr + H_2SO_4 \longrightarrow Br_2 + SO_2(g) + 2H_2O \qquad (5)$$

【实验仪器与试剂】
仪器：阿贝折射仪，梨形烧瓶，垫板，电热包，铁架台，冷凝管，漏斗，大烧杯。
试剂：溴化钠，正丁醇，沸石，硫酸。

【实验步骤】
1. 仪器准备
将 25mL 梨形烧瓶、小烧杯和锥形瓶刷洗干净，倒扣在干燥箱中，烘干备用。

2. 粗产品的制备
① 装样品：在 50mL 梨形烧瓶中先加入 8.3g 溴化钠（尽量不要沾到瓶口，万一沾到瓶口上要用后加的液体冲下），再加入 6.2mL 正丁醇和 1~2 粒沸石，将实验室已配制好的 20mL 的 1:1 硫酸分 4 次也加入梨形烧瓶中，每加一次都要充分振荡梨形烧瓶，使反应物混合均匀。

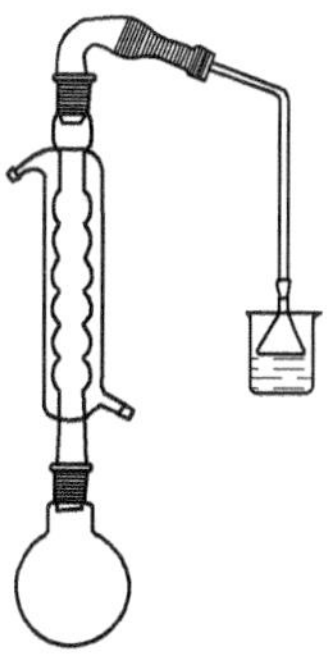

② 仪器的安装：在铁架台上，依次放好垫板、电热包，固定好烧瓶的位置使梨形烧瓶中间半径最大部分与电热包表面相平。按图 4-20 在梨形烧瓶上安装一支球形冷凝管，在冷凝管上口连接一个气体吸收管，气体吸收管的漏斗要放在装少量水的大烧杯中，漏斗口以水刚没过为佳。冷凝管中按照"下进上出"的原则通入自来水，冷凝水流量以出口有水小量流出即可，水流量不可过大以防胶管迸裂。用电热包加热至沸腾，用垫板层数来调节使球形冷凝管中液体回流速度为 1~2 滴/s，保持回流 30min 后先拿出气体吸收管的漏斗，再停止加热以防水倒吸，将垫板和电热包移开使装置冷却。

图 4-20　反应装置图

3. 产品的精制
① 蒸馏：反应完成后，将反应物冷却 5min。卸下回流冷凝管，再加入 1~2 粒沸石，安装蒸馏装置进行蒸馏。仔细观察馏出液，直到无油滴并有约 2mL 水蒸出（保证粗产品都蒸出）为止。

② 分离：将馏出液倒入分液漏斗中，将油层从下面分离放入大烧杯中，然后将 3 滴管

（约 3mL）浓硫酸加入大烧杯中，每加一次都要摇匀混合物。将混合物慢慢倒入分液漏斗中，静置分层，小心放出下层的浓硫酸。

③ 洗涤：油层依次用 5mL 水、5mL 碳酸钠溶液和 5mL 水洗涤，每次都要进行振荡、静置和分离。最后将下层的粗 1-溴丁烷放入干燥的锥形瓶中，加入半匙无水氯化钙，间歇振荡锥形瓶直到液体澄清为止。

④ 蒸馏：将液体（干燥剂勿倒出）倒入干燥的 25mL 梨形烧瓶中，安装蒸馏装置进行蒸馏，用干燥的小烧杯收集 99~102℃ 的馏分，蒸馏结束应停止加热，立即移开垫板和电热包使装置冷却。量取产品体积以计算产率（密度 $d=1.275\text{g/mL}$）。

4. 结果

用阿贝折射仪测定 1-溴丁烷的折射率，与标准值（$n=1.4401$）对照，讨论产品纯度，将测完折射率的产品倒入回收瓶中，不可随意倒入水池。

仪器介绍——阿贝折射仪

折射率是液体化合物一个有用的物理常数。通过测定折射率可以判断有机化合物的纯度和鉴定未知物。光在不同的介质中传播的速度是不同的，光从介质 A（空气）射入另一介质 B 时，入射角 α 与折射角 β 的正弦之比称为折射率（n）。

若光线从光疏介质进入光密介质，入射角大于折射角，当入射角达到 90° 时，此时的折射角 β_0 最大，称为临界折射角，故任何方向的入射光进入光密介质中，其折射角 $\beta \leqslant \beta_0$。阿贝折射仪是基于临界折射现象设计的。

操作规程如下。

① 开启样品台，用滴管将 2~3 滴待测液均匀地滴在下面的磨砂面棱镜上，要求液体无气泡并充满视场，关紧棱镜。

② 旋转棱镜转动手轮，使在目镜中观察到明暗分界线。继续旋转棱镜转动手轮，使明暗分界线恰好通过目镜中"+"字交叉点，记录从镜筒中读取的折射率，读至小数点后四位。

③ 仪器用毕后擦净两镜面，晾干后合紧两镜面，放好。

参考资料：蔗糖浓度与其折射率对照图 4-21。

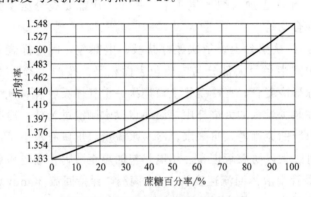

图 4-21 蔗糖浓度与折射率对照图

【数据记录与处理】

结果记录：收集 99~102℃ 的馏分：_____ mL；呈 _____（填颜色和是否透明）状态。

折射率：$n=$ _____

计算产率。

【注意事项】

(1) 掌握气体吸收装置的正确安装和使用。

(2) 浓硫酸要分批加入，混合均匀。

(3) 1-溴丁烷是否蒸完，可以从下列几方面判断：①蒸出液是否由混浊变为澄清；②烧瓶中的上层油状物是否消失；③取一试管收集几滴馏出液；加水摇动观察有无油珠出现。

【思考题】

(1) 本实验有哪些副反应？如何减少副反应？

(2) 反应时硫酸的浓度太高或太低会有什么结果？

(3) 试说明各步洗涤的作用。

(4) 用分液漏斗时，1-溴丁烷时而在上层，时而在下层，如不知道产物的密度时，可用什么简便的方法加以判别？

实验十四　环己烯的制备及产品分析

【实验目的】
(1) 熟悉制备环己烯反应原理，掌握环己烯的制备方法。
(2) 学习分液漏斗的使用及分馏操作。
(3) 学习气相色谱的使用和具体操作，掌握用气相色谱检测产品纯度的方法。

【实验原理】

$$\underset{\triangle}{\overset{H_3PO_4}{\longrightarrow}}$$

（环己醇 → 环己烯 + H_2O）

【实验仪器与试剂】

仪器：气相色谱，梨形烧瓶，小烧杯，锥形瓶，垫板，电热包，分馏柱，温度计，分液漏斗。

试剂：环己醇，磷酸，沸石，氯化钠，无水氯化钙。

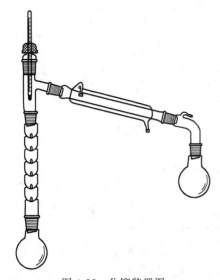

图 4-22　分馏装置图

【实验步骤】

① 仪器准备：将 25mL 梨形烧瓶、小烧杯和锥形瓶刷洗干净，倒扣在干燥箱中，烘干备用。

② 装样品和装置：在 50mL 梨形烧瓶中装入 10mL 环己醇及 5mL 磷酸，充分摇荡使两种液体混合均匀，投入两粒沸石。在铁架台上，依次放好垫板、电热包，固定好烧瓶的位置使梨形烧瓶中间半径最大部分与电热包表面相平，按图 4-22 安装分馏装置，在梨形烧瓶上装一个分馏柱，柱顶插一支温度计，注意温度计的位置，水银球的上沿应与支管口的下沿相平。冷凝管中按照"下进上出"的原则通入自来水，冷凝水流量以出口有水小量流出即可，水流量不可过大以防胶管迸裂。

③ 加热：加热沸腾后用垫板层数来调节加热速度，控制分馏柱顶部温度不超过 73℃。当经过约 1h 后无液体蒸出时，加大火焰，继续蒸馏，直至反应瓶中冒白烟或温度计上下波动时，表明反应已近完全，停止加热，将垫板和电热包移开使装置冷却，蒸出液为环己烯和水的混浊液。

沸点参数：环己醇：161.5℃；环己醇-水（2∶8）共沸物：97.8℃；

环己烯：83.0℃；环己烯-水（9∶1）共沸物：70.8℃；

环己烯-环己醇（3∶1）共沸物：64.9℃。

④ 精制提纯：大烧杯中的粗产物，倒入分液漏斗中，分离出下层水后，加入 5mL 饱和食盐水，摇匀静置，分层分离掉下层的食盐水。油层放入干燥的小锥形瓶中，加入半匙无水氯化钙干燥，间歇振荡锥形瓶直到液体澄清为止。将干燥至无色透明的液体倾倒在干燥的 25mL 梨形烧瓶中，注意固体氯化钙不要倒入。安装蒸馏装置进行蒸馏，用干燥的小烧杯收

集 82~85℃的馏分,蒸馏结束应停止加热,立即移开垫板和电热包使装置冷却。量取产品体积以计算产率(密度 $d=0.8102$ g/mL)。样本瓶中上次班级色谱分析完的剩余有机物倒入回收瓶中,不可随意倒入水池,将量完体积的产品按台号装入样本瓶中进行气相色谱分析。

⑤ 气相色谱分析:得到的产品进行气相色谱分析,检测产品纯度。(相关介绍见实验十一)

【数据记录与处理】

计算产率。

【思考题】

(1) 用磷酸做脱水剂比用浓硫酸做脱水剂有什么优点?

(2) 在粗制的环己烯中,加入饱和食盐水的目的何在?

(3) 在蒸馏终止前,出现的阵阵白雾是什么?

【注意事项】

(1) 环己醇在常温下是黏稠状液体,因而若用量筒量取时应注意转移中的损失,环己烯与磷酸应充分混合,否则在加热过程中可能会局部炭化。

(2) 待液体开始沸腾,蒸气进入分馏柱中时,要注意调节浴温,使蒸气环缓慢而均匀地沿分馏柱壁上升。由于反应中环己烯与水形成共沸物(沸点70.8℃,含水10%);环己醇与环己烯形成共沸物(沸点64.9℃,含环己醇30.5%);环己醇与水形成共沸物(沸点97.8℃,含水80%)。因此在加热时温度不可过高,蒸馏速度不宜太快,以减少未作用的环己醇蒸出。

(3) 水层应尽可能分离完全,否则将增加无水氯化钙的用量,使产物更多地被干燥剂吸附而造成损失,这里用无水氯化钙干燥较适合,因它还可除去少量环己醇。

(4) 在蒸馏已干燥的产物时,蒸馏所用烧瓶应充分干燥。

实验十五 熔点的测定及乙酰苯胺纯度的检测

【实验目的】

(1) 学习熔点测定的意义。
(2) 掌握毛细管测定熔点的操作方法。
(3) 学习通过熔点的测定来判断自制乙酰苯胺纯度的原理和办法。

【实验原理】

熔点是固体有机化合物固液两态在大气压力下达成平衡的温度,纯净的固体有机化合物一般都有固定的熔点,固液两态之间的变化是非常敏锐的,自初熔至全熔(称为熔程)温度不超过 0.5~1℃。因此在接近熔点时,加热速度一定要慢,只有这样,才能使整个熔化过程尽可能接近于两相平衡条件,测得的熔点也越精确。

当含杂质时,熔点将下降,且在一定范围内熔点随纯度降低而降低。

【实验仪器与试剂】

仪器:酒精灯,毛细管,玻璃管,表面皿,橡皮圈,温度计。

试剂:液体石蜡,二苯胺,乙酰苯胺。

【实验步骤】

① 毛细管的封口:将毛细管用酒精灯的外火焰加热,边加热边转动毛细管使其一端封好。

② 装样品:把毛细管开口一端垂直插入堆积的样品中,使一些样品进入管内,然后,将装有样品、管口向上的毛细管,放入长约 50~60cm 垂直桌面的玻璃管中,管底可垫一个表面皿,使毛细管从高处落于表面皿上,如此反复几次后,可把样品装实,样品高度 2~3mm。

③ 装置的安装:按图 4-23 装配好装置,熔点管装入液体石蜡。取一小段橡皮圈绑在温度计和熔点管的上部使装试料的部分正靠在温度计水银球的中部。温度计用一个刻有沟槽的单孔塞固定在熔点管中。

④ 加热:以小火在图 4-23 所示部位加热。开始时升温速度可以快些,当液体石蜡温度距离该化合物熔点约 10~15℃时,调整酒精灯位置使每分钟上升约 1~2℃,越接近熔点,升温速度应越缓慢,每分钟约 0.2~0.3℃。为了保证有充分时间让热量由管外传至毛细管内使固体熔化,升温速度是准确测定熔点的关键。记下试样开始塌落并有液相产生时(初熔)和固体完全消失时(全熔)的温度读数,即为该化合物的熔程。

熔点参数:二苯胺为 53℃;乙酰苯胺为 114℃;苯甲酸为 122℃;尿素为 132℃。

⑤ 平行实验:对于每一种试料,要有两次的重复数据。每一次测定必须用新的熔点管另装试样。如果测定未知物的熔点,应先对试样粗测一次,加热可以稍快,知道大致的熔程。

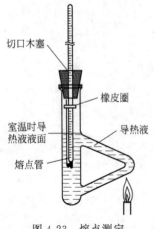

图 4-23 熔点测定

待浴温冷至熔点以下 30℃左右,再做准确的测定。

⑥ 对实验室提供的二苯胺和乙酰苯胺样品进行熔程测定,每个样品测试两次,认真练习,熟练掌握熔点测定的方法。在此基础上对未知样的熔程进行两次精确测定,根据熔程数据判断未知样是什么。

⑦ 测自制乙酰苯胺产品熔点:在熟练掌握熔点的测定操作基础上,对自己在《乙酰苯胺的制备》实验中自制的乙酰苯胺样品的熔点进行准确测定,以判断自制样品的纯度。剩余的乙酰苯胺产品倒入回收杯中,不可随意乱扔。

【数据记录与处理】

见表 4-2。

表 4-2　实验数据

样品	第一次	第二次
二苯胺熔程	℃～　　℃	℃～　　℃
乙酰苯胺熔程	℃～　　℃	℃～　　℃
未知样熔程	℃～　　℃	℃～　　℃
自制乙酰苯胺熔程	℃～　　℃	

【思考题】

(1) 记录熔点时,要记录开始熔融和完全熔融时的温度即熔程,例如 123～125℃,绝不可仅记录这两个温度的平均值,为什么?

(2) 用以上方法测定熔点时,温度计上的熔点读数与真实熔点之间常有一定的偏差。因此需要对所用温度计进行校正,如何校正温度计?

(3) 测熔点时,若有下列情况将产生什么结果?

① 熔点管壁太厚。
② 熔点管底部未完全封闭,尚有一针孔。
③ 熔点管不洁净。
④ 样品未完全干燥或含有杂质。
⑤ 样品研得不细或装得不紧密。
⑥ 加热太快。

【注意事项】

(1) 熔点管必须洁净。如含有灰尘等,能产生 4～10℃的误差。
(2) 熔点管底未封好会产生漏管。
(3) 样品粉碎要细,填装要实,否则产生空隙,不易传热,造成熔程变大。
(4) 样品不干燥或含有杂质,会使熔点偏低,熔程变大。
(5) 样品量太少不便观察,而且熔点偏低;太多会造成熔程变大,熔点偏高。
(6) 升温速度应慢,让热传导有充分的时间。升温速度过快,熔点偏高。
(7) 熔点管壁太厚,热传导时间长,会产生熔点偏高。

实验十六 3-丁酮酸乙酯的制备

【实验目的】

(1) 学习 3-丁酮酸乙酯的制备的原理和方法。
(2) 掌握无水操作及减压蒸馏的操作方法和使用条件。

【实验原理】

利用 Claisen 酯缩合反应制备 3-丁酮酸乙酯。

$$2CH_3COOC_2H_5 \xrightleftharpoons{C_2H_5ONa} CH_3COCH_2COOC_2H_5$$

【实验仪器与试剂】

仪器：梨形烧瓶，铁架台，垫板，电热包，球形冷凝管，锥形瓶，克氏烧瓶，温度计，分液漏斗。

试剂：乙酸乙酯，钠，乙醇，醋酸，碳酸钠，无水碳酸钾。

【实验步骤】

① 装药品和装置：为保证实验安全，此步骤完成之前不要动用实验室自来水。在干燥的 50mL 梨形烧瓶中，装入 15mL 已加醇的乙酸乙酯和切成 10 块大小均匀的 1g 金属钠。按照装置图 4-25 在铁架台上，依次放好垫板、电热包，固定好烧瓶的位置使梨形烧瓶中间半径最大部分与电热包表面相平，再装球形冷凝管和干燥管。安全起见等待实验室其它同学都完成装置安装之后再在冷凝管中按照"下进上出"的原则通入自来水，冷凝水流量以出口有水小量流出即可，水流量不可较大以防胶管迸裂。

图 4-24 反应装置图

② 仪器准备：将 25mL 梨形烧瓶和锥形瓶刷洗干净，倒扣在干燥箱中，烘干备用。

③ 加热：给实验装置电热包通电加热，保持缓缓回流使球形冷凝管中液体滴下速度保持在 1~2 滴/s。1.5~3h 后金属钠全部反应完后，停止加热，将垫板和电热包移开使装置冷却 5min。

④ 产物后处理：冷却至室温，卸下冷凝管，将烧瓶浸在冷水浴中，在摇动下缓慢地加入 15mL 稀醋酸，用分液漏斗分离出红色的酯层。酯层用 5mL 碳酸钠溶液洗涤，有机层放入干燥的锥形瓶中，加入半匙无水碳酸钾干燥至液体澄清。

⑤ 蒸出未反应的乙酸乙酯：液体倒入干燥的 25mL 梨形烧瓶中，装好常压蒸馏装置，在常压下蒸出 80℃ 以下的馏分，蒸馏结束应停止加热，立即移开垫板和电热包使装置冷却，蒸出液倒入指定的回收瓶，不可随意倒入水池。

⑥ 减压蒸馏：烧瓶中剩余的液体倒入 50mL 克氏蒸馏烧瓶内，在减压下蒸出乙酰乙酸乙酯，测量体积，将量完体积的产品和克氏烧瓶中的剩余有机物都倒入回收瓶中，不可随意倒入水池。

⑦ 结果记录：全班一起做减压蒸馏后收集馏分：____ mL；呈____（填颜色和是否透明）状态。

基本操作介绍—减压蒸馏

减压蒸馏是分离、提纯高沸点有机化合物的常用方法之一，它特别适用于那些在常压蒸馏时未达沸点即已受热分解、氧化或聚合的物质。液体的沸点是指它的蒸气压等于外界压力时的温度，因此液体的沸点是随外界压力的变化而变化的，如果借助于真空泵降低系统内压力，就可以降低液体的沸点，这便是减压蒸馏操作的理论依据。

操作规程如下。

① 仪器安装：装置安装过程基本与常压蒸馏一致，具体如图 4-25。仪器安装好后，先检查系统是否漏气，方法是：关闭安全瓶上的活塞，观察压力计水银柱是否能稳定达到一定值。

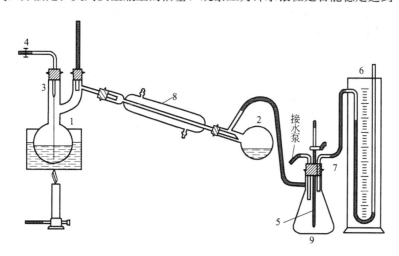

图 4-25 减压蒸馏装置

1—减压蒸馏瓶；2—收集器；3—毛细管；4—螺旋夹；5—玻璃管；6—U形压力计；
7—旋转活塞；8—冷凝管；9—安全瓶

② 减压：检查仪器不漏气后，加入待蒸的液体，量不要超过蒸馏瓶的一半，开动油泵，调节安全瓶上的活塞，使压力计水银柱稳定在一定值。

③ 减压蒸馏：当压力稳定后，开始加热。液体沸腾后，应注意控制温度，并观察沸点变化情况。待沸点稳定时，转动多头接引管接受馏分，蒸馏速度以 0.5~1 滴/s 为宜。

④ 结束：蒸馏完毕，停止加热，待蒸馏瓶稍冷后再慢慢开启安全瓶上的活塞，平衡内外压力（若开得太快，水银柱很快上升，有冲破压力计的可能），然后再关闭抽气泵。

【思考题】

(1) 所用仪器未经干燥处理，对反应有什么影响？为什么？

(2) 为什么最后一步要用减压蒸馏法？

(3) 减压蒸馏需要注意什么？

【注意事项】

(1) 所用的 50mL 梨形烧瓶必须是实验室提前干燥好的，否则可能发生爆炸危险。

(2) 金属钠颗粒的大小直接影响缩合反应的速率，因此需要将其切成大小均匀的 10 小块。

(3) 金属钠全部消失所需时间视钠的颗粒大小而定，一般需 1.5~3h。

(4) 滴加稀醋酸时，需特别小心，如果反应物内含有少量未转化的金属钠，会发生剧烈反应。在此操作中还应避免加入过量的醋酸溶液，否则将会增加酯在水中的溶解度，降低产量。

实验十七　甲基橙的制备

【实验目的】
(1) 通过甲基橙的制备掌握重氮化反应和偶合反应的实验操作。
(2) 巩固盐析和重结晶的原理和操作。

【实验原理】

$$\begin{bmatrix}\text{O}_3\text{S}-\text{C}_6\text{H}_4-\text{N}_2^+\end{bmatrix} + \begin{bmatrix}\text{C}_6\text{H}_5-\overset{+}{\text{N}}\text{H}(\text{CH}_3)_2\end{bmatrix}\text{O}^-\text{C}(\text{O})\text{CH}_3 \xrightarrow{\text{偶合}}$$

$$\begin{bmatrix}\text{O}_3\text{S}-\text{C}_6\text{H}_4-\text{N}=\text{N}-\text{C}_6\text{H}_4-\overset{+}{\text{N}}\text{H}(\text{CH}_3)_2\end{bmatrix}\text{O}^-\text{C}(\text{O})\text{CH}_3 \xrightarrow{\text{质子迁移}}$$

$$\begin{bmatrix}\text{O}_3\text{S}-\text{C}_6\text{H}_4-\overset{+}{\text{N}}\text{H}=\text{N}-\text{C}_6\text{H}_4-\text{N}(\text{CH}_3)_2\end{bmatrix}\text{O}^-\text{C}(\text{O})\text{CH}_3 \xrightarrow{\text{NaOH}}$$
（红色）

$$\text{NaO}_3\text{S}-\text{C}_6\text{H}_4-\text{N}=\text{N}-\text{C}_6\text{H}_4-\text{N}(\text{CH}_3)_2 \quad (1)$$
（甲基橙）

【实验仪器与试剂】
仪器：烧杯，电热包，温度计，电子天平。

试剂：对氨基苯磺酸，NaOH，$NaNO_2$，HCl，N,N-二甲基苯胺，冰醋酸，冰块。

【实验步骤】
(1) 对氨基苯磺酸重氮盐的制备：在小烧杯中，放入2g对氨基苯磺酸晶体和10mL 5% NaOH溶液，用电热包微热使之溶解。用冰浴冷至室温后，加入8mL 10% $NaNO_2$溶液，在冰浴中继续冷却10min以上至5℃以下。与上述同时在大烧杯中加入5mL 6mol/L HCl和约10g冰屑，也在冰浴中也冷却10min以上至5℃以下。将对氨基苯磺酸和$NaNO_2$的混合液在搅拌下分批滴入冰冷的HCl溶液中。使温度保持在5℃以下很快就有对氨基苯磺酸重氮盐的细粒状白色沉淀出现，为了保证反应完全，继续在冰浴中放置15min以上。

(2) 偶合：在小烧杯中将1.3mL（约26滴）N,N-二甲基苯胺和1mL冰醋酸（约20滴或1滴管）振荡使之混合。在搅拌下将此溶液慢慢加到上述冷却的对氨基苯磺酸重氮盐溶液中，加完后继续搅拌10min，此时有红色的酸性黄沉淀，然后在搅拌下慢慢加入约30mL 5% NaOH溶液，至反应物变为橙色，粗制的甲基橙呈细粒状沉淀析出。抽滤至干收集晶体，称重记录质量。产品倒入回收杯中，不可随意乱扔。

【数据记录与处理】
结果记录：产品为____色晶体，共____g。

【思考题】
(1) 重氮盐的制备为什么要控制在0~5℃中进行？偶合反应为什么在弱酸性介质中

进行？

(2) 在制备重氮盐中若加入 CuCl 将出现什么样的结果？

(3) N,N-二甲基苯胺与重氮盐偶合为什么总是在氨基的对位上发生？

【注意事项】

(1) 对氨基苯磺酸是一种有机两性化合物，其酸性比碱性强，能形成酸性的内盐，它能与碱作用生成盐，难与酸作用成盐，所以不溶于酸。但是重氮化反应又要在酸性溶液中完成，因此，进行重氮化反应时，首先将对氨基苯磺酸与碱作用，变成水溶性较大的对氨基苯磺酸钠。

$$\text{[SO}_3^-\text{-C}_6\text{H}_4\text{-NH}_3^+\text{]} + \text{NaOH} \longrightarrow \text{[SO}_3^-\text{Na}^+\text{-C}_6\text{H}_4\text{-NH}_2\text{]} + \text{H}_2\text{O} \tag{2}$$

(2) 在重氮化反应中，溶液酸化时生成 HNO_2：

$$\text{NaNO}_2 + \text{HCl} \longrightarrow \text{HNO}_2 + \text{NaCl} \tag{3}$$

同时，对氨基苯磺酸钠亦变为对氨基苯磺酸从溶液中以细粒状沉淀析出，并立即与 HNO_2 作用，发生重氮化反应，生成粉末状的重氮盐：

$$\text{[SO}_3\text{Na-C}_6\text{H}_4\text{-NH}_2\text{]} + \text{HCl} \longrightarrow \text{[SO}_3^-\text{-C}_6\text{H}_4\text{-NH}_3^+\text{]} \xrightarrow{\text{HNO}_2} \text{[SO}_3^-\text{-C}_6\text{H}_4\text{-N}_2^+\text{]} \tag{4}$$

为了使对氨基苯磺酸完全重氮化，反应过程中必须不断搅拌。

(3) 重氮反应过程中，控制温度很重要，反应温度若高于 5℃，则生成的重氮盐易水解成苯酚，降低了产率。

(4) 用淀粉-碘化钾试纸检验，若试纸显蓝色表明 HNO_2 过量。

$$2\text{HNO}_2 + 2\text{KI} + 2\text{HCl} \longrightarrow \text{I}_2 + 2\text{NO} + 2\text{H}_2\text{O} + 2\text{KCl} \tag{5}$$

析出的 I_2 遇淀粉就显蓝色。

这时应加入少量尿素除去过多的 HNO_2，因为 HNO_2 能起氧化和亚硝基化作用，HNO_2 的用量过多会引起一系列副反应。

$$\text{H}_2\text{N-CO-NH}_2 + 2\text{HNO}_2 \longrightarrow \text{CO}_2(g) + \text{N}_2(g) + 3\text{H}_2\text{O} \tag{6}$$

(5) 粗产品呈碱性，温度稍高时易使产物变质，颜色变深，湿的甲基橙受日光照射亦会使颜色变深，通常可在 65～75℃ 烘干。

实验十八 有机化合物的分离与提纯

【实验目的】

(1) 熟悉蒸馏和测定沸点的原理，了解蒸馏和测定沸点的意义，掌握蒸馏和测定沸点的操作要领和方法。

(2) 了解重结晶原理，初步学会用重结晶方法提纯固体有机化合物。掌握热过滤和抽滤操作。

【实验原理】

1. 蒸馏和测定沸点的实验原理

液体分子由于分子运动有从表面逸出的倾向，这种倾向随着温度的升高而增大，进而在液面上部形成蒸气。当分子由液体逸出的速度与分子由蒸气中回到液体中的速度相等，液面上的蒸气达到饱和，称为饱和蒸气。它对液面所施加的压力称为饱和蒸气压。实验证明，液体的蒸气压只与温度有关。即液体在一定温度下具有一定的蒸气压。

当液体的蒸气压增大到与外界施于液面的总压力（通常是大气压力）相等时，就有大量气泡从液体内部逸出，即液体沸腾。这时的温度称为液体的沸点。纯粹的液体有机化合物在一定的压力下具有一定的沸点。利用这一点，我们可以测定纯液体有机物的沸点。又称常量法。但是具有固定沸点的液体不一定都是纯粹的化合物，因为某些有机化合物常和其它组分形成二元或三元共沸混合物，它们也有一定的沸点。

蒸馏是将液体有机物加热到沸腾状态，使液体变成蒸气，又将蒸气冷凝为液体的过程。通过蒸馏可除去不挥发性杂质，可分离沸点差大于30℃的液体混合物，还可以测定纯液体有机物的沸点及定性检验液体有机物的纯度。

2. 重结晶的实验原理

固体有机物在溶剂中的溶解度一般随温度的升高而增大。把固体有机物溶解在热的溶剂中使之饱和，冷却时由于溶解度降低，有机物又重新析出晶体。利用溶剂对被提纯物质及杂质的溶解度不同，使被提纯物质从过饱和溶液中析出。让杂质全部或大部留在溶液中，从而达到提纯的目的。

注意重结晶只适宜杂质含量在5%以下的固体有机混合物的提纯，从反应粗产物直接重结晶是不适宜的，必须先采取其它方法初步提纯，然后再重结晶提纯。

【实验仪器与试剂】

仪器：蒸馏瓶、温度计、直型冷凝管、尾接管、锥形瓶、量筒、加热套、烧杯、玻璃棒、电子分析天平、循环水式真空泵等。

试剂：环己烯、1-溴丁烷、乙酸正丁酯等形成的混合物、粗乙酰苯胺、水、活性炭等。

【实验步骤】

1. 常压蒸馏

① 加料：将一定量的待蒸混合物小心倒入蒸馏瓶中，不要使液体从支管流出，加入几粒沸石，按照图4-4组装实验装置。塞好带温度计的塞子，注意温度计的位置。再检查一次装置是否稳妥与严密。

② 加热：先打开冷凝水龙头，缓缓通入冷水，然后开始加热。注意冷水自下而上，蒸气自上而下，两者逆流冷却效果好。当液体沸腾，蒸气到达水银球部位时，温度计读数急剧上升，调节热源，让水银球上液滴和蒸气温度达到平衡，使蒸馏速度以每秒1～2滴为宜。此时温度计读数就是馏出液的沸点。

蒸馏时若热源温度太高，使蒸气成为过热蒸气，造成温度计所显示的沸点偏高；若热源温度太低，馏出物蒸气不能充分浸润温度计水银球，造成温度计读得的沸点偏低或不规则。

③ 收集馏液：准备两个接收瓶，一个接受前馏分或称馏头，另一个（需称重）接受所需馏分，并记下该馏分的沸程：即该馏分的第一滴和最后一滴时温度计的读数。

在所需馏分蒸出后，温度计读数会突然下降。此时应停止蒸馏。即使杂质很少，也不要蒸干，以免蒸馏瓶破裂及发生其它意外事故。

④ 拆除蒸馏装置：蒸馏完毕，先应撤出热源，然后停止通水，最后拆除蒸馏装置（与安装顺序相反）。

结果记录：产品为____℃馏分，产量为____g（mL）；
　　　　　____℃馏分，产量为____g（mL）；
　　　　　____℃馏分，产量为____g（mL）。

2. 重结晶

把6～7g粗乙酰苯胺放入150mL热水中，加热至沸腾。如果仍有未溶解的油珠，需补加热水，直到油珠完全溶解为止。稍冷后加入约0.5g活性炭，用玻璃棒搅动并煮沸1～2min。趁热用保温漏斗过滤或用预先加热好的布氏漏斗组装如图4-26抽滤装置减压过滤。冷却滤液，乙酰苯胺呈无色片状晶体析出。减压过滤，尽量挤压以除去晶体中的水分。产物放在表面皿上晾干并用电子分析天平称量。

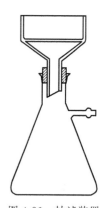

图4-26 抽滤装置

结果记录：产品为____色晶体，共____g。

【思考题】

(1) 蒸馏时加入沸石的作用是什么？如果蒸馏前忘记加沸石，能否立即将沸石加至将近沸腾的液体中？当重新蒸馏时，用过的沸石能否继续使用？

(2) 为什么蒸馏时最好控制馏出液的速度为1～2滴/s为宜？

(3) 对有机化合物进行重结晶时，最适合的溶剂应具备什么性质？

(4) 溶解重结晶粗产物时，应怎样控制溶剂的量？

(5) 为什么在关闭水泵前，先要拆开水泵和抽滤瓶之间的连接？

【注意事项】

常压蒸馏装置主要由汽化、冷凝和接收三部分组成。

(1) 蒸馏瓶：蒸馏瓶的选用与被蒸液体量的多少有关，通常装入液体的体积应为蒸馏瓶容积1/3～2/3。液体量过多或过少都不宜。在蒸馏低沸点液体时，选用长颈蒸馏瓶；而蒸馏高沸点液体时，选用短颈蒸馏瓶。

(2) 温度计：温度计应根据被蒸馏液体的沸点来选，低于100℃，可选用100℃温度计；高于100℃，应选用250～300℃水银温度计。

(3) 冷凝管：冷凝管可分为水冷凝管和空气冷凝管两类，水冷凝管用于被蒸液体沸点低于 140℃；空气冷凝管用于被蒸液体沸点高于 140℃。

(4) 尾接管及接收瓶：尾接管将冷凝液导入接收瓶中。常压蒸馏选用锥形瓶为接收瓶，减压蒸馏选用圆底烧瓶为接收瓶。

仪器安装顺序为：先下后上，先左后右。卸仪器与其顺序相反。

(5) 冷却水流速以能保证蒸气充分冷凝为宜，通常只需保持缓缓水流即可。

(6) 蒸馏有机溶剂均应用小口接收器，如锥形瓶。

实验十九　正丁醚的制备

【实验目的】
(1) 学习醇脱水制醚反应原理和实验方法。
(2) 学习分水器在实验中的应用。

【实验原理】
实验中常常利用醇分子间脱水生成醚的原理来是制备各种简单醚。常用硫酸作为催化剂,严格控制反应温度在135℃左右来制备正丁醚。
主反应:
$$2CH_3CH_2CH_2CH_2OH \xrightarrow[135℃]{浓硫酸} (CH_3CH_2CH_2CH_2)_2O + H_2O \tag{1}$$
副反应:
$$CH_3CH_2CH_2CH_2OH \xrightarrow{浓硫酸} CH_3CH_2CH=CH_2 + H_2O \tag{2}$$

【实验仪器与试剂】
仪器:100mL 三口烧瓶,分水器,温度计,球型冷凝管,小烧杯,量筒等。
试剂:正丁醇 31mL(25g,0.34mol),浓硫酸($d=1.84$)5mL,50%硫酸,无水氯化钙,沸石。

【实验步骤】
在 100mL 三口烧瓶中加入 31mL 正丁醇,将 5mL 浓硫酸慢慢加入并摇荡烧瓶使浓硫酸与正丁醇混合均匀,加几粒沸石。按照如图 4-27 所示组装实验装置。

分水器中可事先加入一定量的水(水的量可等于分水器的总容量减去反应完全时可能生成的水量)。将烧瓶用加热套小火加热至微微沸腾,保持回流约 1h。随着反应的进行,分水器中的水层不断升高,反应液的温度也逐渐上升。如果反应过程中,分水器中的水层达到了支管而流回烧瓶时,可打开旋塞放掉一部分水。当生成的水量到达 4.5~5mL,瓶中反应液温度到达 150℃左右时,关闭加热套,反应结束。

待反应物稍冷,拆除分水器,将反应装置改装成如图 4-4 蒸馏装置,加 2 粒沸石,进行蒸至无馏出液为止。

将馏出液倒入分液漏斗中,分去水层。粗产物用两份 15mL 冷的 50%硫酸洗涤两次,再用水洗涤两次,最后用 1~2g 无水氯化钙干燥。

图 4-27　正丁醚的制备装置

干燥后的粗产物倒入 30mL 蒸馏烧瓶中(注意不要把氯化钙倒进去!)组装简易蒸馏装置进行蒸馏,收集 140~144℃的馏分,产量约为 7~8g。

纯正丁醚为无色液体,沸点 142.4℃,d4150.773。

【数据记录与处理】
结果记录:产品为____色晶体,共为____g。

【思考题】

(1) 计算理论上分出的水量。如果与实际不符，请分析其原因。

(2) 用无水氯化钙干燥液体有机化合物，如何掌握干燥剂的用量？

(3) 如果最后蒸馏前的粗产品中含有丁醇，能否用分馏的方法将它除去？这样做好不好？

【注意事项】

(1) 本实验利用共沸混合物蒸馏方法将反应生成的水不断从反应物中除去。正丁醇、正丁醚和水可能生成以下几种共沸混合物（见表4-3）。

表 4-3 正丁醇、正丁醚和水共沸混合物

共沸混合物		共沸点/℃	组成的质量分数/%		
			正丁醚	正丁醇	水
二元	正丁醇-水	93.0		55.5	45.5
	正丁醚-水	94.1	66.6		33.4
	正丁醇-正丁醚	117.6	17.5	82.5	
三元	正丁醇-正丁醚-水	90.6	35.5	34.6	29.9

共沸混合物冷凝后分层，上层主要是正丁醇和正丁醚，下层主要是水。在反应过程中利用分水器使上层液体不断流回到反应器中。

(2) 按反应式计算，生成水的量为3g。实际上分出水层的体积要略大于计算量，否则产率很低。反应时如果加热时间过长，溶液会变黑并有大量副产物乙烯生成。

(3) 做实验时也可以略去第一步蒸馏，而将反应物冷却后倒入盛50mL水的分液漏斗中进行分液、洗涤等操作。由于产物中杂质较多，有时难以进行洗涤、分液。

(4) 50%硫酸可由20mL浓硫酸与34mL水配成。丁醇能溶于50%硫酸硫酸中而正丁醚很少溶解。

实验二十　苯甲酸的制备

【实验目的】
(1) 学习氧化反应制备羧酸的原理及方法。
(2) 了解红外光谱鉴定有机物的原理及方法。

【实验原理】
苯甲酸为具有苯或甲醛的气味的鳞片状或针状结晶。熔点 122.13℃，沸点 249℃，相对密度 1.2659 (15/4℃)。在 100℃时迅速升华，它的蒸气有很强的刺激性，吸入后易引起咳嗽。微溶于水，易溶于乙醇、乙醚等有机溶剂。苯甲酸是弱酸，比脂肪酸强。它们的化学性质相似，都能形成盐、酯、酰卤、酰胺、酸酐等，都不易被氧化。

芳香族羧酸通常用氧化含有 α-H 的芳香烃的方法来制备。利用高锰酸钾作为氧化剂氧化甲苯来制备苯甲酸是常用的几种方法之一。由于反应是较为剧烈的放热反应，应严格控制好温度，防止发生意外。

反应：
$$C_6H_5-CH_3 + 2KMnO_4 \longrightarrow C_6H_5-COOK + KOH + 2MnO_2 + H_2O \quad (1)$$
$$C_6H_5COOK + HCl \longrightarrow C_6H_5-COOH + KCl \quad (2)$$

【实验仪器与试剂】
仪器：250mL 圆底烧瓶，球型冷凝管，量筒，减压过滤装置。
试剂：甲苯 2.7mL (2.3g，0.025mol)，高锰酸钾 8.5g (0.054mol)，浓盐酸。

【实验步骤】
在 250mL 圆底烧瓶中放入 2.7mL 甲苯和 100mL 水，装上回流冷凝管后在加热套上加热至沸腾。从冷凝管上部端口分多批向反应体系中添加 8.5g 高锰酸钾。用 25mL 左右的水冲洗冷凝管内壁，使高锰酸钾全部进入。继续加热，保证反应液体的沸腾，此时温度约为 85℃，并每隔一小段时间就摇动一下圆底烧瓶。注意观察，直到甲苯层消失、回流液不再出现油珠停止反应（约需 4h）。

将烧瓶中反应液趁热减压过滤。用少量热水洗涤滤渣二氧化锰。合并滤液和洗涤液，放在冰水浴中冷却，然后用浓盐酸酸化（用刚果红试纸试验），至苯甲酸全部析出为止。

将析出的苯甲酸减压过滤，用少量冷水洗涤，挤压去水分。把制得的苯甲酸放在沸水浴上干燥。产量约为 1.7g。也可以用水进行重结晶来提纯。

红外光谱鉴定

将合成的苯甲酸进行红外光谱扫描，将得到的红外光谱图与标准样的红外光谱图对比，判断制备所得到的产物是否为苯甲酸。

【数据记录与处理】
结果记录：产品为____色晶体，共为____g。
分析样品红外光谱（见图 4-28）。

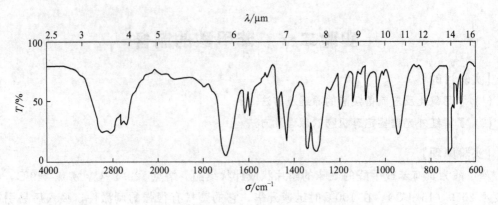

图 4-28 苯甲酸的红外光谱（固态，KBr 压片）

【思考题】

（1）在氧化反应中，影响苯甲酸产量的主要因素是哪些？
（2）反应完毕后，为何有时滤液呈紫色，又为何要加亚硫酸氢钠处理？
（3）从滤渣二氧化锰冲洗下来的是什么？为什么用热水而不用冷水？

【注意事项】

（1）反应加热不能太过剧烈。
（2）滤液如果呈紫色，可加入少量亚硫酸氢钠使紫色褪去，然后再进行一次减压过滤。

实验二十一　阿司匹林的制备

【实验目的】
(1) 掌握阿司匹林制备的实验原理及制备方法。
(2) 熟悉有机化合物的分离、提纯方法。
(3) 了解有机合成实验的实现方法。

【实验原理】
阿司匹林也叫乙酰水杨酸，用于治感冒、发热、头痛等症，还能用于预防和治疗缺血性心脏病、心绞痛、心肺梗死、脑血栓形成等疾病。

水杨酸分子中含羟基（—OH）、羧基（—COOH），具有双官能团。两个官能团都能发生酯化反应。

引入酰基的试剂叫酰化试剂，常用的乙酰化试剂有乙酰氯、乙酐、冰乙酸等。本实验选用乙酐作酰化剂。用硫酸为催化剂，与水杨酸发生酯化反应生成乙酰水杨酸（阿司匹林）。

反应如下：

$$\text{C}_6\text{H}_4(\text{OH})(\text{COOH}) + (\text{CH}_3\text{COO})_2\text{O} \xrightarrow[\text{水浴 85~90℃}]{\text{浓硫酸}} \text{C}_6\text{H}_4(\text{OOCCH}_3)(\text{COOH}) + \text{CH}_3\text{COOH}$$

制备的粗产品不纯，除副反应生成的产物外，可能还有没有反应的水杨酸等杂质。

本实验用 $FeCl_3$ 检查产品的纯度。未反应完的酚羟基，遇 $FeCl_3$ 呈紫蓝色。如果在产品中加入一定量的 $FeCl_3$ 而无颜色变化，则认为纯度基本达到要求。

【实验仪器与试剂】
仪器：150mL 锥形瓶，5mL 吸量管（干燥），洗耳球，烧杯 100mL 两个，250mL 一个，橡胶塞，玻棒，抽滤装置，表面皿，50mL 量筒，烘箱，水浴锅。

试剂：水杨酸 2.00g（0.015mol），乙酸酐 5mL（0.053mol），饱和 $NaHCO_3$，4mol/L 盐酸，浓硫酸，冰块，95％乙醇，蒸馏水，1％$FeCl_3$。

【实验步骤】

1. 阿司匹林的制备
① 称取水杨酸 1.98g 于锥形瓶（150mL）；取新蒸馏提纯过的乙酸酐 3mL（通风橱内操作）放入锥形瓶内，再向锥形瓶内滴入浓硫酸 5 滴，轻摇锥形瓶使固体全部溶解，盖上带玻璃管的胶塞，在事先预热的水浴中（85~90℃）加热约 10~15min。

这一步骤要求所用仪器必须干燥，药品也应提前进行干燥处理。

② 取出锥形瓶，将液体倒进 250mL 烧杯并冷却至室温。加入 50mL 水，同时剧烈搅拌（搅拌要激烈，否则会析出块状物体，影响后续实验），冰水中冷却 10min，保证晶体能够完全析出。

③ 抽滤。冷水洗涤晶体数次，尽量抽干，然后晶体转移至表面皿上风干。

2. 阿司匹林的提纯
① 将粗产品置于 100mL 烧杯中，向烧杯中缓慢加入约 5mL 饱和 $NaHCO_3$ 溶液，可观

察到产生大量气体，固体大部分溶解。不断搅拌至无气体产生。

② 用干净的抽滤瓶抽滤，用 5~10mL 水洗。将滤液和洗涤液合并，并转移至 100mL 烧杯中，缓缓滴加 15mL 4mol/L 的盐酸，边加边搅拌，观察到有大量气泡产生。

③ 用冰水冷却 10min 后抽滤，2~3mL 冷水洗涤几次，抽干。用烘箱干燥后称量。

3. 产品纯度检验

取少量结晶物质，溶解于 5mL 水和少量乙醇中，向其中滴加 1% $FeCl_3$ 溶液。通过现象判断产品纯度。

【数据记录与处理】

结果记录：产品为____色晶体，共为____ g。

计算产率。

【思考题】

(1) 反应容器和药品为什么要尽量干燥无水？

(2) 为什么用乙酸酐而不用乙酸？

(3) 本实验中可发生哪些副反应？副产物都是什么？

【注意事项】

(1) 乙酰化反应所用的仪器、量具必须干燥，同时注意不要让水蒸气进入锥形瓶。

(2) 乙酰化反应温度不宜过高，否则将增加副产物（乙酰水杨酸酯、乙酰水杨酰水杨酸酯）的生成。

(3) 倘若在冷却过程中阿司匹林没有从反应液中析出，可用玻璃棒轻轻摩擦锥形瓶的内壁，也可同时将锥形瓶放入冰浴中冷却，促使结晶生成。

(4) 加水时要注意，一定要等结晶充分形成后才能加入。加水时要慢慢加入，并有放热现象，甚至会使溶液沸腾，产生醋酸蒸气，必须小心。

(5) 溶解时，加热时间不宜太长，温度不宜过高，否则阿司匹林发生水解。

(6) 当碳酸氢钠水溶液加到阿司匹林中时，会产生大量气泡，注意分批少量地加入，一边加一边搅拌，以防止气泡产生过多引起溶液外溢。

实验二十二　环己酮的制备

【实验目的】
(1) 掌握氧化法制备环己酮的实验原理及操作方法。
(2) 掌握水蒸气蒸馏等常用实验操作方法。

【实验原理】
一级醇和二级醇可以被氧化生成醛、酮或羧酸。控制氧化条件和使用不同的氧化剂可以得到不同程度的氧化产物。六价铬是将伯、仲醇氧化成醛、酮的最重要和最常用的试剂，反应可在酸性、碱性或中性条件下进行。本实验用环己醇为原料通过铬氧化剂氧化生成环己酮，物理常数见表4-4。

反应式：

$$3 \bigcirc\text{-OH} + Na_2Cr_2O_7 + 5H_2SO_4 \longrightarrow 3 \bigcirc\text{=O} + Cr_2(SO_4)_3 + 2NaHSO_4 + 7H_2O$$

铬酸是重铬酸盐与40%～50%硫酸的混合物。本实验采用酸性氧化，水、醋酸、二甲亚砜（DMSO）、二甲基甲酰胺（DMF）或它们组成的混合溶剂都可以作为反应的溶剂。

表4-4　主要试剂及产品的物理常数（文献值）

名称	分子量	性状	折射率	相对密度	熔点/℃	沸点/℃	溶解度;克/100mL 溶剂
环己醇	100.16	Liq	1.4650	0.962	25.5	161.1	3.6
环己酮	98.14	Liq	1.4507	0.947	−31.2	155.7	2.4

【实验仪器与试剂】
仪器：温度计，电热套、蒸馏头、温度计套管，直型冷凝管，空气冷凝管，尾接管，100mL 梨形烧瓶，250mL 圆底烧瓶，25mL 圆底烧瓶，冰水浴，分液漏斗、天平、锥形瓶、烧杯100mL，量筒20mL，折射仪。

试剂：环己醇10.4mL（10g, 0.1mol），重铬酸钠10.4g（0.035mol），浓硫酸10mL，无水硫酸镁，草酸0.5～1g，精制食盐8g，沸石。

【实验步骤】
① 取60mL 冰水放入250mL 圆底烧瓶内，摇动烧瓶同时缓慢加入10mL 浓硫酸。将10.4mL 环己醇小心加入其中，混匀并冷却至15℃以下。

② 将10.4g $Na_2Cr_2O_7 \cdot 2H_2O$ 溶于10mL 水中，冷却至15℃以下后分成数批小心加入到圆底烧瓶中，加入同时不断摇动烧瓶，使反应物混合均匀、充分。

第一批重铬酸钠溶液加入烧瓶后反应物温度开始上升，反应物会由橙红色变成墨绿色。利用冰水浴控制反应物温度在55～60℃之间，待反应物橙红色完全消失后再加入下一批。全部加完后继续摇动烧瓶，到温度呈下降趋势再间歇摇动约10min。向烧瓶中加入0.5～1g 的草酸，以还原过量的氧化剂。

③ 向烧瓶中添加50mL 水，加入两粒沸石，安装成蒸馏装置加热蒸馏。收集馏出液约40mL。向溜出液中加入精盐8g，搅拌使之溶解。

④ 将液体倒入分液漏斗静置、分液。保留有机层，并加入一定量无水硫酸镁干燥。

⑤ 提纯：用 25mL 圆底烧瓶组装空气冷凝蒸馏装置，对产物加热蒸馏，收集 151～156℃馏分。

⑥ 称重、计算产率。测折射率。

【数据记录与处理】

结果记录：产品为____色液体，共为____g。

计算产率。

【思考题】

(1) 本实验的氧化剂能否改用硝酸或高锰酸钾，为什么？

(2) 蒸馏产物时为何使用空气冷凝管？

(3) 反应结束后，为什么向其中加入草酸或甲醇？

【注意事项】

(1) 浓硫酸的滴加要缓慢，注意冷却。

(2) 铬酸氧化醇是一个放热反应，实验中必须严格控制反应温度以防反应过于剧烈。反应中控制好温度，温度过低，反应困难；过高则副反应增多。

(3) 铬酸溶液具有较强的腐蚀性，操作时多加小心，不要溅到衣物或皮肤上。

(4) 环己酮和水可形成恒沸物（90℃，约含环己酮 38.4%），使其沸点下降，用无水硫酸镁干燥时一定要完全。

实验二十三　季铵盐的制备及其反应

【实验目的】
(1) 掌握季铵盐制备的原理及实验方法。
(2) 掌握季铵盐转化的反应原理。

【实验原理】
　　四级铵盐又称季铵盐，英文名 quaternary-N，为铵离子中的四个氢原子都被烃基取代而生成的化合物，通式 R4NX，其中四个烃基 R 可以相同，也可不同。X 多是卤素负离子（F、Cl、Br、I），也可是 HSO_4^-、$RCOO^-$ 等酸根。季铵盐与无机盐性质相似，易溶于水，水溶液能导电。

　　季铵盐主要通过氨或胺与卤代烷反应制得。四级铵盐分子中的 X 是 OH- 时，通常称为四级铵碱。四级铵碱是强碱，与氢氧化钠和氢氧化钾的碱性相近。四级铵碱在加热时分解为水、三级胺和烯烃，该反应称为霍夫曼反应，合成中用来制备烯烃。四级铵碱可由四级铵卤化物与氧化银作用制得。

　　本实验采用三乙胺和溴乙烷反应来制备季铵盐。

【实验仪器与试剂】
　　仪器：50mL 圆底烧瓶，毛细管，回流冷凝管，干燥管，脱脂棉，加热套，抽滤装置，广口试剂瓶，干燥器，试管，滴管，过滤装置，20mL 量筒，玻棒，酚酞试纸，pH 试纸，百里酚酞试纸，滤纸。

　　试剂：三乙胺 13.8mL（10.1g，0.1mol），溴乙烷 8.3mL（12.1g，0.12mol），氯化钙，2%硝酸银 2mL，5%氢氧化钠，酚酞，溴化四乙基铵。

【实验步骤】
　　① 在 50mL 圆底烧瓶中放入 13.8mL 三乙胺和 8.3mL 溴乙烷，投入几根上端封闭的毛细管，其上端斜靠在瓶颈内壁上。装配回流冷凝管，冷凝管上口装配一氯化钙干燥管（氯化钙应提前烘干并用脱脂棉塞住），以防止空气中潮气侵入。用小火加热回流 6h。
　　② 控制回流速度每秒钟 1~2 滴，并间歇摇动烧瓶。
　　③ 停止加热，冷却反应物。待固体产物析出后抽滤，用玻璃瓶塞尽量挤压去液体，得无色季铵盐。产物约为 6.5g。把季铵盐放入用橡皮塞塞紧的广口试剂瓶中。试剂瓶最后保存在内放硅胶的干燥器内。
　　④ 在试管中放入 2mL 2%的硝酸银溶液，滴加 5%的氢氧化钠溶液至不再产生沉淀为止。将析出的湿氧化银过滤，用蒸馏水多次洗涤，直到洗涤液不呈碱性（对酚酞试纸）。然后把湿氧化银分装在两个试管中，各加 2mL 水及 1~2 滴酚酞指示剂。在一个试管中加少量自制的溴化四乙基铵，振荡。比较两个试管中的液体和固体的颜色有何不同？在 pH 试纸上各滴一滴，有何不同？用百里酚酞试纸检验，有何不同？
　　观察并记录实验现象。

【数据记录与处理】
　　结果记录：产品为＿＿色固体，共为＿＿g。

分析解释实验现象。

【思考题】
(1) 制备季铵盐还可以采用哪些方法？
(2) 试写出季铵盐转化为季安碱的全部反应式。
(3) 季铵盐合成后可以采取怎样的方法提纯？

【注意事项】
硝酸银属于强氧化剂、腐蚀品、环境污染物。使用硝酸银时，应戴橡胶手套，密闭操作，加强通风，切忌将其滴到皮肤上。

实验二十四 苯乙酮的制备

【实验目的】
(1) 学习并掌握傅-克酰基化反应的基本原理。
(2) 掌握无水操作及机械搅拌的使用方法。

【实验原理】
傅里德-克拉夫茨反应，简称傅-克反应，英文 Friedel-Crafts reaction，是一类芳香族亲电取代反应，1877 年由法国化学家查尔斯·傅里德（Friedel C）和美国化学家詹姆斯·克拉夫茨（Crafts J）共同发现。该反应主要分为两类：烷基化反应和酰基化反应。

傅-克酰基化反应是在强路易斯酸做催化剂条件下，让酰氯与苯环进行酰化的反应。此反应还可以使用羧酸酐作为酰化试剂，反应条件类似于烷基化反应的条件。酰化反应比起烷基化反应来说具有一定的优势：由于羰基的吸电子效应的影响（钝化基团），反应产物（酮）通常不会像烷基化产物一样继续多重酰化。而且该反应不存在碳正离子重排，这是由于酰基正离子可以共振到氧原子上从而稳定碳离子（不同于烷基化形成的烷基碳正离子，正电荷非常容易重排到取代基较多的碳原子上）。生成的酰基可以用克莱门森还原反应、沃尔夫-凯惜纳-黄鸣龙还原反应或者催化氢化等反应转化为烷基。优点是产物较纯。

本实验利用苯、无水三氯化铝、乙酐等原料合成苯乙酮，物理常数见表 4-5。

反应式

$$\text{C}_6\text{H}_6 + (\text{CH}_3\text{CO})_2\text{O} \xrightarrow{\text{AlCl}_3} \text{C}_6\text{H}_5\text{-CO-CH}_3 + \text{CH}_3\text{COOH}$$

表 4-5 主要物料及其物理常数

化合物	分子量	熔点/℃	沸点/℃	密度/g·cm^{-3}	溶解性(水)
苯	78.11	5.5	80.1	0.8786	不溶
醋酸酐	102.09	−73.1	139.55	1.0820	微溶
苯乙酮	120.15	20.5	202	1.5318	不溶

【实验仪器与试剂】
仪器：100mL 三口烧瓶，50mL 的圆底烧瓶，液封搅拌器，100mL 滴液漏斗，回流冷凝管，干燥管，脱脂棉，吸气装置，加热套，蒸馏头，温度计，温度计套管，空气冷凝管，20mL 量筒，磨口小锥形瓶。

试剂：醋酸酐 7mL（7.5g，0.072mol），无水苯 30mL（0.34mol），无水三氯化铝 20g，1∶1 浓盐酸 100mL，20mL 苯，5%氢氧化钠溶液，无水氯化钙，浓硫酸。

【实验步骤】
① 取 100mL 三口烧瓶，在中间口装配液封搅拌器，液封管内盛浓硫酸，一侧口装滴液漏斗，另一侧装回流冷凝管，回流冷凝管要连接氯化钙干燥管并连上气体吸收装置。

迅速称取 20g 无水 $AlCl_3$ 放入 100mL 三口瓶中，再加入 20mL 无水苯。自滴液漏斗慢慢滴加 7mL 乙酸酐和 10mL 无水苯的混合液。边加边搅拌，反应很快进行，放出氯化氢气体，可以看到三氯化铝逐渐溶解。反应物温度升高，应控制滴加速度，使苯缓缓地回流。约 10min 加料完成。加热套小火加热，缓缓回流 1h，直到无氯化氢气体放出。

② 将反应物冷至室温，搅拌下加入 100mL 配制好的 1∶1 盐酸溶液。当固体溶解完后，分液，用 10mL 苯萃取两次，合并有机层。依次用 50mL 等体积的 5%NaOH 和水洗涤有机层，产物用无水 $CaCl_2$ 干燥。

③ 干燥后的产物加入 50mL 的圆底烧瓶中，组成蒸馏装置，电热套小火加热蒸去苯。升高温度至 140℃，稍冷后改空冷管，继续加热，收集 194～198℃ 的馏分。称重、计算产率。

【数据记录与处理】

结果记录：产品为____色固体，共为____g。

计算产率。

【思考题】

(1) 本装置为何要干燥，加料要迅速？

(2) 反应完成后，为何要加入浓盐酸和在冰水中冰解（加入 1∶1 的浓盐酸和水）？

(3) 为什么要逐渐地滴加乙酐？

【注意事项】

(1) 所用仪器和试剂必须干燥，称取和加入 $AlCl_3$ 时应快速。

(2) 注意正确安装氯化氢气体吸收装置，防止倒吸。

(3) 乙酸酐的滴加速度要慢。

(4) 蒸馏时，尽可能用小瓶，以减少损失。

实验二十五 苯甲醇的制备

【实验目的】
(1) 掌握 Cannizzaro 反应制备苯甲酸和苯甲醇的原理与方法。
(2) 熟练掌握萃取与蒸馏操作。

【实验原理】
无 α-氢的醛类和浓的强碱溶液作用时,发生分子间的自氧化还原反应,一分子醛被还原成醇,另一分子醛被氧化成酸,此反应称为 Cannizzaro 反应。按上述反应式只能得到一半的醇。如应用稍过量的甲醛水溶液与醛参与反应时,则可使所有的醛还原至醇,而甲醛则氧化成甲酸。

本实验用苯甲醛为原料,制备苯甲醇和苯甲酸。

【实验仪器与试剂】
仪器:250mL 锥形瓶,胶塞,分液漏斗、20mL 量筒,50mL 圆底烧瓶,蒸馏头,温度计,温度计套管,直型冷凝管,空气冷凝管,尾接管,150mL 磨口锥形瓶 2 个,烧杯,水浴锅,加热套,玻棒,抽滤装置。

试剂:氢氧化钾 18g(0.32mol),饱和亚硫酸氢钠溶液,10%碳酸钠溶液,无水硫酸镁,浓盐酸,苯甲醛 21g(20mL,0.2mol),乙醚 60mL,浓盐酸,碎冰。

【实验步骤】
① 在 250mL 锥形瓶中配制 18g 氢氧化钾(0.32mol)和 18mL 水的溶液,冷至室温后,加入 21g 新蒸过的苯甲醛(20mL,0.2mol)。用橡皮塞塞紧瓶口,用力振摇,使反应物充分混合,最后成为白色糊状物,放置 24h 以上。

② 向反应混合物中逐渐加入约 60mL 左右的水,不断振摇使其中的苯甲酸盐全部溶解。将溶液倒入分液漏斗,每次用 20mL 乙醚萃取三次,合并乙醚萃取液。乙醚萃取过的水溶液同样合并保留。

将乙醚萃取液依次用 5mL 饱和亚硫酸氢钠溶液、10mL 10%碳酸钠溶液及 10mL 水洗涤,最后用无水硫酸镁或无水碳酸钾干燥。

③ 将干燥后的乙醚溶液倒入 50mL 圆底烧瓶中,组成蒸馏装置,先用热水浴蒸去乙醚,将蒸出的乙醚单独放入回收瓶。改用空气冷凝管,用加热套蒸馏苯甲醇,收集 200~208℃ 的馏分,产量 8~8.5g(产率 74%~79%)。

④ 在不断搅拌下,将乙醚萃取过的水溶液以细流缓缓倒入用 40mL 浓盐酸、40mL 水和 25g 碎冰组成的混合物中,使苯甲酸完全析出。抽滤,用少量水洗涤,挤压去水分,晾干。

【数据记录与处理】
若要得到纯产品,可用水重结晶提纯。

结果记录:馏分产品为____色液体,共为____g;提纯产品为____色固体,共为____g。计算产率。

【思考题】

(1) 反应物为什么要用新蒸馏过的苯甲醛？

(2) 本实验中两种产物是根据什么原理分离提纯的？用饱和的亚硫酸氢钠及10%碳酸钠溶液洗涤的目的何在？

(3) 干燥乙醚溶液时能否用无水氯化钙代替无水硫酸镁？

(4) 蒸馏干燥后的乙醚溶液为什么要用热水浴？

【注意事项】

(1) 本实验需要用乙醚，而乙醚极易着火，必须在近旁没有任何种类的明火时才能使用乙醚。蒸乙醚时可在接引管支管上连接一长橡皮管通入水槽的下水管内或引出室外，接受器用冷水浴冷却。

(2) 结晶提纯苯甲酸可用水作溶剂重，苯甲酸在水中的溶解度为：80℃时，每100mL水中可溶解苯甲酸2.2g。

实验二十六　硝基苯的制备

【实验目的】
(1) 了解硝化反应中各种条件对反应的影响。
(2) 掌握硝基苯的制备原理和实验方法。

【实验原理】
硝基苯（nitrobenzene）是芳香族硝基化合物，为黄绿色晶体或黄色油状液体，有杏仁气味，能溶于乙醇、乙醚和苯，微溶于水，凝固点 5.70℃，沸点 210.85℃。硝基苯可用于制备二硝基苯、苯胺、间氨基苯、磺酸等，还可做有机溶剂、有机反应的弱氧化剂等是重要的精细化工原料，也是重要的医药和染料的中间体。

芳香族硝基化合物一般由芳香族化合物直接硝化制得，最常用的硝化剂是混酸，由浓硝酸与浓硫酸混合制得。在硝化反应中，不同的硝化反应进行所需的混酸浓度和反应温度等条件也各不相同。混酸中浓硫酸的作用除脱水外，更重要的是这种强酸性介质的存在有利于硝酰阳离子（N^+O_2）的生成，它是真正的亲电试剂，增加硝酰阳离子的浓度，能够加快反应速度，进而提高硝化能力。硝化反应是强放热反应，进行硝化反应时，必须严格控制升温和加料速度，同时进行充分的搅拌。

本实验以苯为原料，用混酸做硝化剂制备硝基苯的反应式：

$$\bigcirc + HNO_3(浓) \xrightarrow[50\sim55℃]{H_2SO_4(浓)} \bigcirc\!\!-\!\!NO_2 + H_2O$$

【实验仪器与试剂】
仪器：三口烧瓶（250mL），玻璃管，温度计（100℃，250℃），量筒（20mL），分流漏斗（120mL），玻璃漏斗（20mm）（8mm，L300mL），锥形瓶（100mL，50mL×3），水浴锅，50mL 蒸馏烧瓶，蒸馏头，温度计套管，空气冷凝管，电热套。

试剂：苯、浓硝酸、浓硫酸、碳酸钠溶液（10%）、饱和食盐水、无水氯化钙、pH 试纸等。

【实验步骤】
① 在 250mL 三口烧瓶中加入 17.8mL 苯，三口烧瓶配上一支 300mm 长的玻璃管作为空气冷凝管，左口装一支 0~100℃温度计，右口装上滴液漏斗。

② 在 50mL 锥形瓶中加入 20.0mL 浓硫酸，把锥形瓶放放冷水浴中，在摇动条件下将 14.6mL 的硝酸慢慢加入浓硫酸中，混匀。将冷却的混酸用滴液漏斗分批加入，每加一次后，必须充分振荡烧瓶，使苯和混酸充分接触。在开始加入混酸时，硝化反应速度较快，每次加入的混酸量宜为 0.5mL~1.0mL，反应中混合物中苯的浓度逐渐降低，硝反反应的速度也随之减慢，故在加后一半混酸时每次混酸可加入 1.0mL~1.5mL。混酸加入，随着反应进行，反应液温度升高，待反应液温度不再上升，且趋于下降时，再继续加下一批混酸。加酸时，要使反应的温度控制在 40~50℃，若超过 50℃，可用冷水浴冷却。

③ 加料完毕后，将烧瓶放在 50℃ 的水浴中，观察温度计读数决定是否加热，使烧瓶中的反应液的温度控制在 60～65℃ 间，并保持 40min。在此期间应间歇地摇荡烧瓶，直至反应完全。

④ 反应结束后，待反应液冷却后，将其倒入分液漏斗中，静置、分层。将粗硝基苯用等体积的冷水洗涤，再用 10% 的碳酸钠溶液洗涤多次，直到洗涤液不显酸性，最后用去离子水洗至中性。将粗硝基苯放入干燥的小锥形瓶中，加入无水氯化钙干燥。

⑤ 把澄清的硝基苯倒入 50mL 蒸馏烧瓶中，装上 250℃ 水银温度计和空气冷凝管，用电热套加热蒸馏，收集 204～210℃ 的馏分。称重，并计算产率。

注意：为了避免残留的二硝基苯在高温下分解而引起爆炸，切勿将产物蒸干。

【数据记录与处理】

计算产率。

结果记录：产品为____色液体，共为____g。

【思考题】

(1) 硫酸和硝酸在硝化反应中各起什么作用？

(2) 能否将混酸一次加完？为什么？

(3) 如何判断硝化反应已经结束？

【注意事项】

(1) 硝基化合物对人体的毒性较大，所以处理硝基化合物时要特别小心，如不慎触及皮肤，应立即用少量乙醇洗，可用肥皂和温水洗涤。

(2) 洗涤硝基苯时，不可过分用力振荡，否则使产品乳化难以分层，遇此情况，可加入固体 NaOH 或 NaCl 饱和溶液滴加数滴酒精静置片刻即可分层。

(3) 因残留在烧瓶中的硝基苯在高温时易发生剧烈分解，故蒸馏产品时不可蒸干或使温度超过 114℃。

(4) 硝化反应是一个放热反应，温度不可超过 55℃。

实验二十七　重氮盐的制备及其反应

【实验目的】

(1) 掌握重氮化反应的原理和重氮盐的制备方法。
(2) 掌握放氮反应的原理和操作方法。
(3) 掌握偶合反应的原理及偶氮化合物的制备方法。

【实验原理】

重氮盐通常是伯芳胺在过量无机酸（常用盐酸和硫酸）的水溶液中与亚硝酸钠在低温作用而制得：

$$ArNH_2 + NaNO_2 + 2HX \xrightarrow[\text{过量的 HX}]{\text{低温}} ArN_2^+ X^- + 2H_2O + NaX \tag{1}$$

重氮化反应是一个放热反应，同时大多数重氮盐极不稳定，在室温时易分解，所以重氮化反应一般都保持在 0~5℃进行。但芳环上有强的间位取代基的伯芳胺，如对硝基苯胺，其重氮盐比较稳定，往往可以在较高的温度下进行重氮化反应。重氮盐在强酸性溶液中比较不活泼；过量的酸能避免副产物重氮化合物等的生成。通常使用的酸量要比理论量多 25% 左右。过量的亚硝酸会促进重氮盐的分解，会很容易和进行下一步反应所加入的化合物（例如叔芳胺）起作用，还会使反应终点难于检验。加入适量的亚硝酸钠溶液后，要及时用碘化钾淀粉试纸检验反应终点。过量的亚硝酸可以加入尿素来除去。反应要均匀地进行，避免局部过热，以减少副产物，所以反应时应不断搅拌。

最常见的重氮盐的化学反应有下列两种类型。

① 作用时放出氮气的反应。在不同的条件下，重氮基能被氢原子、羟基、氰基、卤原子等所置换，同时放出氮气。例如，桑德迈耳（Sandmeyer）反应：

$$ArN_2^+ Cl^- \xrightarrow[\text{过量浓盐酸}]{CuCl} ArCl + N_2 \tag{2}$$

在实际操作中，往往将先制备的、冷的重氮盐溶液慢慢地加到冷的氯化亚铜的浓氢卤酸溶液中去，先生成深红色悬浮的复盐。然后，缓缓加热，使复盐分解，放出氮气，生成卤代芳烃。

② 作用时保留氮的反应。这类反应中最重要的是偶合反应。例如重氮盐与酚或叔芳胺在低温时作用，生成具有 Ar—N=N—Ar′ 结构的稳定的有色偶氮化合物。重氮盐与酚的偶合，一般在碱性溶液中进行，而重氮盐与叔芳胺的偶合，一般在中性或弱酸性溶液中进行。

偶合反应也要控制在较低的温度下进行，要不断地搅拌，还要控制反应介质的酸碱度。

重氮盐的制备方法有两种：反法和正法。

反法：如对氨基苯磺酸的重氮化反应

$$\boxed{ArNH_2 \xrightarrow{\text{溶于}} NaOH} \quad \xrightarrow{\text{混合均匀}} \quad \boxed{H_2SO_4 + H_2O(\text{冰})} \tag{3}$$
$$\boxed{NaNO_2}$$

正法：如对硝基苯胺的重氮化反应

$$\boxed{ArNH_2 + HCl} \longleftarrow \boxed{NaNO_2 + H_2O(\text{冰})} \tag{4}$$

【实验仪器与试剂】

仪器：烧杯，量筒，试管，玻璃棒，玻璃漏斗，滤纸，水浴锅，温度计。

试剂：$2\,mol \cdot L^{-1}$ 氢氧化钠溶液，对氨基苯磺酸，对硝基苯胺，$1\,mol \cdot L^{-1}$ 亚硝酸钠溶液，浓硫酸（$d=1.84$），饱和溴水，苯酚（碱溶液），盐酸（1∶1）。

【实验步骤】

1. 对氨基苯磺酸的重氮化反应（反法）

在一个 50mL 烧杯中放入 8mL 水，4mL $2\,mol \cdot L^{-1}$ 氢氧化钠溶液和 1g 对氨基苯磺酸，搅拌溶解后，加入 6mL $1\,mol \cdot L^{-1}$ 亚硝酸钠溶液。于搅拌下将此溶液倾入另一个含有 0.8mL 浓硫酸（相对密度 1.84）和 20g 碎冰的小烧杯中，继续搅拌 5min。

对氨基苯磺酸的重氮盐（对磺基重氮苯）呈白色晶体析出。

2. 对硝基苯胺的重氮化反应（正法）

在一个 50mL 烧杯中放入 0.9g 对硝基苯胺，再加入 3mL 盐酸（1∶1），搅拌使溶解。在另一个 50mL 烧杯中将 30g 碎冰和 6.5mL $1\,mol \cdot L^{-1}$ 亚硝酸钠溶液相混合，在搅拌下倒入对硝基苯胺的盐酸溶液中，继续搅拌反应物 5min。

生成的重氮盐应为淡黄色透明溶液。如有不溶物，过滤除去。

3. 对氨基苯磺酸的重氮盐的放氮反应

对羟基苯磺酸的生成：在小试管中放入 2mL 对氨基苯磺酸的重氮盐（溶液及晶体），在水浴中加热至 60~70℃，仔细观察颜色变化和有无气泡冒出。至气泡冒完后，取出冷却。在冷却后的溶液中加入 2~3mL 饱和溴水，仔细观察现象。

4. 保留氮的反应——偶合反应

在小试管中放入 1mL 对氨基苯磺酸的重氮盐，加入 1mL 苯酚的氢氧化钠溶液。振荡混合后，观察试管中生成物的颜色。用玻璃棒蘸取一滴滴在滤纸上，观察其颜色。

5. 氯化对硝基重氮苯的放氮反应

对硝基苯酚的生成：在小试管中放入对硝基苯胺的重氮盐溶液 3mL，在水浴中加热至 60~70℃，观察颜色变化及有无气泡冒出。冷却后，加入 1~2mL 饱和溴水，观察有无白色沉淀析出。

【数据记录与处理】

记录实验现象并分析。

【思考题】

(1) 为什么重氮化反应一般都要保持在 0~5℃ 进行？如果温度过高或溶液酸度不足会产生什么副反应？

(2) 偶合反应为什么也要控制在较低温度下进行及控制反应介质的酸碱度？

(3) 重氮化反应中过量的亚硝酸如何除去？

【注意事项】

(1) 制备重氮盐时一定要控制好温度。在温度稍高或光的作用下，即易分解。

(2) 控制亚硝酸钠滴加速度，不要太快。如果出现冒红烟现象，应停止滴加。可能温度高了或搅拌速度慢搅不开。

(3) 重氮盐不稳定，一定要注意保存。接触高温易放热着火，使用时要注意安全。

第五部分 物理化学实验

实验一 液体黏度和密度的测定

【实验目的】

(1) 学习恒热电偶式恒温水浴的控温原理,学会正确使用。

(2) 了解奥氏黏度计的构造,并测定无水乙醇的黏度和密度。

【实验原理】

热电偶:两种不同成分的导体(称为热电偶丝材或热电极)两端接合成回路,当两个接合点的温度不同时,在回路中就会产生电动势,这种现象称为热电效应,而这种电动势称为热电势。热电偶就是利用这种原理进行温度测量的,其中,直接用作测量介质温度的一端叫做工作端(也称为测量端),另一端叫做冷端(也称为补偿端);冷端与显示仪表或配套仪表连接,显示仪表会指出热电偶所产生的热电势。热电偶温度计系统原理如图 5-1 所示。

恒温水浴(恒温槽):恒温水浴的类型很多,主要取决于控温的高低及控温的精度。图示的是常用的玻璃恒

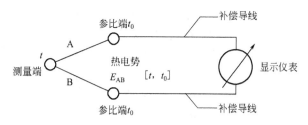

图 5-1 热电偶温度计系统原理

温水浴槽,由于它没有制冷设备,所以只适合在高于室温但低于水的沸点温度范围内工作。

恒温槽一般都配备有高稳定的铂电阻 PRT 或其它温度传感器,以分别用来实现对恒温槽的温度控制和自动保护功能。控制器使用特殊的噪声抑制电路,因此能够检测出高稳定性恒温槽所要求的微小的电阻变化。仪器内部使用交流电桥测量温度来减小热电势。定制的、高精度、低温度系数的电阻保证了温度设定点的短期和长期稳定性。

黏度的测定:液体黏度的大小,一般用黏度系数(η)表示。本实验采用毛细管法测定无水乙醇黏度。若液体在毛细管黏度计中,因重力作用流出时,可通过泊肃叶(Poiseuille)公式(5-1)计算黏度:

$$\eta = \frac{\pi R^4 p t}{8VL} \tag{5-1}$$

式中　V——在时间 t 内流过毛细管的液体体积；

　　　p——管两端的压力差，Pa；

　　　R——毛细管内管半径，m；

　　　L——毛细管长度，m。

　　　η——黏度系数，Pa·s。

按上式由实验直接来测定液体的黏度是件困难的工作，但是测定液体对标准液体（如水）的相对黏度则是简单实用的。

取相同体积的两种液体（被测液体"i"，参考液体"o"，如水、甘油等），在本身重力作用下，分别流过同一支毛细管黏度计，如图5-2所示的奥氏黏度计。若测得流过相同体积 V_{a-b} 所需的时间为 t_i 与 t_o，则

$$\eta_i = \frac{\pi R^4 p_i t_i}{8L V_{a-b}} \tag{5-2}$$

$$\eta_o = \frac{\pi R^4 p_o t_o}{8L V_{a-b}}$$

由于 $p = h\rho g$（h 为液体密度，m；ρ 为液体密度，g·cm^{-3}；g 为重力加速度），若用同一支黏度计，根据公式(5-2)可得

$$\frac{\eta_i}{\eta_o} = \frac{\rho_i t_i}{\rho_o t_o} \tag{5-3}$$

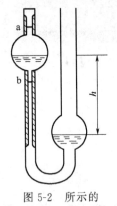

图 5-2 所示的奥氏黏度计

若已知某温度下参比液体的黏度为 η_o，并测得 t_i、t_o、ρ_i、ρ_o 即可求得该温度下的 η_i。

密度的测定：本实验采用比重瓶测定液体密度。单位体积内所含物质的质量，称为物质的密度，当用不同单位来表示密度时，可以有不同的数值，若用 g·cm^{-3} 为单位密度在数值上等于4℃水相比所得的相对密度。密度与相对密度的概念虽不同，但在上述条件下，两者却建立数值上相等的关系利用比重瓶去进行液体密度的测定。由公式(5-4) 计算

$$\rho = \rho_{水}(m_2 - m_0)/(m_1 - m_0) \tag{5-4}$$

式中　ρ——待测液体的密度，g·cm^{-3}；

　　　$\rho_{水}$——指定温度时水的密度，g·cm^{-3}；

　　　m_0——比重瓶的重量，g；

　　　m_1——比重瓶的重量与装入水的重量之和，g；

　　　m_2——比重瓶的重量与装入乙醇的重量之和，g。

【实验仪器与试剂】

恒温水槽，奥氏黏度计，比重瓶，秒表，无水乙醇，去离子水。

【实验步骤】

1. 调节恒温槽

恒温槽的玻璃缸内应注入2/3左右的洁净自来水，接通电源，按下仪表上的"设定/测量"开关，调节上下控制键，调至25℃，然后回到"设定/测量"。慢慢调节搅拌调速旋钮至中速。当设定值高于所测定温度时，加热开始工作。显示屏显示为探头所测的实际温度。

当加热到所需的温度时,加热会自动停止,低于设定的温度时,新的一轮加热又会开始,为了保证水温均匀性,应打开搅拌开关。

2. 黏度的测定

① 将黏度计和比重瓶分别用水冲洗、烘干。

② 用移液管吸取 10mL 乙醇,放入黏度计内,将黏度计垂直放入恒温水槽内,恒温 15min,用橡皮管连接黏度计,用吸耳球吸起液体,使其超过上刻线,然后放开吸耳球,用秒表记录液面从上刻度到下刻度所用的时间。重复三次,取平均值。

③ 再把黏度计里的乙醇倒出,烘干,用同样方法测量去离子水黏度。

3. 密度的测量(比重瓶法)

① 将烘干的比重瓶放在分析天平上称重 m_0,用移液管将乙醇加入到比重瓶内,塞上瓶塞,小心地放入恒温水槽内。

② 15min 后,用滤纸将超过刻度的液体吸去,将液面控制在刻度线上,再将比重瓶从恒温水槽中取出,用滤纸将比重瓶擦干再称重 m_1(注意这时不要因手的温度高而使瓶中液体溢出)。

③ 倒出乙醇,烘干,用水冲洗 2 次,用洗耳球尽量把瓶及塞吹干,再用②中的方法称出比重瓶与装入水的总重量 m_2。

【数据记录与处理】

列出计算式,将结果填入表 5-1 中。

表 5-1 数据处理列表

液体黏度的测定				液体密度的测定	
液体名称	水		乙醇	空瓶质量/g	
流经毛细管的时间/s	1		1	(空瓶+乙醇)质量/g	
	2		2		
	3		3		
平均值/s				(空瓶+水)质量/g	
黏度/MPa·s				水的密度/g·cm^{-3}	
				乙醇的密度/g·cm^{-3}	

【思考题】

(1) 测定黏度和密度的方法都有哪些?

(2) 在分析天平上称量比重瓶时,瓶内的液体有可能在刻线以下,是否需要加满?为什么?

(3) 使用比重瓶应注意哪些问题?

(4) 如何使用比重瓶测量粒状固体物的密度?

【注意事项】

(1) 使用黏度计时,严格执行指导教师的操作,轻拿轻放,防止破损。

(2) 测定黏度时,黏度计应保持垂直。

(3) 测定密度时,注意液体的挥发,用分析天平称量时,应迅速的读数。

实验二　燃烧热的测定

【实验目的】
(1) 掌握有关热化学实验的一般知识和技术。
(2) 熟悉氧气使用操作规程，掌握氧弹的构造及使用方法。
(3) 用氧弹式量热计测定萘的摩尔燃烧热。

【实验原理】

1. 燃烧与量热

根据热化学的定义，1mol 物质完全氧化时的反应热称作燃烧热。所谓完全氧化，对燃烧产物有明确的规定。譬如，有机化合物中的碳氧化成一氧化碳不能认为是完全氧化，只有氧化成二氧化碳才可以认为是完全氧化。

燃烧热的测定，除了有其实际应用价值外，还可以用于求算化合物的生成热、键能等。

量热法是热力学的一个基本实验方法。在恒容或恒压条件下可以分别测得恒容燃烧热 Q_v 和恒压燃烧热 Q_p。由热力学第一定律可知，Q_v 等于体系内能变化 ΔU；Q_p 等于其焓变 ΔH。若把参加反应的气体和反应生成的气体都作为理想气体处理，则它们之间存在以下关系：

$$\Delta H = \Delta U + \Delta(pV) \tag{5-5}$$
$$Q_p = Q_v + \Delta n RT$$

式中，Δn 为反应物和生成物中气体的物质的量之差；R 为气体常数；T 为反应时的热力学温度，K。

2. 氧弹热量计

热量计的种类很多，本实验所用氧弹热量计是一种环境恒温式的热量计。其它类型的热量计可参阅复旦大学主编的物理化学实验教材技术部分第一章第Ⅳ节。

氧弹热量计的安装如图 5-3 和图 5-4 所示。

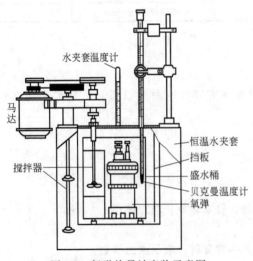

图 5-3　氧弹热量计安装示意图

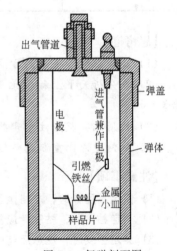

图 5-4　氧弹剖面图

氧弹热量计的基本原理是能量守恒定律。样品完全燃烧所释放的能量使氧弹本身及其周围的介质的热量计有关附件的温度升高。测量介质在燃烧前后温度的变化值，就可求算该样品的恒容燃烧热。其关系式如下：

$$-Q_v W_2/M - mQ_m = (W_{水} c_{水} + c_{计})\Delta T = K\Delta T \tag{5-6}$$

式中，W_2 为样品的质量，g；M 为样品的摩尔质量，$g \cdot mol^{-1}$；Q_v 为样品的恒容燃烧热，$kJ \cdot mol^{-1}$；m 为引燃用铁丝的质量，g；Q_m 为铁丝的单位质量燃烧热，$kJ \cdot g^{-1}$；$W_{水}$ 是以水作为测量介质时水的质量，g；$c_{水}$ 为水的摩尔热容，$kJ \cdot mol^{-1} \cdot K^{-1}$；$c_{计}$ 称为热量计的水当量，$kJ \cdot K^{-1}$；$K = W_{水} c_{水} + c_{计}$，称为热量计常数。

热量计常数的求法是用已知燃烧焓的物质（如本实验用苯甲酸），放在量热计中燃烧，测其始、末温度，按上式即可求出 K。

3. 雷诺温度校正图

实际上，热量计与周围环境的热交换无法完全避免，它对温差测量值的影响可用雷诺（Renolds）温度校正图校正。具体方法为：称取适量待测物质，估计其燃烧后可使水温上升 $1.5 \sim 2.0 ℃$。预先调节水温低于室温（外桶温度）$1.0 ℃$ 左右。按操作步骤进行测定，将燃烧前后观察所得的一系列水温和时间关系作图。得一曲线如图 5-5。图中 H 点意味着燃烧开始，热传入介质；D 点为观察到的最高温度值；从相当于室温的 J 点作水平线交曲线于 I，过 I 点作垂线 ab，再将 FH 线和 GD 线延长并交 ab 线于 A、C 两点，其间的温度差值即为经过校正的 ΔT。图中 AA' 为开始燃烧到温度上升至室温这一段时间 Δt_1 内，由环境辐射和搅拌引进的能量所造成的升温，故应予扣除。CC' 为由室温升高到最高点 D 这一段时间 Δt_2 内，热量计向环境的热漏造成的温度降低，计算时必须考虑在内。故可认为，AC 两点的差值较客观地表示了样品燃烧引起的升温数值。

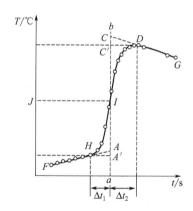

图 5-5 雷诺温度校正图

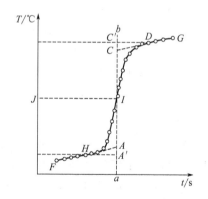

图 5-6 绝热良好情况下的雷诺校正图

在某些情况下，热量计的绝热性能主良好，热漏很小，而搅拌器功率较大，不断引进的能量使得曲线不出现极高温度点，如图 5-6。校正方法相似。

【实验仪器与试剂】

仪器：氧弹计，压片器，分析天平，万用电表，点火丝，剪刀，直尺，扳手，氧气钢瓶及氧气减压阀。

试剂：苯甲酸，萘。

【实验步骤】

1. 热量计常数的测定

① 用台秤称取约 0.8g 苯甲酸，将已称取质量的铁丝与样品压片，再用分析天平准确称量。

② 将铁丝两端牢牢绑在氧弹钢瓶上半部分的两个电极上，用万用表测量其导电情况。

③ 轻轻盖好弹盖旋紧，在教师指导下充入 2.0MPa 氧气约 2 分钟。

④ 插好氧弹上的点火电源线，将其轻轻放入氧弹计内筒，筒内倒进 3000mL（用容量瓶量取）准备好的水（低于室温 1.0℃ 左右），盖上氧弹计盖。

⑤ 打开电源开关及搅拌开关，每隔半分钟振动器会鸣叫一次，响毕立即读出温度读数。搅拌约 1min 后等温度变化渐有规律，继续记录 10 个数据。拨动点火开关，此时点火指示灯会亮，表示电流通过点火丝，随即又熄灭，表示铁丝烧断。点火成功后，温度迅速上升，仍半分钟记录一次。当温度变化极微且有规律时，继续记录 10 个数据。关闭电源，取下氧弹，松开排气阀排去废气，旋开弹盖，放在弹架上，检查燃烧结果，测量未燃烧完的点火丝的重量。

2. 萘燃烧热的测定

用准确称取 0.8g 萘于燃烧杯中，其余方法与前述相同。

【数据记录与处理】

① 列出数据记录表格，画出雷诺温度校正图，得出 $\Delta t_{校正}$，计算热量计常数，直接计算出摩尔燃烧热

② 计算萘的标准摩尔燃烧热 $\Delta_c H_m^\ominus$，并与文献值比较

【思考题】

(1) 如何消除测量过程体系与环境热交换的影响？

(2) 称量铁丝重量的原因是什么？

(3) 本实验成功的关键点是什么？要保证实验成功要注意哪些问题？

(4) 用氧弹量热法测定物质燃烧热的基本原理是什么？在测定时为什么要用标准物质？

【注意事项】

(1) 在实验的操作过程中，应避免引起短路的失误。

(2) 点火前一定要确认测温热偶插入热量计桶内。

(3) 小心氧弹钢瓶的转移，双手抓紧瓶体。不要用手拿拎杆，防止拎杆脱落瓶体下落砸伤。

实验三 液体饱和蒸气压测定

【实验目的】

(1) 理解液体饱和蒸气压的定义和气液两相平衡的概念，了解克劳修斯-克拉贝龙方程式。
(2) 了解真空泵、气压计、平衡管的构造，掌握其使用方法。
(3) 学会用静态法测定不同温度下液体的饱和蒸气压、平均摩尔汽化热。

【实验原理】

饱和蒸气压是指在一定温度下纯液体与其蒸气达平衡时的蒸气压，称为该温度下液体的饱和蒸气压。从微观上说，液体分子从表面逃逸而成蒸气，蒸气分子又会因碰撞而凝结成液相，当两者达到平衡时，气相中该分子具有的压力就称为饱和蒸气压。从直观上说，当液体处于沸腾状态时，其上方的压力即为其饱和蒸气压。蒸发一摩尔液体所吸收的热量称为该温度下液体的摩尔汽化热。液体的饱和蒸气压与温度的关系用克劳修斯-克拉贝龙方程式表示：

$$\frac{\mathrm{d}\ln p}{\mathrm{d}T} = \frac{\Delta_{\mathrm{vap}} H_{\mathrm{m}}}{RT^2} \tag{5-7}$$

式中，R 为摩尔气体常数；T 为热力学温度，K；$\Delta_{\mathrm{vap}} H_{\mathrm{m}}$ 为在温度 T 时纯液体的摩尔汽化热，kJ·mol^{-1}。

假定 $\Delta_{\mathrm{vap}} H_{\mathrm{m}}$ 与温度无关，或因温度范围较小，$\Delta_{\mathrm{vap}} H_{\mathrm{m}}$ 可以近似作为常数，积分上式，得：

$$\ln p = -\frac{\Delta_{\mathrm{vap}} H_{\mathrm{m}}}{R} \cdot \frac{1}{T} + C \tag{5-8}$$

式中，C 为积分常数。由此式可以看出，以 $\ln p$ 对 $1/T$ 作图，应为一直线，直线的斜率为 $-\Delta_{\mathrm{vap}} H_{\mathrm{m}}/R$，由斜率可求算液体的 $\Delta_{\mathrm{vap}} H_{\mathrm{m}}$。

测定液体饱和蒸气压的方法有三类：

① 动态法是指在连续改变体系压力的同时测定随之改变的沸点；
② 静态法是指在密闭体系中改变温度而直接测定液体上方气相的压力；
③ 饱和气流法是在一定的液体温度下，采用惰性气体流过液体，使气体被液体所饱和，测定流出的气体所带的液体物质的量而求出其饱和蒸气压。

本实验采用静态法进行测量。蒸气压测定仪，它是由真空系统、平衡管、恒温水浴、真空表等部分组成。在平衡管中（如图 5-7 所示）加入待测液体后，用恒温水浴加热，将系统抽真空。在一定温度下，若小球 a 上方仅有被测物质的蒸气，那么在 U 型管的右支 b 液面的上方所测到的压力就是其蒸气压。当这个压力与 U 型管左支 c 液面上的空气的压力平衡（U 型管两边液面相平）时，就可从与平衡管相接的压力计中读取此温度下的饱和蒸气压。

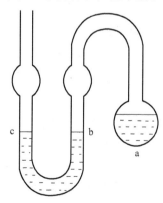

图 5-7 平衡管

【实验仪器与试剂】

蒸气压力测定仪，旋片式真空泵，恒温水浴一套，精密温度计，无水乙醇。

【实验步骤】

① 如图5-8所示,开始准备工作,认识系统中各部分的作用。开启微调阀门使系统与大气相通,随后关闭该活塞。

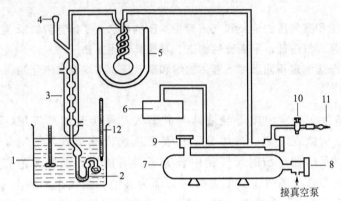

图5-8 纯液体饱和蒸气压测定装置图
1—恒温水浴;2—平衡管温度计;3—冷凝管;4—加料口;5—冷肼;6—压力计;7—缓冲瓶;
8—进气阀门;9—阻断阀门;10—微调阀门;11—通大气;12—水溶温度计

② 系统检漏,开启真空泵将三通活塞转向抽真空状态,将系统真空度抽到 -0.095MPa 以上,关闭抽气阀,检查系统是否漏气。系统若在 5min 之内压差不变,则说明系统不漏气。

③ 打开恒温水浴的电源,调节温度控制,使水浴升温至约 25℃。

④ 水浴温度升至 25℃后,等待 2min 后精确读取水浴温度。缓慢旋转微调阀门,使平衡管中二液面等高,读取压差。

⑤ 分别测定 30、35、40、45、50℃时液体的饱和蒸气压。

⑥ 实验完毕,断开电源、水源。

【数据记录与处理】

① 将数据及计算结果列表。

② 根据实验数据作出 $\lg P - \dfrac{1}{T}$ 图。

③ 计算无水乙醇在实温度范围内的平均摩尔汽化焓。

④ 根据 $\lg P - \dfrac{1}{T}$ 图,求出标准大气压下乙醇的沸点,并比较理论值作出相对误差。

【思考题】

(1) 空气倒灌使测量的蒸气压值偏大还是偏小?

(2) 摩尔汽化热与温度有无关系?

(3) 正常沸点和沸腾温度有什么不同?

【注意事项】

(1) 在实验的操作过程中,应避免引起乙醇的倒灌现象。

(2) 在开关泵前,一定要先将系统与大气相通。

(3) 使用恒温水浴时,不得使实际温度与设定温度偏离太大,必要时可采用分段升温的方法。

(4) 调节阀门时候,避免用力过大将阀门损坏。

实验四　双液系的平衡相图

【实验目的】

(1) 了解绘制双液系相图的基本原理和方法。
(2) 掌握阿尔贝折射仪的测量原理及使用方法。
(3) 测定乙醇-环己烷系统的沸点组成图（T-x 图），并确定其恒沸点及恒沸组成。

【实验原理】

液体的沸点是指液体的蒸气压与外界大气压相等时的温度。在一定的外压下，纯液体有确定的沸点。而双液体系的沸点不仅与外压有关，还与双液体系的组成有关。图 5-9 是一种最简单的完全互溶双液系的 T-x 图。图中纵轴是温度（沸点）T，横轴是液体 B 的摩尔分数 x_B（或质量百分组成），上面一条是气相线，下面一条是液相线，对应于同一沸点温度的二曲线上的两个点，就是互相成平衡的气相点和液相点，其相应的组成可从横轴上获得。因此如果在恒压下将溶液蒸馏，测定气相馏出液和液相蒸馏液的组成就能绘出 T-x 图。

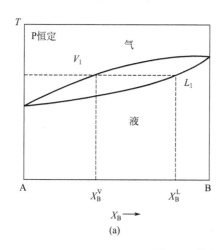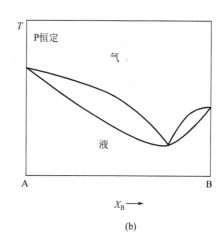

图 5-9　完全互溶双液系的 T-x 图

如果二元液系为理想系统或与拉乌尔定律的偏差不大，在 T-x 图上溶液的沸点介于 A、B 二纯液体的沸点之间如图 5-9(a)。实际溶液由于 A、B 二组分的相互影响，常与拉乌尔定律有较大偏差，在 T-x 图上会有最高或最低点出现，如图 5-9(b) 所示，这些点称为恒沸点，其相应的溶液称为恒沸点混合物。恒沸点混合物蒸馏时，所得的气相与液相组成相同，靠蒸馏无法改变其组成。如 HCl 与水的体系具有最高恒沸点，苯与乙醇的体系则具有最低恒沸点。

具有恒沸点的双液系与理想溶液或偏差很小的近似理想溶液的双液系的根本区别在于，体系处于恒沸点时气液两相的组成相同，因而也就不能像前者那样通过反复蒸馏而使双液系的两个组分完全分离，因为对这样的溶液进行简单的反复蒸馏只能获得某一纯组分和组成为恒沸点的混合物。

本实验采用回流冷凝法测定环己烷-乙醇体系的沸点-组成图。为了测定二元液系的 T-x 图，需要在气液达到平衡后，同时测定气相组成、液相组成和溶液沸点。例如在图 5-9(a)

中，沸点 T 对应的气相组成是气相线上 V 点对应的 x_B^V，液相组成是液相线上 L 点对应的 x_B^L。实验中具体的方法是先用阿贝折射仪测定不同组成的体系在沸点温度时气、液相的折射率（n_D^{25}），然后根据折射率-组成工作曲线上查得相应的组成（x_B），然后绘制沸点-组成图。

【实验仪器与试剂】

仪器：沸点仪，滴管（10 支），阿贝折射仪及恒温槽（公用）。

试剂：乙醇-环己烷标准溶液，乙醇（A.R.），环己烷（A.R.），不同组成的乙醇-环己烷混合液。

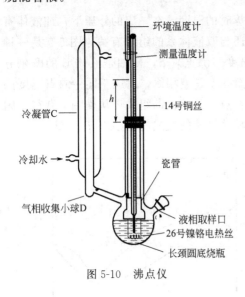

图 5-10 沸点仪

【实验步骤】

① 如图 5-10 安装好沸点仪。

② 加入适量待测二元液系样品，使得温度计水银球一半浸入液体中，一半暴露于气相中。

③ 开冷凝水，将稳流电源调至（150V），接通电热套，加热至沸腾，待数字温度计上读数恒定后，读下该温度值。

④ 关闭电源，停止加热，将干燥的取样管自冷凝管上端插入冷凝液收集小槽中，取气相冷凝液样，迅速用阿贝折射仪测其折射率；同样用干燥的小滴管取液相液样，用阿贝折射仪测其折射率。

⑤ 分别在蒸馏瓶中加入不同环己烷组分混合液 97%、92%、80%、60%、50%、30%、15%、3% 号样品重复上述操作。

⑥ 根据环己烷-乙醇标准溶液的折射率，在标准曲线上将上述数据转换成环己烷的摩尔分数，绘制相图。

⑦ 实验完毕后，关闭冷凝水，关闭电源，整理实验台。

【数据记录与处理】

① 根据已知乙醇-环己烷折射率-组成的数据绘制标准曲线。

② 将实验中测得的折射率的数据列表，找出所对应的组成并列表。

③ 作出乙醇-环己烷系统的沸点-组成图，并有图找出其恒沸点及恒沸组成。

【思考题】

(1) 如何判定气-液相已达平衡？

(2) 收集气相冷凝液的小槽的大小对实验结果有无影响？

(3) 作乙醇-环己烷标准液的折射率-组成曲线目的是什么？

(4) 测定纯环己烷和乙醇的混合液沸点和组成时为什么不必将原先附在瓶壁的混合液弄干？

【注意事项】

(1) 实验过程中应避免第三种液体的存在，所有器具不可用水清洗。

(2) 实验中尽可能避免过热现象，为此每加两次样品后，可加入一小块沸石，同时要控制好液体的回流速度,不宜过快或过慢(回流速度的快慢可调节加热温度来控制)。

(3) 在每一份样品的蒸馏过程中,由于整个体系处在常压非密闭的状态,样品或多或少的会有损失,其组成不可能保持绝对的恒定,因此平衡温度会略有变化。特别是当溶液中两种组成的量相差较大时,变化更为明显。为此每加入一次样品后,只要待溶液沸腾,正常回流 1min~2min 后,温度没有大幅度的波动即可取样测定,不宜等待时间过长。

(4) 每次取样量不宜过多,取样时毛细滴管一定要干燥,不能留有上次的残液,气相取样口的残液亦要擦干净。

(5) 整个实验过程中,通过折射仪的水温要恒定,使用折射仪时,棱镜不能触及硬物(如滴管),擦拭棱镜用擦镜纸。

(6) 更换液体时关掉电源,测定后的样品应倒回原来的瓶中,切不可倒错。

实验五 苯-乙醇-水三元相图

【实验目的】

(1) 掌握用三角坐标系表示三组分系统定温定压相图的方法。

(2) 用溶解度法绘制具有一对共轭溶液的苯-水-乙醇三组分系统的相图。

【实验原理】

三组分体系 $C=3$，当体系处于恒温恒压条件，根据相律，体系的自由度 f 为：

$$f = 3 - \Phi \tag{5-9}$$

式中，Φ 为体系的相数。体系最大条件自由度 $f_{\max} = 3 - 1 = 2$，因此，浓度变量最多只有两个可用平面图表示体系状态和组成间的关系，称为三元相图。通常用等边三角形坐标表示，见图 5-11 所示。

等边三角形顶点分别表示纯物 A、B、C，AB、BC、CA 三条边分别表示 A 和 B、B 和 C、C 和 A 所组成的二组分体系的组成，三角形内任何一点都表示三组分体系的组成。图 5-11 中的 P 点，其组成表示如下。

经 P 点作平行于三角形三边的直线，并交三边于 a、b、c 三点。若将三边均分成 100 等分，则 P 点的 A、B、C 组成分别为：$A\% = Pa = Cb$，$B\% = Pb = Ac$，$C\% = Pc = Ba$。

本实验讨论的苯-乙醇-水体系属于具有一对共轭溶液的三液体体系，即三组分中二对液体 A 和 B，A 和 C 完全互溶，而另一对 B 和 C 只能有限度的混溶，见图 5-12 所示。

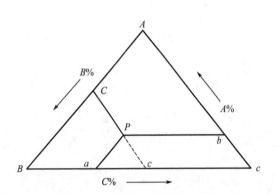

图 5-11 等边三角形法表示三元相图

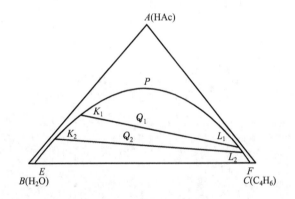

图 5-12 共轭溶液的三元相图

图 5-12 中，E、K_2、K_1、P、L_1、L_2、F 点构成溶解度曲线，K_1L_1、K_2L_2 等是连接线。溶解度曲线内是两相区，即一层是苯在水中的饱和溶液，另一层是水在苯中的饱和溶液。曲线外是单相区。因此，利用体系在相变化时清浊现象的出现，可以判断体系中各组分间互溶度的大小。本实验是向均相的苯-乙醇体系滴加水使之变成二相混合物的方法，确定二相间的相互溶解度。

为了绘制连接线，在两相区配制混合溶液，达平衡时，两相的组成一定，只需分析每相中的一个组分的含量（重量百分组成），在溶解度曲线上就可以找出每相的组成点，连接共轭溶液组成点的连线，即为连接线。

【实验仪器与试剂】

仪器：锥形瓶（100mL），刻度移液管（5mL，1mL），滴定管（25mL，酸式、碱式）。
试剂：苯（工业纯），无水乙醇（工业纯），蒸馏水。

【实验步骤】

① 用移液管移取 5mL 苯，放入 100mL 锥形瓶中（1#瓶），再由滴定管滴入 1mL 水。

② 从另一支滴定管中慢慢滴入乙醇，同时不断摇动锥形瓶，最后当滴入一滴乙醇使溶液恰成均匀一相时，记下所加乙醇的体积。注意仔细观察终点即将到达和到达时溶液状态的变化，以便正确控制滴加乙醇的量。

③ 在上述溶液中续加 2mL 水，系统又变为两相，用同样的方法滴加乙醇至恰成一相为止，记下所加乙醇的体积。依次滴加 3mL、4mL、5mL、6mL 水，重复上述滴定，并记下每次所加乙醇的体积。

④ 另取 1mL 苯放入另一锥形瓶中（2#瓶），滴入 10mL 水，再用乙醇滴至均相（注：此终点判断可由液面上"油珠"消失为准），记下乙醇用量。然后，再滴加 10mL 水，重复上述滴定，并记下第二次乙醇用量。

⑤ 取 1mL 水加入第三个锥形瓶中（3#瓶），滴入 10mL 苯，再用乙醇滴至均相，记下乙醇用量。然后，再滴加 10mL 苯，重复用乙醇滴至均相，记下乙醇用量。

⑥ 实验结束后，将锥形瓶中液体倒入指定容器中。

【数据记录与处理】

（1）实验记录列于下表 5-2：

表 5-2　实验记录

室温_____　气压_____

实验序号	苯的体积 V_b/mL	水的体积 V_w/mL		乙醇的体积 V_a/mL		系统的组成		
		每次量	累计量	每次量	累计量	苯的含量 w_b	水的含量 w_w	乙醇的含量 w_a
1#								
2#								
3#								

（2）计算公式及数据处理：各组分的质量按 $m_i = \rho_i V_i$ 计算；各组分的质量分数按 $w_i = m_i / \sum m_i$ 计算；各组分密度与摄氏温度的关系如下。

$\rho / g \cdot mL^{-1}$（苯）$= 0.90005 - 1.0638 \times 10^{-3} t - 0.0376 \times 10^{-6} t^2 - 2.213 \times 10^{-9} t^3$

$\rho / g \cdot mL^{-1}$（水）$= 1.01699 - 14.290/(940 - 9t)$

$\rho / g \cdot mL^{-1}$（乙醇）$= 0.78506 - 0.859 \times 10^{-3}(t-25) - 0.56 \times 10^{-6}(t-25)^2 - 5 \times 10^{-9}(t-25)^3$

① 将上表所得各实验点描绘在三角坐标纸上，并将它们连成一条光滑的曲线。

② 假定水与苯完全不互溶，将曲线用虚线延长到纯水及纯苯的顶点。

【思考题】

（1）当体系总组成点在曲线与曲线外时，相数有何不同？总组成点通过曲线时发生什么变化？

(2) 使用的锥形瓶为什么要事先干燥？

(3) 用水或醇滴至清浊变化后，为什么要加入过剩量？过剩量的多少对结果有何影响？

(4) 若滴定过程中有一次清浊变化早读数不准，是否需要立即倒掉溶液重新做实验？

(5) 连接线交于曲线上的两点代表什么？

【注意事项】

(1) 锥形瓶应先洗净烘干，振荡后内壁不能挂液珠。

(2) 在滴加乙醇的过程中要缓慢加入，并且要不断摇动锥形瓶，以使终点滴定误差控制在半滴或一滴左右。

实验六 氨基甲酸氨分解平衡常数的测定

【实验目的】
(1) 了解等压计的构造及压力的测量。
(2) 用静态法测定氨基甲酸氨在不同温度下的分解压力。
(3) 计算该反应的有关热力学函数。

【实验原理】
氨基甲酸铵为白色固体，很不稳定，其分解反应式为：
$$NH_2COONH_4(s) \rightleftharpoons 2NH_3(g) + CO_2(g)$$
该反应在封闭体系中很容易达到平衡，在常压下其平衡常数可近似表示为：
$$K_p^{\ominus} = \left(\frac{p_{NH_3}}{p^{\ominus}}\right)^2 \left(\frac{p_{CO_2}}{p^{\ominus}}\right) \tag{5-10}$$

式中，$K_p^{\ominus}$ 表示平衡常数；p_{NH_3}、p_{CO_2} 分别表示 NH_3 和 CO_2 平衡时的分压，其单位为 Pa；$p^{\ominus}$ 表示标准压力 100kPa。

设平衡时总压为 p，由于 1mol $NH_2COONH_4(s)$ 分解能生成 2mol $NH_3(g)$ 和 1mol $CO_2(g)$，又因为固体氨基甲酸铵的蒸气压很小，所以体系的平衡总压就可以看作 p_{CO_2} 与 p_{NH_3} 之和，即：

$$p_{NH_3} = 2p_{CO_2} \quad 则：p_{NH_3} = \frac{2}{3}p, \quad p_{CO_2} = \frac{1}{3}p \tag{5-11}$$

公式(5-11)代入公式(5-10)得：

$$K_p^{\ominus} = \left(\frac{2p}{3p^{\ominus}}\right)^2 \left(\frac{p}{3p^{\ominus}}\right) = \frac{4}{27}\left(\frac{p}{p^{\ominus}}\right)^3$$

因此，当体系达平衡后，测量其总压 p，即可计算出平衡常数。温度对其影响可用下式表示：

$$\frac{d\ln K_p^{\ominus}}{dT} = \frac{\Delta_r H_m^{\ominus}}{RT^2} \tag{5-12}$$

式中，T 为热力学温度；$\Delta_r H_m^{\ominus}$ 为标准反应热效应。

当温度在不大的范围内变化时，$\Delta_r H_m^{\ominus}$ 可视为常数，由公式(5-12)积分得：

$$\ln K_p^{\ominus} - \frac{\Delta_r H_m^{\ominus}}{RT} + C' \tag{5-13}$$

若以 $\ln K_p^{\ominus}$ 对 $\frac{1}{T}$ 作图，得一直线，其斜率为 $-\frac{\Delta_r H_m^{\ominus}}{R}$，由此可求出 $\Delta_r H_m^{\ominus}$。

氨基甲酸铵分解反应为吸热反应，反应热效应很大，在 25℃时每摩尔固体氨基甲酸铵分解的等压反应热 $\Delta_r H_m^{\ominus}$ 为 $159 \times 10^3 \text{J} \cdot \text{mol}^{-1}$，所以温度对平衡常数的影响很大，实验中必须严格控制恒温槽的温度，使温度变化小于 ± 0.1℃。

由实验求得某温度下的平衡常数 $K_p^{\ominus}$ 后，可按下式计算该温度下反应的标准吉布斯自由能变化 $\Delta_r G_m^{\ominus}$，

$$\Delta_r G_m^{\ominus} = -RT \ln K_p^{\ominus} \tag{5-14}$$

利用实验温度范围内反应的平均等压热效应 $\Delta_r H_m^\ominus$ 和某温度下的标准吉布斯自由能变化 $\Delta_r G_m^\ominus$，可近似计算出该温度下的熵变 $\Delta_r S_m^\ominus$：

$$\Delta_r S_m^\ominus = \frac{\Delta_r H_m^\ominus - \Delta_r G_m^\ominus}{T} \tag{5-15}$$

因此通过测定一定温度范围内某温度的氨基甲酸铵的分解压（平衡总压），就可以利用上述公式分别求出 $K_p^\ominus$，$\Delta_r H_m^\ominus$，$\Delta_r G_m^\ominus(T)$，$\Delta_r S_m^\ominus(T)$。

【实验仪器与试剂】

平衡常数测定装置（由恒温槽、样品管、压力计、毛细管、缓冲瓶、干燥塔、真空泵等组成）、NH_2COONH_4（C.R.）、硅油。

【实验步骤】

① 如图 5-13，将氨基甲酸铵放入瓶 3 中并按图连接好等压计 2，开启恒温槽使槽温恒定在 25℃。

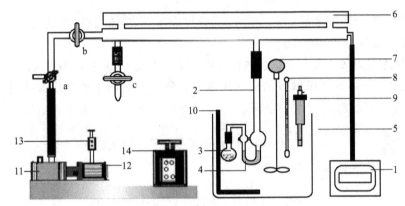

图 5-13　静态法测定氨基甲酸铵分解压装置简图

1—数字式低真空压差仪；2—等压计；3—氨基甲酸铵瓶；4—油封；5—恒温槽；6—稳压管；
7—搅拌器；8—温度计；9—调节温度计；10—加热器；11—真空泵；12—真空泵电机；
13—电机开关；14—加热用调压器；a—三通活塞；b—抽气阀；c—压力调节阀

② 将三通活塞 a 置于位置 A，打开抽气阀 b、关闭压力调节阀 c，开动真空泵抽真空，使压差仪的压差在 500kPa，观察等压计内通过油封有气泡冒出，持续抽空 15min 以上。

③ 关闭抽气阀 b，将三通活塞 a 置于 B 位，停止抽气，切断真空泵电源。此时氨基甲酸铵将在 298K 温度下分解。

④ 微微开启压力调节阀 c，将空气放入系统中，直至等压计 U-型管的两臂油封液面保持在同一水平且在 10min 内不变。读取压差仪的压差、大气压力计压力及恒温槽温度，计算分解压。

⑤ 检查氨基甲酸铵瓶内的空气是否排净：关闭二通阀 b 和 c，三通活塞 a 置于 A 位，抽空 2min，然后开启抽气阀 b 继续排气 5min，关闭阀 b，停泵。重新测量 298K 下氨基甲酸铵的分解压并与④中测的相比较，若两次测量结果相差小于 260~270Pa，可以进行下一温度下分解压的测量。

⑥ 依次将恒温槽温度升至 30、35、40 和 45℃，测量每一温度下的分解压。在升温过程中应该注意通过压力调节阀 c 十分缓慢地向系统中放入适量空气，保持等压计的两臂油封液

面水平，既不要使氨基甲酸铵瓶 3 里的气体通过油封冒出，更不要让放入的空气通过油封进入氨基甲酸铵瓶。

⑦ 结束实验：关闭恒温槽搅拌电机及继电器的电源；缓慢地从压力调节阀 c 向系统中放入空气，使空气以不连续鼓泡的速度通过等压计的油封进入氨基甲酸铵瓶中。

【数据记录与处理】

① 将测得的数据和计算过程完整写在实验报告上，计算结果列成表格

② 根据实验数据作 $\ln K_p^{\ominus}$ 对 $\dfrac{1}{T}$ 作图，并由图计算氨基甲酸铵分解反应的 $\Delta_r H_m^{\ominus}$。

③ 计算 25℃ 时氨基甲酸铵分解反应的 $\Delta_r G_m^{\ominus}$ 和 $\Delta_r S_m^{\ominus}$

【思考题】

(1) 怎样检查系统是否漏气？

(2) 为什么要抽干净氨基甲酸铵小瓶中的空气？抽不干净对测量数据有什么影响？

(3) 怎样判断氨基甲酸铵分解反应是否已达到平衡？

(4) 等压计中的油封液体为什么要用高沸点、低蒸气压的硅油或石蜡油？将硅油或石蜡油改为乙醇等低沸点的液体可以么？不用油封可以么？

(5) 在什么条件下，能用测总压的办法测定平衡常数？

【注意事项】

(1) 转动真空阀的时候，要两只手同时操作，避免阀门掉落。

(2) 在实验的操作过程中，应避免引起石蜡的倒灌现象。

(3) 在开关泵前，一定要先将系统与大气相通。

(4) 调节针型阀时候，避免用力过大将阀门损坏。

实验七 原电池电动势的测定

【实验目的】
(1) 掌握可逆电池电动势的测量原理和电位差计的操作技术。
(2) 学会几种电极和盐桥的制备方法。
(3) 学会用补偿法测定原电池电动势并计算相关的电极电势。

【实验原理】
凡是能使化学能转变为电能的装置都称之为电池（或原电池）。
可逆电池应满足如下条件：
①电池反应可逆，亦即电池电极反应可逆；②电池中不允许存在任何不可逆的液接界；③电池必须在可逆的情况下工作，即充放电过程必须在平衡态下进行，即测量时通过电池的电流应为无限小。

因此在制备可逆电池、测定可逆电池的电动势时应符合上述条件，在精确度不高的测量中，用正负离子迁移数比较接近的盐类构成"盐桥"来消除液接电位；用电位差计测量电动势可满足通过电池电流为无限小的条件。电位差计测定电动势的原理称为对消法，可使测定时流过电池的电流接近无限小，从而可以准确地测定电池的电动势。

可逆电池的电动势可看作正、负两个电极的电势之差。设正极电势为 φ^+，负极电势为 φ^-，则电池电动势 $E = \varphi^+ - \varphi^-$。

电极电势的绝对值无法测定，手册上所列的电极电势均为相对电极电势，即以标准氢电极作为标准，规定其电极电势为零。将标准氢电极与待测电极组成电池，所测电池电动势就是待测电极的电极电势。由于氢电极使用不便，常用另外一些易制备、电极电势稳定的电极作为参比电极。常用的参比电极有甘汞电极、银-氯化银电极等。这些电极与标准氢电极比较而得的电势已精确测出，具体的电极电位可参考相关文献资料。

电池的电动势不能用伏特计或万用表来测量，因为电池存在内阻，若伏特计中通过的电流为 I，电阻为 R，伏特计读数为 V，电池电动势为 E，则：

$$E = IR + Ir \quad V = IR = E - Ir \tag{5-16}$$

式中，r 为电池内阻。因为 I 不可能为零，显然 V 不等于 E，另一方面当有电流在电路中通过时测得的端电压 V 不是电池的可逆（平衡）电动势。因为电流不可能无穷小，此时不是可逆过程。

补偿法（又称对消法）测电池电动势原理可简述如下（见图5-14）。

用伏特计测得的为外电压 V，它小于电池电动势 E，只有当 $I \to 0$ 时，方有 $V \to E$。在上图中，AB 为均匀电阻，E_W 为工作电池，它在 AB 上产生均匀电位降，用来对消待测的电池电动势或标准电池电动势。

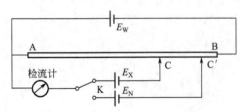

图 5-14 补偿法测电池电动势原理

E_X 为待测电池电动势，E_N 为标准电池电动势（校准用）。测定时，首先把换向开关 K 拨向 E_N 挡，调节滑线电阻 AC′ 使检流计中无电流通过，因 AB 为均匀电阻；所以有：

$$\frac{E_\text{N}}{V_\text{AB}}=\frac{AC'}{AB}$$

然后把 K 拨向 E_X 挡，调节 AC，使检流计中无电流通过，同样有：

$$\frac{E_\text{x}}{V_\text{AB}}=\frac{AC}{AB}$$

将两式相除，可得：

$$\frac{E_\text{x}}{E_\text{N}}=\frac{AC}{AC'}$$

用补偿法测定电池电动势，待测电池为：
(A) $Hg(l)|Hg_2Cl_2(s)|KCl(饱和)/\!/AgNO_3(0.01\text{mol}\cdot L^{-1})|Ag(s)$
(B) $Hg(l)|Hg_2Cl_2(s)|KCl(饱和)/\!/H^+(0.1\text{mol}\cdot L^{-1}HOAc+0.1\text{mol}\cdot L^{-1}NaOAc)$
$Q\cdot QH_2|Pt$

【实验仪器与试剂】
仪器：电位差计，标准电池，检流计，直流电源，待测电池。
试剂：$0.01\text{mol}\cdot L^{-1}$ $AgNO_3$ 溶液，$0.2\text{mol}\cdot L^{-1}$ 醋酸溶液，$0.2\text{mol}\cdot L^{-1}$ 醋酸钠溶液，饱和 KCl 溶液，饱和 KNO_3 溶液，醌氢醌。

【实验步骤】
① 正确的用电源线连接各个仪器。
② 查看室温，设定标准电池温度补偿数值。
③ 用标准电池校正工作电池，在电位差计上调整工作电流调节旋钮，按先粗后细的顺序调节粗调和细调使检流计指针偏转接近零。
④ 将甘汞电极插入装饱和 KCl 溶液的广口瓶中；然后在另一广口瓶装入 $0.01\text{mol}\cdot L^{-1}$ $AgNO_3$ 溶液约 2/3，插入银电极，用 KNO_3 盐桥与甘汞电极连接构成电池①。
⑤ 在电位差计上调整测量旋钮，按先粗后细的顺序调节粗调和细调使检流计指针偏转接近零，读出测量旋钮所对应的数值就是原电池的电动势。
⑥ 量取 10mL $0.2\text{mol}\cdot L^{-1}$ HAC 及 10mL $0.2\text{mol}\cdot L^{-1}$ NaAC 于洗净的广口瓶中，再于其中加入少量氢醌粉末，摇动使之溶解，但仍保持溶液中含少量固体。然后插入铂电极，架上盐桥与甘汞电极组成电池，测其电动势。
⑦ 实验完毕，清洗仪器，关闭电源，整理实验室。

【数据记录与处理】
① 计算室温下电池 (A)、(B) 的电动势，与实验中测得的值做相对误差。
② 根据实验测得电池 (B) 电动势求缓冲溶液的 pH 值，与计算得到的值做相对误差。

【思考题】
(1) 电位差计、标准电池、检流计及工作电池在实验中各有什么作用？
(2) 盐桥有什么作用？应选择什么样的电解质作盐桥？
(3) 如何正确使用标准电池和检流计？
(4) 如何根据实验测得电池 (B) 电动势求缓冲溶液的 pH 值？
(5) 如果待测电池正负极接反了，会有什么后果？工作电池，标准电池中任何一个没有接通，会出现什么结果？

【注意事项】

(1) 标准电池和待测电池不要摇动、倾斜，防止电动势发生变化。

(2) 记录实验室温度，测定每组数据前都要进行标准化。进行"标准化"和测定待测电池电动势时，检流按键应瞬时按下，防止电极极化。

(3) 原电池小烧杯不要放在仪器上，以免液体溅出损坏仪器。

实验八 溶胶的制备及电泳

【实验目的】

(1) 用电泳法测定氢氧化铁溶胶的 ζ 电势。
(2) 掌握电泳法测定 ζ 电势的原理和技术。
(3) 理解胶体在外电场作用下相对移动而产生的电性现象。

【实验原理】

溶胶的制备方法可分为分散法和凝聚法。分散法是用适当方法把较大的物质颗粒变为胶体大小的质点；凝聚法是先制成难溶物的分子（或离子）的过饱和溶液，再使之相互结合成胶体粒子而得到溶胶。$Fe(OH)_3$ 溶胶的制备采用化学法即通过化学反应使生成物呈过饱和状态，然后粒子再结合成溶胶。制成的胶体体系中常有其它杂质存在，而影响其稳定性，因此必须纯化。常用的纯化方法是半透膜渗析法。在胶体分散体系中，由于胶体本身的电离或胶粒对某些离子的选择性吸附，使胶粒的表面带有一定的电荷。在外电场作用下，胶粒向异性电极定向泳动，这种胶粒向正极或负极移动的现象称为电泳。荷电的胶粒与分散介质间的电势差称为电动电势，用符号 ζ 表示，电动电势的大小直接影响胶粒在电场中的移动速度。原则上任何一种胶体的电动现象都可以用来测定电动电势，其中最方便的是用电泳现象中的宏观法来测定，也就是通过观察溶胶与另一种不含胶粒的导电液体的界面在电场中移动速度来测定电动电势。电动电势 ζ 与胶粒的性质、介质成分及胶体的浓度有关。在指定条件下，ζ 的数值可根据亥姆霍兹方程式计算。

即
$$\zeta = \frac{K\pi\eta u}{DH} \text{（静电单位）} \tag{5-17}$$

或
$$\zeta = \frac{K\pi\eta u}{DH} \times 300 \text{（V）}$$

式中，K 为与胶粒形状有关的常数（对于球形胶粒 $K=6$，棒形胶粒 $K=4$，在实验中均按棒形粒子看待）；η 为介质的黏度（泊）；D 为介质的介电常数；u 为电泳速度，$cm \cdot s^{-1}$；H 为电位梯度，即单位长度上的电位差。

$$H = \frac{E}{300L} \text{（静电单位} \cdot cm^{-1}\text{）} \tag{5-18}$$

式中，E 为外电场在两极间的电位差，V；L 为两极间的距离，cm；300 为将伏特表示的电位改成静电单位的转换系数。把 (5-18) 式代入 (5-17) 式得：

$$\zeta = \frac{4\pi\eta L u 300^2}{DE} \text{（V）} \tag{5-19}$$

由公式(5-19) 知，对于一定溶胶而言，若固定 E 和 L 测得胶粒的电泳速度（$u=dt$，d 为胶粒移动的距离，t 为通电时间），就可以求算出 ζ 电位。

【实验仪器与试剂】

电泳仪（见图 5-15），直流稳压电源，秒表，电泳测定管，漏斗，电导率仪，稀 NaCl 液，氢氧化铁溶液。

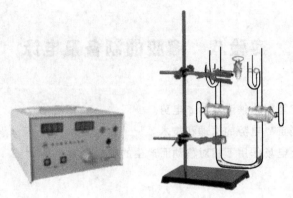

图 5-15 电泳仪

【实验步骤】

（1）氢氧化铁溶胶的制备。用量筒量取 30mL 已备氢氧化铁溶液，加热至接近沸腾，可得棕色溶胶，后备用。

（2）测定电泳速度 u 和电位梯度。

① 电泳仪应事先用铬酸洗液洗涤清洁，以除去管壁上可能存在的杂质。然后洁净并烘干，活塞上涂一层凡士林，塞好活塞。

② 将待测氢氧化铁胶体溶液从漏斗注入电泳仪的 U 形管底部至适当部位。再用两支将电导率与胶体溶液相同的稀盐酸沿 U 形管左右两臂的管壁，等量地徐徐地加入至约 10cm 高度，保持两液间的界面清晰，轻轻将铂电极插入氯化钠液层中，切勿扰动液面，铂电极应该保持垂直。并使两极浸入液面下的深度相等。记下胶体液面与负电极之间的距离。

③ 把正负极接于 30V～50V 直流电源上，按下电键，开始计时，同时记录界面的位置，以后每隔 10min 记录一次。

④ 测完后，关闭电源，用铜丝量出两极间的距离（不是水平距离），共量 3～5 次，取平均值。

【数据记录与处理】

① 对每一实验现象仔细观察，详细记录，并加以讨论。

② 根据电泳时的电极符号及界面移动的方向确定胶粒所带电荷符号。

③ 计算各次电泳速度，取其平均值，并计算 ζ 电势。列于下表 5-3

表 5-3 数据处理

室温___气压___极间电压 U/V___极间距离 l/m___介质黏度 η/(Pa·s)___介电常数 ε/(F·m^{-1})___				
测量次数	时间 t/s	界面高度 h/m	界面位移 s/m	电泳速度 u/m·s^{-1}	ζ 电势/V

【思考题】

（1）电泳速度的快慢与哪些因素有关？

（2）如果电泳仪事先没洗净，管壁上残留微量电解质，对电泳测量结果将有什么影响？

（3）要准确测定溶胶的 ζ 电势需要注意哪些问题？

【注意事项】

（1）本机容许短时间短路，但不宜时间过长，否则易使仪器发热烧坏。

(2) 本机有两组并联输出插口,可以同时接两个电泳槽,但要求这两组电流之和不超过仪器的最大值。此时最好采用稳压输出,以减少两槽之间的相互影响。

(3) 如发现只有电压显示而电流为零时,应检查输出端子到电泳槽之间是否断路。

(4) 严禁将电泳槽放在电泳仪上进行实验。开机后人体不得与电泳槽接触,应关机后看样品,以免触电。

电泳仪的使用

(1) 首先确定仪器电源开关是在关位。连接电源线,确定电源插座是否有接地保护。

(2) 将黑红两种颜色的电极线对应插入仪器输出插口,并与电泳槽相对应插口连接好(如果发现电极插头与插口之间接触松,可以用小改锥将插头的簧片向外拨一下)。

(3) 确定电泳槽中的试剂配制是否符合要求。

(4) 电压和电流的调整:本机电压调节旋钮和电流调节旋钮均有大致的刻度指示。该指示可以作为预调值供使用者选择。

(5) 本机可以在工作时随时调整输出电压和电流。如果不熟悉如何预置电压电流,可以先确定是恒压输出,还是恒流输出。如果是恒流输出,则将电流调节为0,将电压调至最大,然后开机,此时缓缓调节电流调节旋钮,直到所需值。如果是恒压输出,则将电压调为0,将电流调为最大,然后开机,缓缓调节电压旋钮至所需值。总之,电源在任何情况下只能稳一种参数,且电压电流之间的关系符合欧姆定律。

(6) 时钟调节:本机定时电路与机内电压相连,关机时仍计时。

① 钟的调整:一般情况下,开机后显示的为正常时间。调整只需按下"快进"或"慢进"键,可以直接调整时间。计时器采用24小时制。

② 定时调整:按下"定时"键,此时显示的时间为定时时间。如果调整定时时间,要同时再按下"快进"或"慢进"键。

③ 当所用的时间到点时,蜂鸣器便会发出断续声响,通知使用者到时,但不关机。此时只需按下"止闹"键,叫声便会停止。否则叫声持续1h后自动停止。

(7) 如果电泳时间超过24h,定时时间需再调整。

DDS-307A 电导率仪器的使用

一、开机

① 仪器电源插入插座,仪器必须有良好接地。

② 打开电源开关,接通电源,预热30min后,进行测量。

二、测量

(1) 电导率测量过程中,正确选择电导电极常数,对获得较高的测量精度是非常重要的。可配用的常数为0.01、0.1、1.0、10四种不同类型的电导电极,用户应根据测量范围参照表5-4选择相应常数的电导电极。

表 5-4 推荐使用的电极规格常数

测量范围/$\mu S \cdot cm^{-1}$	电极规格常数	测量范围/$\mu S \cdot cm^{-1}$	电极规格常数
0~2	0.01、0.1	2000~20000	1.0、10
0~200	0.1、1.0	20000~100000	10
200~2000	1.0		

注:对常数为1.0、10类型的电导电极有"光亮"和"铂黑"两种形式,镀铂电极习惯称作铂黑电极,对光亮电极其测量范围为(0~300)$\mu S \cdot cm^{-1}$为宜。

(2) 仪器使用前必须进行电极常数的设置。电极常数的设置方法如下。

目前电导电极的电极常数为 0.01、0.1、1.0、10 四种不同类型，但每种类电极具体的电极常数值，制造厂均粘贴在每支电导电极上，根据电极上所标的电极常数值调节仪器。按三次模式键，此时为常数设置状态，"常数"二字显示，在温度显示数值的位置有数值闪烁显示，按"△"或"▽"键，闪烁数值显示在 10、1、0.1、0.01 程序转换，如果知道电导电极常数为 1.025，则选择"1"并按"确认"键，此时在电导率、TDS 测量数值的位置有数值闪烁显示，按"△"或"▽"键，闪烁数值显示在 1.200～0.800 范围变化，按"△"或"▽"键将闪烁数值显示为"1.025"并按"确认"键，仪器回到电导率测量模式，至此校准完毕（电极常数为上下二组数值的乘积）。

① 电极常数为 $0.01025cm^{-1}$，按三次模式键，"常数"二字显示，在温度显示数值的位置有数值闪烁显示，按"△"或"▽"键，使闪烁数值显示为"0.01"并按"确认"键，此时在电导率、TDS 测量数值的位置有数值闪烁显示，按"△"或"▽"键，闪烁数值显示为"1.025"，并按"确认"键，仪器回到电导率测量模式，至此电极常数的设置校准完毕（电极常数为上下二组数值的乘积，则 $0.01 \times 1.025 = 0.01025cm^{-1}$）。

② 按三次模式键，"常数"二字显示，在温度显示数值的位置有数值闪烁显示，按"△"或"▽"键，使闪烁数值显示为"0.1"并按"确认"键，此时在电导率、TDS 测量数值的位置有数值闪烁显示，按"△"或"▽"键，闪烁数值显示为"1.025"，并按"确认"键，仪器回到电导率测量模式，至此电极常数的设置校准完毕（电极常数为上下二组数值的乘积，则 $0.1 \times 1.025 = 0.1025cm^{-1}$）。

③ 电极常数为 $1.025cm^{-1}$，按三次模式键，"常数"二字显示，在温度显示数值的位置有数值闪烁显示，按"△"或"▽"键，使闪烁数值显示为"1"并按"确认"键，此时在电导率、TDS 测量数值的位置有数值闪烁显示，按"△"或"▽"键，闪烁数值显示为"1.025"，并按"确认"键，仪器回到电导率测量模式，至此电极常数的设置校准完毕（电极常数为上下二组数值的乘积，则 $1 \times 1.025 = 1.025cm^{-1}$）。

④ 电极常数为 $10.25cm^{-1}$，按三次模式键，"常数"二字显示，在温度显示数值的位置有数值闪烁显示，按"△"或"▽"键，使闪烁数值显示为"10"并按"确认"键，此时在电导率、TDS 测量数值的位置有数值闪烁显示，按"△"或"▽"键，闪烁数值显示为"1.025"，并按"确认"键，仪器回到电导率测量模式，至此电极常数的设置校准完毕（电极常数为上下二组数值的乘积，则 $10 \times 1.025 = 10.25cm^{-1}$）。

三、温度补偿的设置

当仪器接上温度电极时，该温度显示数值为自动测量的温度值，即温度传感器反映的温度值，仪器根据自动测量的温度值进行自动温度补偿；当仪器不接上温度电极时，该温度显示数值为手动设置的温度值，在温度值手动校准功能模式下（按"模式"键二次），可以按"△"或"▽"键手动调节温度数值上升、下降并按"确认"键，确认所选择的温度数值。使手动选择的温度数值为待测溶液的实际温度值，此时，测量得到的将是待测溶液经过温度补偿后折算为 25℃下的电导率值；

如果将"温度"补偿选择的温度数值为"25"℃时，那么测量的将是待测溶液在该温度下未经补偿的原始电导率值。常数、温度补偿设置完毕，就可以直接进行测量，当测量过程中，显示值为"1——"时，说明测量值超出量程范围，此时，应按"△"键，选择大一档量程，最大量程为 10mS·cm^{-1} 或 100mg·L^{-1}；当测量过程中，显示值为"0"时，说明测量值小于量程范围，此时应按"▽"键，选择小一档量程，最小量成为 20μS·cm^{-1} 或 10mg·L^{-1}。

四、注意事项

（1）验证仪器的测量精度，必要时在仪器的使用前，用该仪器对电极常数进行重新标定。同时应定期进行电导电极常数标定。

（2）测量高纯水时应避免污染，正确选择电极常数的电导电极并最好采用密封、流动的测量方式。

（3）因温度补偿采用固定的 2% 的温度补偿系数补偿的，故对高纯水测量尽量采用不补偿方式进行测量后查表。

（4）本仪器的 TDS 按电导率 1：2 比例显示测量结果。

（5）为确保测量精度，电极使用前应用于 0.5μS·cm^{-1}（或蒸馏水）冲洗二次，然后用被测试样冲洗后方可测量。

（6）电机插头座防止受潮，以免造成不必要的测量误差。

实验九　化学振荡反应

【实验目的】

(1) 了解 Belousov-Zhabotinski 反应（简称 BZ 反应）的基本原理。
(2) 初步理解自然界中普遍存在的非平衡非线性问题。
(3) 通过测定电位-时间曲线求得化学振荡反应的表观活化能。

【实验原理】

人们通常所研究的化学反应，其反应物和产物的浓度呈单调变化，最终达到不随时间变化的平衡状态，而某些化学反应体系中，会出现非平衡非线性现象，即有些组分的浓度会呈现周期性变化，该现象称为化学振荡。为了纪念最先发现和研究这类反应的两位科学家——别诺索夫和柴波廷斯基（Belousov-Zhabotinski），人们将可呈现化学振荡现象的含溴酸盐的反应系统称为 BZ 振荡反应。

别诺索夫-柴波廷斯基（Belousov-Zhabotinski）化学振荡（Chemical Oscillating）是系统在远离平衡时，由其本身的非线性动力学机制而产生的某些物质的浓度随时间或空间的周期性变化，即宏观时空有序结构，称之为耗散结构（dissipative structure），是典型的非平衡非线性现象。1921 年，勃雷（Bray）在一次偶然的机会发现 H_2O_2 与 KIO_3 在硫酸稀溶液中反应时，释放出 O_2 的速率以及 I_2 的浓度会随时间呈周期性的变化。从此，这类化学振荡现象开始为人们所注意。特别是 1958 年，别诺索夫首先观察到并随后由柴波廷斯基深入研究的，丙二酸在溶有硫酸铈的酸性溶液中被溴酸钾氧化的反应中，$[Ce^{4+}]/[Ce^{3+}]$ 及 $[Br^-]$ 的周期性变化，使人们对化学振荡发生了广泛的兴趣。现在已经发现了许多不同类型的振荡反应（在均相和非均相系统中都有），并进一步发展到化学中的混沌现象的研究。振荡现象特别对生物系统更有意义。

大量的实验研究表明，化学振荡现象的发生必须满足三个条件：①远离平衡。在封闭系统中，振荡是衰减型的。如果是开放系统，则有可能是长期持续型的。②存在自催化（autocatalysis）步骤也即存在反馈（产物能加速反应）。自催化反应的一个显著特征是存在诱导期。只有当作为自催化剂的产物积累到一定数量后，反应速率才急剧增大而可被察觉。③具有双稳定性（bistability）。可以在两个稳态间来回振荡。以上三个条件特别是后两个和非线性紧密相关。

BZ 振荡反应的历程十分复杂，目前人们普遍接受的是 1972 年，Field、Koros、Noyes 等人提出了 FKN 机理，对下列著名的 BZ 反应的振荡作出了解释。

$$2H^+ + 2BrO_3^- + 3CH_2(COOH)_2 \xrightarrow[Br^-, Ce^{4+}]{Ce^{3+}} 2BrCH(COOH)_2 + 3CO_2 + 4H_2O$$

其主要思想是：系统中存在着两个受 $[Br^-]$ 控制的过程 A 和 B。当 $[Br^-]$ 高于某一临界浓度时，发生过程 A，消耗 Br^-，$[Br^-]$ 下降，当 $[Br^-]$ 下降到低于某一临界浓度时，发生过程 B，Br^- 再生，$[Br^-]$ 升高，结果 A 过程又发生。这样，系统就在 A、B 过程间往复振荡，$[Ce^{4+}]/[Ce^{3+}]$ 及 $[Br^-]$ 呈现周期性的变化。

具体来讲，该反应由三个主过程组成。

当 $[Br^-]$ 足够高时，发生过程 A（过程特点是大量消耗 Br^-）：

$$BrO_3^- + Br^- + 2H^+ \longrightarrow HBrO_2 + HOBr \quad (1)$$

$$HBrO_2 + Br^- + H^+ \longrightarrow 2HOBr \quad (2)$$

其中（1）为速控步，当达到准定态时，中间体 $[HBrO_2] = k_1[BrO_3^-][H^+]/k_2$。反应中产生的 HOBr 能进一步反应，使有机物丙二酸被溴化：

$$HOBr + Br^- + H^+ \longrightarrow Br_2 + H_2O$$

$$Br_2 + CH_2(COOH)_2 \longrightarrow BrCH(COOH)_2 + Br^- + H^+$$

上述 4 个反应形成一条反应链：

$$2Br^- + BrO_3^- + 3CH_2(COOH)_2 + 3H^+ \longrightarrow 3BrCH(COOH)_2 + 3H_2O$$

当 $[Br^-]$ 低时，发生过程 B：

$$BrO_3^- + HBrO_2 + H^+ \longrightarrow 2BrO_2 + H_2O \quad (3)$$

$$BrO_2 + Ce^{3+} + H^+ \longrightarrow HBrO_2 + Ce^{4+} \quad (4)$$

$$2HBrO_2 \longrightarrow BrO_3^- + HOBr + H^+ \quad (5)$$

这一个自催化过程，在 Br^- 消耗到一定程度后，$HBrO_2$ 才转到按反应（3）、（4）进行，并使反应不断加速，与此同时，催化剂 Ce^{3+} 氧化为 Ce^{4+}。此外，$HBrO_2$ 的累积还受到歧化反应（5）制约。反应（3）为速控步，达到准定态时，$[HBrO_2] \approx k_3[BrO_3^-][H^+]/2k_5$。由反应（2）、（3）可见，$Br^-$ 和 BrO_3^- 是竞争 $HBrO_2$ 的，当 $k_2[Br^-] > k_3[BrO_3^-]$ 时，自催化过程（3）不可能发生。Br^- 的临界浓度为：$[Br^-]_{crit} = k_3[BrO_3^-]/k_2$。

上述 3 个反应形成下列反应链：

$$BrO_3^- + 4Ce^{3+} + 5H^+ \longrightarrow HOBr + 4Ce^{4+} + 2H_2O$$

过程 C：

再生出 Br^-，同时 Ce^{4+} 还原为 Ce^{3+}。这一过程目前了解得还不够，反应大致为：

$$4Ce^{4+} + BrCH(COOH)_2 + H_2O + HOBr \longrightarrow 2Br^- + 4Ce^{3+} + 3CO_2 + 6H^+ \quad (6)$$

过程 C 对化学振荡非常重要。如果只有 A 和 B，那就是一般的自催化反应或时钟反应，进行一次就完成。正是由于过程 C，以有机物丙二酸的消耗为代价，重新得到 Br^- 和 Ce^{3+}，反应得以重新启动，形成周期性的振荡。

测定和研究 BZ 化学振荡反应可采用离子选择性电极法、分光光度法和电化学等方法，本实验采用电化学方法。可以通过测定原电池电动势的变化来监测反应过程中离子浓度的变化。通常用甘汞电极作为参比电极，用铂电极测定 $[Ce^{4+}]/[Ce^{3+}]$ 的变化，从而可以将浓度变化转化为电信号记录下来而得到振荡波（如图 5-16）。根据不同温度下的起波时间（即诱导时间）可以求得 BZ 振荡反应的表观活化能 E：$\ln \dfrac{1}{t_{诱}} = -\dfrac{E}{RT} + B$ [或者也可以根据不

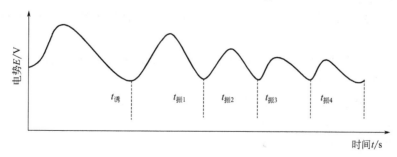

图 5-16 电信号与振荡波

同温度下的振荡周期 $t_{振}$（取平均值）估算过程 C 即步骤（6）的表观活化能］。

【实验仪器与试剂】

仪器：一体化 BZ 振荡反应实验装置（带数据接口），超级恒温水浴，铂电极，甘汞电极，小烧杯，培养皿（ϕ9cm，带盖），计算机。

试剂：$0.25\text{mol} \cdot \text{L}^{-1}$ 溴酸钾，$0.45\text{mol} \cdot \text{L}^{-1}$ 丙二酸，$3.00\text{mol} \cdot \text{L}^{-1}$ 硫酸，$0.004\text{mol} \cdot \text{L}^{-1}$ 硫酸铈铵，溴酸钠，溴化钠，丙二酸，硫酸，$0.025\text{mol} \cdot \text{L}^{-1}$ 试亚铁灵。

【实验步骤】

（1）按照仪器说明书正确安装连接实验装置，如图 5-17。

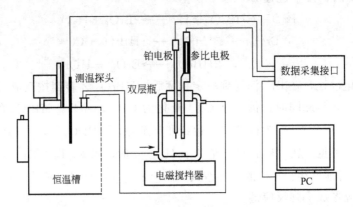

图 5-17　振荡反应实验装置

（2）BZ 振荡反应实验装置，温度探头插入恒温水浴中。开计算机，运行"BZ 振荡"程序，单击"参数设置"设置参数（纵坐标极值 1150，纵坐标零点 850，画图起始点设定 no，目标温度 25℃，设置完成后点击"确定"、"退出"）。开恒温水浴，设定温度 25℃，开循环水，调节循环水量。

（3）点击"开始实验"，在反应器中加入丙二酸、溴酸钾、硫酸各 15mL，搅拌均匀（搅速要适当），连接并插入电极（铂接正极，甘汞接负极）。提示控温完成后，确认，恒温 5min 后，加入 15mL 硫酸铈铵，随即点击"开始实验"并输入文件名，反应自动完成（观察溶液的颜色变化），可查看峰、谷值，打印振荡波形或者记录反应温度及相应的起波时间。

（4）依次重新设定恒温水浴的温度为 30℃、35℃、40℃、45℃、50℃，并点击"修改目标温度"作相应修改。将反应器中的溶液倒入废液池，洗干净反应器和两个电极。重复步骤（3）进行实验。各次实验完成后，点击"退出"，进入"数据处理"，输入各次实验的温度和起波时间及数据点个数，点击"按当前数据处理"，打印输出结果。

（5）关机，关电源，将反应器中的溶液倒入废液池并冲洗干净，洗净电极放回盒中（甘汞电极要套好）。

（6）观察 $NaBr$-$NaBrO_3$-H_2SO_4 系统加入试亚铁灵溶液后的颜色变化及时空有序现象。

① 配制三种溶液 a、b、c：

a. 取 3mL 浓硫酸稀释在 134mL 水中，加入 10g 溴酸钠溶解。

b. 取 1g 溴化钠溶解在 10mL 水中。

c. 取 2g 丙二酸溶解在 20mL 水中。

② 在一个小烧杯中，依次加入 6mL a、0.5mL b、1mL c。几分钟后，溶液成无色。再

加入 1mL 0.025mol·L^{-1} 的试亚铁灵溶液充分混合。

③ 将溶液注入在一个直径为 9cm 的洁净的培养皿中，加上盖。此时溶液呈均匀红色。几分钟后，溶液出现蓝色，并成环状向外扩展，形成各种同心圆状花纹。

【数据记录与处理】

① 记录各次实验的温度和起波时间。

② 根据 $t_{诱}$ 和温度数据作 $\ln\dfrac{1}{t_{诱}}-\dfrac{1}{T}$ 图，求出表观活化能。

【思考题】

(1) 影响诱导期、周期及振荡寿命的主要因素有哪些？

(2) 系统中哪一步反应对振荡行为最为关键？

(3) 本实验记录的电势主要代表什么意思？与 Nernst 方程求得的电势有何不同？

(4) 什么在实验过程中应尽量使搅拌子的位置和转速保持一致？

【注意事项】

(1) 加入丙二酸、溴酸钾、硫酸后，一定要搅拌使溶液充分混合。

(2) 各个组分的混合顺序对系统的振荡行为有影响，每次实验溶液加入反应器的顺序应相同。最后加入硫酸铈铵时，开始采样计时。

实验十 二组分合金相图

【实验目的】

(1) 了解固-液相图的基本特点。
(2) 了解采用热电偶进行测温、控温的原理和装置。
(3) 用热分析法测绘铅-锡二组分合金相图。

【实验原理】

人们常用相图来表示体系存在的状态与组成、温度、压力等因素的关系。以体系所含物质的组成为自变量，温度为应变量所得到的 T-x 图是常见的一种相图。二组分相图已得到广泛的研究和应用，二组分固-液相图是描述体系温度与二组分组成之间关系的图形，由于固液相变体系属凝聚体系，一般视为不受压力影响，因此在绘制相图时不考虑压力因素。

金属的熔点-组成图可根据不同组成的合金的冷却曲线求得。将一种合金或金属熔融后，使之逐渐冷却，记录温度与时间的关系曲线称为冷却曲线或步冷曲线。当熔融系统在均匀冷却过程中无相的变化，其温度将连续均匀下降，得到一条平滑的冷却曲线；如在冷却过程中发生了相变，则因放出相变热使热损失有所抵偿，冷却曲线就会出现转折或水平线段，转折点所对应的温度即为该组成合金的相变温度。

若二组分体系的两个组分在固相完全不溶，在液相可完全互溶，一般具有简单低共熔点，其相图具有比较简单的形式。根据相律，对于具有简单低共熔点的二组分体系，其相图可分为三个区域，即液相区、固液共存区和固相区。绘制相图时，根据不同组成样品的相变温度（即凝固点）绘制出这三个区域的交界线——液相线，即图 5-18(b) 中的 T_1E 和 T_2E，并找出低共熔点 E 所处的温度和液相组成。

步冷曲线有三种形式，分别如图 5-18(a) 中的 a、b 和 c 三条曲线。a 曲线是纯物质 A 的步冷曲线。在冷却过程中，当体系温度到达 A 物质凝固点时，开始析出固体，所释放的熔化热抵消了体系的散热，使步冷曲线上出现一个平台，平台的温度即为 A 物质的凝固点。纯 B 步冷曲线 e 的形状与此相似。

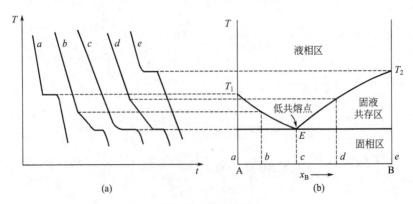

图 5-18 步冷曲线

b 曲线是由主要为 A 物质但含有少量 B 物质样品的步冷曲线。由于含有 B 物质，使得凝固点下降，在低于纯 A 凝固点的某一温度开始析出固体 A，但由于固体析出后使得 B 的浓度升高，凝固点进一步下降，所以曲线产生了一个转折，直到当液态组成为低共熔点组成时，A、B 共同析出，释放较多熔化热，使得曲线上又出现平台。如果液相中 B 组分含量比共熔点处 B 的含量高，则步冷曲线形状与此相同，只是先析出纯 B，如图中曲线 d。

c 曲线是当样品组成等于低共熔点组成时的步冷曲线。形状与 A 相同，但在平台处 A、B 同时析出。

配制一系列不同组成的样品，测定步冷曲线，找出转折点温度及平台温度，将温度与组成关系绘制在坐标系中，连接各点，即得二组分固液相图。

对于本实验所测定的铅-锡体系，由于两种金属的固相在一定条件下能够形成合金，属于部分互溶固液体系。部分互溶固液体系相图与具有简单低共熔点的二组分相图相比，多了一个或两个固溶区（又称合金区），如图 5-19 所示。

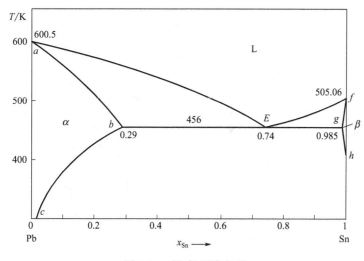

图 5-19　铅-锡固液相图

从相图上可以看出，铅锡固液相图，同样具有液相区、固相区和固液共存区，但在两侧还各有一个固溶区。左侧以铅为主要成分的固溶区称为 α 区，右侧以锡为主要成分的固溶区称为 β 区。

当某一组分的体系温度从液相区下降至液相线时，开始析出的固体并非单纯的 Pb 或 Sn，而是同时会析出 α 区或 β 区所对应的固溶体，其组成会沿 ab 线或 fg 线变化。但液相组成仍会沿液相线下降，并最后降至低共熔点。当液相完全干涸时，合金相的组成将沿 bc 线和 gh 线变化。由于体系温度仍沿液相线改变，因此采用步冷曲线法无法测出 b、g、c、h 各点，也无法进一步绘制出完整的相图，而只能绘制出与固相互不相溶的简单二组分固液相图类似的图形。合金区的存在及 abc、fgh 曲线的绘制，可利用金相显微镜、X 射线衍射及化学分析等手段进行推测。

利用本实验数据绘制相图时，请根据文献值补充合金区数据，绘制出完整的相图。

某些体系在析出固体时，会出现"过冷"现象，即温度到达凝固点时不发生结晶，当温度到达凝固点以下几度时才出现结晶，出现结晶后，体系的温度又回到凝固点。在绘制步冷曲线时，会出现一个下凹。在确定凝固点温度时，应以折线或平台作趋势线，获得较为合理的凝固点，如图 5-20 所示。

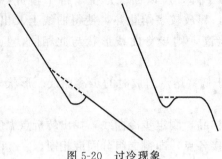

图 5-20　过冷现象

【实验仪器与试剂】

仪器：金属相图实验装置（如图 5-21），电子分析天平，硬质玻璃样品管，测温探头。

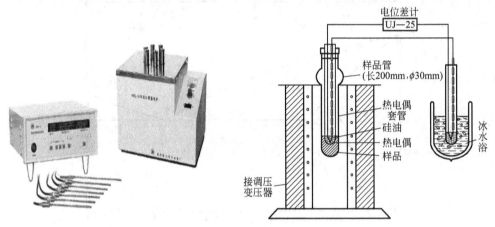

图 5-21　金属相图实验装置

试剂：铅粒，锡粒，石墨粉。

【实验步骤】

1. 配制样品

分别配制含铅量为 100%、80%、60%、38.1%、20%、0% 的铅-锡混合物 60g，装入 6 个样品管中。样品上覆盖一层石墨粉以防止加热时金属氧化。

2. 仪器的安装

将炉体、控温仪连接好，炉体上的控温开关拨到"外控"。打开冷却风扇开关，调节风扇电源至电压表显示为 5V 左右，注意风扇是否转动正常。调节完毕后关闭风扇电源开关。

3. 测量样品的步冷曲线

将样品管放入炉体，将测温探头插入样品管与炉体之间的夹套中。

打开炉体电源和控温仪电源，设置升温值为 380℃，按"工作/置数"按钮，控温仪上的"工作"灯亮，炉体开始升温。从炉体加热电源指示表上可以看到通电情况。由于采用了外控控温方式，炉体上的加热调节开关不起作用。

当温度升到最高温度，仪器自动停止加热时，保持五分钟使样品溶解完全。把测温探头插入到样品管中，以测定样品冷却时的实际温度。按"工作/置数"按钮，控温仪上的"置数"

灯亮，使控温器停止控温。打开风扇电源，使风扇以慢速旋转，炉体以较恒定的速度散热。

按下计时按钮开始计时，可设置60秒报时一次，记下每次报时蜂鸣器鸣响时的温度值。当温度降到160℃以下时，停止记录。取出样品管放在炉体外冷却至室温。

按照同样的步骤，测定不同组成金属混合物的温度-时间曲线。

【数据记录与处理】

本实验记录各样品冷却时的温度-时间关系。

将实验数据输入计算机，绘制温度-时间曲线，找出各不同组成的步冷曲线上的转折点温度和平台温度。以质量百分数为横坐标，温度为纵坐标，绘制液相线，根据文献值补齐合金区数据，绘制出完整的铅-锡二组分相图，并在相图上标示出各区域的相数、自由度数和意义。

【思考题】

(1) 试用相律分析各步冷曲线上出现平台的原因。

(2) 步冷曲线上各段的斜率及水平段的长短与哪些因素有关？

(3) 金属熔融体冷却时冷却曲线上为什么会出现转折点？

(4) 纯金属、低共熔金属及合金等转折点各有几个？曲线形状为何不同？

【注意事项】

(1) 金属相图实验炉炉体温度较高实验过程中不要接触炉体，以防烫伤。开启加热炉后，操作人员不要离开，防止出现意外事故。

(2) 实验炉加热时，温升有一定的惯性，炉膛温度可能会超过380℃，但如果发现炉体温度超过420℃还在上升，应立即按"工作/置数"按钮，使控温仪上的"置数"灯亮，将测温探头插入样品管中，开启冷却风扇，转入测量步冷曲线的实验过程。

(3) 处于高温下的样品管和测温探头取出时应放置在瓷砖或其它金属支架上，防止烫坏实验台。

实验十一 差热分析

【实验目的】

(1) 掌握差热分析原理和定性解释差热谱图。
(2) 用差热仪绘制 $CuSO_4 \cdot 5H_2O$ 等样品的差热图。

【实验原理】

物质在受热或冷却过程中,当达到某一温度时,往往会发生熔化、凝固、晶型转变、分解、化合、吸附、脱附等物理或化学变化,并伴随有焓的改变,因而产生热效应,其表现为物质与环境(样品与参比物)之间有温度差。

选择一种在所测定温度范围内不会发生任何物理或化学变化的对热稳定的物质作为参比物,将其与样品一起置于可按设定速率升温的电炉中,测量时分别记录参比物的温度以及样品与参比物间的温度差。以温差对温度作图就可以得到一条差热分析曲线,或称差热图谱。从差热曲线中可获得有关热力学和热动力学方面的信息,结合其它手段,就有可能对物质的组成、结构或产生热效应的变化过程的机理进行深入研究。差热分析(简称DTA)就是通过温差测量来确定物质的物理化学性质的一种热分析方法。

差热分析仪的原理如图 5-22 所示。它包括带有控温装置的加热炉、放置样品和参比物的坩埚、用以盛放坩埚并使其温度均匀的保持器、测温热电偶、差热信号放大器和记录仪(后两者也可以用计算机来测量温差)。

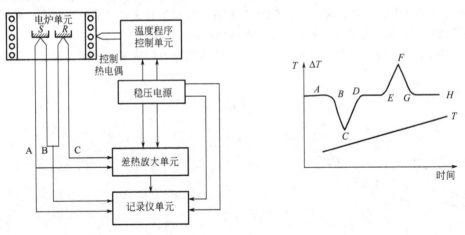

图 5-22 差热分析原理图

差热图的绘制是通过两支型号相同的热电偶,分别插入样品和参比物中,并将其相同端连接在一起。A、B 两端引入记录笔 1,记录炉温信号。若炉子等速升温,则笔 1 记录下一条倾斜直线,如图 5-22 中 T;A、C 端引入记录笔 2,记录差热信号。若样品不发生任何变化,样品和参比物的温度相同,两支热电偶产生的热电势大小相等,方向相反,所以 $\Delta V_{AC} = 0$,笔 2 划出一条直线,图中 AB、DE、GH 段,是平直的基线,反之,样品发生物理化学变化时,$\Delta V_{AC} \neq 0$,笔 2 发生上下偏移。根据规定,两支热电偶的连接及样品的放置位置应指定记录值向下偏移时过程吸热,向上偏移时过程放热。所记录得到的差热峰如图中 BCD、

EFG 所示。两支笔记录的时间-温度（温差）图就称为差热图。

从差热图上可清晰地看到差热峰的数目、高度、位置、对称性以及峰面积。峰的个数表示物质发生物理化学变化的次数，峰的大小和方向代表热效应的大小和正负，峰的位置表示物质发生变化的转化温度。在相同的测定条件下，许多物质的热谱图具有特征性。因此，可通过与已知的热谱图的比较来鉴别样品的种类。理论上讲，可通过峰面积的测量对物质进行定量分析，但因影响差热分析的因素较多，定量难以准确。

在差热分析中，体系的变化为非平衡的动力学过程，得到的差热图除了受动力学因素影响外，还受实验条件的影响。主要有参比物的选择、升温速率影响、样品预处理及用量、气氛及压力的选择和记录仪走纸速度的选择等。详细情况请参阅有关资料。

【实验仪器与试剂】

仪器：ZCR 型差热分析仪（如图 5-23）。

试剂：$CuSO_4 \cdot 5H_2O$，Sn，$\alpha\text{-}Al_2O_3$。

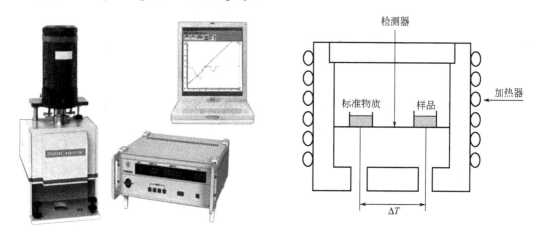

图 5-23 差热分析仪

【实验步骤】

1. 准备工作

① 取两只空坩埚，从炉顶放在样品杆上部的两只托盘上。

② 通水和通气：接通冷却水，开启水源使水流畅通。根据需要在通气口通入一定流量的保护气体。

③ 零位调整：将差热放大器单元的量程选择开关置于"短路"位置，转动"调零"旋钮，使"差热指示"表头指在"0"位。

④ 斜率调整：将差热放大单元量程选择开关置于 $\pm 25\mu V$ 档；程序方式选择"升温"，升温速度为 $10℃ \cdot min^{-1}$。开启记录仪笔 2 开关，转动差热放大器单元上的"移位"开关，使蓝笔处于记录纸的中线附近。开启记录仪的"记录"开关，将纸速调至 $300mm \cdot h^{-1}$ 或 $600mm \cdot h^{-1}$，这时蓝笔所画的线应为一条直线，称为"基线"。按下温度程序控制单元上的"工作"按钮（如发现"调零指示"表头指针远离"零位"，则应按③的步骤另调）。按下电炉电源开关，电炉升温。如发现基线漂移，则可用"斜率调整"旋钮来进行校正：若基线向左倾斜，可顺时针转动旋钮；若基线向右倾斜，可逆时针转动旋钮。基线调好后，一般不再调整。

2. 差热测量

① 准备工作同前，应使仪器预热 20min。

② 将样品放入已知重量的坩埚中称重（取约 10mg），在另一只坩埚中放入重量基本相等的参比物，如 $\alpha\text{-}Al_2O_3$。然后将盛样品的坩埚放在样品托的左侧托盘上，盛参比物的坩埚放在右侧的托盘上，盖好瓷盖和保温盖。

③ 微伏放大器量程开关置于适当位置，如 $\pm 25\mu V$。

④ 保持冷却水流量约 $200 \sim 300 mL \cdot min^{-1}$。

⑤ 设置程序如表 5-5 所示。

表 5-5　程序设置参数

程段	温度/℃	升温速率	保持时间/s
1	30	10	0
2	150	5	0
3	280	10	2

通入氮气，调节流量为 $10mL \cdot min^{-1}$。接通加热炉电源，按下"清零"、"程序"、"运行"旋钮，运行程序。

⑥ 开启记录仪，选择适当的走纸速度，记录升温曲线和差热曲线，直至升至发生要求的相变后，将"程序方式"选择为降温。如作步冷曲线可继续记录至要求的相变点以下，然后停止记录。

⑦ 打开炉盖，取出坩埚，待炉温降至 50℃ 以下时，换上另一样品，按上述步骤操作。

【数据记录与处理】

① 将所得数据列表。

② 定性说明所得差热图谱的意义。

③ 按下式计算样品的相变热 ΔH。

$$\Delta H = \frac{K}{m} \int_{B}^{D} \Delta T \, d\tau$$

式中，m 为样品质量；B、D 分别为峰的起始、终止时刻；ΔT 为时间 τ 内样品与参比物的温差，K；$\int_{B}^{D} \Delta T \, d\tau$ 代表峰面积，m^2；K 为仪器常数，可用数学方法推导，但较麻烦。本实验用已知热效应的物质进行标定。已知纯锡的熔化热为 $59.36 \times 10^{-3} J \cdot mg^{-1}$，可由锡的差热峰面积求得 K 值。

【思考题】

(1) 差热分析与简单热分析有何不同？

(2) 如何辨明反应是吸热反应还是放热反应？为什么在升温过程中即使样品无变化也会出现温差？

(3) 为什么要控制升温速度？升温过快有何后果？

(4) 影响差热分析的主要因素有哪些？

【注意事项】

（1）试样与参比物粒度应大致相同，两者装入在坩埚中的紧密程度应基本一致，且装填高度大致相同。

（2）两支热电偶插入样品的位置和深度基本一致。

（3）试样坩埚与参比物坩埚放入加热炉中的位置应正确，不能调换。

（4）加热炉通电前应先通入冷却水。

（5）差热分析仪的"偏差指示"为负时，才能打开加热炉电源。在加热过程中加热炉的电压指示过大，应立即切断加热炉电源。

实验十二 凝固点降低法测定摩尔质量

【实验目的】

(1) 加深对稀溶液依数性的理解，掌握凝固点降低法测分子量的原理。
(2) 学会使用凝固点降低实验装置。
(3) 用凝固点降低法测定萘的摩尔质量。

【实验原理】

稀溶液中溶剂的蒸气压下降、凝固点降低、沸点升高和渗透压数值的变化，只与溶液中溶质的量有关，与溶质的本性无关，故称这些性质为稀溶液的依数性。

非挥发性溶质二组分溶液，其稀溶液具有依数性，凝固点降低就是依数性的一种表现。根据凝固点降低的数值，可以求溶质的摩尔质量。对于稀溶液，如果溶质和溶剂不生成固溶体，当稀溶液凝固析出纯固体溶剂时，则溶液的凝固点低于纯溶剂的凝固点，其降低值与溶液的质量摩尔浓度成正比。即：

$$\Delta T = T_f^* - T_f = K_f b_B \quad (5\text{-}20)$$

式中，T_f^* 和 T_f 分别为纯溶剂和溶液的凝固点，K；b_B 为溶液中溶质 B 的质量摩尔浓度，$mol \cdot kg^{-1}$；K_f 为溶剂的质量摩尔凝固点降低常数，$K \cdot kg \cdot mol^{-1}$，它的数值仅与溶剂的性质有关。

若称取一定量的溶质 W_B 和溶剂 W_A，配成稀溶液，则此溶液的质量摩尔浓度为：

$$b_B = \frac{W_B}{M_B W_A} \times 10^{-3} \quad (5\text{-}21)$$

式中，W_A 和 W_B 分别为溶剂和溶质的质量，kg；M_B 为溶质的摩尔质量，$kg \cdot mol^{-1}$。将该式代入上式，整理得：

$$M_B = K_f \frac{W_B}{\Delta T W_A} \times 10^{-3}$$

若已知某溶剂的凝固点降低常数 K_f 值，通过实验测定此溶液的凝固点降低值 ΔT，即可计算溶质的摩尔质量 M_B。

纯溶剂的凝固点为其液相和固相共存的平衡温度。若将液态的纯溶剂逐步冷却，在未凝固前温度将随时间均匀下降，开始凝固后因放出凝固热而补偿了热损失，体系将保持液-固两相共存的平衡温度而不变，直至全部凝固，温度再继续下降。其冷却曲线如图 5-24 中 1 所示。但实际过程中，当液体温度达到或稍低于其凝固点时，晶体并不析出，这就是所谓的过冷现象。此时若加以搅拌或加入晶种，促使晶核产生，则大量晶体会迅速形成，并放出凝固热，使体系温度迅速回升到稳定的平衡温度；待液体全部凝固后温度再逐渐下降。冷却曲线如图 5-24 中 2。

溶液的凝固点是该溶液与溶剂的固相共存的平衡温度，其冷却曲线与纯溶剂不同。当有溶剂凝固析出时，剩余溶液的浓度逐渐增大，因而溶液的凝固点也逐渐下降。因有凝固热放出，冷却曲线的斜率发生变化，即温度的下降速度变慢，如图 5-24 中 3 所示。本实验要测定已知浓度溶液的凝固点。如果溶液过冷程度不大，析出固体溶剂的量很少，对原始溶液浓度影响不大，则以过冷回升的最高温度作为该溶液的凝固点，如图 5-24 中 4 所示。如果过

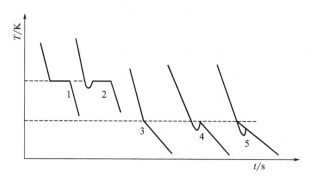

图 5-24 纯溶剂和溶液的冷却曲线

冷较严重,则可采用外推图形来确定其近似的凝固点,如图 5-24 中 5 所示。

【实验仪器与试剂】

SWC-LG 冰点仪(如图 5-25)、分析天平、移液管(25mL)、环己烷(A.R.)、萘(A.R.)。

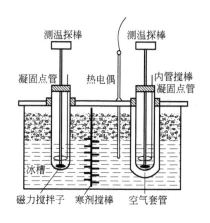
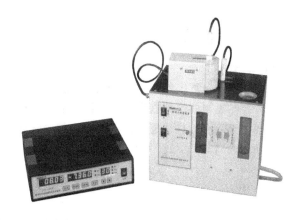

图 5-25 冰点仪

【实验步骤】

① 向冰点仪的水箱中加入一半左右的干净的自来水,慢慢投入冰块,边投边搅拌。最终冰水浴温度控制在 3℃ 左右。

② 将凝固点的外管从仪器上面的左孔处直接放在冰水浴中,用移液管向清洁、干燥的凝固点内管中加入 20mL 纯环己烷,并记下水的温度,插入热电偶。

③ 将盛环己烷的凝固点内管从仪器上面的右孔处直接插入冰水水浴中,中速搅拌使其快速降温当开始有晶体析出时,迅速拿出内管放入外管中,温差仪每 6s 鸣响一次,可依此定时读取温度值。待温度较稳定温差仪的示值变化不大时,也就是环己烷的近似凝固点。

④ 取出凝固点管,用手微热,使结晶完全熔化(不要加热太快太高)。将盛环己烷的凝固点内管从仪器上面的右孔处直接插入冰水水浴中,使其快速降温到比近似凝固点高 1K 左右,迅速拿出内管放入外管中,中速搅拌,使环己烷的温度缓慢匀速降低。同时开始记录温度值,6 秒钟记录一次。当发现温度下降的速度有减缓的趋势时,要快速搅拌(以搅棒下端擦管底),幅度要尽可能的小,此时可以用肉眼观测到有小冰晶的出现。待温度回升后,恢复原来的搅拌,直到温度回升稳定为止,此温度即为环己烷的近似凝固点。手捂住管壁片刻

使结晶熔化，重复操作，直到取得三个偏差不超过±0.05K的数据为止。三次稳定温度平均值作为环己烷的凝固点。

⑤ 溶液凝固点的测定。取出凝固点管，如前将管中冰溶化，用分析天平精确称重萘（约0.15~0.2g），向凝固点管的支管加入样品，待全部溶解后，测定溶液的凝固点。测定方法与环己烷的相同，先测近似的凝固点，再精确测定，但溶液凝固点是取回升后所达到的最高温度。重复三次，取平均值。

【数据记录与处理】

① 根据公式 $\rho=0.7971-0.8879\times10^{-3}t$ 计算室温 t（℃）时环己烷的密度。

② 根据所记录的时间-温度数据，绘制纯溶剂和溶液的步冷曲线。

③ 根据测得的环己烷和溶液的凝固点，计算萘的摩尔质量。

【思考题】

(1) 为什么要使用空气夹套？过冷太多有何弊病？

(2) 什么叫凝固点？凝固点降低的公式在什么条件下才适用？它能否用于电解质溶液？

(3) 为什么会产生过冷现象？

(4) 测定环己烷和萘丸质量时，精密度要求是否相同？为什么？

【注意事项】

(1) 冰水浴温度控制在3℃左右，过高或过低都会对实验结果造成影响。

(2) 控制适当的搅拌速度，搅拌器应避免碰撞测温探头，否则会引起温差读数的异常波动；若已结晶而无平台，往往是前次实验后内管清洗得不干净所致。所以，学生实验后一定要仔细刷干净所用内管。

实验十三 蔗糖水解反应速度常数的测定

【实验目的】
(1) 了解旋光仪的基本原理,掌握其使用方法。
(2) 利用旋光法测定蔗糖水解反应的速率常数与半衰期。

【实验原理】
蔗糖在水中转化为葡萄糖和果糖:

$$C_{12}H_{22}O_{11} + H_2O \xrightarrow{H^+} C_6H_{12}O_6 + C_6H_{12}O_6$$
$$\text{(蔗糖)} \qquad\qquad \text{(葡萄糖)} \quad \text{(果糖)}$$

其中,蔗糖和葡萄糖是右旋的,果糖是左旋的,但果糖的比旋光度比葡萄糖大,反应过程中,溶液的旋光度将由右旋逐渐变为左旋。

蔗糖水解反应是一个二级反应,但由于水是大量存在的,在反应过程中可以认为浓度不变,反应过程中的氢离子是一种催化剂,也可以认为浓度不变,由此,蔗糖水解反应可作为一级反应来处理,又称为"假一级反应"。

如果以 c 表示到达 t 时刻的反应物浓度,k 表示反应速率常数,则一级反应的速率方程为:

$$-dc/dt = kt$$

对此式积分可得:

$$\ln c = -kt + \ln c_0$$

式中,c 为反应过程中的浓度,c_0 为反应开始时的浓度。当 $c = c_0/2$ 时,时间为 $t_{1/2}$,称为半衰期。代入上式,得:

$$t_{1/2} = \ln 2/k = 0.693/k$$

测定反应过程中的反应物浓度,以 $\ln c$ 对 t 作图,就可以求出反应的速率常数 k。在这个反应中,利用体系在反应进程中的旋光度不同,来度量反应的进程。

用旋光仪测出的旋光度值,与溶液中旋光物质的旋光能力、溶剂的性质、溶液的浓度、温度等因素有关,固定其它条件,可认为旋光度 α 与反应物浓度 c 成线性关系。物质的旋光能力用比旋光度来度量:

$$[\alpha]_D^{20} = \frac{\alpha \times 100}{lc_A}$$

蔗糖的比旋光度 $[\alpha]_D^{20} = 66.6°$,葡萄糖的比旋光度 $[\alpha]_D^{20} = 52.5°$,果糖是左旋性物质,它的比旋光度为 $[\alpha]_D^{20} = -91.9°$。因此,在反应过程中,溶液的旋光度先是右旋的,随着反应的进行右旋角度不断减小,过零后再变成左旋,直至蔗糖完全转化,左旋角度达到最大。

当某物理量与反应物和产物浓度成正比,则可导出用物理量代替浓度的速率方程。为简单起见,设反应方程式为:

$$A + B \longrightarrow X + Y$$

设反应物和生成物对某物理量 λ(这里是旋光度)的贡献分别是 λ_a、λ_b、λ_x、λ_y,它们与浓度的关系分别是:

$$\lambda_a = L[A]; \quad \lambda_b = m[B]; \quad \lambda_x = n[X]; \quad \lambda_y = P[Y] \tag{5-22}$$

式中，L、m、n、p 为比例常数。

因 $\lambda = \lambda_a + \lambda_b + \lambda_x + \lambda_y$，而在反应进程中：

$\lambda_a = L(a-x); \quad \lambda_b = m(b-x) = m[(b-a)+(a-x)]; \quad \lambda_x = nx; \quad \lambda_y = px$。

故
$$\lambda = (L+m)(a-x) + m(b-a) + (n+p)x \tag{5-23}$$

在公式(5-23)右端加、减 $a(n+p)$，然后合并得

$$\lambda = (L+m-n-p)(a-x) + m(b-a) + a(n+p) \tag{5-24}$$

反应开始时，$a-x=a$；反应完毕时，$a-x=0$

故
$$\lambda_0 = (L+m-n-p)a + m(b-a) + a(n+p) \tag{5-25}$$

$$\lambda_\infty = m(b-a) + a(n+p) \tag{5-26}$$

公式(5-24)～公式(5-26) $\quad \lambda - \lambda_\infty = (L+m-n-p)(a-x) \tag{5-27}$

公式(5-25)～公式(5-26) $\quad \lambda_0 - \lambda_\infty = (L+m-n-p)a \tag{5-28}$

将公式(5-27)、公式(5-28)代入一级反应速度方程式，得：$\quad \ln\dfrac{\lambda_0-\lambda_\infty}{\lambda-\lambda_\infty}=kt \tag{5-29}$

如果 m、n、p 为零，即这些物质与 λ 无关，则 $\lambda_\infty=0$，

上式简化为：
$$\ln\dfrac{\lambda_0}{\lambda}=kt \tag{5-30}$$

物性 λ 可以是旋光度、吸光度、体积、压力、电导等。

对本实验而言，以旋光度代入公式(5-29)，得一级反应速度方程式：

$$\ln\dfrac{\alpha_0-\alpha_\infty}{\alpha-\alpha_\infty}=kt \tag{5-31}$$

以 $\ln(\alpha-\alpha_\infty)$ 对 t 作图，直线斜率即为 $-k$。

把在 t 和 $t+\Delta$（Δ 代表一定的时间间隔）测得的 α 分别用 α_t 和 $\alpha_{t+\Delta}$ 表示，则有

$$\alpha_t - \alpha_\infty = (\alpha_0 - \alpha_\infty)e^{-kt} \tag{5-32}$$

$$\alpha_{t+\Delta} - \alpha_\infty = (\alpha_0 - \alpha_\infty)e^{-k(t+\Delta)} \tag{5-33}$$

公式(5-32)～公式(5-33) $\quad \alpha_t - \alpha_{t+\Delta} = (\alpha_0 - \alpha_\infty)e^{-kt}(1-e^{-k\Delta})$

取对数 $\quad \ln(\alpha_t - \alpha_{t+\Delta}) = \ln[(\alpha_0-\alpha_\infty)(1-e^{-k\Delta})]-kt \tag{5-34}$

从公式(5-34)可看出，只要 Δ 保持不变，右端第一项为常数，从 $\ln(\alpha_t-\alpha_{t+\Delta})$ 对 t 作图所得直线的斜率即可求得 k。

Δ 可选为半衰期的 2～3 倍，或反应接近完成的时间之半。本实验可取 $\Delta=30\text{min}$，每隔 5min 取一次读数

【实验仪器与试剂】

自动旋光仪（图 5-26），恒温箱，容量瓶（25mL），烧杯（50mL），移液管（25mL，50mL），蔗糖（分析纯），HCl 溶液（4mol·L^{-1}）

【实验步骤】

① 先作仪器零点校正。将空的或装满

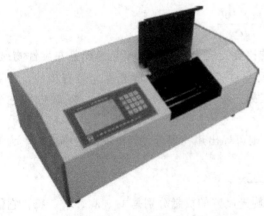

图 5-26　自动旋光仪

水的旋光管置于旋光计暗匣内，观察此时读到的旋光度是否为零，如不是零，需调整到零。

② 在小烧杯中称取蔗糖约 5g，用少量蒸馏水溶解，倾入 25mL 容量瓶中，稀释至刻度，再倾入 50mL 烧杯中。又用 25mL 移液管吸取 4mol·L^{-1} 盐酸溶液放入烧杯中。记录反应开始时间，混合均匀，尽快用此溶液淌洗旋光管后立即装满旋光管，盖上玻璃片，注意勿使管内存在汽泡，旋紧管帽后即放置在旋光计中测了旋光度。此时正式计时开始，此后每隔 5min 测一次，经 1h 后停止实验。

③ 若采用恒温夹套旋光管时，先将供循环水的超级恒温槽调到 25℃，将分别装 25mL 蔗糖溶液和 25mL4mol·L^{-1} 盐酸溶液的 100mL 锥形瓶放入恒温槽中，15min 后把盐酸倒入蔗糖溶液中，并立即开始计时，溶液倒回装盐酸的锥形瓶混合均匀后，淌洗旋光管、立即装好测定旋光度。

【数据记录与处理】

① 取 Δ 为 30min，每 5min 取一次数据，记录到表 5-6 中。

表 5-6 实验数据

t/min	α_t	$(t+\Delta)$/min	$\alpha_{t+\Delta}$	$\alpha_t - \alpha_{t+\Delta}$	$\ln(\alpha_t - \alpha_{t+\Delta})$
5		35			
10		40			
15		45			
20		50			
25		55			
30		60			

② $\ln(\alpha_t - \alpha_{t+\Delta})$ 对 t 作图所得直线的斜率即可求得 k 及半衰期 $t_{1/2}$

【思考题】

（1）实验中，我们用蒸馏水来校正旋光仪的零点，试问在蔗糖转化反应过程中所测的旋光度 α_t 是否必须要进行零点校正？

（2）配置蔗糖溶液时称量不够准确，对测量结果是否有影响？

（3）在混合蔗糖溶液和盐酸溶液时，我们将盐酸加到蔗糖溶液里去了，可否将蔗糖溶液加到盐酸溶液中去？为什么？

【注意事项】

旋光管中尽量不要有大的气泡，如果出现气泡，应晃动旋光管将气泡装在凸颈处，且气泡的直径不能大于凸颈的高度，以免影响光在管中的传播。

WZZ-3 自动旋光仪仪器的使用方法

（1）仪器应放在干燥通风处，防止潮气侵蚀，尽可能在 20℃ 的工作环境中使用仪器，搬动仪器应小心轻放，避免震动。

（2）将仪器电源插头插入 220V 交流电源，要求使用交流电子稳压器（1KVA）并将接地脚可靠接地。

（3）打开仪器右侧的电源开关，这时钠光灯应启辉，需经 5min 钠光灯才发光稳定。

（4）将仪器右侧的光源开关向上扳到直流位置。（若光源开关扳上后，钠光灯熄灭，则再将光源开关上下重复扳动 1 到 2 次，使钠光灯在直流下点亮。）

(5) 直流灯点亮后按"回车"键，这时液晶显示器即有 MODE L C n 选项显示（MODE 为模式，C 为浓度，L 为试管长度，n 为测量次数；默认值：MODE：1；L：2.0；C：0；n：1）。

(6) 显示模式的改变

① 显示模式的分类：MODE1——旋光度；MODE2——比旋度；MODE3——浓度；MODE4——糖度。

② 如果显示模式不需要改变，则按"测量"键，显示"0.000"。

③ 若需改变模式，修改相应的模式数字于 MODE、L、C、n 每一项，输入完毕后，需按"回车"键；当 n 项输入完毕后，按"回车"键后显示"0.000"表示可以测试。在 C 项输入过程中，发现输入错误时，可按"→"键，光标会向前移动，可修改错误。

④ 在测试过程中需要改变模式，可按"→"键。

⑤ 在测试过程中，如果出现黑屏或乱屏，请按"回车"键。

(7) 显示形式：

① 测旋光度时，MODE 选 1（按数码键 1 后，再按"回车"键）：测量内容显示旋光度 OPTICAL ROTATION，数据栏显示 a 及 a_{AV}，需要输入测量的次数 n，脚标 AV 表示平均值。

② 测比旋度时，MODE 选 2：测量内容显示比旋度 SPECIFIC ROTATION，数所栏显示 [α] 及 $[α]_{AV}$，需要输入试管长度 L（dm）、溶液的浓度 C 及测量的次数 n，脚标 AV 表示平均值。

③ 测浓度时，MODE 选 3：测量内容显示浓度 CONCENTRATION，数据栏显示 C 及 C_{AV}，需要输入试管长度 L、比旋度 [α] 及测量的次数 n，若比旋度为负 [α]，也请输入正值，浓度会自动显示负值，此时负号表示为左旋样品。

④ 测糖度时，MODE 选 4：测量内容显示国际糖度 INTEL SUGAR SCALE，数据栏显示 Z 及 $[Z]_{AV}$，需要输入测量的次数 n。

各栏数据下面的 σ_{n-1} 为测量 $n=6$ 次时的标准偏差，反映样品制备及仪器测试结果的离散性，离散性越小，测试结果的可信度越高。

(8) 将装有蒸馏水或其它空白溶剂的试管放入样品室，盖上箱盖，按清零键，显示 0 读数。试管中若有气泡，应先让气泡浮在凸颈处；通光面两端的雾状水滴，应用软布擦干。试管螺帽不易旋得过紧，以免产生应力，影响读数。试管安放时应注意标记位置和方向。

(9) 取出试管。将待测样品注入试管，按相同的位置和方向放入样品室，盖好箱盖。仪器将显示出该样品的旋光度（或相应值）。

(10) 仪器自动复测 n 次，得 n 个读数并显示平均值及 σ_{n-1} 值（σ_{n-1} 对 $n=6$ 有效）。如果 n 设定为 1，可用复测键手动复测，在 $n>1$，按"复测"键时，仪器将重新测试。

(11) 如样品超过测量范围，仪器在 ±45°处来回震荡。此时，取出试管，仪器即自动转回零位。此时可稀释样品后重测。

(12) 仪器使用完毕后，应依次关闭光源、电源开关。

(13) 每次测量前，请按"清零"键。

(14) 仪器回零后，若回零误差小于 0.01°旋光度，无论 n 是多少，只回零一次。

注：① 比旋光度公式为 $[α]=100α/LC$

式中 α——测得的旋光度，°；
  C——为每 100mL 溶液中含有被测物质的重量，g；
  L——溶液的长度，dm。

测比旋光度可按 MODE2 操作。

② 由测得的比旋度，可求样品的纯度：

$$纯度 = 实测比旋度 / 理论比旋度$$

③ 测定国际糖分度的规算：根据国际糖度标准，规定用 26g 纯糖制成 100mL 溶液，用 2dm 试管，在 20℃下用钠光测定，其旋光度为＋34.626，其糖度为 100 糖分度。本仪器按 MODE4 可直读国际糖度。

实验十四 乙酸乙酯皂化反应速度常数的测定

【实验目的】

(1) 了解二级反应的特点，学会用图解法求取二级反应的速率常数。

(2) 用电导法测定乙酸乙酯皂化反应速率常数，了解反应活化能的测定方法。

【实验原理】

乙酸乙酯皂化反应是一个典型的二级反应：

$$CH_3COOC_2H_5 + OH^- \longrightarrow CH_3COO^- + C_2H_5OH$$

其反应速度可用下式表示：

$$\frac{dx}{dt} = k(a-x)(b-x) \tag{5-35}$$

式中，a，b 分别表示两反应物初始浓度；x 为经过 t 时间减少了的 a 和 b 的浓度；k 为反应速率常数。积分上式得：

$$k = \frac{1}{t(a-b)} \cdot \ln\left[\frac{b(a-x)}{a(c-x)}\right]$$

若当初始浓度相同，即 $a=b$ 时；可使计算式简化；$\frac{dx}{dt} = k(a-x)^2$

积分上式得

$$k = \frac{1}{t \cdot a} \frac{x}{(a-x)} \tag{5-36}$$

随着皂化反应的进行，溶液中导电能力强的 OH^- 逐渐被导电能力弱的 CH_3COO^- 所取代，溶液导电能力逐渐降低。本实验用电导率仪跟踪测量皂化反应进程中电导随时间的变化，从而达到跟踪反应物浓度随时间变化的目的。

令 L_0，L_t 和 L_∞ 分别表示时间 t 为 0，t 和 ∞（即反应完毕）时电导，则：

$x \propto (L_0 - L_t)$，$a \propto (L_0 - L_\infty)$，$(a-x) \propto (L_t - L_\infty)$，代入公式(5-36)得：

$$k = \frac{1}{t \cdot a} \cdot \frac{L_0 - L_t}{L_t - L_\infty}, \quad L_t = \frac{1}{k \cdot a} \cdot \frac{L_0 - L_t}{t} + L_\infty$$

所以，以 L_t 对 $(L_0 - L_t)/t$ 作图可得一直线，其斜率等 $1/ka$；由此可求得反应速率常数 k。

如果测定出不同温度下的乙酸乙酯皂化反应的速率常数，则可以根据阿仑尼乌斯公式求出乙酸乙酯皂化反应的活化能：

$$\ln(k_2/k_1) = E(T_2 - T_1)/(RT_2T_1) \quad \text{（其中 } E \text{ 为活化能）}$$

【实验仪器与试剂】

仪器：恒温槽，电导率仪（图 5-27），秒表，碘量瓶（150mL），电导池（即混合反应器）（图 5-28），移液管（50mL），洗瓶。

试剂：0.0500mol·L^{-1} NaOH 溶液（新鲜配制），0.100mol·L^{-1} NaOH 溶液，0.100mol·L^{-1} $CH_3COOC_2H_5$ 溶液（新鲜配制），0.0500mol·L^{-1} CH_3COONa 溶液。

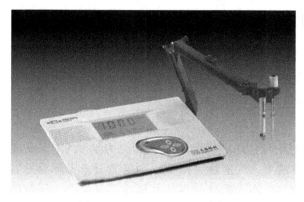

图 5-27　DDS-307A 电导率仪

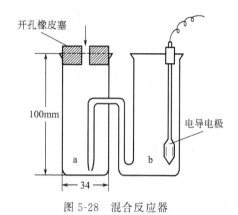

图 5-28　混合反应器

【实验步骤】

① 调节恒温槽至（25±0.2）℃恒温。

② 预热电导率仪并用蒸馏水进行调节。

③ 取 0.0500mol·L^{-1}·NaOH 溶液（新鲜配制）于电导池中，将电导池置于 25℃恒温槽中，恒温 15min 测出 L_0，再取 0.0500mol·L^{-1} CH$_3$COONa 溶液于电导池中，将电导池置于 25℃恒温槽中，恒温 15min 测出 L_∞。

④ 于干净混合反应器中，用移液管加 20mL 0.100mol·L^{-1} NaOH 溶液于 a 池，加 20mL 0.100mol·L^{-1} CH$_3$COOC$_2$H$_5$ 溶液（新鲜配制）于 b 池。将反应器置于恒温槽中，约 15min 恒温后，将两溶液混合，用电导率仪测量 L_t，秒表计时。开始每半分钟 1 次共 4 次，然后每 1 分钟 1 次共 4 次，接下来每 2 分钟 1 次共 3 次，最后每 3 分钟 1 次共 1 次。

⑤ 调节恒温槽至 30±0.2℃恒温。重复以上方法测量

【数据记录与处理】

① 将实验中所记录的 L_t 数据列表，计算 $(L_0-L_t)/t$。

② L_t 对 $(L_0-L_t)/t$ 作图，根据直线的斜率计算 25℃ 和 30℃ 的反应速率常数 k_1 和 k_2。

③ 根据阿仑尼乌斯公式计算反应的活化能 E。

【思考题】

（1）被测溶液的电导率是哪些离子的贡献？反应进程中溶液的电导为何发生变化？

（2）为什么要使两种反应物的浓度相等？如何配制指定浓度的溶液？

（3）为什么要使两溶液尽快混合完毕？开始一段时间的测定间隔期为什么应短些？

【注意事项】

(1) 向混合反应器中添加溶液时，必须使反应器竖直放置，以免两种反应物提前混合。

(2) 用洗耳球向混合反应器中吹气时，切勿用力过猛使溶液溅出。

实验十五　最大气泡法测定溶液的表面张力

【实验目的】

(1) 用最大气泡法测定不同浓度正丁醇溶液的表面张力。
(2) 利用吉布斯公式计算不同浓度下正丁醇溶液的吸附量。

【实验原理】

处于溶液表面的分子由于受到不平衡的分子间力的作用而具有表面张力 γ，其定义是在表面上垂直作用于单位长度上使表面积收缩的力。气泡最大压力法测定表面张力装置见实物，实验中通过滴水瓶滴水抽气使得体系压力下降，大气压与体系压力差 Δp 逐渐把毛细管中的液面压至管口，形成气泡。在形成气泡的过程中（如图 5-29），液面曲率半径经历：大→小→大，即中间有一极小值 $r_{\min}=r_{毛}$。由拉普拉斯方程：

$$\Delta P = \frac{2\gamma}{r}$$

可知此时压力差达极大值。

$$\Delta P_{\max} = \frac{2\gamma}{r_{\min}} = \frac{2\gamma}{r_{毛}}$$

$$\gamma = K \Delta P_{\max} \tag{5-37}$$

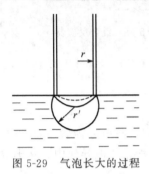

图 5-29　气泡长大的过程

式中，K 为仪器常数，通常用已知表面张力的物质确定。本实验用蒸馏水确定 K。

溶液表面吸附量以及饱和吸附时每个分子所占的吸附截面积的确定：加入表面活性物质时溶液的表面张力会下降，溶质在表面的浓度大于其在本体的浓度，此现象称为表面吸附现象，单位溶液表面积上溶质的过剩量称为表面吸附量 Γ。在一定温度和压力下，溶液的表面吸附量 Γ 与表面张力 γ 及溶液本体浓度 c 之间的关系符合吉布斯吸附等温式：

$$\Gamma = -\frac{c}{RT} \times \frac{\mathrm{d}\gamma}{\mathrm{d}c} \tag{5-38}$$

对可形成单分子层吸附的表面活性物质，溶液的表面吸附量 Γ 与溶液本体浓度 c 之间的关系符合朗格谬尔吸附等温式(5-39)

$$\Gamma = \Gamma_\infty \times \frac{Kc}{1+Kc} \tag{5-39}$$

由实验测出不同浓度 c 对应的表面张力 γ，作 $\gamma\text{-}c$ 图，拟合曲线方程 $\gamma=f(c)$；求导得到 $\mathrm{d}\gamma/\mathrm{d}c$ 代入公式(5-38)可计算溶液表面吸附量 Γ；再作 $\Gamma\text{-}c$ 图，拟合直线方程，由直线斜率 A 可得饱和吸附量 $\Gamma_\infty=1/A$；Γ_∞ 为单位溶液表面积上吸附的溶质的物质的量，则溶质在溶液表面上的吸附截面积为：

$$A_m = \frac{1}{L\Gamma_\infty} \tag{5-40}$$

式中，L 为阿伏加德罗常数。

【实验仪器与试剂】

表面张力仪，不同浓度的正丁醇溶液（$0.05\,\mathrm{mol\cdot L^{-1}}$，$0.10\,\mathrm{mol\cdot L^{-1}}$，$0.15\,\mathrm{mol\cdot L^{-1}}$，$0.20\,\mathrm{mol\cdot L^{-1}}$，$0.25\,\mathrm{mol\cdot L^{-1}}$，$0.30\,\mathrm{mol\cdot L^{-1}}$，$0.35\,\mathrm{mol\cdot L^{-1}}$，$0.40\,\mathrm{mol\cdot L^{-1}}$）。

【实验步骤】

① 按装置图安装好实验装置（图 5-30）。

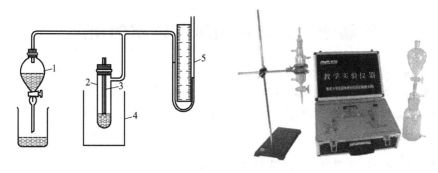

图 5-30 表面张力仪
1—滴液漏斗；2—表面张力管；3—毛细管；4—恒温槽；5—压差计

② 把蒸馏水盛入夹套测量管中，再用蒸馏水洗净毛细管，插入测量管中，使其尖端刚好与液面接触，且保持毛细管竖直。如果此时液面沿毛细管上升，且在压差计上显示出很小的压差，那么可判断装置不漏气；否则，表示装置漏气，要重新检查。

③ 检查装置不漏气后，打开分液漏斗活塞，使其中的水一滴一滴的滴下，管内逐步减压，毛细管中的液面下降，当毛细管内外的压力差（$p_{大气} - p_{系统}$）恰好能克服蒸馏水的表面张力时，毛细管尖端便有气泡逸出，此时压差计读数出现负的最大值。当气泡形成的频率稳定时，记录压差计读数三次，求出其平均值，得 Δp，再查得该温度下水的 σ 数值，可求得仪器常数 $K = \dfrac{\gamma_水}{\Delta p_水}$。

④ 根据给定浓度的正丁醇-水溶液溶液配制不同浓度的正丁醇-水溶液，同测量蒸馏水的 Δp 一样，顺次从稀到浓测出不同浓度的正丁醇溶液的表面张力，废液倒入指定的废液瓶。

⑤ 实验完毕，清洗玻璃仪器，整理实验台。

【数据记录与处理】

① 计算仪器常数 K。
② 计算各个待测溶液的表面张力。
③ 作出表面张力-浓度曲线，要求光滑。用镜像法在曲线的整个浓度范围内取 8 个点作切点，求得相应的 Z 值。
④ 计算出 Γ 后，作出吸附等温线 Γ-c 图。

【思考题】

(1) 用最大气泡法测定表面张力时为什么要读取最大压力差？
(2) 为什么玻璃毛细管一定要与液面刚好相切，如果毛细管插入一定深度，对测定结果有何影响？
(3) 测量过程中如果气泡逸出速率较快，对实验有无影响？为什么？
(4) 在本实验装置中，液体压力计内的介质是水，选用水银是否可以？

【注意事项】

(1) 仪器必须洗涤清洁，每次用待测溶液润洗表面张力管时必须到位。
(2) 毛细管应尽量保持竖直，且与待测液体刚刚相切。

实验十六 溶液偏摩尔体积的测定

【实验目的】

(1) 了解相对密度法测溶液的表观摩尔体积和偏摩尔体积的方法和原理。

(2) 测定指定组成的乙醇-水溶液中各组分的偏摩尔体积。

【实验原理】

在多组分体系中，某组分 i 的偏摩尔体积定义为：

$$V_{m,i} = \left(\frac{\partial V}{\partial n_i}\right)_{T,p,n_j(i \neq j)}$$

若是二组分体系，则有：

$$V_{m,1} = \left(\frac{\partial V}{\partial n_1}\right)_{T,p,n_2} \qquad V_{m,2} = \left(\frac{\partial V}{\partial n_2}\right)_{T,p,n_1} \tag{5-41}$$

体系总体积：

$$V = n_1 V_{m,1} + n_2 V_{m,2} \tag{5-42}$$

式中，V 为体系总体积，cm^3；$V_{m,1}$ 和 $V_{m,2}$ 分别为组分 1、2 的偏摩尔体积，$cm^3 \cdot mol^{-1}$，公式两边同除以溶液质量 W，则有：

$$\frac{V}{W} = \frac{W_1}{M_1} \cdot \frac{V_{m,1}}{W} + \frac{W_2}{M_2} \cdot \frac{V_{m,2}}{W}$$

令

$$\alpha = \frac{V}{W}, \quad \alpha_1 = \frac{V_{m,1}}{M_1}, \quad \alpha_2 = \frac{V_{m,2}}{M_2} \tag{5-43}$$

式中，α 是溶液的比容，$cm^3 \cdot g^{-1}$；α_1，α_2 分别为组分 1、2 的偏质量体积，$cm^3 \cdot g^{-1}$；W_1 和 W_2 分别表示组分 1、2 的质量，g；M_1 和 M_2 分别表示组分 1、2 的摩尔质量 $kg \cdot mol^{-1}$，代入后得：

$$\alpha = W_1\% \alpha_1 + W_2\% \alpha_2 = (1 - W_2\%)\alpha_1 + W_2\% \alpha_2 \tag{5-44}$$

将式(5-44) 对 $W_2\%$ 微分：

$$\frac{\partial \alpha}{\partial W_2\%} = -\alpha_1 + \alpha_2, \quad 即 \quad \alpha_2 = \alpha_1 + \frac{\partial \alpha}{\partial W_2\%} \tag{5-45}$$

整理式(5-45) 得

$$\alpha_1 = \alpha - W_2\% \cdot \frac{\partial \alpha}{\partial W_2\%}$$

和

$$\alpha_2 = \alpha + W_1\% \cdot \frac{\partial \alpha}{\partial W_2\%}$$

所以，实验求出不同浓度溶液的比容 α，作 α-$W_2\%$ 关系图，得曲线 CC'（见图 5-31）。如欲求 M 浓度溶液中各组分的偏摩尔体积，可在 M 点作切线，此切线在两边的截距 AB 和 $A'B'$ 即为 α_1 和 α_2，即可求出 $V_{m,1}$ 和 $V_{m,2}$。

各个待测溶液的密度由公式

$$\rho_i = \rho_{水}(m_i - m_0)/(m_1 - m_0) 计算$$

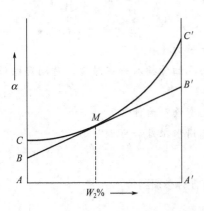

图 5-31 比容-质量百分比浓度关系

式中 ρ_i ——待测液体的密度，g·cm^{-3}；
$\rho_\text{水}$ ——指定温度时水的密度，g·cm^{-3}；
m_0 ——比重瓶的重量，g；
m_1 ——比重瓶的重量与装入水的重量之和，g；
m_i ——比重瓶的重量与装入待测溶液的重量之和，g。

【实验仪器与试剂】

恒温设备，分析天平，比重瓶，容量瓶，烧杯。95%乙醇，水。

【实验步骤】

① 调节恒温槽温度为（25.0±0.1）℃。

② 以95%乙醇（A）及纯水（B）为原液，在小烧杯中用分析天平称重，分别配制含A质量百分数为0%、10%、20%、30%、40%、50%、60%、70%、80%、100%的乙醇水溶液大约15g，迅速置入小容量瓶中恒温，配好后盖紧塞子，以防挥发。

③ 用分析天平精确称量一个预先洗净烘干的比重瓶 m_0，然后将每一个恒温好的待测溶液分别迅速转移至比重瓶中，迅速称重 m_i。

【数据记录与处理】

① 计算出不同浓度溶液的比容 α 以及所配溶液的准确浓度 W_2%，结果列表。

② 作 α-W_2%关系图，求出质量分数为30%、40%、50%溶液的偏摩尔体积。

【思考题】

（1）使用比重瓶应注意哪些问题？

（2）如何使用比重瓶测量粒状固体物的密度？

（3）为提高溶液密度测量的精度，可作哪些改进？

【注意事项】

（1）为减少挥发误差，动作要敏捷。每份溶液用两个比重瓶进行平行测定或每份样品重复测定二次，结果取其平均值。

（2）拿比重瓶应手持其颈部，避免手上温度传递给比重瓶。

（3）每次用容量瓶恒温前都要用待测溶液润洗容量瓶，恒温结束后转移至比重瓶之前也要润洗比重瓶。

实验十七　极化曲线的测定

【实验目的】
(1) 掌握稳态恒电位法测定金属极化曲线的基本原理和测试方法。
(2) 了解极化曲线的意义和应用。
(3) 掌握恒电位仪的使用方法。

【实验原理】

1. 极化现象与极化曲线

为了探索电极过程机理及影响电极过程的各种因素，必须对电极过程进行研究，其中极化曲线的测定是重要方法之一。我们知道在研究可逆电池的电动势和电池反应时，电极上几乎没有电流通过，每个电极反应都是在接近于平衡状态下进行的，因此电极反应是可逆的。但当有电流明显地通过电池时，电极的平衡状态被破坏，电极电势偏离平衡值，电极反应处于不可逆状态，而且随着电极上电流密度的增加，电极反应的不可逆程度也随之增大。由于电流通过电极而导致电极电势偏离平衡值的现象称为电极的极化，描述电流密度与电极电势之间关系的曲线称作极化曲线，如图 5-32 所示。

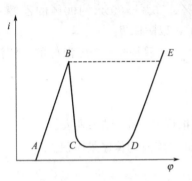

图 5-32　极化曲线
$A\text{-}B$：活性溶解区；B：临界钝化点；$B\text{-}C$：过渡钝化区；$C\text{-}D$：稳定钝化区；$D\text{-}E$：超（过）钝化区

金属的阳极过程是指金属作为阳极时在一定的外电势下发生的阳极溶解过程，如下式所示：

$$M \longrightarrow M^{n+} + ne$$

此过程只有在电极电势正于其热力学电势时才能发生。阳极的溶解速度随电位变正而逐渐增大，这是正常的阳极溶出，但当阳极电势正到某一数值时，其溶解速度达到最大值，此后阳极溶解速度随电势变正反而大幅度降低，这种现象称为金属的钝化现象。图 5-32 中曲线表明，从 A 点开始，随着电位向正方向移动，电流密度也随之增加，电势超过 B 点后，电流密度随电势增加迅速减至最小，这是因为在金属表面生产了一层电阻高、耐腐蚀的钝化膜。B 点对应的电势称为临界钝化电势，对应的电流称为临界钝化电流。电势到达 C 点以后，随着电势的继续增加，电流却保持在一个基本不变的很小的数值上，该电流称为维钝电流，直到电势升到 D 点，电流才有随着电势的上升而增大，表示阳极又发生了氧化过程，可能是高价金属离子产生也可能是水分子放电析出氧气，DE 段称为过钝化区。

2. 极化曲线的测定

(1) **恒电位法**　恒电位法就是将研究电极依次恒定在不同的数值上，然后测量对应于各电位下的电流。极化曲线的测量应尽可能接近体系稳态。稳态体系指被研究体系的极化电流、电极电势、电极表面状态等基本上不随时间而改变。在实际测量中，常用的控制电位测量方法有以下两种。

静态法：将电极电势恒定在某一数值，测定相应的稳定电流值，如此逐点地测量一系列各个电极电势下的稳定电流值，以获得完整的极化曲线。对某些体系，达到稳态可能需要很长时间，为节省时间，提高测量重现性，往往人们自行规定每次电势恒定的时间。

动态法：控制电极电势以较慢的速度连续地改变（扫描），并测量对应电位下的瞬时电流值，以瞬时电流与对应的电极电势作图，获得整个的极化曲线。一般来说，电极表面建立稳态的速度愈慢，则电位扫描速度也应愈慢，因此对不同的电极体系，扫描速度也不相同。为测得稳态极化曲线，人们通常依次减小扫描速度测定若干条极化曲线，当测至极化曲线不再明显变化时，可确定此扫描速度下测得的极化曲线即为稳态极化曲线。同样，为节省时间，对于那些只是为了比较不同因素对电极过程影响的极化曲线，则选取适当的扫描速度绘制准稳态极化曲线就可以了。

上述两种方法都已经获得了广泛应用，尤其是动态法，由于可以自动测绘，扫描速度可控制一定，因而测量结果重现性好，特别适用于对比实验。

（2）恒电流法　恒电流法就是控制研究电极上的电流密度依次恒定在不同的数值下，同时测定相应的稳定电极电势值。采用恒电流法测定极化曲线时，由于种种原因，给定电流后，电极电势往往不能立即达到稳态，不同的体系，电势趋于稳态所需要的时间也不相同，因此在实际测量时一般电势接近稳定（如 1～3min 内无大的变化）即可读值，或人为自行规定每次电流恒定的时间。

在研究可逆电池的电动势和电池反应时电极上几乎没有电流通过，每个电极或电池反应都是在无限接近于平衡下进行的，因此电极反应是可逆的。当有电流通过电池时，则电极的平衡状态被破坏，此时电极反应处于不可逆状态，随着电极上电流密度的增加，电极反应的不可逆程度也随之增大。在有电流通过电极时，由于电极反应的不可逆而使电极电位偏离平衡值的现象称作电极的极化。根据实验测出的数据来描述电流密度与电极电位之间关系的曲线称作极化曲线。

【实验仪器与试剂】

仪器：恒电位仪（图 5-33），饱和甘汞电极，碳钢电极，铂电极，三室电解槽（图 5-34）。
试剂：$2mol \cdot L^{-1}$ $(NH_4)_2CO_3$ 溶液，$0.5mol \cdot L^{-1}$ H_2SO_4 溶液，丙酮溶液。

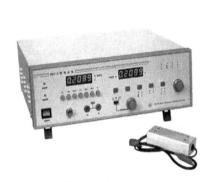

图 5-33　恒电流仪

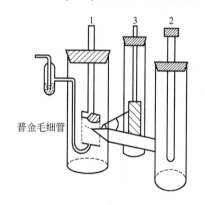

图 5-34　三室电解槽
1—研究电极；2—参比电极；3—辅助电极

【实验步骤】

（1）碳钢预处理　用金相砂纸将碳钢研究电极打磨至镜面光亮，用石蜡蜡封，留出 $1cm^2$ 面积，如蜡封多可用小刀去除多余的石蜡，保持切面整齐。然后在丙酮中除油，在 $0.5mol \cdot L^{-1}$ 的硫酸溶液中去除氧化层，浸泡时间分别不低于 10s。

（2）恒电位法测定极化曲线的步骤

① 准备工作　仪器开启前，"工作电源"置于"关"，"电位量程"置于"20V"，"补偿衰减"置于"0"，"补偿增益"置于"2"，"电流量程"置于"200mA"，"工作选择"置于

"恒电位"，"电位测量选择"置于"参比"。

② 通电　插上电源，"工作电源"置于"自然"档，指示灯亮，电流显示为0，电位表显示的电位为"研究电极"相对于"参比电极"的稳定电位，称为自腐电位，其绝对值大于0.8V可以开始下面的操作，否则需要重新处理电极。

③ "电位测量选择"置于"给定"，仪器预热5～15min。电位表指示的给定电位为预设定的"研究电极"相对于"参比电极"的电位。

④ 调节"恒电位粗调"和"恒电位细调"使电位表指示的给定电位为自腐电位，"工作电源"置于"极化"。

⑤ 阴极极化　调节"恒电位粗调"和"恒电位细调"每次减少10mV，直到减少200mV，每减少一次，测定1min后的电流值。测完后，将给定电位调回自腐电位值。

⑥ 阳极极化　将"工作电源"置于"自然"，"电位测量选择"置于"参比"，等待电位逐渐恢复到自腐电位±5mV，否则需要重新处理电极。重复③、④、⑤步骤，⑤步骤中给定电位每次增加10mV，直到做出完整的极化曲线。提示，到达极化曲线的平台区，给定电位可每次增加100mV。

⑦ 实验完成，"电位测量选择"置于"参比"，"工作电源"置于"关"。

【数据记录与处理】

① 对静态法测试的数据应列出表格。

② 以电流密度为纵坐标，电极电势（相对饱和甘汞）为横坐标，绘制极化曲线。

③ 讨论所得实验结果及曲线的意义，指出钝化曲线中的活性溶解区、过渡钝化区、稳定钝化区、过钝化区，并标出临界钝化电流密度（电势）、维钝电流密度等数值。

活性溶解区：

过渡钝化区：

稳定钝化区：

过钝化区：

临界钝化电流密度（电势）：

维钝电流密度（如图5-35）：

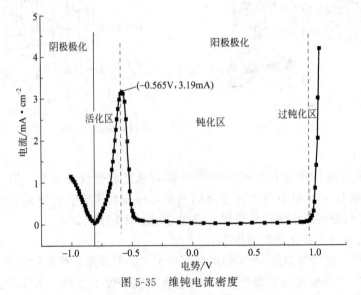

图5-35　维钝电流密度

【思考题】

(1) 比较恒电流法和恒电位法测定极化曲线有何异同，并说明原因。

(2) 测定阳极钝化曲线为何要用恒电位法？

(3) 做好本实验的关键有哪些？

【注意事项】

(1) 将研究电极置于电解槽时，要注意与鲁金毛细管之间的距离每次应保持一致。研究电极与鲁金毛细管应尽量靠近，但管口离电极表面的距离不能小于毛细管本身的直径。

(2) 每次做完测试后，应在确认恒电位仪或电化学综合测试系统在非工作的状态下，关闭电源，取出电极。

实验十八　电导率法测定醋酸电离常数

【实验目的】

(1) 了解电导率仪的使用方法。
(2) 掌握电导率仪的使用以及电导率和浓度间的关系。
(3) 利用电导率法测定弱电解质的电离常数。

【实验原理】

电解质溶液是靠正、负离子的迁移来传递电流的。在弱电解质溶液中,只有已电离部分才能承担传递电量的任务。在无限稀溶液中可认为弱电解质已全部电离,此时,溶液的摩尔电导率为无限稀释摩尔电导率,它可由离子的无限稀释摩尔电导率相加而得到。

研究溶液电导时常用到摩尔电导率这个量 Λ_m,它与电导率 k 和浓度 c 的关系是:$\Lambda_m = k/c$。

随浓度变化的规律,对强弱电解质各不相同,对强电解质稀溶液可用下列经验式表示:

$$\Lambda_m = \Lambda_m^\infty - A\sqrt{c} \tag{5-46}$$

对弱电解质来说,可以认为它的解离度等于溶液在浓度为 c 时的摩尔电导率 Λ_m 与无限稀释时的摩尔电导率 Λ_m^∞ 之比,即

$$\alpha = \Lambda_m / \Lambda^\infty \tag{5-47}$$

式中,α 为电离度。

HAc 是一种弱的电解质,在水溶液中部分电离为:

$$HAc \rightleftharpoons H^+ + Ac^-$$

1:1 型弱电解质在溶液中电离达到平衡时,电离平衡常数 K_c,浓度 c(以 mol·L^{-1} 为单位),电离度 α 有如下关系:

$$K_c = \frac{c\alpha^2}{1-\alpha} \tag{5-48}$$

根据离子独立移动定律,Λ_m^∞(HAc)可以从离子的极限摩尔电导率计算出来,即

$$\Lambda_m^\infty(HAc) = \Lambda_m^\infty(NaAc) + \Lambda_m^\infty(HCl) - \Lambda_m^\infty(NaCl) \tag{5-49}$$

而 NaAc、HCl 和 NaCl 都是强电解质,它们无限稀释时的摩尔电导率 Λ_m^∞ 可以分别应用经验式(5-46)来求得,Λ_m 则可以从电导率的测定求得。从而就可以由公式(5-47)、式(5-48)和式(5-49)求出 HAc 的电离度 α 及电离平衡常数 K_c。

【实验仪器与试剂】

仪器:电导率仪,50mL 烧杯,5mL、10mL 移液管,玻璃搅拌棒。

试剂:0.1mol·L^{-1} HAc(已标定),0.1mol·L^{-1} NaAc,0.02mol·L^{-1} HCl,0.1mol·L^{-1} NaCl。

【实验步骤】

① 将配制好的 NaAc、HCl 和 NaCl 溶液分别放在测量管中恒温 10min,然后直接用电导率仪测出电导值。

② 将配制好的 NaAc、HCl 和 NaCl 溶液用移液管分别稀释 4 次,恒温 10min,然后直

接用电导率仪测出电导值。

③ 将配制好的 0.1mol·L⁻¹HAc 溶液恒温 10min，然后直接用电导率仪测出电导值。

【数据记录与处理】

① 根据实验中得到的三种强电解质 NaAc、HCl 和 NaCl 的电导率，应用经验公式 $\varLambda_m = \varLambda_m^\infty - A\sqrt{c}$，分别 $\varLambda_m$-$\sqrt{c}$ 作图，画三条直线得到三个截距，即为此三种强电解质的无限稀释摩尔电导率 $\varLambda_m^\infty$。

② 计算出 K_c，计算相对误差。

【思考题】

(1) 电解质溶液导电的特点是什么？

(2) 什么叫电导、电导率？

(3) 弱电解质溶液的电离度与哪些因素有关？

实验十九 固液吸附法测定比表面

【实验目的】
(1) 用溶液吸附法测定活性炭的比表面。
(2) 了解溶液吸附法测定比表面的基本原理。

【实验原理】

比表面是指单位质量（或单位体积）的物质所具有的表面积，其数值与分散粒子大小有关。测定固体比表面的方法很多，常用的有 BET 低温吸附法、电子显微镜法和气相色谱法，但它们都需要复杂的仪器装置或较长的实验时间。而溶液吸附法则仪器简单，操作方便。本实验用次甲基蓝水溶液吸附法测定活性炭的比表面。此法虽然误差较大，但比较实用。

活性炭对次甲基蓝的吸附，在一定的浓度范围内是单分子层吸附，符合朗格缪尔（Langmuir）吸附等温式。根据朗格缪尔单分子层吸附理论，当次甲基蓝与活性炭达到吸附饱和后，吸附与脱附处于动态平衡，这时次甲基蓝分子铺满整个活性粒子表面而不留下空位。此时吸附剂活性炭的比表面可按下式计算：

$$S_0 = \frac{(C_0 - C)G}{W} \times 2.45 \times 10^6 \tag{5-50}$$

式中，S_0 为比表面，$m^2 \cdot kg^{-1}$；C_0 为原始溶液的质量分数；C 为平衡溶液的质量分数；G 为溶液的加入量，kg；W 为吸附剂试样质量，kg；2.45×10^6 是 1kg 次甲基蓝可覆盖活性炭样品的面积，$m^2 \cdot kg^{-1}$。

本实验溶液浓度的测量是借助于分光光度计来完成的，根据光吸收定律，当入射光为一定波长的单色光时，某溶液的光密度与溶液中有色物质的浓度及溶液的厚度成正比，即

$$D = KCL \tag{5-51}$$

式中，D 为光密度；K 为常数；C 为溶液浓度，$g \cdot cm^{-3}$；L 为液层厚度，cm。

实验首先测定一系列已知浓度的次甲基蓝溶液的光密度，绘出 D-C 工作曲线，然后测定次甲基蓝原始溶液及平衡溶液的光密度，再在 D-C 曲线上查得对应的浓度值，代入 (5-50) 式计算比表面。

【实验仪器与试剂】

仪器：721 型分光光度计（见图 5-36），及其附件，容量瓶，带塞磨口锥形瓶，移液管。
试剂：颗粒活性炭，0.01%次甲基蓝标准溶液，0.2%次甲基蓝原始溶液，蒸馏水。

【实验步骤】

① 活化样品：将颗粒活性炭置于瓷坩埚中，放入马弗炉内，500℃下活化 1h（或在真空烘箱中 300℃下活化 1h），然后放入干燥器中备用。

② 取两只带塞磨口锥形瓶，分别加入准确称量过的约 0.2g 的活性炭（两份尽量平行），再分别加入 50g（50mL）0.2%的次甲基蓝溶液，盖上磨口塞，轻轻摇动，其中一份放置 1h，即为配制好的平衡溶液，另一份放置一夜，认为吸附达到平衡，比较两个测定结果。

③ 配制次甲基蓝标准溶液：用移液管分别量取 5mL、8mL、11mL 0.01%标准次甲基蓝

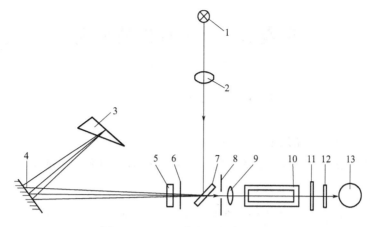

图 5-36　721 型分光光度计光路图

1—光源灯；2—聚光透镜；3—色散棱镜；4—准直镜；5—保护玻璃；6—狭缝；7—反射镜；
8—光栅；9—聚光透镜；10—比色皿；11—光门；12—保护玻璃；13—光电管

溶液置于 1000mL 容量瓶中，用蒸馏水稀释至 1000mL，即得到 5×10^{-6}、8×10^{-6}、11×10^{-6} 三种浓度的标准溶液。

④ 平衡溶液处理：取吸附后平衡溶液约 5mL，放入 1000mL 容量瓶中，用蒸馏水稀释至刻度。

⑤ 选择工作波长：对于次甲基蓝溶液，吸附波长应选择 655nm，由于各台分光光度计波长略有差别，所以，实验者应自行选取工作波长。用 5×10^{-6} 标准溶液在 600~700nm 范围测量吸光度，以吸光度最大时的波长作为工作波长。

⑥ 测量溶液吸光度：以蒸馏水为空白溶液，分别测量 5×10^{-6}、8×10^{-6}、11×10^{-6} 三种浓度的标准溶液以及稀释前的原始溶液和稀释后的平衡溶液的吸光度。每个样品须测得三个有效数据，然后取平均值。

【数据记录与处理】

① 根据实验中测定的标准溶液的吸光度和浓度作出 D-C 工作曲线。

② 根据这个标准曲线找出待测样品的吸光度所对应的浓度值，根据公式计算出比表面。

【思考题】

(1) 为什么次甲基蓝原始溶液浓度要选在 0.2‰左右，吸附后的次甲基蓝溶液浓度要在 0.1‰左右？若吸附后溶液浓度太低，在实验操作方面应如何改动？

(2) 用分光光度计测定次甲基蓝溶液浓度时，为什么要将溶液稀释到 10^{-6} 浓度才进行测量？

(3) 如何才能加快吸附平衡的速度？

(4) 吸附作用与哪些因素有关？

【注意事项】

(1) 测定溶液吸光度时，须用滤纸轻轻擦干比色皿外部，以保持比色皿暗箱内干燥。

(2) 测定原始溶液和平衡溶液的吸光度时，应把稀释后的溶液摇匀再测。

(3) 活性炭颗粒要均匀，且三份称重应尽量接近。

实验二十 溶解热的测定

【实验目的】

(1) 了解电热补偿法测定热效应的基本原理。
(2) 掌握溶解热测定仪的使用。
(3) 学会使用电热补偿法测定硝酸钾在水中的积分溶解热。
(4) 学会用作图法求出硝酸钾在水中的微分溶解热、积分冲淡热和微分冲淡热。

【实验原理】

① 溶解热：物质溶解于溶剂过程的热效应，有积分溶解热和微分溶解热两种。

积分溶解热：指定温定压下把 1mol 物质溶解在 n_0 mol 溶剂中时所产生的热效应。由于在溶解过程中浓度不断改变，因此又称为变浓溶解热，以 Q_s 表示。

微分溶解热：指在定温定压下把 1mol 物质溶解在无限量某一定浓度溶液中所产生的热效应。在溶解过程中浓度可视为不变，因此又称为定浓溶解热，以

$$\left(\frac{\partial Q_s}{\partial n}\right)_{T,p,n_0}$$

表示（定温、定压、定浓状态下，由微小的溶质增量所引起的热量变化）。

② 冲淡热：又称稀释热。把溶剂加到溶液中使之稀释，在稀释过程中的热效应称为冲淡热。它也有积分（或变浓）冲淡热和微分（或定浓）冲淡热两种。

积分冲淡热：在定温定压下把原为含 1mol 溶质和 n_{01} mol 溶剂的溶液冲淡到含有 n_{02} mol 溶剂时的热效应。它为两浓度的积分溶解热之差，以 Q_d 表示。显然，$Q_d = (Q_s)_{n_{02}} - (Q_s)_{n_{01}}$。

微分冲淡热：1mol 溶剂加到某一浓度的无限量溶液中所产生的热效应，以

$$\left(\frac{\partial Q_s}{\partial n_0}\right)_{T,p,n}$$

表示（定温、定压、定溶质状态下，由微小溶剂增量所引起的热量变化）。

③ 积分溶解热由实验直接测定，其它三种热效应则需通过作图来求。

设纯溶剂、纯溶质的摩尔焓分别为 $H_{m,A}^*$ 和 $H_{m,B}^*$，一定浓度溶液中溶剂和溶质的偏摩尔焓分别为 $H_{m,A}$ 和 $H_{m,B}$，若由 n_A mol 溶剂和 n_B mol 溶质混合形成溶液，则

混合前的总焓为 $H = n_A H_{m,A}^* + n_B H_{m,B}^*$
混合后的总焓为 $H' = n_A H_{m,A} + n_B H_{m,B}$

此混合（即溶解）过程的焓变为

$$\Delta H = H' - H = n_A(H_{m,A} - H_{m,A}^*) + n_B(H_{m,B} - H_{m,B}^*)$$
$$= n_A \Delta H_{m,A} + n_B \Delta H_{m,B}$$

根据定义，$\Delta H_{m,A}$ 即为该浓度溶液的微分稀释热，$\Delta H_{m,B}$ 即为该浓度溶液的微分溶解热，积分溶解热则为：$Q_s = \dfrac{\Delta H}{n_B} = \dfrac{n_A}{n_B} \Delta H_{m,A} + \Delta H_{m,B} = n_0 \Delta H_{m,A} + \Delta H_{m,B}$

故在 Q_s-n_0 图上，某点切线的斜率即为该浓度溶液的微分稀释热，截距即为该浓度溶液的微分溶解热。

如图 5-37 所示：对 A 点处的溶液，其积分溶解热 $Q_s=AF$，微分稀释热 $=AD/CD$，微分溶解热 $=OC$，从 n_{01} 到 n_{02} 的积分稀释热 $Q_d=BG-AF=BE$。

④ 本实验系统可视为绝热，硝酸钾在水中溶解是吸热过程，故系统温度下降，通过电加热法使系统恢复至起始温度，根据所耗电能求得其溶解热：$Q=IVt=I^2Rt$。本实验数据的采集和处理均由计算机自动完成。

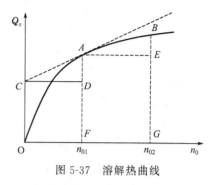

图 5-37 溶解热曲线

【实验仪器与试剂】

仪器：量热计（包括杜瓦瓶、电加热器、磁力搅拌器），精密稳流电源，温度温差测量仪，选配设备（反应热数据采集接口装置，计算机，打印机），电子天平，台天平。

试剂：硝酸钾（A.R.），蒸馏水。

【实验步骤】

① 按照仪器说明书正确安装连接实验装置，如图 5-38。

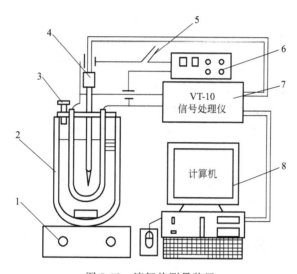

图 5-38 溶解热测量装置
1—磁力搅拌器；2—杜瓦瓶；3—加盐口；4—精密电阻；5—加热开关；6—直流稳压电源；
7—信号处理器；8—在线检测计算机（A/D）

② 在电子天平上依次称取八份质量分别约为 1.0、1.5、2.0、2.5、3.0、3.5、4.0、4.5g 的硝酸钾（应预先研磨并烘干），记下准确数据并编号。在台天平上称取 216.2g 蒸馏水于杜瓦瓶内。

③ 打开恒流源及搅拌器电源，调节搅拌速度，调节恒流源电流，使加热器功率在 2.25～2.30W 之间，并记下电压和电流值。

④ 记下室温，观察温度温差仪上的测温值，当超过室温 0.5℃时，将第一份样品从瓶盖上的小孔倒入杜瓦瓶中，立刻按下温度温差仪上的采零按钮，同时按下计时按钮开始计时，密切观察温度温差仪的温差值。

⑤ 当数据过零时记下时间读数。接着将第二份试样倒入杜瓦瓶中，同样再到温差过零

时读取时间值。如此反复，直到所有样品均倒入并温差过零读出计时读数来。

⑥ 将杜瓦瓶中的溶液倒去（应当心不要丢了搅拌子），并将内壁擦拭干净，将加热器上的水擦干，留待下一组实验用。

【数据记录与处理】
① 记录水的质量、八份硝酸钾样品的质量及相应的通电时间。
② 计算 $n(H_2O)$。
③ 计算每次加入硝酸钾后的累计质量 $m(KNO_3)$ 和累计通电时间 t。
④ 计算每次溶解过程中的热效应 Q。
⑤ 将算出的 Q 值进行换算，求出当把 1mol 硝酸钾溶于 n_0 mol 水中时的积分溶解热 Q_s。

$$Q_s = \frac{Q}{n_{KNO_3}} = \frac{I^2Rt}{m_{KNO_3}/M_{KNO_3}} = \frac{101.1 I^2Rt}{m_{KNO_3}}$$

$$n_0 = \frac{n_{H_2O}}{n_{KNO_3}}$$

⑥ 将以上数据列表并作 Q_s-n_0 图，从图中求出 n_0＝80、100、200、300、400 处的积分溶解热、微分稀释热、微分溶解热，以及 n_0 从 80→100、100→200、200→300、300→400 的积分稀释热。

【思考题】
(1) 本实验装置是否适用于放热反应的热效应的测定？
(2) 为什么实验开始时系统的设定温度比环境温度高 0.5℃？
(3) 积分溶解热与那些因素有关？本实验如何确定硝酸钾积分溶解热所对应的温度？

【注意事项】
(1) 向杜瓦瓶中加样品时，要注意样品不要碰到杜瓦瓶内壁，使样品没完全溶解带来数据误差。加样速度要适中，避免样品进入杜瓦瓶过速，致使磁子陷住不能正常搅拌；也要防止样品加得太慢，影响测量。
(2) 样品要先研细，以确保其充分溶解，实验结束后，杜瓦瓶中不应有未溶解的硝酸钾固体。

实验二十一　黏度法测定水溶性高聚物相对分子质量

【实验目的】
(1) 掌握用乌氏黏度计测定液体黏度的原理和方法。
(2) 测定聚乙二醇-6000 的平均相对分子质量。

【实验原理】
黏度是指液体对流动所表现的阻力，这种阻力反抗液体中相邻部分的相对移动，可看作由液体内部分子间的内摩擦而产生。

相距为 ds 的两液层以不同速率（v 和 dv）移动时，产生的流速梯度为 dv/ds。建立平稳流动时，维持一定流速所需要的力 f' 与液层接触面积 A 以及流速梯度 dv/ds 成正比：

$$f' = \eta A \, dv/ds$$

单位面积液体的黏滞阻力用 f 表示，$f = f'/A$，则：

$$f = \eta \, dv/ds \tag{5-52}$$

式 5-52 称为牛顿黏度定律表示式，比例常数 η 称为黏度系数，简称黏度，单位为 Pa·s。

如果液体是高聚物的稀溶液，则溶液的黏度反映了溶剂分子之间的内摩擦力、高聚物分子之间的内摩擦力以及高聚物分子和溶剂分子之间的内摩擦力三部分。三者之和表现为溶液总的黏度 η。其中溶剂分子之间的内摩擦力所表现的黏度如用 η_0 表示的话，则由于溶液的黏度一般说来要比纯溶剂的黏度高，我们把两者之差的相对值称为增比黏度，记作 η_{sp}：

$$\eta_{sp} = (\eta - \eta_0)/\eta_0$$

溶液黏度与纯溶剂黏度之比称为相对黏度 η_r：

$$\eta_r = \eta/\eta_0$$

增比黏度表示了扣除溶剂内摩擦效应后的黏度，而相对黏度则表示整个溶液的行为。它们之间的关系为：

$$\eta_{sp} = \eta/\eta_0 - 1 = \eta_r - 1$$

高分子溶液的增比黏度一般随浓度的增加而增加。为了便于比较，将单位浓度下所显示出的增比黏度称为比浓黏度 η_{sp}/c。而将 $\ln\eta_r/c$ 称为比浓对数黏度。增比浓度与相对黏度均为无因次量。

为消除高聚物分子之间的内摩擦效应，将溶液无限稀释，这时溶液所呈现的黏度行为基本上反映了高聚物分子与溶剂分子之间的内摩擦，这时的黏度称为特性黏度 $[\eta]$：

$$\lim_{c \to 0} \frac{\eta_{sp}}{c} = [\eta]$$

特性黏度与浓度无关，实验证明，在聚合物、溶剂、温度三者确定后，特性黏度的数值只与高聚物平均相对分子质量有关，它们之间的半经验关系式为：

$$[\eta] = K\overline{M}^{\alpha}$$

式中的 K 为比例系数，α 是与分子形状有关的经验常数。这两个参数都与温度、聚合物和溶剂性质有关，在一定范围内与相对分子质量无关。

增比黏度与特性黏度之间的经验关系为：
$$\eta_{sp}/c=[\eta]+K^1[\eta]^2c$$
而比浓对数黏度与特性黏度之间的关系也有类似的表述：
$$\ln\eta_r/c=[\eta]+\beta[\eta]^2c$$

因此将增比黏度与溶液浓度之间的关系及比浓对数黏度与浓度之间的关系描绘与坐标系中时，两个关系均为直线，而且截距均为特性黏度。

求出特性黏度后，就可以用前述半经验关系式求出高聚物的平均相对分子质量。

黏度测定的方法有用毛细管黏度计测量液体在毛细管中的流出时间、落球黏度计测定圆球在液体中的下落速率、旋转黏度计测定液体与同心轴圆柱体相对转动阻力三种。

测定高分子黏度时，用毛细管黏度计最为方便。高分子溶液在毛细管黏度计中因重力作用而流出时，遵守泊肃叶定律：

$$\frac{\eta}{\rho}=\frac{\pi h g r^4 t}{8lV}-m\frac{V}{8\pi l t} \tag{5-53}$$

式中，ρ 为液体密度，$g \cdot cm^{-3}$；l 为毛细管长度，cm；r 为毛细管半径，cm；t 为流出时间，s；h 为流经毛细管液体的平均液柱高度，cm；g 为重力加速度；V 为流经毛细管液体的体积，cm^3；m 为与仪器几何形状有关的参数，当 $r/l \ll 1$ 时，取 $m=1$。

此式可改写为：
$$\eta/\rho=\alpha t-\beta/t$$

当 β 小于 1，t 大于 100s 时，第二项可忽略。对稀溶液，密度与溶剂密度近似相等，可以分别测定溶液和溶剂的流出时间，求算相对黏度 η_r：
$$\eta_r=\eta/\eta_0=t/t_0$$

根据测定值可以进一步计算增比黏度（η_r-1），比浓黏度（η_{sp}/c），比浓对数黏度（$\ln\eta_r/c$）。对一系列不同浓度的溶液进行测定，在坐标系里绘出比浓黏度和比浓对数黏度与浓度之间的关系，外推到 $c=0$ 的点，此处的截距即为特性黏度。在 K、α 已知时，可求得平均相对分子质量。

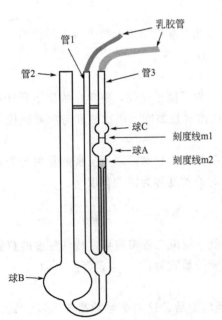

图 5-39 乌氏黏度计

【实验仪器与试剂】

仪器：乌氏黏度计（图 5-39），恒温水浴，超声波清洗器，烧杯，锥形瓶，天平，容量瓶，移液管，大号针筒，洗耳球，砂芯漏斗，秒表。

试剂：聚乙二醇，蒸馏水。

【实验步骤】

1. 配制溶液

称取 1.2g 聚乙二醇于 50mL 烧杯中，加 30mL 蒸馏水，溶解后定容至 50mL 容量瓶中。用三号砂芯漏斗过滤至干燥的锥形瓶中。另取蒸馏水 50mL，过滤到另一恒干燥的锥形瓶中。

2. 黏度计的洗涤

先将黏度计放于有蒸馏水的超声波清洗器中，让蒸馏水灌满黏度计，打开电源清洗 5min；拿出后用蒸馏水冲洗，再用大号针筒抽毛细管使蒸馏水反复流过毛细管部分。

3. 测定水流出时间 t_0

开启恒温水浴恒温于 25℃，将黏度计用铁架台固定好放入恒温水浴中。先从管 2 中加入 10mL 左右的蒸馏水，在恒温水浴中恒温 10min，用夹子夹住管 1 上的乳胶管，使其不通大气，用大号针筒从管 3 的胶皮管将水经 B 球、毛细管、A 球抽至 C 球的中部后，取下针筒，同时松开管 1 上的乳胶管的夹子，使其通大气。此时溶液顺毛细管留下，留到刻度线 m1 处计时开始，留到 m2 处计时结束，记录时间 t_0。重复测定三次偏差应小于 0.5s，取其平均值。

4. 测定溶液流出时间 t

测完蒸馏水后，倾去其中的水，加入少量的无水乙醇润洗黏度计，用针筒把里面的水抽出，在烘箱中烘干。同上法安装调节好黏度计，用移液管吸取 10mL 待测溶液测定流出时间 t。然后依次小心加入 2、3、5、10mL 蒸馏水，用吹气的方法混均，并用该溶液润洗毛细管后，同样测定流出时间。每个浓度平行测定三次，取平均值。

5. 结束整理

将用过的黏度计洗净后用无水乙醇淋洗后倒置于裴氏夹上，使其自然晾干，或置于烘箱中烘干，备下组同学实验用。拆除恒温装置，清洗其它玻璃仪器。

【数据记录与处理】

① 根据称量值求原始液浓度，根据稀释方法求各溶液浓度，求时间平均值。

② 计算相对黏度，增比黏度，再求比浓黏度和比浓对数黏度，作图，求延长线交纵坐标得特性黏度，由特性黏度求平均相对分子质量。

③ 对于聚乙二醇，在 25℃时，$K=1.56\times10^{-2}$（$kg^{-1}\cdot dm^3$），$\alpha=0.5$。

【思考题】

(1) 乌氏黏度计中支管 C 有何作用？除去支管 C 是否仍可测定黏度？

(2) 乌氏黏度计中测黏度时，流经毛细管时间与液体加入总量有无关系？为什么？

(3) 黏度法测水溶性高聚物相对分子量的优缺点？影响准确性的因素有哪些？

【注意事项】

(1) 在恒温过程中，要用溶液润洗毛细管，再测定小球中溶液在毛细管中流出的时间。

(2) 每次稀释后都要将溶液用针筒在 B 球中充分搅匀，尽量不要使溶液溅到管壁上，使黏度计内各处浓度相等。

实验二十二　电导法测定水溶性表面活性剂的临界胶束浓度

【实验目的】
(1) 测定阴离子型表面活性剂——十二烷基硫酸钠的 cmc 值。
(2) 掌握电导法测定离子型表面活性剂 cmc 的方法。
(3) 了解表面活性剂 cmc 的含义及其测定的几种方法。

【实验原理】
　　由具有明显"两亲"性质的分子组成的物质称为表面活性剂。表面活性剂的表面活性源于其分子的两亲结构，亲水基团使分子有进入水的趋向，而亲油基团则竭力阻止其在水中溶解而从水的内部向外迁移，有逃逸水相的倾向，而这两倾向平衡的结果使表面活性剂在水表的富集，亲水基伸向水中，憎水基伸向空气，其结果是水表面好像被一层非极性的碳氢链所覆盖，从而导致水的表面张力下降。

　　表面活性剂在界面富集吸附一般的单分子层，当表面吸附达到饱和时，表面活性剂分子不能在表面继续富集，而憎水基的疏水作用仍竭力促使基分子逃离水环境，于是表面活性剂分子在溶液内部自聚，即疏水基在一起形成内核，亲水基朝外与水接触，形成最简单的胶团。而开始形成胶团时的表面活性剂的浓度称之为临界胶束浓度，以 cmc (critical micelle concentration) 表示，简称 cmc。

表面活性剂按照离子类型分类，一般可分为三类：
　　① 阴离子型表面活性剂：如羧酸盐（肥皂，$C_{17}H_{35}COONa$），烷基硫酸盐［十二烷基硫酸钠，$CH_3(CH_2)_{11}SO_4Na$］等。
　　② 阳离子型表面活性剂：主要是铵盐，如十二烷基二甲基氯化胺［$RN(CH_3)_2Cl$］等。
　　③ 非离子型表面活性剂：如聚氧乙烯类［$R-O-(CH_2CH_2O)_nH$］等。

　　临界胶束浓度可视作是表面活性剂溶液表面活性的一种量度。在临界胶束浓度这个窄小的浓度范围前后，溶液的许多物理化学性质如表面张力、蒸气压、渗透压、电导率、增溶作用、去污能力、光学性质等都会发生很大的变化。只有在表面活性剂的浓度稍高于其临界胶束浓度时，才能充分发挥其作用（润湿、乳化、去污、发泡等）。原则上，表面活性剂溶液随浓度变化的物理化学性质都可用来测定其临界胶束浓度，常用的有如下几种方法。

　　① 表面张力法　表面活性剂溶液的表面张力 γ 随其浓度的增大而下降，在 cmc 处出现转折。因此，可通过测定表面张力作 γ-$\lg c$ 图确定其 cmc 值。此法对离子型和非离子型表面活性剂都适用。

　　② 电导法　利用离子型表面活性剂水溶液电导率随浓度的变化关系，作 κ（电导率）-c 或 Λ_m（摩尔电导率）-$\sqrt{c}$ 图，由曲线上的转折点求出其 cmc 值。此法只适用于离子型表面活性剂。

　　③ 染料法　利用某些染料的生色有机离子或分子吸附在胶束上，而使其颜色发生明显变化的现象来确定 cmc 值。只要染料合适，此法非常简便。亦可借助于分光光度计测定溶液的吸收光谱来进行确定。适用于离子型、非离子型表面活性剂。

④ 增溶作用法　利用表面活性剂溶液对物质的增溶作用随其浓度的变化而变化来确定 cmc 值。

本实验采用电导法测定阴离子型表面活性剂——十二烷基硫酸钠溶液的电导率来确定 cmc 值。

表面活性剂溶液，较稀时的电导率 κ、摩尔电导率 Λ_m 随浓度的变化规律和强电解质是一样的，但是，随着溶液中胶束的形成（此后的溶液称为缔合胶体或胶体电解质），电导率和摩尔电导率均发生明显的变化（如图 5-40），这就是电导法确定 cmc 的依据。电解质溶液电导率的测量，是通过测量其溶液的电阻而得到的。测量方法可采用交流电桥法，或者采用电导（率）仪。本实验采用后者。

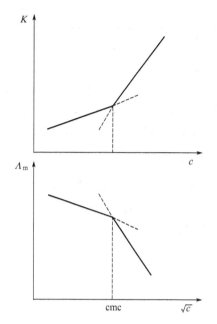

图 5-40　电导率、摩尔电导率与浓度的关系

【实验仪器与试剂】

仪器：恒温水浴，DDS-307 系列型号电导率仪，DJS-1 型铂黑电导电极，磁力搅拌器，移液管（50mL），烧杯（100mL，干燥），滴定管（25mL，酸式）。

试剂：十二烷基硫酸钠（0.020、0.010、0.002 mol·L^{-1}），蒸馏水。

【实验步骤】

① 开通电导率仪和恒温水浴电源设定 25℃，预热 20min 以上。

② 移取 0.002 mol·L^{-1} $C_{12}H_{25}SO_4Na$ 溶液 25mL，放入 1# 烧杯中，将电极用蒸馏水淋洗后用滤纸小心擦干，小心地浸入烧杯内的溶液中，恒温大约 10min（或者读数基本不变），读取电导率值。然后，用酸式滴定管依次滴入 0.020 mol·L^{-1} 的 $C_{12}H_{25}SO_4Na$ 溶液 1、4、5、5、5mL，充分震荡并恒温后记录测得的电导率值。

③ 另取 0.010 mol·L^{-1} $C_{12}H_{25}SO_4Na$ 溶液 50mL，放入 2# 烧杯中，恒温大约 10min（或者读数基本不变），读取电导率值。然后用酸式滴定管依次滴入 0.020 mol·L^{-1} 的 $C_{12}H_{25}SO_4Na$ 溶液 8、10、10、15mL，充分震荡并恒温后记录测得的电导率值。

④ 实验结束后，关闭电源，取出电极，用蒸馏水淋洗干净，放回电极盒中。

【数据记录与处理】

① 计算不同浓度 $C_{12}H_{25}SO_4Na$ 溶液的浓度 c、$\sqrt{c}$ 和摩尔电导率 Λ_m（$\Lambda_m = \kappa/c$）。

② 将计算结果列于表 5-7 中，并作 κ-c 和 Λ_m-$\sqrt{c}$ 图，分别在曲线的延长线交点上确定出 $C_{12}H_{25}SO_4Na$ 溶液的 cmc 值。

表 5-7　实验结果

项目	1# 烧杯						2# 烧杯				
	1	2	3	4	5	6	1	2	3	4	5
滴入溶液体积/mL	0	1	4	5	5	5	0	8	10	10	15
溶液总体积/mL	50	51	55	60	65	70	50	58	68	78	93
c/mol·L^{-1}											

续表

项目	1# 烧杯						2# 烧杯				
	1	2	3	4	5	6	1	2	3	4	5
电导率 κ											
$\sqrt{c}$											
摩尔电导率 Λ_m											

【思考题】

(1) 表面活性剂临界胶束浓度 cmc 的意义是什么？

(2) 在本实验中，采用电导法测定 cmc 可能影响的因素有哪些？

(3) 非离子型表面活性剂能否用本实验方法测定临界胶束浓度？为什么？若不能，可用何种方法测定？

附 录

附录一 元素相对原子质量表

本相对原子质量表按照原子序数排列。

本表数据源自 2005 年 IUPAC 元素周期表（IUPAC 2005 standard atomic weights），以 $^{12}C=12$ 为标准。本表方括号内的原子质量为放射性元素的半衰期最长的同位素质量数。

相对原子质量末位数的不确定度加注在其后的括号内。

112～118 号元素数据未被 IUPAC 确定。

元素名称	元素符号	相对原子质量	元素名称	元素符号	相对原子质量	元素名称	元素符号	相对原子质量
锕	Ac	[227]	氯	Cl	35.453	氦	He	4.003
银	Ag	107.868	锔	Cm	[247]	铪	Hf	178.492
铝	Al	26.981	钴	Co	58.933	汞	Hg	200.592
镅	Am	[243]	铬	Cr	51.996	钬	Ho	164.93
氩	Ar	39.948	铯	Cs	132.905	碘	I	126.904
砷	As	74.921	铜	Cu	63.546	铟	In	114.818
砹	At	[209.987]	𨧀	Db	[262]	铱	Ir	192.217
金	Au	196.966	镝	Dy	162.500	钾	K	39.098
硼	B	10.812	铒	Er	167.259	氪	Kr	83.798
钡	Ba	137.328	锿	Es	[252]	镧	La	138.905
铍	Be	9.012	铕	Eu	151.964	锂	Li	6.941
铋	Bi	208.980	氟	F	18.998	铹	Lr	[262]
锫	Bk	[247]	铁	Fe	55.845	镥	Lu	174.967
溴	Br	79.904	镄	Fm	[257]	钔	Md	[258]
碳	C	12.018	钫	Fr	[223]	镁	Mg	24.305
钙	Ca	40.078	镓	Ga	69.723	锰	Mn	54.938
镉	Cd	112.412	钆	Gd	157.253	钼	Mo	95.942
铈	Ce	140.116	锗	Ge	72.641	氮	N	14.006
锎	Cf	[251]	氢	H	1.008	钠	Na	22.989

元素名称	元素符号	相对原子质量	元素名称	元素符号	相对原子质量	元素名称	元素符号	相对原子质量
铌	Nb	92.906	钚	Pu	[244]	钽	Ta	180.947
钕	Nd	144.242	铷	Rb	85.467	铽	Tb	158.925
氖	Ne	20.179	铼	Re	186.207	锝	Tc	[97.907]
镍	Ni	58.693	镭	Re	[226]	碲	Te	127.603
锘	No	[259]	𬬻	Rf	[261]	钍	Th	232.038
镎	Np	[237]	铑	Rh	102.905	钛	Ti	47.867
氧	O	15.999	氡	Rn	[222.017]	铊	Tl	204.383
锇	Os	190.233	钌	Ru	101.072	铥	Tm	168.934
磷	P	30.973	硫	S	32.065	铀	U	238.028
镤	Pa	231.035	锑	Sb	121.76	钒	V	50.941
铅	Pb	207.21	钪	Sc	44.955	钨	W	183.841
钯	Pd	106.421	硒	Se	78.963	氙	Xe	131.293
钷	Pm	[145]	硅	Si	28.085	钇	Y	88.905
钋	Po	[208.982]	钐	Sm	150.362	镱	Yb	173.043
镨	Pr	140.907	锡	Sn	118.71	锌	Zn	65.409
铂	Pt	195.084	锶	Sr	87.621	锆	Zr	91.224

附录二 水在不同温度下的饱和蒸气压

温度 $t/℃$	饱和蒸气压/kPa	温度 $t/℃$	饱和蒸气压/kPa	温度 $t/℃$	饱和蒸气压/kPa
0	0.61129	18	2.0644	36	5.9453
1	0.65716	19	2.1978	37	6.2795
2	0.70605	20	2.3388	38	6.6298
3	0.75813	21	2.4877	39	6.9969
4	0.81359	22	2.6447	40	7.3814
5	0.87260	23	2.8104	41	7.7840
6	0.93537	24	2.9850	42	8.2054
7	1.0021	25	3.1690	43	8.6463
8	1.0730	26	3.3629	44	9.1075
9	1.1482	27	3.5670	45	9.5898
10	1.2281	28	3.7818	46	10.094
11	1.3129	29	4.0078	47	10.620
12	1.4027	30	4.2455	48	11.171
13	1.4979	31	4.4953	49	11.745
14	1.5988	32	4.7578	50	12.344
15	1.7056	33	5.0335	51	12.970
16	1.8185	34	5.3229	52	13.623
17	1.9380	35	5.6267	53	14.303

续表

温度 t/℃	饱和蒸气压/kPa	温度 t/℃	饱和蒸气压/kPa	温度 t/℃	饱和蒸气压/kPa
54	15.012	69	29.852	84	55.585
55	15.752	70	31.176	85	57.815
56	16.522	71	32.549	86	60.119
57	17.324	72	33.972	87	62.499
58	18.159	73	35.448	88	64.958
59	19.028	74	36.978	89	67.496
60	19.932	75	38.563	90	70.117
61	20.873	76	40.205	91	72.823
62	21.851	77	41.905	92	75.614
63	22.868	78	43.665	93	78.494
64	23.925	79	45.487	94	81.465
65	25.022	80	47.373	95	84.529
66	26.163	81	49.324	96	87.688
67	27.347	82	51.342	97	90.945
68	28.576	83	53.428	98	94.301

附录三 弱电解质的解离常数

近似浓度 $0.01 \sim 0.003 \text{mol} \cdot \text{L}^{-1}$,温度 298K

名称	解离常数,K	pK	名称	解离常数,K	pK
醋酸	1.76×10^{-5}	4.75	氢氟酸	3.53×10^{-4}	3.45
碳酸	$K_1 = 4.30 \times 10^{-7}$	6.37	过氧化氢	2.4×10^{-12}	11.62
	$K_2 = 5.61 \times 10^{-11}$	10.25	次氯酸	2.95×10^{-5}(291K)	4.53
草酸	$K_1 = 5.90 \times 10^{-2}$	1.23	氯乙酸	1.40×10^{-3}	2.85
	$K_2 = 6.40 \times 10^{-5}$	4.19	氨基乙酸	1.67×10^{-10}	9.78
亚硝酸	4.6×10^{-4}(285.5K)	3.37	邻苯二甲酸	$K_1 = 1.12 \times 10^{-3}$	2.95
磷酸	$K_1 = 7.52 \times 10^{-3}$	2.12		$K_2 = 3.91 \times 10^{-6}$	5.41
	$K_2 = 6.23 \times 10^{-8}$	7.21	柠檬酸	$K_1 = 7.1 \times 10^{-4}$	3.14
	$K_3 = 2.2 \times 10^{-13}$(291K)	12.67		$K_2 = 1.68 \times 10^{-5}$(293K)	4.77
亚硫酸	$K_1 = 1.54 \times 10^{-2}$(291K)	1.81		$K_3 = 4.1 \times 10^{-7}$	6.39
	$K_2 = 1.02 \times 10^{-7}$	6.91	酒石酸	$K_1 = 1.04 \times 10^{-3}$	2.98
硫酸	$K_2 = 1.20 \times 10^{-2}$	1.92		$K_2 = 4.55 \times 10^{-5}$	4.34
硫化氢	$K_1 = 9.1 \times 10^{-8}$(291K)	7.04	次碘酸	2.3×10^{-11}	10.64
	$K_2 = 1.1 \times 10^{-12}$	11.96	碘酸	1.69×10^{-1}	0.77
氢氰酸	4.93×10^{-10}	9.31	砷酸	$K_1 = 5.62 \times 10^{-3}$(291K)	2.25
铬酸	$K_1 = 1.8 \times 10^{-1}$	0.74		$K_2 = 1.70 \times 10^{-7}$	6.77
	$K_2 = 3.20 \times 10^{-7}$	6.49		$K_3 = 3.95 \times 10^{-12}$	11.40
硼酸	5.8×10^{-10}	9.24	亚砷酸	6×10^{-10}	9.22

续表

名称	解离常数, K	pK	名称	解离常数, K	pK
铵离子	5.56×10^{-10}	9.25	六亚甲基四胺	1.35×10^{-9}	8.87
氨水	1.79×10^{-5}	4.75	尿素	1.3×10^{-14}	13.89
联胺	8.91×10^{-7}	6.05	甲酸	1.77×10^{-4}(293K)	3.75
羟氨	9.12×10^{-9}	8.04	乙二胺四乙酸(EDTA)	$K_5=5.4\times10^{-7}$	6.27
氢氧化铅	9.6×10^{-4}	3.02		$K_6=1.12\times10^{-11}$	10.95
氢氧化锂	6.31×10^{-1}	0.2	苯酚	1.28×10^{-10}(293K)	9.89
氢氧化铍	1.78×10^{-6}	5.75	对氨基苯磺酸	$K_1=2.6\times10^{-1}$	0.58
	2.51×10^{-9}	8.6		$K_2=7.6\times10^{-4}$	3.12
氢氧化锌	7.94×10^{-7}	6.1	8-羟基喹啉	$K_1=8\times10^{-6}$	5.1
氢氧化镉	5.01×10^{-11}	10.3		$K_2=1\times10^{-9}$	9.0
乙二胺	$K_1=8.5\times10^{-5}$	4.07	质子化六亚甲基四胺	7.1×10^{-6}	5.15
	$K_2=7.1\times10^{-8}$	7.15			

附录四 难溶化合物的溶度积常数（18～25℃）

物质分子式	K_{sp}	物质分子式	K_{sp}
AgBr	5.0×10^{-13}	$BaSO_4$	1.1×10^{-10}
AgCl	1.8×10^{-10}	BaS_2O_3	1.6×10^{-5}
Ag_2CO_3	8.1×10^{-12}	$Be(OH)_2$（无定形）	1.6×10^{-22}
$Ag_2C_2O_4$	3.5×10^{-11}	$CaCO_3$	2.8×10^{-9}
Ag_2CrO_4	1.2×10^{-12}	$CaC_2O_4\cdot H_2O$	4.0×10^{-9}
$Ag_2Cr_2O_7$	2.0×10^{-7}	CaF_2	2.7×10^{-11}
AgI	8.3×10^{-17}	$Ca(OH)_2$	5.5×10^{-6}
$AgIO_3$	3.1×10^{-8}	$Ca_3(PO_4)_2$	2.0×10^{-29}
AgOH	2.0×10^{-8}	$CaSO_4$	3.16×10^{-7}
Ag_3PO_4	1.4×10^{-16}	$CaSiO_3$	2.5×10^{-8}
Ag_2S	6.3×10^{-50}	$CuCO_3$	2.34×10^{-10}
AgSCN	1.0×10^{-12}	CuI	1.1×10^{-12}
Ag_2SO_3	1.5×10^{-14}	$Cu(OH)_2$	4.8×10^{-20}
Ag_2SO_4	1.4×10^{-5}	Cu_2S	2.5×10^{-48}
$Al(OH)_3$（无定形）	4.57×10^{-33}	CuS	6.3×10^{-36}
$AlPO_4$	6.3×10^{-19}	$Zn(OH)_2$（无定形）	2.09×10^{-16}
$BaCO_3$	5.1×10^{-9}	$Pd(OH)_4$	6.3×10^{-71}
BaC_2O_4	1.6×10^{-7}	PdS	2.03×10^{-58}
$BaCrO_4$	1.2×10^{-10}	$ZnCO_3$	1.4×10^{-11}
$Ba_3(PO_4)_2$	3.4×10^{-23}	$Co(OH)_2$（蓝）	6.31×10^{-15}

续表

物质分子式	K_{sp}	物质分子式	K_{sp}
Co(OH)$_2$(粉红,新沉淀)	1.58×10^{-15}	HgS(黑)	1.6×10^{-52}
Co(OH)$_2$(粉红,陈化)	2.00×10^{-16}	MgCO$_3$	3.5×10^{-8}
CrPO$_4 \cdot$ 4H$_2$O(绿)	2.4×10^{-23}	MgCO$_3 \cdot$ 3H$_2$O	2.14×10^{-5}
CrPO$_4 \cdot$ 4H$_2$O(紫)	1.0×10^{-17}	Mg(OH)$_2$	1.8×10^{-11}
CuBr	5.3×10^{-9}	Mg$_3$(PO$_4$)$_2 \cdot$ 8H$_2$O	6.31×10^{-26}
CuCl	1.2×10^{-6}	MnCO$_3$	1.8×10^{-11}
FeCO$_3$	3.2×10^{-11}	Mn(IO$_3$)$_2$	4.37×10^{-7}
Fe(OH)$_2$	8.0×10^{-16}	Mn(OH)$_4$	1.9×10^{-13}
Fe(OH)$_3$	4.0×10^{-38}	MnS(粉红)	2.5×10^{-10}
FePO$_4$	1.3×10^{-22}	MnS(绿)	2.5×10^{-13}
FeS	6.3×10^{-18}	PbBr$_2$	4.0×10^{-5}
Hg$_2$Br$_2$	5.6×10^{-23}	PbCl$_2$	1.6×10^{-5}
Hg$_2$Cl$_2$	1.3×10^{-18}	PbCO$_3$	7.4×10^{-14}
HgC$_2$O$_4$	1.0×10^{-7}	Pb(OH)$_2$	1.2×10^{-15}
Hg$_2$CO$_3$	8.9×10^{-17}	Pb(OH)$_4$	3.2×10^{-66}
Hg$_2$I$_2$	4.5×10^{-29}	Pb$_3$(PO$_4$)$_3$	8.0×10^{-43}
HgI$_2$	2.82×10^{-29}	PbS	1.0×10^{-28}
Hg$_2$(OH)$_2$	2.0×10^{-24}	PbSO$_4$	1.6×10^{-8}
HgS(红)	4.0×10^{-53}	Pd(OH)$_2$	1.0×10^{-31}

附录五　标准电极电势（298K）

1. 在酸性溶液中

电对	方程式	E/V
Mg(Ⅱ)—(0)	Mg^{2+}+2e$^-$=Mg	-2.372
H(0)—(−Ⅰ)	H$_2$(g)+2e$^-$=2H$^-$	-2.23
Zn(Ⅱ)—(0)	Zn^{2+}+2e$^-$=Zn	-0.7618
Fe(Ⅱ)—(0)	Fe^{2+}+2e$^-$=Fe	-0.447
Ag(Ⅰ)—(0)	AgBr+e$^-$=Ag+Br$^-$	0.07133
S(Ⅱ.Ⅴ)—(Ⅱ)	S$_4$O$_6^{2-}$+2e$^-$=2S$_2$O$_3^{2-}$	0.08
S(0)—(−Ⅱ)	S+2H$^+$+2e$^-$=H$_2$S(aq)	0.142
Cu(Ⅱ)—(Ⅰ)	Cu^{2+}+e$^-$=Cu$^+$	0.153
S(Ⅵ)—(Ⅳ)	SO$_4^{2-}$+4H$^+$+2e$^-$=H$_2$SO$_3$+H$_2$O	0.172
Ag(Ⅰ)—(0)	AgCl+e$^-$=Ag+Cl$^-$	0.22233
Hg(Ⅰ)—(0)	Hg$_2$Cl$_2$+2e$^-$=2Hg+2Cl$^-$（饱和 KCl）	0.26808
Cu(Ⅱ)—(0)	Cu^{2+}+2e$^-$=Cu	0.3419
S(Ⅳ)—(0)	H$_2$SO$_3$+4H$^+$+4e$^-$=S+3H$_2$O	0.449

1. 在酸性溶液中

电对	方程式	E/V
Cu(I)−(0)	$Cu^+ + e^- = Cu$	0.521
I(0)−(−I)	$I_2 + 2e^- = 2I^-$	0.5355
I(0)−(−I)	$I_3^- + 2e^- = 3I^-$	0.536
O(0)−(−I)	$O_2 + 2H^+ + 2e^- = H_2O_2$	0.695
Fe(III)−(II)	$Fe^{3+} + e^- = Fe^{2+}$	0.771
Hg(I)−(0)	$Hg_2^{2+} + 2e^- = 2Hg$	0.7973
Ag(I)−(0)	$Ag^+ + e^- = Ag$	0.7996
I(V)−(−I)	$IO_3^- + 6H^+ + 6e^- = I^- + 3H_2O$	1.085
Br(0)−(−I)	$Br_2(aq) + 2e^- = 2Br^-$	1.0873
Mn(VII)−(II)	$MnO_4^- + 8H^+ + 5e^- = Mn^{2+} + 4H_2O$	1.507
Mn(III)−(II)	$Mn^{3+} + e^- = Mn^{2+}$	1.5415
O(−I)−(−II)	$H_2O_2 + 2H^+ + 2e^- = 2H_2O$	1.776
Ag(II)−(I)	$Ag^{2+} + e^- = Ag^+$	1.980
S(VII)−(VI)	$S_2O_8^{2-} + 2e^- = 2SO_4^{2-}$	2.010
O(0)−(−II)	$O_3 + 2H^+ + 2e^- = O_2 + H_2O$	2.076

2. 在碱性溶液中(298K)

电对	方程式	E/V
Ca(II)−(0)	$Ca(OH)_2 + 2e^- = Ca + 2OH^-$	−3.02
Mg(II)−(0)	$Mg(OH)_2 + 2e^- = Mg + 2OH^-$	−2.690
Zn(II)−(0)	$[Zn(CN)_4]^{2-} + 2e^- = Zn + 4CN^-$	−1.26
Zn(II)−(0)	$Zn(OH)_2 + 2e^- = Zn + 2OH^-$	−1.249
Ga(III)−(0)	$H_2GaO_3^- + H_2O + 2e^- = Ga + 4OH^-$	−1.219
Zn(II)−(0)	$ZnO_2^{2-} + 2H_2O + 2e^- = Zn + 4OH^-$	−1.215
Zn(II)−(0)	$[Zn(NH_3)_4]^{2+} + 2e^- = Zn + 4NH_3$	−1.04
H(I)−(0)	$2H_2O + 2e^- = H_2 + 2OH^-$	−0.8277
Ag(I)−(0)	$Ag_2S + 2e^- = 2Ag + S^{2-}$	−0.691
As(III)−(0)	$AsO_2^- + 2H_2O + 3e^- = As + 4OH^-$	−0.68
Fe(III)−(II)	$Fe(OH)_3 + e^- = Fe(OH)_2 + OH^-$	−0.56
S(0)−(−II)	$S + 2e^- = S^{2-}$	−0.47627
Cu(I)−(0)	$Cu_2O + H_2O + 2e^- = 2Cu + 2OH^-$	−0.360
Tl(I)−(0)	$Tl(OH) + e^- = Tl + OH^-$	−0.34
Ag(I)−(0)	$[Ag(CN)_2]^- + e^- = Ag + 2CN^-$	−0.31
Cu(II)−(0)	$Cu(OH)_2 + 2e^- = Cu + 2OH^-$	−0.222
Cu(I)−(0)	$[Cu(NH_3)_2]^+ + e^- = Cu + 2NH_3$	−0.12
O(0)−(−I)	$O_2 + H_2O + 2e^- = HO_2^- + OH^-$	−0.076
S(II,V)−(II)	$S_4O_6^{2-} + 2e^- = 2S_2O_3^{2-}$	0.08

2. 在碱性溶液中(298K)

电对	方程式	E/V
Hg(Ⅱ)-(0)	$HgO + H_2O + 2e^- = Hg + 2OH^-$	0.0977
I(Ⅴ)-(-Ⅰ)	$IO_3^- + 3H_2O + 6e^- = I^- + 6OH^-$	0.26
Ag(Ⅰ)-(0)	$Ag_2O + H_2O + 2e^- = 2Ag + 2OH^-$	0.342
Fe(Ⅲ)-(Ⅱ)	$[Fe(CN)_6]^{3-} + e^- = [Fe(CN)_6]^{4-}$	0.358
O(0)-(-Ⅱ)	$O_3 + H_2O + 2e^- = O_2 + 2OH^-$	1.24

附表六 一些配离子的标准稳定常数（298.15K）

配离子	K_f	配离子	K_f
$Ag(CN)_2^-$	5.6×10^{18}	$Cu(EDTA)^{2-}$	5.0×10^{18}
$Ag(EDTA)^{3-}$	2.1×10^7	$Cu(en)_2^{2+}$	1.0×10^{20}
$Ag(en)_2^+$	5.0×10^7	$Cu(NH_3)_4^{2+}$	1.1×10^{13}
$Ag(NH_3)_2^+$	1.6×10^7	$Cu(ox)_2^{2-}$	3.0×10^8
$Ag(SCN)_4^{3-}$	1.2×10^{10}	$Fe(CN)_6^{3-}$	1.0×10^{42}
$Ag(S_2O_3)_2^{3-}$	1.7×10^{13}	$Fe(CN)_6^{4-}$	1.0×10^{37}
$Al(EDTA)^-$	1.3×10^{16}	$Fe(EDTA)^-$	1.7×10^{24}
$Al(OH)_4^-$	1.1×10^{33}	$Fe(EDTA)^{2-}$	2.1×10^{14}
$Al(ox)_3^{3-}$	2.0×10^{16}	$Fe(en)_3^{2+}$	5.0×10^9
$CdCl_4^{2-}$	6.3×10^2	$Fe(ox)_3^{3-}$	2.0×10^{20}
$Cd(CN)_4^{2-}$	6.0×10^{18}	$Fe(ox)_3^{4-}$	1.7×10^5
$Cd(en)_3^{2+}$	1.2×10^{12}	$Fe(SCN)^{2+}$	8.9×10^2
$Cd(NH_3)_4^{2+}$	1.3×10^7	$HgCl_4^{2-}$	1.2×10^{15}
$Co(EDTA)^-$	1.0×10^{36}	$Hg(CN)_4^{2-}$	3.0×10^{41}
$Co(EDTA)^{2-}$	2.0×10^{16}	$Hg(EDTA)^{2-}$	6.3×10^{21}
$Co(en)_3^{2+}$	8.7×10^{13}	$Hg(en)_2^{2+}$	2.0×10^{23}
$Co(en)_3^{3+}$	4.9×10^{48}	HgI_4^{2-}	6.8×10^{29}
$Co(NH_3)_6^{2+}$	1.3×10^5	$Hg(ox)_2^{2-}$	9.5×10^6
$Co(NH_3)_6^{3+}$	4.5×10^{33}	$Ni(CN)_4^{2-}$	2.0×10^{31}
$Co(ox)_3^{3-}$	1.0×10^{20}	$Ni(EDTA)^{2-}$	3.6×10^{18}
$Co(ox)_3^{4-}$	5.0×10^9	$Ni(en)_3^{2+}$	2.1×10^{18}
$Co(SCN)_4^{2-}$	1.0×10^3	$Ni(NH_3)_6^{2+}$	5.5×10^8
$Cr(EDTA)^-$	1.0×10^{23}	$Ni(ox)_3^{4-}$	3.0×10^8
$Cr(OH)_4^-$	8.0×10^{29}	$PbCl_3^-$	2.4×10^1
$CuCl_3^{2-}$	5.0×10^5	$Pb(EDTA)^{2-}$	2.0×10^{18}
$Cu(CN)_4^{3-}$	2.0×10^{30}	PbI_4^{2-}	3.0×10^4

续表

配离子	K_f	配离子	K_f
$Pb(OH)_3^-$	3.8×10^{14}	$Zn(EDTA)^{2-}$	3.0×10^{16}
$Pb(ox)_2^{2-}$	3.5×10^6	$Zn(en)_3^{2+}$	1.3×10^{14}
$Pb(S_2O_3)_3^{4-}$	2.2×10^6	$Zn(NH_3)_4^{2+}$	4.1×10^8
$PtCl_4^{2-}$	1.0×10^{16}	$Zn(OH)_4^{2-}$	4.6×10^{17}
$Pt(NH_3)_6^{2+}$	2.0×10^{35}	$Zn(ox)_3^{4-}$	1.4×10^8
$Zn(CN)_4^{2-}$	1.0×10^{18}		

注: 1. 数据摘自 Petrucci, R. H., Harwood, W. S., Herring, F. G. general Chemistry: Principles and Modern Applications 8ed. 2002.

2. ox 为草酸根离子（oxalate ion）; en 为乙二胺（ethylenediamine）; EDTA 为乙二胺四乙酸根离子（ethylenediaminetetraacetato ion），$EDTA^{4-}$

附录七 常用缓冲溶液的配制方法

1. 甘氨酸-盐酸缓冲液（$0.05\,mol\cdot L^{-1}$）

X mL $0.2\,mol\cdot L^{-1}$ 甘氨酸 + Y mL $0.2\,mol\cdot L^{-1}$ 盐酸，加水稀释至 200mL

pH	X	Y	pH	X	Y
2.0	50	44.0	3.0	50	11.4
2.4	50	32.4	3.2	50	8.2
2.6	50	24.2	3.4	50	6.4
2.8	50	16.8	3.6	50	5.0

注: 甘氨酸分子量为 75.07, $0.2\,mol\cdot L^{-1}$ 甘氨酸溶液即 $15.01\,g\cdot L^{-1}$。

2. 邻苯二甲酸-盐酸缓冲液（$0.05\,mol\cdot L^{-1}$）

X mL $0.2\,mol\cdot L^{-1}$ 邻苯二甲酸氢钾 + Y mL $0.2\,mol\cdot L^{-1}$ HCl，加水稀释到 20mL

pH(20℃)	X	Y	pH(20℃)	X	Y
2.2	5	4.070	3.2	5	1.470
2.4	5	3.960	3.4	5	0.990
2.6	5	3.295	3.6	5	0.597
2.8	5	2.642	3.8	5	0.263
3.0	5	2.022			

注: 邻苯二甲酸氢钾分子量为 204.23, $0.2\,mol\cdot L^{-1}$ 邻苯二甲酸氢溶液即 $40.85\,g\cdot L^{-1}$。

3. 磷酸氢二钠-柠檬酸缓冲液

X mL $0.2\,mol\cdot L^{-1}$ 磷酸氢二钠 + Y mL $0.1\,mol\cdot L^{-1}$ 柠檬酸

pH	X	Y	pH	X	Y
2.2	0.40	10.60	3.6	6.44	13.56
2.4	1.24	18.76	3.8	7.10	12.90
2.6	2.18	17.82	4.0	7.71	12.29
2.8	3.17	16.83	4.2	8.28	11.72
3.0	4.11	15.89	4.4	8.82	11.18
3.2	4.94	15.06	4.6	9.35	10.65
3.4	5.70	14.30	4.8	9.86	10.14

续表

pH	X	Y	pH	X	Y
5.0	10.30	9.70	6.6	14.55	5.45
5.2	10.72	9.28	6.8	15.45	4.55
5.4	11.15	8.85	7.0	16.47	3.53
5.6	11.60	8.40	7.2	17.39	2.61
5.8	12.09	7.91	7.4	18.17	1.83
6.0	12.63	7.37	7.6	18.73	1.27
6.2	13.22	6.78	7.8	19.15	0.85
6.4	13.85	6.15	8.0	19.45	0.55

注：1. 磷酸氢二钠分子量为141.98，0.2mol·L^{-1}磷酸氢二钠溶液即28.40g·L^{-1}。
2. 十二水合磷酸氢二钠分子量为358.22，0.2mol·L^{-1}磷酸氢二钠溶液即71.64g·L^{-1}。
3. 一水合柠檬酸分子量为210.14，0.1mol·L^{-1}柠檬酸溶液即21.01g·L^{-1}。

4. 柠檬酸-氢氧化钠-盐酸缓冲液

pH	钠离子浓度/mol·L^{-1}	一水柠檬酸/g	氢氧化钠(97%)/g	盐酸HCl(浓)/mL	最终体积/L
2.2	0.20	210	84	160	10
3.1	0.20	210	83	116	10
3.3	0.20	210	83	106	10
4.3	0.20	210	83	45	10
5.3	0.35	245	144	68	10
5.8	0.45	285	186	105	10
6.5	0.38	266	156	126	10

5. 柠檬酸-柠檬酸钠缓冲液 (0.1mol·L^{-1})

XmL 0.1mol·L^{-1}柠檬酸＋YmL 0.1mol·L^{-1}柠檬酸钠

pH	X	Y	pH	X	Y
3.0	18.6	1.4	5.0	8.2	11.8
3.2	17.2	2.8	5.2	7.3	12.7
3.4	16.0	4.0	5.4	6.4	13.6
3.6	14.9	5.1	5.6	5.5	14.5
3.8	14.0	6.0	5.8	4.7	15.3
4.0	13.1	6.9	6.0	3.8	16.2
4.2	12.3	7.7	6.2	2.8	17.2
4.4	11.4	8.6	6.4	2.0	18.0
4.6	10.3	9.7	6.6	1.4	18.6
4.8	9.2	10.8			

注：二水合柠檬酸钠分子量为294.12，0.1mol·L^{-1}柠檬酸钠溶液即29.41g·L^{-1}。

6. 乙酸-乙酸钠缓冲液 (0.2mol·L^{-1})

XmL 0.2mol·L^{-1}乙酸＋YmL 0.3mol·L^{-1}乙酸钠

pH(18℃)	X	Y	pH(18℃)	X	Y
2.6	0.75	9.25	4.8	5.90	4.10
3.8	1.20	8.80	5.0	7.00	3.00
4.0	1.80	8.20	5.2	7.90	2.10
4.2	2.65	7.35	5.4	8.60	1.40
4.4	3.70	6.30	5.6	9.10	0.90
4.6	4.90	5.10	5.8	9.40	0.60

注：三水合乙酸钠分子量为136.09，0.2mol·L^{-1}乙酸钠溶液即27.22g·L^{-1}。

7. 磷酸氢二钠-磷酸二氢钠缓冲液（0.2mol·L^{-1}）

X mL 0.2mol·L^{-1}磷酸氢二钠＋Y mL 0.2mol·L^{-1}磷酸二氢钠

pH	X	Y	pH	X	Y
5.8	8.0	92.0	7.0	61.0	39.0
5.9	10.0	90.0	7.1	67.0	33.0
6.0	12.3	87.7	7.2	72.0	28.0
6.1	15.0	85.0	7.3	77.0	23.0
6.2	18.5	81.5	7.4	81.0	19.0
6.3	22.5	77.5	7.5	84.0	16.0
6.4	26.5	73.5	7.6	87.0	13.0
6.5	31.5	68.5	7.7	89.5	10.5
6.6	37.5	62.5	7.8	91.5	8.5
6.7	43.5	56.5	7.9	93.0	7.0
6.8	49.5	51.0	8.0	94.7	5.3
6.9	55.0	45.0			

注：1. 磷酸二氢钠分子量为119.98，0.2mol·L^{-1}磷酸二氢钠溶液即24.00g·L^{-1}。
2. 二水合磷酸二氢钠分子量为156.03，0.2mol·L^{-1}磷酸二氢钠溶液即31.21g·L^{-1}。

8. 磷酸二氢钾-氢氧化钠缓冲液（0.05mol·L^{-1}）

X mL 0.2mol·L^{-1}磷酸二氢钾＋Y mL 0.2mol·L^{-1}氢氧化钠，加水稀释至29mL

pH(20℃)	X	Y	pH(20℃)	X	Y
5.8	5	0.372	7.0	5	2.963
6.0	5	0.570	7.2	5	3.500
6.2	5	0.860	7.4	5	3.950
6.4	5	1.260	7.6	5	4.280
6.6	5	1.780	7.8	5	4.520
6.8	5	2.365	8.0	5	4.680

注：磷酸二氢钾分子量为136.09，0.2mol·L^{-1}磷酸二氢钾溶液即27.38g·L^{-1}。

9. 硼酸-硼砂缓冲液（0.02mol·L^{-1}硼酸根）

X mL 0.05mol·L^{-1}硼砂＋Y mL 0.2mol·L^{-1}硼酸

pH	X	Y	pH	X	Y
7.4	1.0	9.0	8.2	3.5	6.5
7.6	1.5	8.5	8.4	4.5	5.5
7.8	2.0	8.0	8.7	6.0	4.0
8.0	3.0	7.0	9.0	8.0	2.0

注：1. 硼砂（$Na_2B_4O_7·10H_2O$）分子量为381.43，0.05mol·L^{-1}硼砂溶液（含0.2mol·L^{-1}硼酸根）即19.07g·L^{-1}。
2. 硼酸分子量为61.84，0.2mol·L^{-1}硼酸溶液即12.37g·L^{-1}。
3. 硼砂易失去结晶水，必须在带塞的瓶中保存。

10. 硼砂-氢氧化钠缓冲液（0.05mol·L^{-1}硼酸根）

X mL 0.05mol·L^{-1}硼砂＋Y mL 0.2mol·L^{-1}NaOH 加水稀释至200mL

pH	X	Y	pH	X	Y
9.3	50	6.0	9.8	50	34.0
9.4	50	11.0	10.0	50	43.0
9.6	50	23.0	10.1	50	46.0

11. 碳酸钠-碳酸氢钠缓冲液（0.1mol·L^{-1}）

Ca^{2+}、Mg^{2+}存在时不得使用

XmL 0.1mol·L^{-1}碳酸钠＋YmL 0.1mol·L^{-1}碳酸氢钠

pH		X	Y
20℃	37℃		
9.16	8.77	1	9
9.40	9.12	2	8
9.51	9.40	3	7
9.78	9.50	4	6
9.90	9.72	5	5
10.14	9.90	6	4
10.28	10.08	7	3
10.53	10.28	8	2
10.83	10.57	9	1

注：1. 碳酸钠分子量为105.99，0.1mol·L^{-1}碳酸钠溶液即10.60g·L^{-1}。
2. 十水合碳酸钠分子量为286.2，0.1mol·L^{-1}碳酸钠溶液即28.62g·L^{-1}。
3. 碳酸氢钠分子量为84.0，0.1mol·L^{-1}碳酸氢钠溶液即8.40g·L^{-1}。

12. PBS缓冲液

pH	7.6	7.4	7.2	7.0
H$_2$O/mL	1000	1000	1000	1000
NaCl/g	8.5	8.5	8.5	8.5
Na$_2$HPO$_4$/g	2.2	2.2	2.2	2.2
NaH$_2$PO$_4$/g	0.1	0.2	0.3	0.4

附录八 常用酸碱溶液的配制

试剂	浓度/mol·L^{-1}	质量分数/%	密度/g·mL^{-1}	配制方法
浓硫酸	18	95.0	1.84	
稀硫酸	3	14.8	1.18	取浓硫酸167mL，缓缓倾入833mL水中
稀硫酸	1	9.3	1.05	取浓硫酸56mL，缓缓倾入944mL水中
浓硝酸	16	70.0	1.42	
稀硝酸	6	32.4	1.20	取浓硝酸381mL，稀释成1L
稀硝酸	2	—	—	取浓硝酸128mL，稀释成1L
浓盐酸	12	36.5	1.19	
稀盐酸	6	20.0	1.10	取浓盐酸与等体积水混合
稀盐酸	2	7.15	1.03	取浓盐酸167mL，稀释成1L
浓醋酸	17	99.7	1.05	冰醋酸
稀醋酸	6	35.0	1.04	取浓醋酸350mL，稀释成1L
稀醋酸	1	10.0	1.01	取浓醋酸118mL，稀释成1L
浓氨水	15	25～28	0.90	
稀氨水	6	10.0	0.96	取浓氨水400mL，稀释成1L
稀氨水	2	—	—	取浓氨水134mL，稀释成1L

注：盛装各种试剂的试剂瓶应贴上标签，标签上用碳素墨汁写明试剂名称、浓度及配制日期，标签上面涂一薄层石蜡保护。

附录九 常用指示剂

1. 酸碱指示剂

指示剂	变色范围	颜色		配制方法
		酸	碱	
百里酚蓝,0.1%	1.2~2.8	红	黄	将0.1g百里酚蓝溶于20mL乙醇中,加水至100mL
甲基橙,0.2%	3.1~4.4	红	黄	将0.2g甲基橙溶于100mL热水中
溴甲酚绿,0.1%	3.8~5.4	黄	蓝	将0.1g溴甲酚绿溶于20mL乙醇中,加水至100mL
甲基红,0.2%	4.4~6.2	红	黄	将0.2g甲基红溶于60mL乙醇中,加水至100mL
溴百里酚蓝,0.1%	6.0~7.6	黄	蓝	将0.1g溴百里酚蓝溶于20mL乙醇中,加水至100mL
中性红,0.1%	6.8~8.0	红	黄橙	将0.1g中性红溶于60mL乙醇中,加水至100mL
酚酞,0.2%	8.2~10.0	无	红	将0.2g酚酞溶于90mL乙醇中,加水至100mL
百里酚酞,0.1%	9.4~10.6	无	蓝	将0.1g百里酚酞溶于90mL乙醇中,加水至100mL

2. 混合指示剂

指示剂	组成	pH值变色点	颜色		备注
			酸	碱	
0.1%甲基黄乙醇溶液 0.1%亚甲基蓝乙醇溶液	1:1	3.25	蓝紫	绿	pH=3.2 蓝紫色 pH=3.4 绿色
0.1%甲基橙水溶液 0.25%靛蓝二磺酸水溶液	1:1	4.1	紫	黄绿	
0.1%溴甲酚绿钠盐水溶液 0.2%甲基橙水溶液	1:1	4.3	黄	蓝绿	pH=3.5 黄色 pH=4.05 黄绿色 pH=4.3 蓝绿色
0.1%溴甲酚绿乙醇溶液 0.2%甲基红乙醇溶液	3:1	5.1	酒红	绿	
0.1%溴甲酚绿钠盐水溶液 0.1%氯酚红钠盐水溶液	1:1	6.1	黄绿	蓝绿	pH=5.4 蓝绿色 pH=5.8 蓝色 pH=6.2 蓝紫色
0.1%中性红乙醇溶液 0.1%亚甲基蓝乙醇溶液	1:1	7.0	蓝紫	绿	pH=7.0 蓝紫色
0.1%甲酚红钠盐水溶液 0.1%百里酚蓝钠盐水溶液	1:3	8.3	黄	紫	pH=8.2 玫瑰红色 pH=8.4 紫色
0.1%百里酚蓝50%乙醇溶液 0.1%酚酞50%乙醇溶液	1:3	9.0	黄	紫	从黄到绿,再到紫
0.1%酚酞乙醇溶液 0.1%百里酚酞乙醇溶液	1:1	9.9	无	紫	pH=9.6 玫瑰红色 pH=10 紫色
0.1%百里酚酞乙醇溶液 0.1%茜素黄乙醇溶液	2:1	10.2	黄	紫	

3. 氧化还原指示剂

指示剂	$E^{\ominus}/V$	颜色		配制方法
		氧化态	还原态	
二苯胺	0.76	紫	无	将1g二苯胺在搅拌下溶于100mL浓硫酸和100mL浓磷酸,储于棕色瓶中
二苯胺磺酸钠,0.5%	0.85	紫	无	将0.5g二苯胺磺酸钠溶于100mL水中,必要时过滤
邻二氮菲-Fe(Ⅱ),0.5%	1.06	淡蓝	红	将0.5g $FeSO_4 \cdot 7H_2O$ 溶于100mL水中,加2滴硫酸,再加0.5g邻二氮菲
淀粉,1%	—	—	—	将1g可溶性淀粉加少许水调成糨糊状,在搅拌下注入100mL沸水,微沸2min放置,取上层溶液使用

4. 沉淀及金属指示剂

指示剂	颜色		配制方法
	游离态	化合态	
铬酸钾,5%	黄	砖红	5%水溶液
铁铵矾,40%	无	血红	40%水溶液,加数滴浓硫酸
荧光黄,0.5%	绿色荧光	玫瑰红	0.5%乙醇溶液
铬黑T(EBT),0.5%	蓝	酒红	将0.5g铬黑T溶于20mL三乙醇胺及100mL乙醇中
钙指示剂,0.5%	蓝	红	将0.5g钙指示剂与100gNaCl研细,混匀
二甲酚橙(XO),0.2%	黄	红	0.2%水溶液
K-B指示剂	蓝	红	将0.5g酸性铬蓝K与1.25g萘酚绿B和25g K_2SO_4 研细,混匀
磺基水杨酸,10%	无	红	10%水溶液
PAN指示剂,0.2%	黄	红	0.2%乙醇溶液
邻苯二酚紫,0.1%	紫	蓝	0.1%水溶液
钙镁试剂,0.5%	红	蓝	0.5%水溶液

附录十　常用缓冲溶液

缓冲溶液组成	pK_a	缓冲溶液pH值	配制方法
一氯乙酸-氢氧化钠	2.86	2.8	将200g一氯乙酸溶于200mL水中,加40g氢氧化钠溶解后稀释至1L
醋酸铵-醋酸	4.74	4.5	将77g醋酸铵溶于200mL水中,加60mL冰醋酸,稀释至1L
醋酸钠-醋酸	4.74	5.0	将82g无水醋酸钠溶于200mL水中,加60mL冰醋酸,稀释至1L
六次甲基四胺-盐酸	5.15	5.4	将40g六次甲基四胺溶于200mL热水中,加10mL浓盐酸
醋酸铵-醋酸	9.26	6.0	将600g醋酸铵溶于水中,加冰醋酸20mL,稀释至1L
氯化铵-氨水	9.26	8.0	将100g氯化铵溶于水中,加浓氨水48mL,稀释至1L
氯化铵-氨水	9.26	9.0	将54g氯化铵溶于水中,加浓氨水63mL,稀释至1L
氯化铵-氨水	9.26	10.0	将54g氯化铵溶于水中,加浓氨水350mL,稀释至1L

附录十一　常用基准物及干燥条件

基准物 名称	分子式	干燥后的组成	干燥条件
碳酸氢钠	$NaHCO_3$	Na_2CO_3	260~270℃干燥至恒重
无水碳酸钠	Na_2CO_3	Na_2CO_3	260~270℃干燥 0.5h
草酸钠	$Na_2C_2O_4$	$Na_2C_2O_4$	105~110℃干燥至恒重
氯化钠	$NaCl$	$NaCl$	500~600℃灼烧至恒重
硼砂	$Na_2B_4O_7 \cdot 10H_2O$	$Na_2B_4O_7 \cdot 10H_2O$	放在含氯化钠-蔗糖饱和溶液的干燥器中室温下保存
二水合草酸	$H_2C_2O_4 \cdot 2H_2O$	$H_2C_2O_4 \cdot 2H_2O$	室温下空气干燥
邻苯二甲酸氢钾	$KHC_8H_4O_4$	$KHC_8H_4O_4$	105~110℃干燥至恒重
重铬酸钾	$K_2Cr_2O_7$	$K_2Cr_2O_7$	140~150℃干燥至恒重
溴酸钾	$KBrO_3$	$KBrO_3$	120~130℃干燥至恒重
碘酸钾	KIO_3	KIO_3	120~130℃干燥至恒重
硫酸氢钾	$KHSO_4$	K_2SO_4	750℃灼烧至恒重
碳酸钙	$CaCO_3$	$CaCO_3$	105~110℃干燥至恒重
五水硫酸铜	$CuSO_4 \cdot 5H_2O$	$CuSO_4 \cdot 5H_2O$	室温下空气干燥
硫酸亚铁铵	$(NH_4)_2Fe(SO_4)_2 \cdot 6H_2O$	$(NH_4)_2Fe(SO_4)_2 \cdot 6H_2O$	室温下空气干燥
锌	Zn	Zn	室温下干燥器中保存
氧化锌	ZnO	ZnO	800℃灼烧至恒重
三氧化二砷	As_2O_3	As_2O_3	放在含硫酸的干燥器中室温下保存

附录十二　常用有机溶剂的沸点、相对密度表

名称	沸点/℃	d_4^{20}	名称	沸点/℃	d_4^{20}
甲醇	64.9	0.7914	苯	80.1	0.8787
乙醇	78.5	0.7893	甲苯	110.6	0.8669
乙醚	34.5	0.7137	二甲苯	约140.0	
丙酮	56.2	0.7899	氯仿	61.7	1.4832
乙酸	117.9	1.0492	四氯化碳	76.5	1.5940
乙酐	139.5	1.0820	二硫化碳	46.2	1.2632
乙酸乙酯	77.0	0.9003	硝基苯	210.8	1.2037
二氧六环	101.7	1.0337	正丁醇	117.2	0.8098

附录十三　常见的二元共沸物的组成

共沸物 A组分	共沸物 B组分	各组分沸点/℃ A组分	各组分沸点/℃ B组分	共沸物性质 沸点/℃	共沸物性质 组分(A组分质量分数)
乙醇	水	78.5	100.0	78.2	95.6
正丙醇	水	97.2	100.0	88.1	71.8

续表

共沸物		各组分沸点/℃		共沸物性质	
A组分	B组分	A组分	B组分	沸点/℃	组分(A组分质量分数)
正丁醇	水	117.7	100.0	93.0	55.5
糠醛	水	161.5	100.0	97.0	35.0
苯	水	80.1	100.0	69.4	91.1
甲苯	水	110.6	100.0	85.0	79.8
环己烷	水	81.4	100.0	69.8	91.5
甲酸	水	100.7	100.0	107.1	77.5
苯	乙醇	80.1	78.5	67.8	67.6
甲苯	乙醇	110.6	78.5	76.7	32.0
乙酸乙酯	乙醇	77.1	78.5	71.8	69.0
四氯化碳	丙酮	76.8	56.2	56.1	11.5
苯	醋酸	80.1	118.1	80.1	98.0
甲苯	醋酸	110.6	118.1	105.4	72.0

附录十四 常见的三元共沸物组成表

共沸物			各组分沸点/℃			共沸物性质			
A组分	B组分	C组分	A组分	B组分	C组分	沸点/℃	A组分	B组分	C组分
水	乙醇	苯	100.0	78.5	80.1	64.6	7.4	18.5	74.1
水	乙醇	乙酸乙酯	100.0	78.5	77.1	70.2	9.0	8.4	82.6
水	丙醇	乙酸丙酯	100.0	97.2	101.6	82.2	21.0	19.5	59.6
水	丙醇	丙醚	100.0	97.2	91.0	74.8	11.7	20.2	68.1
水	异丙醇	甲苯	100.0	82.3	110.6	76.3	13.1	38.2	48.7
水	丁醇	乙酸丁酯	100.0	117.7	126.5	90.7	29.0	8.0	63.0
水	丁醇	丁醚	100.0	117.7	142.0	90.6	29.9	34.6	34.5
水	丙酮	氯仿	100.0	56.2	61.2	60.4	4.0	38.4	57.6
水	乙醇	四氯化碳	100.0	78.5	76.8	61.8	3.4	10.3	86.3
水	乙醇	氯仿	100.0	78.5	61.2	55.2	3.5	4.0	92.5

附录十五 常见有机物的物理常数

名称	化学式	相对分子质量	折射率	相对密度	熔点/℃	沸点/℃	溶解度		
							水中	乙醇中	乙醚中
氯仿	$CHCl_3$	119.38	1.4459	1.4832	−63.5	61.7	0.82^{20}	∞	∞
甲醛	HCHO	30.03	1.3755	0.815^{20}	−92	−21	s	s	∞
甲酸	HCOOH	46.03	1.3714	1.220	8.4	100.8	∞	∞	∞
一氯甲烷	CH_3Cl	50.49	1.3389	0.9159	−97.73	−24.2	2.80^{15}_{mL}	3500^{20}_{mL}	4000^{20}_{mL}
甲醇	CH_3OH	32.04	1.3288	0.792	−93.9	64.96	∞	∞	∞
四氯化碳	CCl_4	153.82	1.4601	1.5940	−22.99	76.54	难溶	s	∞
乙酸	CH_3COOH	60.05	1.3716	1.049	16.6	117.9	∞	∞	∞
乙醇	CH_3CH_2OH	46.07	1.3611	0.7893	−117.3	78.5	∞	∞	∞
丙酮	CH_3COCH_3	58.08	1.3588	0.7899	−95.35	56.5	∞	∞	∞
正丙醇	$C_2H_5CH_2OH$	60.11	1.3850	0.8035	−126.5	97.4	∞	∞	∞

续表

名称	化学式	相对分子质量	折射率	相对密度	熔点/℃	沸点/℃	溶解度 水中	溶解度 乙醇中	溶解度 乙醚中
异丙醇	$CH_3CH(OH)CH_3$	60.11	1.3776	0.7855	−89.5	82.4	∞	∞	∞
N,N-二甲基甲酰胺	$HCON(CH_3)_2$	73.09	1.4305	0.9187	−60.48	149~156	∞	∞	∞
甘油	$CH_2OHCHOHCH_2OH$	92.11	1.4746	1.2613	20	290	∞	∞	i
乙酸酐	$(CH_3CO)_2O$	102.09	1.3901	1.082	−73.1	140.0	冷12; 热分解	∞; 热分解	∞
乙酸乙酯	$CH_3CO_2C_2H_5$	88.12	1.3723	0.9003	−83.58	77.06	8.5^{15}	∞	∞
1-溴丁烷	$CH_3(CH_2)_3Br$	137.03	1.4401	1.2758	−112.4	101.6	0.06^{15}	∞	∞
正丁醇	$C_2H_5C_2H_4OH$	74.12	1.3993	0.8098	−89.53	117.3	9^{15}	∞	∞
异丁醇	$(CH_3)_2CHCH_2OH$	74.12	$1.3968^{17.2}$	0.802	−108	108.1	10^{15}	∞	∞
仲丁醇	$CH_3CHOHC_2H_5$	74.12	1.3978	0.8063	−114.7	99.5	12.5^{20}	∞	∞
叔丁醇	$(CH_3)_3COH$	74.12	1.3878	0.7887	25.5	82.2	∞	∞	∞
乙醚	$(C_2H_5)_2O$	74.12	1.3526	0.7138	−116.2	34.5	7.5^{20}	∞	∞,∞ 氯仿
1,2-二氯乙烷	$ClCH_2CH_2Cl$	98.96	1.4448	1.2351	−35.36	83.47	0.9^{30}	s	∞
甲基叔丁基醚	$CH_3OCH(CH_3)_2$	88.15	1.3690	0.7405	−109	55.2	s	s	s
苯	C_6H_6	78.12	1.5011	0.8787	5.5	80.1	0.07^{22}	∞	∞
环己烷	C_6H_{12}	84.16	1.4266	0.7786	6.55	80.74	i	∞	∞
环己烯	C_6H_{10}	82.15	1.4465	0.8102	−103.5	83.0	极难溶解	∞	∞
氯苯	C_6H_5Cl	112.56	1.5241	1.1058	−45.6	132.0	0.049^{20}	∞	∞,∞ 苯
苯胺	$C_6H_5NH_2$	93.12	1.5863	1.0217	−6.3	184.1	3.6^{18}	∞	∞
环己醇	$C_6H_{12}O$	100.16	1.4641	0.9624	25.15	161.1	3.6^{20}	s	s
环己酮	$C_6H_{10}O$	98.15	1.4507	0.9478	−16.4	155.6	s	s	s
三乙胺	$(C_2H_5)_3N$	101.19	1.4010	0.7275	−114.7	89.3	s	s	s
甲苯	$C_6H_5CH_3$	92.15	1.4961	1.8669	−95	100.6	i	∞	∞
苯甲醛	C_6H_5CHO	106.13	1.5463	1.0415	−26	178.1	0.3	∞	∞
苯甲酸	C_6H_5COOH	122.12	1.504^{132}	1.2659	122.4	249.6	$0.21^{17.5}$	46.6^{15}	66^{16}
水杨酸	$C_7H_6O_3$	138.12	1.565	1.443	159 升华	221^{20}	0.16^{4}; 2.6^{75}	49.6^{15}	50.5^{15}
苄氯	$C_6H_5CH_2Cl$	126.59	1.5391	1.1002	−39	179.3	i	∞	∞,∞ 氯仿
苯甲胺	$C_6H_5CH_2NH_2$	107.16	1.5401	0.9813	−30	185	∞	∞	∞
苯甲醇	$C_6H_5CH_2OH$	108.15	1.5396	1.0419	−15.3	205.3	4^{17}	s	s
乙酸正丁酯	$C_6H_{12}O_2$	116.16	1.3941	0.8825	−77.9	126.5	0.7	∞	∞
苯甲酸乙酯	$C_6H_5CO_2C_2H_5$	150.18	1.5057	1.0468	−34.6	213	i	s	∞

注：1. 折射率：如未特别说明，一般表示为 n_D^{20}，即以钠光灯为光源，20℃时所测得的 n 值。

2. 相对密度：如未特别说明，一般表示为 d_4^{20}，即表示物质在20℃时相对于4℃的水的相对密度，气体的相对密度表明物质对空气的相对密度。

3. 沸点：如不注明压力，指常压（101.3kPa，760mmHg）下的沸点，140^{20} 表示在20mmHg压力下沸点为140℃。

4. 溶解度：数字为每100份溶液中溶解该化合物的份数，右上角的数字为摄氏温度，如气体的溶解度为 2.80^{16}_{mL}，表明在16℃时100g溶剂溶解该气体2.80mL。s表示可溶。i表示不溶。∞表示混溶（可以任意比例相溶）。

附录十六 常见有机化合物的毒性

名　称	急性毒性（大鼠 LD_{50}）	$MAK^{①}$/(mg/m³)	$TLV^{②}$/(mg/m³)
乙腈	200~453(or)③	70	70
乙醛	1930(经口)，LC_{50}36	100	180
乙醇	13660(or)，60(p.i.)④	1000	1900
甲醇	12880(or)，200(p.i.，LD_{100})	50	9
甲醛	800(or)，200(p.i.，LD_{100})	5	3
乙醚	300(p.i.)	500	400
二氯甲烷	1600(or)	1750	1740
氯仿	2180(or)	200	240
四氯化碳	>500(or)，150(p.i.)1280(小鼠经口)	50	65
二甲苯(混合物)	2000~4300(or)	870	435
二硫化碳	300(or)	30	60
丙酮	9750(or)，300(p.i.)	2400	2400
甲苯	1000(or)	750	375
醋酸	3300(or)	25	25
醋酐	1780(or)	20	20
乙酸乙酯	5620(or)	1400	1400
四氢呋喃	65(p.i.)(小鼠)	200	590
环氧乙烷	330(or)	90	90
二噁烷	6000(or)，300(p.i.，LD_{100})	200	360
环己烷	5500(or)	1400	1050
环己酮	2000(or)	200	200
苯	5700(or)，51(p.i.)	50	80
吡啶	1580(or)，12(p.i.，LD_{100})	10	15
硝基苯	500(or)	5	5
苯酚	530(or)	20	19

① MAK 为德国采用的车间空气中化学物质的最高允许浓度；②TLV 为 1973 年美国采用的车间空气中化学物质的阈限值；③or 为经口（mg/kg）；④p.i. 为每次吸入量（数字表示 mg/m³ 空气）。

注：无特殊注明者所用实验动物皆为大鼠。

参 考 文 献

[1] 北京师范大学无机化学教研室. 无机化学实验. 第3版. 北京：高等教育出版社，2001.
[2] 广西大学化学化工学院化学教研室. 大学无机化学实验. 北京：化学工业出版社，2013.
[3] 大连理工大学无机化学教研室. 无机化学实验. 北京：高等教育出版社，2002.
[4] 大连理工大学无机化学教研室. 无机化学. 北京：高等教育出版社，2001.
[5] 马忠革. 分析化学实验. 北京：清华大学出版社，2011.
[6] 王冬梅. 分析化学实验. 武汉：华中科技大学出版社，2007.
[7] 余振宝，姜桂兰. 分析化学实验. 北京：化学工业出版社，2006.
[8] 黄杉生. 分析化学实验. 北京：科学出版社，2008.
[9] 戴大模，何英. 分析化学实验. 上海：华东师范大学出版社，2008.
[10] 贾佩云，陈春霞. 无机及分析化学实验. 北京：化学工业出版社，2013.
[11] 高鸿宾. 有机化学. 北京：高等教育出版社，2005.
[12] 罗澄源. 物理化学实验. 第4版. 北京：高等教育出版社，2004.